机械行业特有职业 国家职业技能培训鉴定教材

数控机床电气维修工
（中级 高级）

编审委员会

主　任　李　玲
副主任　史仲光　祝　敏　杨　岚　王昌国　曹玉乾
　　　　陶松锐
委　员　马伟民　朱良才　王廷康　刘双江　徐红霞
　　　　吴荣炳　孙　颐　唐梦明　张益文

编审人员

主　编　顾　海
副主编　顾拥军　孙健华　杨志霞
主　审　吴荣炳

中国劳动社会保障出版社

图书在版编目(CIP)数据

数控机床电气维修工：中级　高级/机械工业职业技能鉴定指导中心，人力资源和社会保障部教材办公室组织编写. —北京：中国劳动社会保障出版社，2011
机械行业特有职业　国家职业技能培训鉴定教材
ISBN 978 - 7 - 5045 - 9028 - 2

Ⅰ.①数…　Ⅱ.①机…②人…　Ⅲ.①数控机床-电气设备-维修-职业技能-鉴定-教材
Ⅳ.①TG659

中国版本图书馆 CIP 数据核字(2011)第 136240 号

中国劳动社会保障出版社出版发行

(北京市惠新东街1号　邮政编码：100029)

出　版　人：张梦欣

*

北京北苑印刷有限责任公司印刷装订　新华书店经销
787 毫米×1092 毫米　16 开本　25 印张　432 千字
2011 年 7 月第 1 版　2011 年 7 月第 1 次印刷
定价：46.00 元

读者服务部电话：010 - 64929211/64921644/84643933
发行部电话：010 - 64961894
出版社网址：http://www.class.com.cn

版权专有　　侵权必究

举报电话：010 - 64954652

如有印装差错，请与本社联系调换：010 - 80497374

前　言

为了大力推进《中华人民共和国就业促进法》中规定的"国家依法发展职业教育，鼓励开展职业培训，促进劳动者提高职业技能，增强就业能力和创业能力"的实施，充分满足机械行业、企业开展职业培训与鉴定工作的需要，机械工业职业技能鉴定指导中心联合人力资源和社会保障部教材办公室，根据机械行业、企业实际组织编写了这套机械行业特有职业国家职业技能培训鉴定教材，共涉及数控机床装调维修工、汽车生产线操作调整工、轴承装配工、电切削工等31个机械行业特有职业（工种）。

该套教材是在完成机械行业特有职业国家职业标准制定工作基础上进行的。教材编审人员主要包括国家职业标准编写和审定专家，机械行业各级鉴定培训机构、职业院校职业培训教学专家和鉴定考核命题及管理专家，以及全国机械行业各大型企业生产一线工程技术主管、技师和高级技师等，从而有效保证了教材内容对国家职业标准要求的正确诠释，以及对机械行业特有职业培训与鉴定的适用性。

该套教材主要具有以下特点：

在编写原则上，突出以职业能力为核心。教材编写贯穿"以职业标准为依据、以企业需求为导向、以职业能力为核心"的理念，在国家职业标准要求基础上，结合企业实际对国家职业标准进行了提升，突出新知识、新技术、新工艺、新方法，注重培训对象职业能力培养。

在使用功能上，注重服务于培训和鉴定。根据职业发展的实际情况和培训需求，教材充分体现职业培训规律，反映职业技能鉴定考核基本要求，满足培训对象参加各级各类鉴定考核的需要。

在编写模式上，采用分级别模块化方式编写。教材内容按照国家职业标准职业等级划分，各等级之间知识与技能合理衔接、依次递进，为机械行业、企业职业培训搭建了科学的阶梯型培训架构。教材内容按照国家职业标准职业功能模块展开，突出实用性，贴近生产实际、贴近培训对象需要、贴近鉴定考核需求。

数控机床装调维修工国家职业技能培训鉴定教材共包括《数控机床装调维修工（基础知识）》《数控机床机械装调工（中级　高级）》《数控机床机械维修工（中级　高级）》《数

控机床机械装调维修工(技师 高级技师)》《数控机床电气装调工(中级 高级)》《数控机床电气维修工(中级 高级)》和《数控机床电气装调维修工(技师 高级技师)》7本。其中,《数控机床装调维修工(基础知识)》内容涵盖国家职业标准的基本要求,是各级别数控机床装调维修工均需要掌握的基础知识;其他教材内容涵盖国家职业标准的各级别工作要求。本教材是数控机床装调维修工国家职业技能培训鉴定教材中的一本,适用于对中级、高级数控机床装调维修工数控机床电气维修模块的职业技能培训与鉴定考核。

本教材在编写过程中得到紫琅职业技术学院、大连机床集团公司、齐重数控装备股份有限公司、齐二机床集团有限公司、浙江大学、浙江凯达机床股份有限公司、浙江联强数控机床股份有限公司、江苏大学机电培训学院、青海一机数控机床有限责任公司、浙江省余姚市职业技术学校等单位的全力支持,在此一并表示感谢!

由于时间仓促,不足之处在所难免,欢迎读者提出宝贵意见和建议。

机械工业职业技能鉴定指导中心

目录

CONTENTS
机械行业特有职业
国家职业技能培训鉴定教材

第一部分　数控机床电气维修工（中级）

第一章　数控机床电气维修概述 ………………………………（3）

　　第一节　数控机床的组成和工作原理 ……………………（3）
　　第二节　数控机床电气系统概述 …………………………（5）
　　第三节　数控机床维修的基本要求 ………………………（7）
　　第四节　数控机床电气维修的基本步骤 …………………（14）
　　第五节　数控机床电气维修的安全操作规范 ……………（20）
　　本章思考题 …………………………………………………（22）

第二章　数控机床故障诊断与维修技术 ……………………（23）

　　第一节　维修遵循原则 ……………………………………（23）
　　第二节　故障的常规处理方法 ……………………………（24）
　　第三节　数控机床故障自诊断技术 ………………………（35）
　　第四节　干扰及其预防 ……………………………………（44）
　　本章思考题 …………………………………………………（45）

第三章　数控机床的装调与检验 ……………………………（46）

　　第一节　数控机床的装调 …………………………………（46）
　　第二节　数控机床的精度检测及调试、验收 ……………（48）
　　本章思考题 …………………………………………………（49）

第四章 数控机床操作 （50）

第一节 操作面板 （50）
第二节 机床手动操作方式 （55）
本章思考题 （60）

第五章 数控机床电气原理 （61）

第一节 导线及配线技术 （61）
第二节 电气系统原理图 （62）
第三节 数控机床的电气柜 （64）
第四节 数控机床电气原理图简介 （67）
本章思考题 （78）

第六章 CNC系统故障诊断与检修 （79）

第一节 典型数控系统简介 （79）
第二节 FANUC数控系统故障分析与维修 （87）
第三节 SIEMENS数控系统故障分析与维修 （96）
第四节 数控系统故障诊断与维修实例 （101）
本章思考题 （105）

第七章 数控机床进给伺服系统故障诊断与维修 （107）

第一节 进给伺服系统概述 （107）
第二节 FANUC伺服系统的故障诊断与维修 （124）
第三节 FANUC伺服驱动系统的故障诊断与维修实例 （175）
本章思考题 （185）

第八章 主轴驱动系统故障诊断与维修 （186）

第一节 主轴驱动基础 （186）
第二节 直流主轴驱动系统 （190）
第三节 交流主轴驱动系统 （200）
本章思考题 （219）

第九章 可编程序控制器（PLC）的故障诊断与维修 ………………… (221)

第一节 可编程序控制器概述 ………………………………………… (221)

第二节 可编程序控制器在数控机床上的应用 …………………… (226)

第三节 可编程序控制器故障的表现形式 ………………………… (227)

本章思考题 …………………………………………………………… (237)

第十章 数控机床辅助控制装置的故障诊断与检修 ………………… (238)

第一节 液压系统的故障与维修 …………………………………… (238)

第二节 气动系统的故障与维修 …………………………………… (245)

本章思考题 …………………………………………………………… (249)

第二部分 数控机床电气维修工（高级）

第十一章 机床数控系统参数 ………………………………………… (253)

第一节 概述 …………………………………………………………… (253)

第二节 常见数控系统的参数 ……………………………………… (256)

第三节 数控机床参数在故障诊断中的应用 ……………………… (268)

本章思考题 …………………………………………………………… (273)

第十二章 系统诊断信息 ……………………………………………… (274)

第一节 诊断操作区域 ………………………………………………… (274)

第二节 轴调整信息 …………………………………………………… (275)

第三节 驱动调整信息 ………………………………………………… (278)

第四节 常见自诊断报警信息 ……………………………………… (282)

本章思考题 …………………………………………………………… (301)

第十三章 机床数据设置与调整 ……………………………………… (302)

第一节 机床数据设置与调整方法 ………………………………… (302)

第二节 常用机床数据设置与调整 ………………………………… (307)

第三节 驱动系统数据设置 ………………………………………… (319)

第四节　驱动系统数据优化 …………………………………………………… (326)
第五节　系统监控数据调整 …………………………………………………… (331)
本章思考题 ……………………………………………………………………… (336)

第十四章　数控机床加工与功能调试 …………………………………………… (337)

第一节　自动工作方式 ………………………………………………………… (337)
第二节　零件程序的编辑 ……………………………………………………… (338)
第三节　数控机床操作与编程故障与维修实例 …………………………… (341)
本章思考题 ……………………………………………………………………… (343)

第十五章　典型控制电路及故障维修 …………………………………………… (344)

第一节　驱动系统使能控制 …………………………………………………… (344)
第二节　返回参考点控制 ……………………………………………………… (348)
第三节　急停控制 ……………………………………………………………… (356)
第四节　机床的限位 …………………………………………………………… (359)
第五节　转塔刀架控制 ………………………………………………………… (362)
第六节　刀库换刀控制 ………………………………………………………… (370)
第七节　主轴控制 ……………………………………………………………… (375)
第八节　刀具冷却控制 ………………………………………………………… (383)
第九节　润滑控制 ……………………………………………………………… (385)
第十节　液压系统控制 ………………………………………………………… (387)
本章思考题 ……………………………………………………………………… (390)

第一部分

数控机床电气维修工（中级）

第一章 数控机床电气维修概述

第一节 数控机床的组成和工作原理

一、数控机床的组成

数控机床一般由控制介质、数控装置（CNC）、伺服系统、机床本体和测量装置五个部分组成，如图1—1所示。

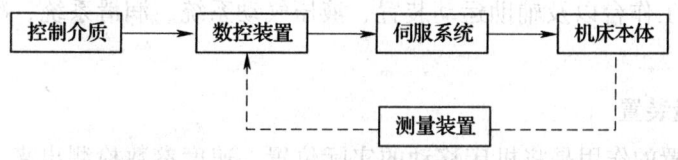

图1—1 数控机床的组成

1. 控制介质

数控程序是数控机床自动加工零件的工作指令。编制程序的工作可人工进行；对于外形复杂的零件，则要在专用的编程机或通用计算机上进行自动编程（APT）或 CAD/CAM 设计。

除了在数控装置上直接编制的程序，还可用其他设备编好的数控程序，存放在便于输入到数控装置的一种存储载体上，而采用哪一种存储载体，则取决于数控装置的设计类型。

2．数控装置

数控装置（习惯称为数控系统）是数控机床的大脑。

数控装置首先接收输入的操作信息或加工程序，经过"思考"处理后，向伺服系统发出相应的指令脉冲，并通过伺服系统控制运动部件按操作信息或加工程序指令运动。

3．伺服系统

伺服系统是数控机床的四肢，它的作用是把来自数控装置的脉冲信号转换为机床移动部件的运动，使工件台（或溜板）精确定位或按规定的轨迹做严格的相对运动，最后加工出合格的零件。伺服系统由伺服驱动装置、伺服电动机和位置检测装置组成。

伺服系统的性能是决定数控机床的加工精度、加工表面质量和生产效率的主要因素之一。相对于每个脉冲信号，机床移动部件的位移量叫脉冲当量，常用的脉冲当量单位有：1 mm/脉冲、0.1 mm/脉冲、0.01 mm/脉冲、0.001 mm/脉冲。

在开环控制数控系统的伺服系统中，常用功率步进电动机作为伺服驱动元件（数字/角度转换器）。每输入一个脉冲信号，它就旋转一定的角度。

在闭环控制数控系统的伺服系统中，可用直流伺服电动机或交流伺服电动机。

4．机床本体

数控机床的本体部分，主要包括机械、润滑、冷却、排屑、液压、气动与防护等装置。数控机床的机床本体与传统机床相似，由主轴传动装置、进给传动装置、床身、工作台以及辅助运动装置、液压气动系统、润滑系统、冷却装置等组成。

5．测量装置

测量装置的作用是将机床移动的实际位置、速度参数检测出来，转换成电信号，反馈到数控装置中，使数控装置能随时判断机床的实际位置、速度是否与指令一致，并通过发出相应指令纠正所产生的误差。

二、数控机床的工作原理

按照零件加工的技术要求和工艺要求，编写零件的加工程序，然后将加工程序通过输入装置输入到数控装置，通过数控装置控制机床的主轴运动、进给运动、更换刀具，以及工件的夹紧与松开，冷却、润滑泵的开与关，使刀具、工件和其他辅助装置严格按照加工程序规定的顺序、轨迹和参数进行工作，从而加工出符合图样要求的零件。数控机床的工作原理如图1—2所示。

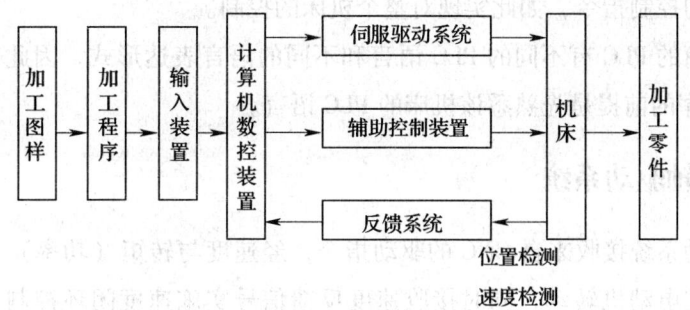

图1—2 数控机床的工作原理

第二节 数控机床电气系统概述

一、数据输入装置

数据输入装置是将指令信息和各种应用数据输入数控系统的必要装置。它可以是穿孔带阅读机（已很少使用），3.5 in 软盘驱动器，CNC 键盘（一般输入操作），数控系统配备的硬盘及驱动装置（用于大量数据的存储保护）、磁带机（较少使用）、PC 计算机等。

二、数控装置

数控装置（CNC）是数控机床的中枢，它将接收到的全部功能指令进行解码、运算，然后有序地发出各种需要的运动指令和各种机床功能的控制指令，直至运动和功能结束。

CNC 有很完善的自诊断能力，日常使用中要注意严格按规定操作，而日常的维护则主要是对硬件使用环境的保护和防止系统软件的破坏。

三、可编程逻辑控制器

可编程逻辑控制器（PLC）是数控机床各项功能的逻辑控制中心。它将来自 CNC 的各种运动及功能指令进行逻辑排序，使它们能够准确地、协调有序地安全运行；同时将来自机床的各种信息及工作状态传送给 CNC，使 CNC 能及时准确地发出进一步的控制指令，如此实现对整个机床的控制。

不同厂商的 PLC 有不同的 PLC 语言和不同的语言表达形式，因此，熟悉某一机床 PLC 程序的前提是先熟悉该机床的 PLC 语言。

四、主轴驱动系统

主轴驱动系统接收来自 CNC 的驱动指令，经速度与转矩（功率）调节输出驱动信号驱动主电动机转动，同时接收速度反馈信号实施速度闭环控制。它还通过 PLC 将主轴的各种现实工作状态通告 CNC，用以完成对主轴的各项功能控制。

主轴驱动系统自身有许多参数设定，这些参数直接影响主轴的转动特性，其中有些是不可丢失或改变的，例如指示电动机规格的参数等；有些是可根据运行状态加以调改的，例如零漂等。通常 CNC 中也设有主轴相关的机床数据，并且与主轴驱动系统的参数作用相同，因此要注意二者取一，切勿冲突。

五、进给伺服系统

进给伺服系统接收来自 CNC 对每个运动坐标轴分别提供的速度指令，经速度与电流（转矩）调节输出驱动信号驱动伺服电动机转动，实现机床坐标轴运动，同时接收速度反馈信号实施速度闭环控制。它也通过 PLC 与 CNC 通信，通报现时工作状态并接受 CNC 的控制。

进给伺服系统速度调节器的正确调节是最重要的，应该在位置开环的条件下进行最佳化调节，既不过冲又要保持一定的硬特性。它受机床坐标轴机械特性的制约，一旦导轨和机械传动链的状态发生变化，就需重新调节速度调节器。

六、电气硬件电路

随着 PLC 功能的不断强大，电气硬件电路主要任务是电源的生成与控制电路、隔离继电器部分及各类执行电器（继电器、接触器），很少还有继电器逻辑电路的存在。但是一些进口机床电气柜中还有使用含一定逻辑控制的专用组合型继电器的情况，一旦这类元件出现故障，除了更换之外，还可以将其去除而由 PLC 逻辑取而代之，但是这不仅需要对该专用电器的工作原理有清楚的了解，还要深入掌握机床的 PLC 语言与程序。

七、机床（电气部分）

机床（电气部分）包括所有的电动机、电磁阀、制动器、开关等。它们是实现机床各种动作的执行者和机床各种现实状态的报告员。这里可能的主要故障多数属于电气元件自身的损坏和连接导线、电缆的脱开或断裂。

八、测速机

速度测量通常由集装于主轴和进给电动机中的测速机来完成。它将电动机实际转速匹配成电压值送回伺服驱动系统作为速度反馈信号，与指令速度电压值相比较，从而实现速度的精确控制。

这里应注意测速反馈电压的匹配连接，并且不要拆卸测速机。由此引起的速度失控多是由于测速反馈线接反或者断线所致。

九、位置测量元件

位置测量较早期的机床使用直线或圆形同步感应器或者旋转变压器，而现代机床多采用光栅尺和数字脉冲编码器作为位置测量元件。它们对机床坐标轴在运行中的实际位置进行直接或间接的测量，将测量值反馈到 CNC 并与指令位移相比较，直至坐标轴到达指令位置，从而实现对位置的精确控制。

位置测量可能出现的故障多为硬件故障，例如位置测量元件受到污染，导线连接故障等。

第三节 数控机床维修的基本要求

一、对维修人员的素质要求

数控设备技术先进、结构复杂、价格昂贵，对维修人员有较高的要求。维修工作做得好坏，首先取决于维修人员的素质，他们必须具备以下条件：

1. 专业知识面广

维修人员除了掌握计算机原理、电子技术、电工原理、自动控制与电力拖动、检测技术、机械传动及机加工工艺方面的基础知识外，还应具有较强的动手能力；必须经过数控技术方面的专门学习和培训，掌握数字控制、伺服驱动及 PLC 的工作原理，懂得 NC（数控）编程和 PLC 编程。

2. 具有专业英语阅读能力

具有一定的专业英语阅读能力，才能准确阅读理解用英文表示的数控系统的操作面板、显示屏以及随机技术手册。

3. 勤于学习，善于分析

身为数控维修人员要勤于学习，否则很难掌握所需的知识和技术，必须刻苦钻研，反复阅读，边干边学，才能真正掌握维修技术。

数控维修人员要胆大心细，既敢于动手，又心细、有条理是非常重要的。胆大就是要敢于动手，只有敢于动手，才能深入理解系统原理、故障机理，才能一步步缩小故障范围、找到故障原因。心细就是在动手检修时，要先熟悉情况、后动手，不蛮干，在动手过程中要稳、准。

二、必要的维修使用器具

1. 测量仪器、仪表

（1）万用表

数控装置的维修涉及弱电和强电领域，最好配备指针式和数字式万用表各一块。指针式万用表除用于测量强电回路外，还用于判断二极管、三极管、晶闸管、电解电容等元器件的好坏，测量集成电路引脚的静态电阻值。数字式万用表可用于测量电压、电流、电阻值，还可用于测量三极管的放大倍数和电容值。它还有一个蜂鸣器挡，可测量电路的通断，判断印制电路的走向。

（2）逻辑测试笔和脉冲信号笔

这两种仪器体积小、价格低，对以数字电路为主体的数控系统的现场故障检查十分适用、方便。一般使用 TTL 和 CMOS 逻辑电平通用型。

逻辑测试笔可测试电路是处于高电平还是低电平，或是不高不低的浮空电平；判断脉冲的极性是正脉冲还是负脉冲，输出的脉冲是连续的还是单个脉冲；还可估计脉冲的占空比和频率范围。

脉冲信号笔则可触发单脉冲或连续脉冲、正脉冲或负脉冲，它和逻辑测试笔配合使用，就能对电路的输入和输出的逻辑关系进行测试。

（3）示波器

数控系统修理通常选用频带宽度为 10～100 MHz 的双通道示波器。它不仅可以测量电平、脉冲上下沿、脉宽、周期、频率等参数，还可以进行两信号的相位和电平幅度的比较。常用来观察主开关电源的振荡波形，直流电源或测速发电机输出的纹波，伺服系统的超调、振荡波形；用来检查、调整纸带阅读机的光电放大器的输出波形；还可用来检查 CRT 电路的垂直、水平振荡和扫描波形，视放电路的视频信号等。

（4）PLC 编程器

不少数控系统的 PLC 控制器必须使用专用的编程器才能对其进行编程、调试、监控和检查。这些编程器可以对 PLC 程序进行编辑和修改，监视输入和输出状态及定时器、移位寄存器的变化值。在运行状态下修改定时器和计数器的设置值，可强制内部输出，对定时器、计数器和移位寄存器进行置位和复位。带有图形功能的编程器还可显示 PLC 梯形图。

（5）IC 测试仪

这类测试仪可离线快速测试集成电路的好坏，在数控系统进行片级维修时是必要的仪器。国内常用的有台湾河洛公司生产的 PRUFER – 20 型手持式常用数字芯片测试仪，可测试 TTL74、CMOS40、CMOS45、DRAM41、DRAM44 等系列、引脚在 20 个以内的数字芯片。英国 ABI 电子公司生产的 PT3000 型手持式 40 脚数字芯片测试仪，除可测试上述常用系列芯片外，还可测试 PROM、EPROM、DRAM、SRAM 等多种存储器芯片，以及 TTL75、ULNZ、8Z、DS88、Z80、8T、MC68、86/82 等系列外围接口和微处理器芯片。

PT3200 型模拟芯片测试仪是 ABI 公司的另一种产品，可测试各种运放、比较器、光电耦合器、模拟多路开关、转换阵列、D/A、A/D 转换器、基准源、电压调节器以及一些特殊电路。

台湾河洛公司生产的 ALL – 03 或 07 型通用编程器也是国内维修人员常用的测试、编程仪器，它需和计算机连接，可对各种 EPROM、EEPROM 以及 GAL 等可编程逻辑芯片烧制程序，也可测试 TTL、CMOS 等通用系列芯片。

（6）IC 在线测试仪

这是一种使用通用微型计算机技术的新型数字集成电路在线测试仪器。它的主要特点是能够对焊接在电路板上的芯片直接进行功能、状态和外特性测试，确认其逻辑功能是否失效。它所针对的是每个器件的型号以及该型号器件应具备的全部逻辑功能，而不管这个器件应用在何种电路中。因此，它可以检查各种电路板，而且无须图样资料或了解其工作原理，为缺乏图样而使维修工作无从下手的数控维修人员提供了一种有效的手段，目前它在国内的应用日益广泛。

维修常用的在线测试仪原理有两种：一种是使用反驱动原理，在被测集成电路的输入脚上强行瞬时注入强大的电流，使被测集成电路处于规定的工作状态，采集集成电路输出电平，与存储于计算机测试程序中的正常电平相比较，从而确定被测集成电路的性能是否正常。另一种是使用符合比较的原理，用电子开关切换、比较被测集成电路和标准集成电路的输出状态，用符合逻辑判断被测集成电路的好坏。另外还有用针床法和探针法的在线测试仪，它们都必须要有线路图，并预知各测试点的波形，预先做大量工作，编好专用的测试诊断程序，故只适用于批量生产的场合。

目前国内使用较多的 IC 在线测试仪有新加坡生产的创能 BW4040EX、北京天龙电子工程公司生产的超能 TL4040，两者性能接近，都具有以下主要测试功能：

1）中小规模数字芯片的在线功能测试。也称 ICFT 测试，可测试 TTL74/75、CMOS4000、DRAM/SRAM 等芯片，是其在线测试的主要功能。

2）芯片出脚状态及连接情况测试。可自动测出地线脚、V_{cc}、浮空脚及相连脚，并可存盘记录。当芯片损坏后，相应管脚状态往往会发生变化，如击穿造成信号脚与电源短路而使引脚连线关系发生变化，因此只要和正常时所存的记录相比较，就会发现故障所在。当在线功能测试隔离失效时，这种测试可进一步提高查找故障的命中率。

3）VI 特性测试。由测试仪产生一个扫描电压，加到被测的芯片出脚（或电路焊接点）上，同时记录其电流变化，从而获得被测点的动态响应阻抗曲线。通常芯片的损坏 90% 都是端口损坏，端口一旦损坏必然改变它的 VI 曲线，因此，只要和正常时所存的 VI 特性记录相比较，就可找出故障。这种测试对任何芯片及分离元件都是有效的，特别是对模拟器件来说，损坏后往往造成端口特性阻抗发生明显变化，因此，更容易判别器件的好坏。

4）LSI 分析测试。它指的是 40 脚以下、双列直插式封装的大规模集成电路，如 8255、8031、Z80 等芯片的分析测试。由于 LSI 芯片功能十分复杂，又有多种使用方式，因此采用专用语言来描述其功能，并分成许多子测试，每个子测试只测一项功能。在测试前必须先用一块好的电路板事先对 LSI 进行学习测试。

目前，上述在线测试系统还不能保证被测电路在任何情况下都与相连的电路隔离成功，如 74373、244、245 等总线芯片，由于其输出挂在总线上，存在着总线竞争。还有板上振荡电路影响、异步连接等，造成在线测试的测量结果不是百分之百正确。通常，经在线测试通过的 IC 一定是好的，测试通不过的不一定是坏的。经验表明，采用在线功能测试确定坏的中小规模芯片的准确率约为 70%。对一些在线测试失败的芯片，还需要做进一步检查，确定其是否真坏。如可将该集成电路从印制电路板上拆下，再用在线测试仪离线测试，最终确定其好坏。

以上介绍的几种数字集成芯片离线或在线测试仪器，由于仅检测芯片的功能是否失效，不进行一些电参数（如频响、延迟、扇出系数、温漂等）的测试，所以这些参数变化引起的故障也无法检测出来。

（7）短路追踪仪

短路是电气维修中经常碰到的故障现象，如果使用万用表寻找短路点往往很费劲。如遇到电路中某个元器件击穿短路，由于在两条连线之间可能并接有多个元器件，用万用表测量出哪个元器件短路比较困难。再如对于变压器绕组局部轻微短路的故障，一般万用表测量也无能为力。而采用短路故障追踪仪可以快速地找出印制电路板上的任何短路点，如焊锡短路、总线短路、电源短路、多层线路板短路、芯片及电解电容内部短路、非完全短路等。

创能 CB-2000 型短路追踪仪是比较常见的一种仪器。它采用微电阻测量、微电压测量和电流流向追踪三种方式寻找短路点。三种方式可单独使用，也可以互相验证，共同确定一个短路点。

（8）逻辑分析仪

它是专门用于测量和显示多路数字信号的测试仪器，通常分 8、16、64 个通道，即可同时显示 8 个、16 个或 64 个逻辑方波信号。与显示连续波形的通用示波器不同，逻辑分析仪显示各被测点的逻辑电平、二进制编码或存储器的内容。通过仿真头可仿真多种常用的如 INTEL80 系列 CPU 系统，进行数据、地址、状态值的预置或跟踪检查。

在维修时，逻辑分析仪可检查数字电路的逻辑关系是否正常，时序电路的各点信号的时序关系是否正确，信号传输中是否有竞争、毛刺和干扰。通过测试软件的支持，对电路板输入给定的数据，同时跟踪测试它的输出信息，显示和记录瞬间产生的错误信号，找到故障所在。

逻辑分析仪有多种型号，常见的有 BA-1610、BA-1605、CA1110 型等，一般可采用 16 个通道，频率范围 50 MHz 或 100 MHz 的型号。

以上介绍的八种测量仪表、仪器，有些是常用的，是数控系统维修人员必备的；有些则是维修单位在板级维修的基础上提高到片级维修所要配备的。由于数控系统印制电路板价格昂贵，向国外购置或送修又十分不便，一些大的维修单位常配置这类仪器进行元器件级的修理。

2．维修工具

维修数控设备除了必要的测量仪表、仪器之外，一些维修工具是不可缺少的，主要有以下几种：

（1）电烙铁

它是最常用的焊接工具，常采用尖头的长寿命烙铁头，使用恒温式更好。电烙铁使用时接地线非常重要，一旦烙铁漏电可能会击穿多个芯片。

（2）吸锡器

将多个引出脚的 IC 芯片从电路板上焊下来，常用的方法是采用吸锡器，目前有手动和电动两种。手动吸锡器价格便宜，但在一些场合吸锡效果不好，如拆多层电路板上芯片的接地和电源引脚时，因散热快，难以吸净焊锡。电动吸锡器带电热丝和吸气泵，使用时对准焊点，待锡熔化后按动（手动或脚踩）吸气泵将锡抽净。

（3）旋具

常用的是大、中、小尺寸的一字槽和十字槽等各种形状的旋具各一套。

（4）钳类工具

常用的是平头钳、尖嘴钳、斜口钳、剥线钳。

（5）扳手

大小活络扳手、各种尺寸的内六角扳手。

（6）其他

剪刀、镊子、刷子、吹尘器、清洗盘、带鳄鱼钳的连接线等。

3. 化学用品

松香、纯酒精、清洁触点用喷剂、润滑油等。

三、必要的技术资料和技术准备

维修人员在平时要认真整理和阅读有关数控系统的重要技术资料。维修工作做得好坏，排除故障的速度快慢，主要决定于维修人员对系统的熟悉程度和运用技术资料的熟练程度。下面分几方面介绍进行数控维修所必需的技术资料和技术准备。

1. 数控装置部分

应有数控装置安装、使用（包括编程）、操作和维修方面的技术说明书，其中包括数控装置操作面板布置及其操作，装置内各电路板的技术要点及其外部连接图，系统参数的意义及其设定方法，装置的自诊断功能和报警清单，装置接口的分配及其含义等。通过上述资料，维修人员应掌握 CNC 原理框图、结构布置、各电路板的作用，板上各发光管指示的意义；通过面板对系统进行各种操作，进行自诊断检测，检查和修改参数并能作出备份。能熟练地通过报警信息确定故障范围，对系统供维修的检测点进行测试，会使用随机的系统诊断纸带对其进行诊断测试。

2．PLC 装置部分

应有 PLC 装置及其编程器的连接、编程、操作方面的技术说明书，还应包括 PLC 用户程序清单或梯形图、I/O 地址及意义清单，报警文本以及 PLC 的外部连接图。维修人员应熟悉 PLC 编程语言，能看懂用户程序或梯形图，会操作 PLC 编程器，有时还需对 PLC 程序进行某些修改。应熟练地通过 PLC 报警号检查 PLC 有关的程序和 I/O 连接电路，确定故障的原因。

3．伺服单元

应有进给和主轴伺服单元原理、连接、调整和维修方面的技术说明书，其中包括伺服单元的电气原理框图和接线图，主要故障的报警显示，重要的调整点和测试点，伺服单元参数的意义和设置。维修人员应掌握伺服单元的原理，熟悉其连接；能根据单元板上故障指示发光管的状态和显示屏显示的报警号及时确定故障范围；能测试关键点的波形和状态，并作出比较；能检查和调整伺服参数，对伺服系统进行优化。

4．机床部分

应有机床安装、使用、操作和维修方面的技术说明书，其中包括机床的操作面板布置及其操作，机床电气原理图、布置图及接线图。对电气维修人员来说，还需要机床的液压回路图和气动回路图。维修人员应了解机床的结构和动作，熟悉机床上电气元器件的作用和位置，会手动操作机床，编制简单的加工程序并进行试运行。

5．其他

有关元器件方面的技术资料，如数控设备所用的元器件清单、备件清单以及各种通用的元器件手册。维修人员应熟悉各种常用的元器件，一旦需要，能较快地查阅有关元器件的功能、参数及代用型号。对一些专用器件可查出其订货编号。

做好数据和程序的备份十分重要。除前面所述的系统参数、PLC 程序、PLC 报警文本外，还有机床必须使用的宏指令程序、典型的零件程序、系统的功能检查程序。对于一些装有硬盘驱动器的数控系统，应有硬盘文件的备份。维修人员应了解这些备份的内容，能对数控系统进行输入和输出的操作。

有些维修所必需的电路图往往通过对实物的测绘才能得到，如光栅尺测量头的原理图，主开关电源的原理图。这要求维修人员具有测绘能力。

故障维修记录是一份十分有用的技术资料。维修人员在完成故障排除之后，应认真做好记录，将故障现象、诊断、分析、排除方法一一加以记录。在排除新的故障之前，应考虑这种故障以前是否发生过没有，当时是如何解决的，这常常给修理带来方便。

四、必要的备件

对于数控系统的维修，备品、备件必不可少。如无备件可调换，则"巧妇难为无米之炊"。而且如果维修人员手头上备有一些电路板的话，将给排除故障带来许多方便，采用换板法常可快速判断出一些疑难故障发生在哪块电路板上。

数控系统备件的配置要根据实际情况，通常一些易损的电气元器件如各种规格的熔断器、熔体、开关、电刷，还有易出故障的大功率模块和印制电路板等，均是应当配备的。

第四节　数控机床电气维修的基本步骤

一、故障记录

数控机床发生故障时，操作人员应首先停止机床运转，保护现场，然后对故障进行尽可能详细的记录，并及时通知维修人员。故障的记录可为维修人员排除故障提供第一手材料。记录内容应包括下述几个方面。

1. 故障发生时的情况记录

（1）发生故障时的机床型号、采用的控制系统型号、系统的软件版本号。

（2）故障的现象、发生故障的部位以及发生故障时机床与控制系统的现象，如：是否有异常的声音、烟、味等。

（3）发生故障时系统所处的操作方式，如：AUTO/SINGLE（自动/单段方式）、MDI（手动数据输入方式）、STEP（步进方式）、HANDLE（手轮方式）、JOG（手动方式）、HOME（回零方式）等。

（4）如故障在自动方式下发生，则应记录发生故障时的加工程序号、出现故障的程序段号、加工时采用的刀具号以及刀具的位置等。

（5）若故障发生在精度超差或轮廓误差过大时，应记录被加工工件号，并保留不合格工件。

（6）在发生故障时，若系统有报警显示，则应记录报警显示情况与报警号。

(7) 通过诊断画面，记录机床故障时所处的工作状态。如：系统是否在执行 M、S、T 等功能；系统是否进入暂停状态或急停状态；系统坐标轴是否处于"互锁"状态；进给倍率是否为 0% 等。

(8) 记录发生故障时，各坐标轴的位置跟随误差值。

(9) 记录发生故障时，各坐标轴的移动速度、移动方向、主轴转速、转向等。

2. 故障发生的频繁程度的记录

(1) 故障发生的时间与周期，如：机床是否一直存在故障；若为随机故障，则一天发生几次，是否频繁发生。

(2) 故障发生的环境情况，如：是否总是在用电高峰期发生；故障发生时（如雷击后），周围其他机械设备的工作情况。

(3) 若为加工工件时发生的故障，则应记录加工同类工件时发生故障的概率情况。

(4) 检查故障是否与"进给速度""换刀方式"或"螺纹切削"等特殊动作有关。

3. 故障的规律性记录

(1) 在不危及人身安全和设备安全的情况下，是否可以重演故障现象。

(2) 检查故障是否与机床的外界因素有关。

(3) 故障如果是在执行某固定程序段时出现，则可利用 MDI 方式单独执行该程序段，检查是否还存在同样的故障。

(4) 若机床故障与机床动作有关，在可能的情况下，应检查在手动情况下执行该动作是否也有同样的故障。

(5) 机床是否发生过同样的故障，周围的数控机床是否也发生同一故障。

4. 故障的外界条件记录

(1) 发生故障时的周围环境温度是否超过允许温度，是否有局部的高温存在。

(2) 故障发生时，周围是否有强烈的振动源存在。

(3) 故障发生时，系统是否受到阳光的直射。

(4) 检查故障发生时，电气柜内是否有切削液、润滑油。

(5) 故障发生时，输入电压是否超过了系统允许的波动范围。

(6) 故障发生时，车间内或线路上是否有使用大电流的装置正在进行启、制动。

(7) 故障发生时，机床附近是否存在吊车、高频机械、焊机或电加工机床等强电磁干扰源。

（8）故障发生时，附近是否正在安装或修理、调试机床；是否正在修理、调试电气和数控装置。

二、维修前的检查

维修人员在故障维修前，应根据故障现象与故障记录，认真对照系统与机床使用说明书进行各项检查，以便确认故障的原因。这些检查包括：

1. 机床的工作状况检查

（1）机床的调整状态如何，机床工作条件是否符合要求。

（2）加工时所使用的刀具是否符合要求，切削参数选择是否合理、正确。

（3）自动换刀时，坐标轴是否达到了换刀位置；程序中是否设置了刀具偏移量。

（4）系统的刀具补偿量等参数设定是否正确。

（5）系统的坐标轴的间隙补偿量是否正确。

（6）系统的设定参数（包括坐标旋转、比例缩放因子、镜像轴、编程尺寸单位选择等）是否正确。

（7）系统的工作坐标系位置，"零点偏置值"的设置是否正确。

（8）工件安装是否合理，测量手段、方法是否正确、合理。

（9）机械零件是否存在因温度、加工而产生变形的现象等。

2. 机床运转情况检查

（1）机床自动运转过程中是否改变或调整过操作方式，是否插入了手动操作。

（2）机床侧是否处于正常加工状态，工作台、夹具等装置是否处于正常工作位置。

（3）机床操作面板上的按钮、开关位置是否正确，机床是否处于锁住状态，开关是否设定为"0"。

（4）机床各操作面板上、数控系统上的"急停"按钮是否处于急停状态。

（5）电气柜内的熔断器是否熔断，自动开关、断路器是否跳闸。

（6）机床操作面板上的方式选择开关位置是否正确，进给保持按钮是否被按下。

3. 机床与系统之间连接情况的检查

（1）检查电缆是否破损，电缆拐弯处是否破裂、损伤。

（2）电缆线与信号线布置是否合理，电缆连接是否正确、可靠。

（3）机床电源进线是否可靠接地，接地线的规格是否符合要求。

（4）信号屏蔽线的接地是否正确，端子板上接线是否牢固、可靠，系统接地线是否连接可靠。

（5）继电器、电磁铁以及等电磁部件是否装有噪声抑制器（灭弧器）等。

4．CNC 装置的外观检查

（1）是否在电气柜门打开的状态下运行数控系统，有无切削液或切屑进入柜内，空气过滤器清洁状况是否良好。

（2）电气柜内部的风扇、热交换器等部件的工作是否正常。

（3）电气柜内部系统、驱动器的模块、印制电路板是否有灰尘、金属粉末等。

（4）在使用纸带阅读机的场合，检查纸带阅读机是否有污物，阅读机上的制动电磁铁动作是否正常。

（5）电源单元的熔断器是否熔断。

（6）电缆连接器插头是否完全插入、拧紧。

（7）系统模块、线路板的数量是否齐全，模块、线路板安装是否牢固、可靠。

（8）机床操作面板 MDI/CRT 单元上的按钮有无破损，位置是否正确。

（9）系统的总线装置、模块的设定端的位置是否正确。

总之，维修时检查原始数据、状态越多，记录越详细，维修就越方便。用户最好根据本厂的实际情况，编制一份故障维修记录表，在系统出现故障时，操作者可以根据表的要求及时填入各种原始材料，供维修时参考。

三、常见故障分类

数控机床是一种技术复杂的机电一体化设备，其故障发生的原因一般都比较复杂，这给故障诊断和排除带来不少困难。为了便于故障分析和处理，这里按故障部件、故障性质及故障原因等对常见故障分类如下。

1．按数控机床发生故障的部件分类

（1）主机故障

数控机床的主机部分，主要包括机械、润滑、冷却、排屑、液压、气动与防护等装置。常见的主机故障有：因机械安装、调试及操作使用不当等原因引起的机械传动故障与导轨运动摩擦过大故障。故障表现为传动噪声大，加工精度差，运行阻力大。例如：轴向传动链的挠性联轴器松动、齿轮、丝杠与轴承缺油，导轨塞铁调整不当，导轨润滑不良以及系统参数设置不当等原因均可造成以上故障。尤其应引起重视的是，机床各部位标明的注油点（注油孔）须定时、定量加注润滑油（剂），这是机床各传动链正常运行的保证。另外，液压、润滑与气动系统的故障主要是管路阻塞和密封不良，因此，数控机床更应加强污染控制和根除"三漏"现象。

(2) 电气故障

电气控制系统故障通常分为"弱电"故障和"强电"故障两大类。

"弱电"部分是指控制系统中以电子元器件、集成电路为主的控制部分。数控车床的弱电部分包括 CNC、PLC、MDI/CRT 以及伺服驱动单元、输入/输出单元等。

"弱电"故障又有硬件故障与软件故障之分。硬件故障是指上述各部分的集成芯片、分立电子元器件、接插件以及外部连接组件等发生的故障。软件故障是指在硬件正常情况下所出现的动作出错、数据丢失等故障，常见的有：加工程序出错、系统程序和参数的改变或丢失、计算机运算出错等。

"强电"部分是指控制系统中的主回路或高压、大功率回路中的继电器、接触器、开关、熔断器、电源变压器、电动机、电磁铁、行程开关等电气元器件及其所组成的控制线路。这部分的故障虽然维修、诊断较为方便，但由于它处于高压、大电流工作状态，发生故障的概率要高于"弱电"部分，必须引起维修人员的足够重视。

2. 按数控机床发生故障的性质分类

(1) 系统性故障

系统性故障通常是指只要满足一定的条件或超过某一设定的限度，工作中的数控机床必然会发生的故障。这一类故障现象极为常见。例如：液压系统的压力值随着液压回路过滤器的阻塞而降到某一设定参数时，必然会发生液压系统故障报警使系统停机；又如：润滑、冷却或液压等系统由于管路泄漏引起油标下降到使用限值，必然会发生液位报警使机床停机；再如：机床加工中因切削量过大达到某一限值时必然会发生过载或超温报警，致使系统迅速停机。因此，正确使用与精心维护即可避免这类系统性故障的发生。

(2) 随机性故障

随机性故障通常是指数控机床在同样的条件下工作时只偶然发生一次或两次的故障。有的文献上称为"软故障"。由于此类故障在各种条件相同的状态下只偶然发生一两次，因此，随机性故障的原因分析与故障诊断较其他故障困难得多。一般而言，这类故障的发生往往与安装质量、组件排列、参数设定、元器件品质、操作失误与维护不当，以及工作环境影响等诸因素有关。例如：接插件与连接组件因疏忽未加锁定、印制电路板上的元器件松动变形或焊点虚脱、继电器触点、各类开关触头因污染锈蚀、直流电动机电刷不良等所造成的接触不可靠，以及内外界的电磁干扰等。另外，工作环境温度过高或过低、湿度过大、电源波动与机械振动、有害粉尘与气体污染等原因均可引发此类偶然性故障。因此，加强数控系统的维护检查，确保电气箱门的密封，严防工业粉尘及有害气体的侵袭等，均可避免此类故障的发生。

3. 按故障发生后有无报警显示分类

（1）有报警显示的故障

这类故障又可分为硬件报警显示与软件报警显示两种。

1）硬件报警显示的故障。硬件报警显示通常是指各单元装置上的警示灯（一般由发光管或小型指示灯组成）的指示。在数控系统中有许多用以指示故障部位的警示灯，如控制操作面板、位置控制印制线路板、伺服控制单元、主轴单元、电源单元等部位以及光电阅读机、穿孔机等外设装置上常设有这类警示灯。一旦数控系统的这些警示灯指示故障状态后，借助相应部位上的警示灯均可大致分析判断出故障发生的部位与性质，这无疑给故障分析诊断带来极大方便。因此，维修人员日常维护和排除故障时应认真检查这些警示灯的状态是否正常。

2）软件报警显示的故障。软件报警显示通常是指显示器上显示出来的报警号和报警信息。由于数控系统具有自诊断功能，一旦检测到故障，即按故障的级别进行处理，同时在显示器上以报警号形式显示该故障信息。这类报警显示常见的有：存储器警示、过热警示、伺服系统警示、轴超程警示、程序出错警示、主轴警示、过载警示以及断线警示等，通常，少则几十种，多则上千种，这无疑为故障判断和排除提供了极大的帮助。

（2）无报警显示的故障

这类故障发生时无任何硬件或软件的报警显示，因此，分析诊断难度较大。例如机床通电后，在手动方式或自动方式运行时出现爬行现象，无任何报警显示；又如机床在自动方式运行时突然停止，而显示器上无任何报警显示；还有在运行机床某轴时发出异常声响，一般也无故障报警显示。对于无报警显示故障，通常要具体情况具体分析，要根据故障发生的前后变化状态进行分析判断。例如：上述 X 轴在运行时出现爬行现象，可首先判断是数控部分故障还是伺服部分故障。具体做法是：在手摇脉冲进给方式中，可均匀地旋转手摇脉冲发生器，同时分别观察比较显示器上 Y 轴、Z 轴与 X 轴进给数字的变化速率。通常，如数控部分正常，三个轴的上述变化速率应基本相同，从而可确定爬行故障是 X 轴的伺服部分还是机械传动所造成。

4. 按故障发生的原因分类

（1）数控机床自身故障

这类故障的发生是由于数控机床自身的原因引起的，与外部使用环境条件无关。数控机床所发生的绝大多数故障均属此类故障。

（2）数控机床外部故障

这类故障是由外部原因造成的。例如：数控机床的供电电压过低或过高，波动过大，相序不对或三相电压不平衡；周围的环境温度过高，有害气体、潮气、粉尘侵入；外来振动和干扰，如电焊机所产生的电火花干扰等，均有可能使数控机床发生故障。还有人为因素所造成的故障，如操作不当，手动进给过快造成超程报警，自动切削进给过快造成过载报警。又如操作人员不按时按量给机床机械传动系统加注润滑油，易造成传动噪声或导轨摩擦因数过大，而使工作台进给电动机超载。据有关资料统计，首次采用数控机床或由不熟练工人来操作，在使用第一年内，由于操作不当所造成的外部故障要占全部故障的 1/3 以上。

除上述常见故障分类外，还可按故障发生时有无破坏性分类，可分为破坏性故障和非破坏性故障；按故障发生的部位分类，可分为数控装置故障，进给伺服系统故障，主轴系统故障，刀架、刀库、工作台故障等。

第五节　数控机床电气维修的安全操作规范

一、维修前的准备工作

1. 机床发生故障后，维修人员应立即到现场检查需维修的内容。
2. 根据检查情况制订维修计划，决定维修的工作范围、操作步骤等。
3. 若需与其他部门配合，应事先联系好。
4. 准备好维修用的消耗备件，如密封圈、轴承、润滑脂、机油等。
5. 所需仪器和工具应处于良好的工作状态。

二、维修过程中的注意事项

1. 维修期间，如果接通电源可能出现事故，则必须使电源开关处于"OFF"位置，并在电源开关上方设置"不许通电"的标志。

2. 不得用湿手操作电气线路及开关等。

3. 不得随意更改电路或其他调整用电位器。

4. 通电测试时，注意高压危险。

5. 不得使电气装置受到冲击和振动，不得向连接器件部分加以强力。

6. 一定要使用规定的熔断器和导线。

三、出现故障时的注意事项

发生故障时，除非故障危及人身安全需要紧急断电外，不要立即关断整机电源，而是采取按下急停按钮，在系统不断电的情况下，保留故障现场，从而保留CNC自诊断的内容以供分析。记录显示器上会显示故障出现时的工作方式、运转工况、坐标位置、程序段、报警内容以及各种误差检查结果等。调用诊断画面，还可以检查可能出现的故障点。

四、重演故障时的注意事项

当出现软件报警，或者故障现象不属于：撞刀、过流/过载/过热报警、严重振动与噪声、异常气味等情况时，往往可以重演故障以利分析。

重演故障前必要的安全检查如下：

1. 电网电压稳定性及电源电缆与接地可靠性检查。

2. 检查设备的外部管线、接线与器件的外观是否正常。

3. 检查机床是否具备必要的安全防护功能，如主令电器是否处于正常状态（如系统急停、Z轴锁定、机床锁定、复位、报警器等是否可正常使用）以及各限位开关有无移位与松动。

4. 外围设备的安全位置检查，例如检查尾架、刀架、主轴、工作台和机械手等是否处于安全启动位置，所有工具、工件是否都已经离开机床并收拾好，周围环境是否安全等。

5. 将右手放在面板急停键附近，随时准备急停制动，然后才能逐级通电，逐级测量与观察强电各部分电压。

五、维修工作完成后的注意事项

1. 再次检查已经维修的各部分，确保其正常。

2. 处理好无用的零件和废油。

3. 机床外观及场地清理完毕后，将机床移交给操作者予以验收。

4. 记录好维修工作的各环节和处理结果。

本章思考题

1. 数控机床由哪几部分组成？各有什么作用？
2. 简述数控机床的工作原理。
3. 对数控机床维修人员有哪些要求？如何搞好数控机床的日常维护工作？
4. 数控机床电气维修的基本步骤有哪些？
5. 数控机床有哪几类故障？
6. 在数控机床电气维修的过程中应注意哪些安全操作规范？

第二章

数控机床故障诊断与维修技术

第一节 维修遵循原则

数控机床发生故障时，为了进行故障诊断，找出产生故障的原因，维修人员应遵循以下两条原则。

一、充分调查故障现场

调查故障现场，首先要查看故障记录，同时应向操作者调查、询问出现故障的全过程，充分了解发生的故障现象，以及采取过的措施等。此外，维修人员还应对现场做细致的检查，查看引入的电源是否正常，观察系统的外观、内部各部分是否有异常之处；在确认数控系统通电无危险的情况下方可通电，通电后再观察系统有何异常，显示的报警内容是什么等。

二、认真分析故障的原因

数控系统虽有各种报警指示灯或自诊断程序，但不可能诊断出发生故障的确切部位。而且，同一故障、同一报警可以有多种起因，在分析故障的起因时，一定要开阔思路，尽可能考虑各种因素。

分析故障时，维修人员也不应局限于 CNC 部分，而是要对机床强电、机械、液压、气动等方面都做详细的检查，根据不同的故障表现，进行综合判断，确定故障在哪部分，做好这一步对快速有效的确诊和最终排除故障非常重要。

第二节　故障的常规处理方法

由于数控系统所产生的故障千变万化，其原因比较复杂，往往是一个报警指示出众多故障起因。因此，有必要总结出一些行之有效的故障检查方法。

一、常用的故障检查方法

多年来，广大维修人员在大量的数控机床维修实践中摸索出不少可快速找出故障原因的检查方法。下面结合维修实例，详细介绍常用的 10 种故障检查方法。

1. 功能程序测试法

功能程序测试法是将所维修数控系统的 G、M、S、T、F 功能的全部使用指令编成一个试验程序。在故障诊断时运行这个程序，可快速判定哪个功能不良或丧失。

功能程序测试法常应用于以下场合：

(1) 机床加工造成废品而一时无法确定是编程、操作不当，还是数控系统故障时。

(2) 数控系统出现随机性故障，一时难以区别是外来干扰，还是系统稳定性不好。如不能可靠地执行各加工指令，可连续循环执行功能测试程序来诊断系统的稳定性。

(3) 闲置时间较长的数控机床在投入使用时或对数控机床进行定期检修时。

下面针对上述场合 (1)，介绍典型的功能测试程序内容。

[例 2—1]　配置 FANUC - 7CM 数控系统的加工中心加工中，出现零件尺寸相差很大，系统又无报警时，使用功能程序测试法，将功能测试带输入系统，并空运行。测试流程如图 2—1 所示。

当运行到含有 G01、G02、G03、G18、G19、G41、G42 等指令的四角带圆弧的长方形典型图形程序时，发现机床运行轨迹与所要求的图形尺寸不符，从而确认机床刀补功能不良。该系统的刀补软件存放在 EPROM 芯片中，调换该集成电路后机床加工恢复正常。

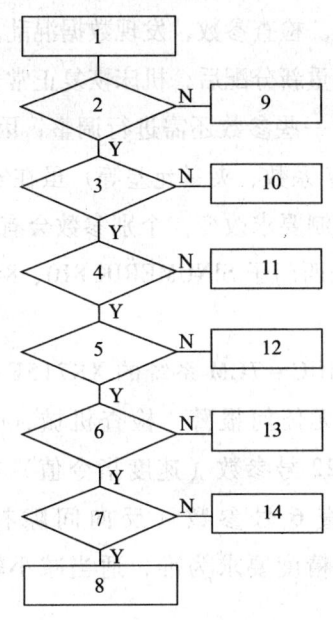

图2—1 功能程序测试流程

1—所加工零件尺寸不对 2—自动回零功能正常否 3—直线插补功能正常否
4—圆弧插补功能正常否 5—刀补功能正常否 6—自动换刀功能正常否
7—固定循环功能正常否 8—功能齐全正常 9—自动回原点故障
10—直线插补故障 11—圆弧插补故障 12—刀补功能故障
13—自动换刀故障 14—固定循环故障

[例2—2] 配置FANUC-9数控系统的立式铣床在自动加工某一曲线零件时出现爬行现象，表面粗糙度值大。在运行测试程序时，直线、圆弧插补皆无爬行，由此确定原因在编程方面。对加工程序仔细检查后发现该加工曲线是由众多小段圆弧组成的，而编程时又使用了正确定位检查G61指令。将程序中的G61取消，改用G64后，爬行现象消除。

2．参数检查法

数控系统的参数是经过一系列试验、调整而获得的重要数据。如参数存放在由电池供电保持的RAM中，一旦电池电压不足、系统长期不通电或外部干扰会使参数丢失或混乱，从而使系统不能正常工作。当机床长期闲置或无缘无故出现不正常现象或有故障而无报警时，就应根据故障特征，检查和校对有关参数。

[例2—3] 配置FANUC-7CM系统的XK715F型数控立式铣床，开机后不

久出现 7（伺服未准备好）、20、21、22、23 号（X、Y、Z、U 各轴速度超过）报警。这种现象常与参数有关。检查参数，发现数据混乱。将参数重新输入，上述五种报警消失。再对存储器区重新分配后，机床恢复正常。

在排除某些故障时，对一些参数还需进行调整，因为有些参数（如各轴的漂移补偿值、传动间隙值、KV 系数、夹紧允差等）虽在安装时调整过，但由于试加工的局限性，加工要求或控制要求改变，个别参数会有不适应的情况。参数调整、修改前，通常应先开锁，如西门子 SINUMERIK 810、840、880 等系统，应先输入 11 号保密参数值。

[例 2—4] 配置 FANUC-7CM 系统的 XK715F 数控立式铣床出现 X 轴伺服电动机温升过高现象，无任何报警。检查机械、电动机、伺服单元皆无故障。检查有关参数，发现 22 号参数（速度指令值）在机床停止时，其数值闪动比其他轴大得多。再查 6 号参数（反向间隙补偿量），其补偿值高达 0.25 mm。以满足机床加工精度要求为准，适当减小轴反向间隙补偿值后，电动机过热故障消除。

对于经过长时间运行的数控机床，由于机械传动部件磨损，电气元器件性能变化或调换零部件所引起的变化，也需对有关参数进行调整。有些故障往往是由于未及时修改某些不适当的参数值所造成。

[例 2—5] 配置 FANUC-6TB 系统的 1200 型数控车床工作时，常出现 411 号报警，这表示 X 轴的跟踪误差超出了参数限定值。调整 90 号参数（KV 因数，位控环增益），使伺服系统位控环增益合适。具体方法是，运行测试程序使被测轴自动往复运动，用示波器观察其测速发电机的输出波形，一边修改 KV 参数值，一边检查波形，应无超调现象（一旦出现超调，应减小 KV 值）。KV 值调整合适后，报警不再出现。

3．交换法

在数控系统中，常有型号完全相同的电路板、模块、集成电路和其他零部件。可将相同部分互相交换，观察故障转移情况，以快速确定故障部位。

当数控系统某个轴运动不正常，如爬行、抖动、时动时不动、只能朝某一个方向移动等故障时，常采用换轴法来确定故障部位。

[例 2—6] 配置 FANUC-7CM 系统的 XK715F 型数控立式铣床出现纵向滑板（Y 轴）正向进给正常，反向进给失常，时动时不动，采用手摇脉冲进给时也如此。这类故障可先采用换轴法来确定故障部位。图 2—2 所示为该系统 X、Y 两轴伺服系统电气连接图。采用如图 2—3 所示的检查步骤。

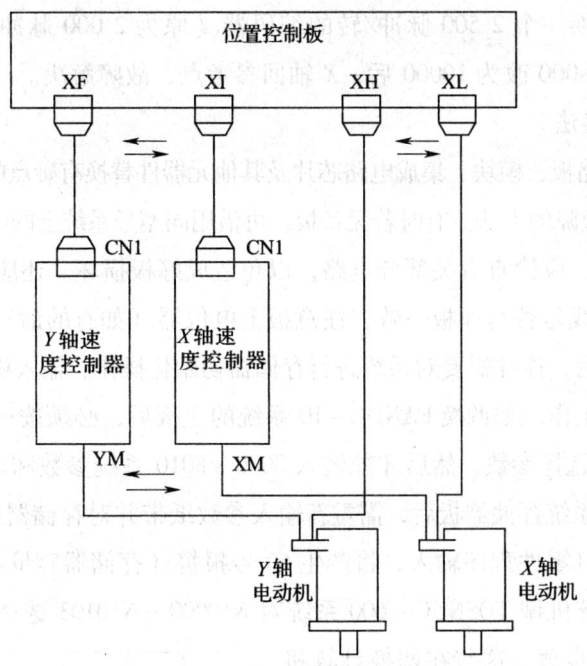

图 2—2 X、Y 轴伺服连接示意图

在第一次交换后故障仍在纵滑板轴，第二次交换后故障转移到横滑板轴，从而确定 Y 轴速度控制器有故障。将其电路板拆下检查，发现板上一电容器损坏。更换电容器后，再装入系统，故障消除。

有时交换法可通过改变参数设置或 PLC 程序来实现，这种软件交换更为方便。

[例 2—7] 配置西门子 SINUMERIK 810 系统的大型数控车床有时回不了参考点。用 X 轴置回参考点方式，启动刀架向 X 参考点移动，碰到减速开关之后，X 轴反向移动，找不到参考点。为了证实 X 位置编码器是否有零位脉冲发至数控系统，暂时修改 810T 系统 MD2001 和 MD4000 参数值，将 X 轴设成 S 轴，再观察主轴伺服数据显示画面，在 X 轴转动时其实际旋转值是否从零逐渐变大。经观察，其值不变，总为零。从而判定 X 轴编

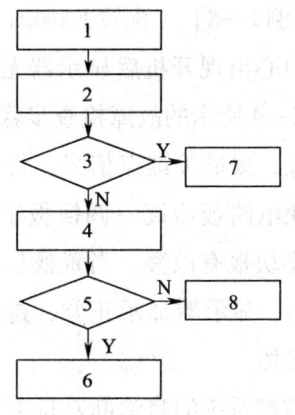

图 2—3 换轴法检查流程图

1—纵滑板（Y）反向进给失常
2—插头 XF 与 XI、XH 与 XL 同时交换
3—纵滑板（Y）进给正常否
4—XH 与 XL 复原，YM 与 XM 交换接线
5—纵滑板（Y）进给正常否
6—故障转移到横滑板，Y 速度单元坏
7—故障转移到横滑板，位置板等控制部分故障
8—Y 轴伺服电动机组件或机械故障

码器有故障。调换一个 2 500 脉冲/转的编码器（原为 2 000 脉冲/转），并将机床参数 MD3640 从 8000 改为 10000 后，X 轴回参考点，故障解决。

4. 备板置换法

利用备用电路板、模块、集成电路芯片及其他元器件替换有疑点的零部件，是一种快速而简便找出故障的方法。有时若无备板，可借用同型号系统上的电路板来试验。

备板置换前，应检查有关部分电路，以免造成好板损坏。还应检查试验板上的选择开关和跨接线是否与原板一致，注意板上电位器（如有的话）的调整。在置换计算机的存储板后，往往需要对系统进行存储器初始化操作、输入机器参数等，否则系统仍不能正常工作。如调换 FANUC-10 系统的主板后，必须按一定的操作步骤先输入 9000~9031 选择参数，然后才能输入 0000~8010 系统参数和 PC 参数。又如当调换 FANUC-7 系统存储器板后，需重新输入参数纸带并对存储器区进行分配操作。缺少后一步，一旦零件程序输入，将产生 60 号报警（存储器容量不够）。还有一些系统，如日本东芝机械 TOSNUC-600 系统对 N10000~N10103 选择参数的设置具有相当特殊的操作步骤。这些在调换计算机的某些电路板时应该注意。

[例 2—8] 配置 FANUC-6M 系统的加工中心出现开机后显示器无显示。采用如图 2—4 所示的故障检查步骤。先检查外围接线，测量关键点信号，将疑点缩小到某几块电路板后逐一调换板子。最后，可确定哪块板有故障。当置换显示器接口控制板后，显示器显示正常，这表明接口控制板已坏。

数控系统的自诊断功能有时可以将故障定位到电路板，但由于目前一些自诊断存在局限性，定位出现偏差的情况时有发生，这时可用备板置换法在报警提示的范围内逐一调换板子，最后找出坏板。

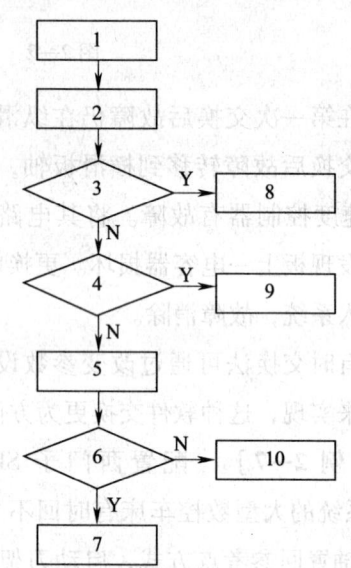

图 2—4 显示器无显示检查流程图
1—显示器无显示 2—检查显示器接线
3—有显示否 4—有视频信号输入否
5—更换显示器接口控制板 6—有显示否
7—接口控制板坏 8—连接不良
9—检查 +24 V 输入电压，调换或检查显示器单元
10—主板故障

[例 2—9] 配置东芝机械 TOSNUC-600M 系统的 MPA-45120 数控龙门铣床，开机后显示器上出现 NC8-012（伺服 CPU1 板故障）、NC8-013（伺服 CPU2 板

故障)、NC8-016（反馈检测装置故障）等报警号，机床不能正常工作。按报警提示调换伺服 CPU 模块 ZSU2 板和 ZSU22 板后故障仍存在，可见故障原因不在伺服 CPU 板上。在主框上的六块电路板中，主 CPU 板对伺服 CPU 板来说最为重要，首先用 ZPU1 主 CPU 备板调换原板，结果故障消除。将有关数据及变量送入新主 CPU 板后，机床恢复正常。

如上例中的这类疑难故障，若不采用备板置换法，通常会难以下手，无法确定故障出在哪块板上。

5. 隔离法

有些故障，如轴抖动、爬行，一时难以区分是数控部分，还是伺服系统或机械部分造成的，常可采用隔离法。将机电分离，数控与伺服分离，或将位置闭环分离作为开环处理。这样，复杂的问题就化为简单，能较快地找到故障原因。

[例 2—10] 配置 FANUC-7CM 系统的 XK715F 型数控立式铣床，其旋转工作台（B 轴）低速时转动正常，中、高速时出现抖动。采用隔离法将电动机从转盘上拆下后再运转，仍有抖动现象。再将位置环脱开，外加 VCMD 给定信号给速度单元，再运转，还是抖动。可见故障在电动机或速度单元上。先打开电动机，发现大量冷却油进入内部。经洗刷电动机内部后再装好，运转时电动机不再抖动。

[例 2—11] 配置 NCE510 数控系统和 HT400 等离子系统的德国依萨公司的切割机，起弧时电流值超过 600 A（正常为 400 A 以内），新换上的电极、旋转环很快烧坏。为了区分此故障是 HT400 系统还是 RPC-600 电源系统造成，可采用隔离法，将 RPC-600 中 A1 板上 X2 跨接插座从"外控"转接至"内控"，这样将 HT400 中的电流遥控环节隔离。经运行后电流恢复到正常值，可见故障在遥控环节。检查电流遥控盒和外接线，发现遥控盒至 RPC-600 的活动馈线因长期移动而发生断线现象。

6. 直观法

就是利用人的手、眼、耳、鼻等感觉器官来寻找故障原因。这种方法在维修中是常用的，也是首先使用的。"先外后内"的维修原则要求维修人员在遇到故障时应先采用望、闻、嗅、摸等方法，由外向内逐一进行检查。有些故障采用这种直观法可迅速找到故障原因，而采用其他方法要花费不少时间，甚至一时解决不了问题。

利用人体的视觉功能可观察设备内部器件或外部连接的形状变化。如电气方面可观察线路元器件的连接是否松动、断线或铜箔断裂，继电器、接触器与各类开关的触点是否烧蚀或压力失常，发热元器件的表面是否过热变色，电解电容的表面是否膨胀变形，保护器件是否脱扣，耐压元器件是否有明显的击穿点，以及碳刷接触表面与接触压力是否正常等。另外，对开机发生的火花、亮点等异常现象更应重点检查。机械故障方面，主要可观察传动链路组件是否存在间隙过大，固定锁紧装置是否松动，工作台导轨面、滚珠丝杠、齿轮及传动轴等表面的润滑状况是否正常，以及是否有其他明显的碰撞、磨损与变形现象等。

[例 2—12] KMC-3000SD 型龙门式加工中心在安装调试后不久，Z 轴运动时偶尔出现报警，指示实际位置与指令不一致。采用直观法发现 Z 轴编码器外壳因被撞而变形，故怀疑该编码器已损坏，调换一个新编码器后上述故障排除。

利用人体的听觉功能可查寻数控机床因故障而产生的各种异常声响的声源，如电气部分常见的异常声响有：电源变压器、阻抗变换器与电抗器等因铁心松动、锈蚀等原因引起的铁片振动的"吱吱"声，继电器、接触器等因磁回路间隙过大、短路环断裂、动静铁心或衔铁轴线偏差、线圈欠压运行等原因引起的电磁"嗡嗡"声或触点接触不好的"嗞嗞"声，以及元器件因过流或过压运行失常引起的击穿爆裂声。伺服电动机、气动或液压元器件等发生的异常声响基本上和机械故障的异常声响相同，主要表现为机械的摩擦声、振动声与撞击声等。

[例 2—13] JCS-018 型立式加工中心，Z 轴电动机忽然出现异常振动声，马上停机，将电动机与丝杠分开，试车时仍然振动，可见振动不是由机械传动机构的原因所造成的。为区分是伺服单元故障，还是电动机故障，采用 Y 轴伺服单元控制 Z 轴电动机，还是振动，所以判断为电动机故障，将该电动机修复后，故障排除。

另外，现场维修中利用人体的嗅觉功能和触觉功能可查寻因过流、过载或超温引起的故障。例如，气动、液压与冷却系统的管路发生阻塞、泵卡死或其他机械故障等原因引起的气动与液压元器件及泵电动机过载超温，严重时甚至会引起线圈烧损并伴有焦煳味散发出来。又如，电路元器件运行中因漏电、过流、过载等原因也会引起异常温升和异味。

[例 2—14] XHK716 型立式加工中心，在安装调试时，显示器突然出现无显示故障，而机床还可以继续运转。停机后再开机，又一切正常。在设备运转过程中经常出现这种故障。采用直观法进行检查，发现每当车间上方的门式起重机经过时，就会出现此故障，由此初步判断是元件连接不良。检查显示板，用手触动板上元件，当触动某一集成块管脚时，显示器上显示就会消失。经观察发现该脚没有完全插入插座中。另外，发现此集成块旁边的晶振有一个引脚没有焊锡。将这两处故障排除后，故障现象消除。

7. 升降温法

人为地将元器件温度升高（应注意器件的温度参数）或降低，加速一些温度特性较差的元器件产生"病症"或使"病症"消除来寻找故障原因。

[例2—15] 配置FANUC–7CM系统的XK715F型数控立式铣床，工作半小时后显示器中部变白，逐渐严重，最后全部变暗，无显示。关机数小时之后再开机，工作半小时之后又"旧病复发"。故障发生时机床其他部分工作正常，估计故障在显示器箱内，且与温度有关。检查显示器箱内，两处装有冷却风扇，分别冷却电源部分和接口板。人为地将接口板冷却风扇停转，使温度上升，发现开机后仅几分钟就出现上述故障，可见该电路板热稳定性差，调换此板后故障消除。

[例2—16] 与[例2—15]同型号数控机床。系统通电启动后，正常运行约10多分钟后发生中断停机，显示器无任何警示报警，断电停机冷却10多分钟后又能启动，工作数分钟后又重现上述故障。

系统因故中断又无报警显示，经分析，其原因在CPU控制系统的可能性较大。查位控板（01GN710），发现该PCB板上的红色LED故障警示发光，提示位控环或CPU系统存在异常。经检查连接电路无异常，更换位控板后试机，故障依旧，故确诊CPU板已坏。因该故障的特点是：系统中断后，断电停机冷却10多分钟又能重新启机工作，估计引起该故障的原因系板上的某个元器件温度特性太差。因无备板可供试机，故采用手背触摸CPU板上元器件温升情况的方法。采用此法时须注意安全，虽然弱电不足为患，但仍应站在绝缘垫上，采用单手触摸方法，尤其是通电状态下检查电源板时更应如此，以防强电窜入。经细心检查，发现CPU板上ROM存储器区域有两块ROM集成电路块（型号MB7122E）的温升异常（与同板同型号的其他12块集成块相比较）。为进一步确诊芯片好坏，采用酒精棉球不断冷却这两块集成块，结果冷却时故障始终没有发生，一旦停止冷却后数分钟故障即发生，证实上述判断正确，经调换后故障排除。

8. 敲击法

数控系统是由各种电路板和连接插座所组成的，每块电路板上含有很多焊点，任何虚焊或接触不良都可能出现故障。用绝缘物轻轻敲打有接触不良疑点的电路板、插件或元器件，如机器出现故障，则故障很可能就在敲击的部位。

[例2—17] 配置FANUC–7CM系统的JCS–018型立式加工中心，工作时Z轴有时会突然落下2 mm或4 mm。经观察，此故障常常在机床切削余量大或床身振动大时发生。而且2 mm和4 mm正好是旋转变压器的一两个节距，可见故障是

在位置环区域。当敲击 Z 轴旋转变压器电缆插头座时故障又出现,可见该插头座接触不良。将插头座清洁后连接牢固,故障随之消除。

9. 对比法

本方法是以正确的电压、电平或波形与异常的电压、电平或波形相比较来寻找故障部位。有时还可以将正常部分试验性地造成"故障"或报警(如断开连线,拔去组件),看其是否和相同部分产生的故障现象相似,以判断故障原因。

[例 2—18] 配置 FANUC – 7CM 系统的 XK715F 型数控立式铣床,Y 轴移动时出现振动,快速时尤为明显,甚至伴有大的冲击,而其他轴皆正常。将故障轴 Y 与正常轴 X 进行对比,用示波器比较低速时 X 轴和 Y 轴测速发电机输出电压波形如图 2—5 所示。从图中可见 Y 轴测速发电机输出的电压纹波明显大于 X 轴。拆开 Y 轴测速发电机,发现其电枢被炭刷粉末污染。清除粉末后再测其波形,纹波大为减小,移动 Y 轴,原抖动故障消除。

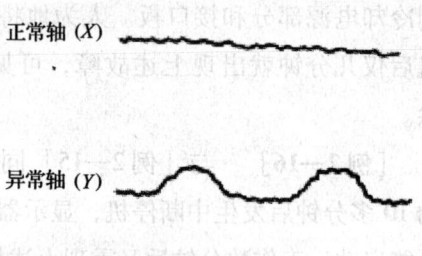

图 2—5 X、Y 轴测速波形比较

10. 原理分析法

原理分析法是排除故障的最基本方法,当其他检查方法难以奏效时,可从电路基本原理出发,一步一步地进行检查,最终查出故障原因。运用这种方法必须对电路的原理有清楚的了解,掌握各个时刻各点的逻辑电平和特征参数(如电压值、波形),然后用万用表、逻辑笔、示波器或逻辑分析仪对被测点进行测量,并与正常情况相比较,分析判断故障原因,再缩小故障范围,直至找出故障。

[例 2—19] 配置 FANUC – 7CM 系统的 XK715F 型数控立式铣床,出现 Y 轴正向进给正常,反向进给有时前进、有时停止现象,采用手摇脉冲发生器进给时也是如此。此故障先采用前面已介绍的换轴法检查出为 Y 轴速度控制电路板故障,然后用原理分析法检查速度控制板。

图 2—6 所示为速度控制板的部分电路图。采用手摇脉冲发生器让 Y 轴正、反向进给,将示波器测试棒接 CH19 和 CH20 两点,观察电动机电流波形,正向时如图 2—7a 所示,反向时如图 2—7b 所示。反向波形有时为一条直线,偶尔闪出几个负向波形,可见电动机负向供电不正常。用万用表测量速度环输出端 CH8 点电压,

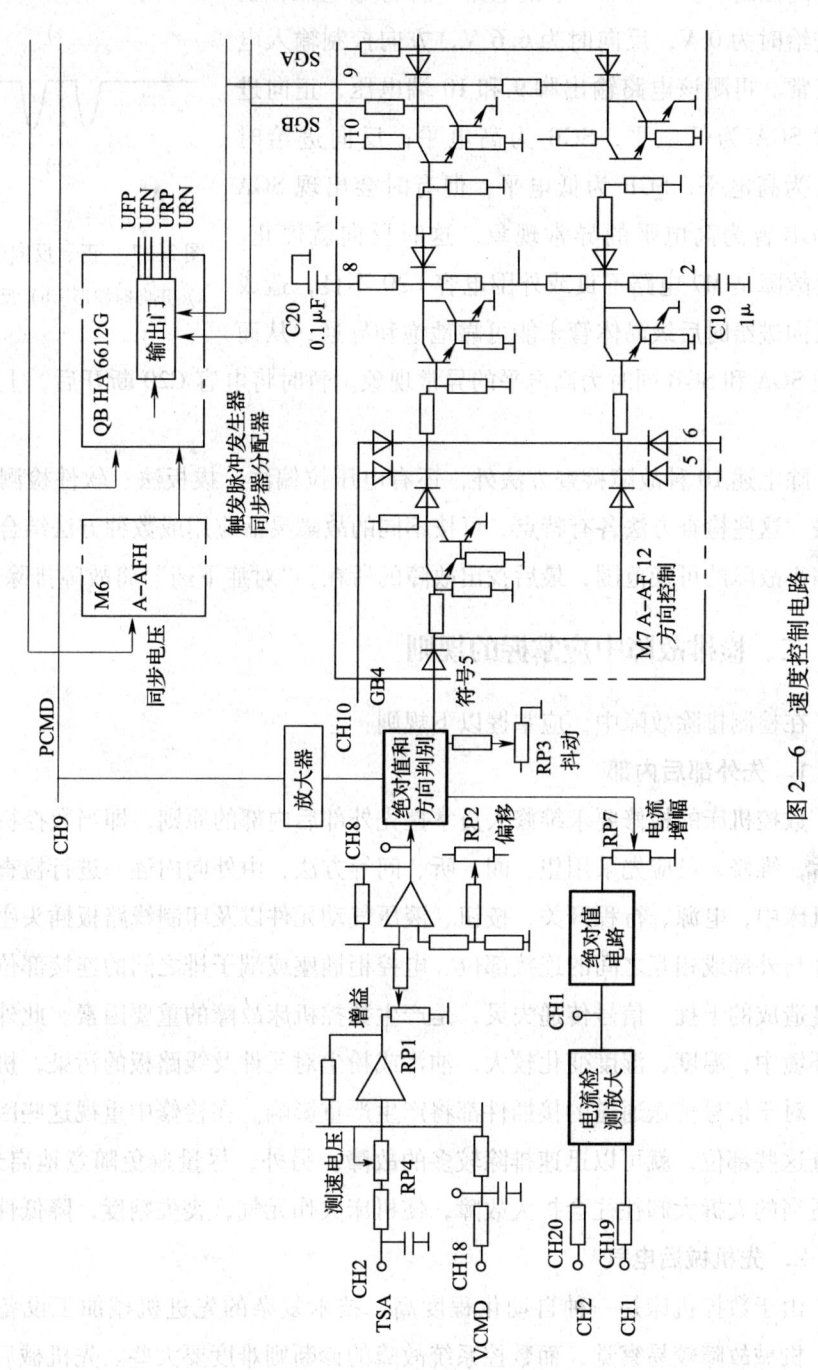

图 2—6 速度控制电路

其电压极性随正、反向进给而改变，无断续现象。测量方向控制 M7A – AF12 厚膜电路 5 脚符号电压，正向进给时为 0 V，反向时为 6.6 V，方向控制输入电压正常。再测该电路输出脚 9 和 10 端电压，正向进给时 SGA 为低电平，SGB 为高电平；反向进给时 SGA 为高电平，SGB 为低电平，但有时会出现 SGA 和 SGB 皆为高电平的异常现象，这时反向就停止。可见故障是 M7 电路不良或外围电容 C20 不良，造成在反向进给时后级晶体管未能可靠地饱和导通，从而出现 SGA 和 SGB 同时为高电平的异常现象。暂时将电容 C20 断开后，上述故障消除。

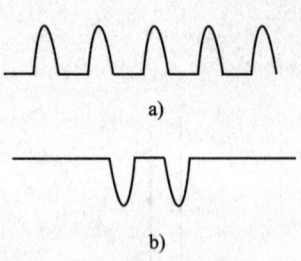

图 2—7　正、反向电流波形
a) 正向时波形　b) 反向时波形

除上述 10 种故障检查方法外，还有电压拉偏法、拔板法、软件检测法等多种方法。这些检查方法各有特点，可按不同的故障灵活应用或数种方法结合使用，逐步缩小故障的可疑范围，最后找出故障的所在，"对症下药"将故障排除。

二、检排故障中应掌握的规则

在检测排除故障中，应掌握以下规则：

1. 先外部后内部

数控机床的检修要求维修人员掌握先外部后内部的原则，即当数控机床发生故障后，维修人员应先采用望、闻、听、问等方法，由外向内逐一进行检查。比如数控机床中，电源、行程开关、按钮、液压气动元件以及印制线路板插头座、边缘接插件与外部或相互之间的连接部位、电控柜插座或端子排之间的连接部位，因接触不良造成的干扰、信号传递失灵，是产生数控机床故障的重要因素。此外，由于工业环境中，温度、湿度变化较大，油污或粉尘对元件及线路板的污染，机械的振动等，对于信号传送通道的接插件都将产生严重影响。在检修中重视这些因素，首先检查这些部位，就可以迅速排除较多的故障。另外，尽量避免随意地启封、拆卸，不适当的大拆大卸往往会扩大故障，使机床大伤元气，丧失精度，降低性能。

2. 先机械后电气

由于数控机床是一种自动化程度高、技术复杂的先进机械加工设备。一般来讲，机械故障较易察觉，而数控系统故障的诊断则难度要大些。先机械后电气就是在数控机床的检修中，首先检查机械部分是否正常，行程开关是否灵活，气动、液压部分是否正常等。经验表明，数控机床的故障中有很大一部分是由机械动作失灵引起的。所以，在故障检修之前，首先注意排除机械部分的故障，往往可以达到事半功倍的效果。

3. 先静后动

维修人员本身要做到先静后动，不可盲目动手，应先询问机床操作人员故障发生的过程及状态，阅读机床说明书、图样资料后，方可动手查找和处理故障。此外，对有故障的机床也要本着先静后动的原则，先在机床断电的静止状态，通过观察、测试和分析，确认为非恶性循环性故障或非破坏性故障后，方可给机床通电，在运行工况下，进行动态的观察、检验和测试，查找故障。对恶性的破坏性故障，必须先排除危险后方可通电，在运行工况下进行动态诊断。

4. 先公用后专用

公用性的问题往往影响全局，而专用性的问题只影响局部。如机床的几个进给轴都不能运动，这时应先检查和排除各轴公用的 CNC、PLC、电源、液压等部分的故障，然后再设法排除某轴的局部问题。又如电网或主电源故障是全局性的，因此，一般应首先检查电源部分，看看熔丝是否正常，直流电压输出是否正常。总之，只有先解决影响一大片的主要矛盾，局部的、次要的矛盾才有可能迎刃而解。

5. 先简单后复杂

当出现多种故障互相交织掩盖时，应先解决容易的问题，后解决难度较大的问题。常常在解决简单问题的过程中，难度大的问题也可能变得容易，或者在排除简易故障时受到启发，对复杂故障的认识更为清晰，从而也有了解决办法。

6. 先一般后特殊

在排除某一故障时，要先考虑最常见的可能原因，然后再分析很少发生的特殊原因。例如：一台 FANUC-0T 型数控车床 Z 轴回零不准，常常是由于降速挡块位置走动所造成。一旦出现这一故障，应先检查该挡块位置，在排除挡块故障可能性之后，再检查脉冲编码器、位置控制等环节。

第三节　数控机床故障自诊断技术

故障自诊断技术是当今数控系统的一项十分重要的技术，它是评价系统性能的一项重要指标。随着微处理器技术的快速发展，数控系统的自诊断能力越来越强，从原来简单的诊断，朝着多功能和智能化方向发展。其报警种类，已由 10~20 种，增加到几千种。数控系统一旦发生故障,借助系统的自诊断功能,往往可以迅速、准确地查明原因并确定故障部位。

对维修人员来说,熟悉和运用系统的自诊断功能是十分重要的。目前国内使用的各种数控系统的自诊断方法虽各有特色,但都是利用数控装置中的计算机运行自诊断软件来进行各种测试。常用的自诊断方法归纳起来可分三种。下面结合维修实例分别介绍这三种自诊断方法在维修中的应用。

一、开机自诊断

数控系统通电后,系统内部自诊断软件对系统中最关键的硬件和控制软件,如装置中 CPU、RAM、ROM 等芯片、MDI、LCD、I/O 等模块,以及监控软件、系统软件等逐一进行检测,并将检测结果在显示器上显示出来。一旦检测通不过,即在显示器上显示报警信息或报警号,指出哪个部分发生了故障。只有当全部开机诊断项目都正常通过后,系统才能进入正常运行准备状态。开机诊断通常在 1 min 内结束,有些采用硬盘驱动器的数控系统,如 SINUMERIK 840C 系统因要调用硬盘中的文件,时间要略长一些。上述开机诊断有些可将故障原因定位到电路板或模块上,有些甚至可定位到芯片上,如指出哪块 EPROM 出了故障,但不少情况仅将故障原因定位在某一范围内,维修人员需要通过维修手册中所指出的数种可能造成的原因及相应排除方法找到真正的故障原因并加以排除。

例如:日本东芝机械公司的 TOSNUC-600 系统,开机通电后,逐一进行以下自诊断检查,并且一一在 CRT 上显示出来(见图 2—8)。当显示始终停止在某行上,不能继续向下显示时,表示该项自诊断通不过。诊断内容如下:

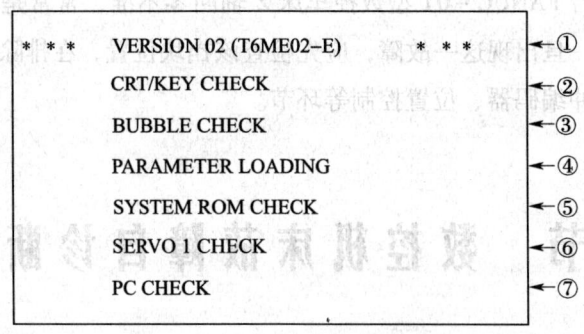

图 2—8 开机自诊断显示

1. 显示主 CPU 软件版本。
2. CRT 及键盘检查,诊断 ZDC2 电路板是否正常。

3. 磁泡存储器检查，诊断 ZBM1 电路板是否正常。

4. 参数装载，将系统参数、设定参数从磁泡存储器中读入 RAM，并进行检查。若通不过，此项自诊断结束后显示下列报警号：

8－003　　系统参数异常

1－008　　设定参数异常

1－012　　磁泡存储器异常

5. 系统 ROM 检查，诊断 ZPU1 电路板上 EPROM 中的系统程序，每片 EPROM 内容的检查总和是否改变。

6. 伺服 CPU 检查，诊断 ZSU2 电路板是否正常。

7. PLC 检查，诊断 ZPC2、ZMS2 电路板是否正常。

以上是一个典型的开机自诊断实例。从上例中可以看出，开机自诊断对数控系统的最重要部分——计算机主柜上的电路板进行检查，以确定哪块电路板出了故障。这类故障如果采用人工检查方法往往是很难找到的，除非有一套备用电路板逐一调换试验。

在对数控系统进行维修时，维修人员应了解该系统的自诊断能力。在遇到级别较高的故障报警时，可以关机，重新开机，让系统再进行开机自诊断，检查数控系统的关键部分是否正常。下面举两个维修实例介绍开机自诊断功能在排除系统故障中的应用。

[例 2—20] 日本田中公司生产的 KT610B－01 型数控火焰切割机，采用 FANUC－6M 系统。

故障现象：每次系统通电，进行开机诊断时，CRT 上出现"SYSTEM ERRER901"，主板上 4 位发光管状态为：××0×（正常状态为××××），数控系统不能进入正常工作状态。

分析诊断：维修手册中，900～908 号报警为磁泡驱动器故障，其中 901 号报警为开启电源后，系统没有立即检测磁泡初始点。磁泡驱动器类故障可先对磁泡存储器重新进行初始化，不用先急于调换 BMU 磁泡存储器电路板。

故障排除：按维修手册中规定的磁泡存储器初始化步骤进行重新初始化操作。初始化完成后，系统断电，再开机，开机诊断时不再出现 901 报警号。磁泡存储器重新初始化之后，原来所存内容丧失，因此，将设定参数、系统参数、宏指令程序及零件程序等重新设置或输入。这时，系统恢复正常。

[例 2—21] 由意大利 F90 型钻床改制的大型数控导轨钻床，采用 FANUC－6M 系统。

故障现象：每次系统通电，进行开机诊断时，CRT 上出现"SYSTEM ERRER908"，系统不能进入正常工作状态。

分析诊断：908 号报警为磁泡驱动器软件奇偶校验错故障。如［例2—20］那样，先对磁泡存储器重新进行初始化，故障仍存在。将备用 BMU 磁泡存储器板调换上，调换前先将备板的坏环信息记下，以便对其进行初始化时输入新的坏环信息。调换上备板并进行初始化后，故障仍然存在。可见，故障原因不在 BMU 板上。后从故障记录上发现，该机在频繁出现 908 号时，曾在 CRT 上偶尔出现过一次 081 号 ROM 故障报警，因此，可用调换 ROM 板的方法来排除故障。

故障排除：将备用 ROM 电路板与原 ROM 板调换。调换之后故障消除。

以上维修实例表明，开机自诊断可保证所检测重要部件的可靠性，一旦发生故障，马上禁止运行。同时，为维修人员迅速排除一些疑难故障提供帮助。然而，目前一些数控系统的自诊断尚存在局限性，不可能将全部故障原因准确定位到一个具体的模块上。因此，维修人员要思路开阔，不放过任一故障疑点，逐一排除，最终找出故障的真正原因。

二、运行自诊断

运行自诊断是数控系统正常工作时，运行内部诊断程序，对系统本身、PLC、位置伺服单元以及与数控装置相连的其他外部装置进行自动测试、检查，并显示有关状态信息和故障信息。只要数控系统不断电，这种自诊断会反复进行，不会停止。

现代的数控系统具有丰富的运行自诊断功能，CNC 系统的自诊断能力不仅能在显示器上显示故障报警信息，而且还能以多页的"诊断地址"和"诊断数据"的形式为用户提供各种机床状态信息。这些状态信息有：CNC 系统与机床之间的接口输入/输出信号状态，CNC 与 PLC 之间的输入/输出信号状态，PLC 与机床之间的输入/输出信号状态，各坐标轴位置的偏差值，刀具距机床参考点的距离，CNC 内部各存储器的状态信息，伺服系统的状态信息，MDI 面板、机床操作面板的状态信息等。充分利用 CNC 系统提供的这些状态信息，就能迅速准确地查明故障原因，进而排除故障。

［例2—22］ 北京第一机床厂生产的 XK5040 型数控立式铣床，数控系统为 FANUC-3MA。

故障现象：驱动 Z 轴时产生 31 号报警。

分析诊断：查维修手册，31 号报警为误差寄存器的内容大于规定值。根据 31

号报警指示，将31号机床参数的内容由2000改为5000，与 X、Y 轴的机床参数相同，然后用手轮驱动 Z 轴，31号报警消除，但又产生了32号报警。查维修手册知，32号报警为：Z 轴误差寄存器的内容超过了 ±32767 或数模变换器的命令值超出了 -8192~+8191 的范围。将参数改为3333后，32号报警消除，31号报警又出现。反复修改机床参数，故障均不能排除。为了诊断 Z 轴位置控制单元是否出了故障。将800、801、802诊断号调出，发现800在1与-2间变化，801在1与-1间变化，802却为0，没有任何变化，这说明 Z 轴位置控制单元出现了故障。为了准确定位控制单元故障，将 Z 轴与 Y 轴的位置信号进行变换，即用 Y 轴控制信号去控制 Z 轴，用 Z 轴控制信号去控制 Y 轴，Y 轴就发生31号报警（实际是 Z 轴报警），同时，诊断号801也变为0，802有了变化。通过这样交换，再一次证明 Z 轴位置控制单元有问题。

交换 Z 轴、Y 轴伺服驱动系统，仍不能排除故障。交换伺服驱动控制信号及位置控制信号，Z 信号能驱动 Y 轴，Y 信号不能驱动 Z 轴。这样就将故障定点在 Z 轴伺服电动机上，打开 Z 轴伺服电动机，发现位置编码器与电动机之间的十字连接块脱落（位置编码器上的螺钉断），致使电动机在工作中无反馈信号而产生上述故障报警。

故障处理：将十字连接块与伺服电动机、位置编码器重新连接好，故障排除。

[例2—23] 匈牙利生产的MKC500型卧式加工中心，采用SIEMENS 820型数控系统。

故障现象：工作台分度盘不会回落，出现7035号报警。

分析诊断：查该机床技术资料，工作台分度盘不回落与工作台下面的SQ25、SQ28传感器有关。从CRT上调用机床状态信息，观察到上述传感器工作状态SQ28即E10.6为1，表明工作台分度盘旋转到位信号已经发出；SQ25即E10.0为0，说明工作台分度盘未回落，故输出接口A4.7就始终为0。因而KM32接触器未吸合，YS06电磁阀也就不能动作，工作台分度盘就不能回落。

检查液压系统工作正常，手动YS06电磁阀，工作台分度盘能回落，松开YS06电磁阀，工作台分度盘又上升。通过上述检查说明故障发生在PLC内，用PG650编程器调出该工作梯形图，发现A4.7这一线路中F173.5未复位，致使该梯形图中的RS触发器不能翻转，造成上述故障报警。

故障处理：将该处强行复位，故障排除。

利用数控系统运行自诊断的状态信息检修数控机床，关键是要掌握所诊断的系统在正常工作中的状态信息。一旦发生了故障，这些状态信息就要发生变化。通过这些变化，就能较为准确地定位故障起因，从而排除故障。

20 世纪 80 年代以来，数控系统中普遍采用了 PLC，即可编程序控制器。有些带有内装式 PLC 的系统还可通过 CNC 装置的 CRT 显示易于理解的梯形图。PLC 自诊断监控功能可将接口、内部继电器、定时器等状态信息通过梯形图直观地显示出来，为维修提供了极大方便。

[例 2—24] 日本东芝机械公司生产的 MPA – 45120 型数控龙门铣床，采用 TOSNUC 600M 数控系统和 DSR – 83 型直流主轴调速单元。

故障现象：机床在切削加工时，忽然停止工作，CRT 上出现 PC4 – 00 号报警。关机片刻后，再开机，又能正常工作，但不久又发生同样故障。

分析诊断：PC4 – 00 号报警为主轴单元故障。当主轴调速单元出现故障后，将故障信号送至 PLC，再由 PLC 将此信息送至 NC 装置，从而在 CRT 上显示相应的报警号。在 PLC 至 NC 的信号中，地址为 E3F6 输出口发送主轴故障信号，通过 PLC 梯形图监控画面，就可方便地查出该信号的产生原因。调用如图 2—9 所示的有关部分梯形图，当发生故障时有关触点和继电器的监控状态为：51X、X085、T010、E3F6 等吸合，R010 断开。从中不难分析出是由于主轴调速单元送来的 51X 主电动机过热信号触点闭合，导致 X085、T010 吸合，R010 断电，其常闭触点闭合，使 E3F6 输出继电器通电，从而产生了 PC4 – 00 号报警。主电动机的过热原因往往是由于机床主轴铣头背吃刀量过大或切削速度过快，导致主电动机工作电流超过限定值。但是检查主轴铣头切削正常，电动机工作电流也未超过允许值。手摸电动机外壳，温升异常，从而判断可能是主电动机强迫风冷不良所造成，检查风冷电动机及风道，发现风道内积满尘埃。

故障处理：打开风道盖，清除内部尘埃后故障消除。

我国早期应用的数控系统，如 FANUC – 7 系统，尚未采用 PLC 装置，而多数采用继电器逻辑控制。这类系统使用大量的小型继电器，可靠性较差。它们的运行自诊断只能检查数控装置的输入、输出接口状态。[例 2—25] 便是

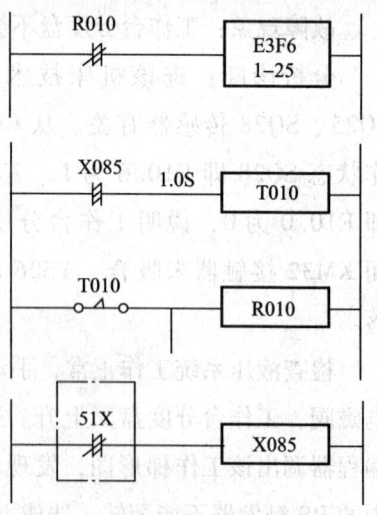

图 2—9 PC4 – 00 报警有关梯形图

通过输入口的自诊断来排除故障的。

[例2—25] 上海第四机床厂生产的XK715F型数控立式铣床，采用FANUC-7CM数控系统。

故障现象：通电启动机床后，系统能进入正常的初始化工作状态，按操作顺序，工作方式选择开关（以下简称方式开关）扳至手动方式，选择轴向X，手摇脉冲发生器，工作台不产生移动；其他Y轴、Z轴及B轴也均无法手摇移动，机床不能工作。

故障诊断：由于系统启动能进入正常的初始化状态，工作台各轴无法手动操作，且CRT无故障诊断号显示，估计故障部位在接口电路。

通过下列步骤操作，可以将储存在子方式地址T的I/O接口诊断总画面内容显示在CRT上。先后按下手动键盘输入→MDI面板上的 TE 子方式键→ O 数码键→ ⇨ 输入键→ T 地址键，则I/O接口总画面0T～29T的全部数据号内容便显示在CRT上，其中0T～16T为输出信号（DO），17T～29T为输入信号（DI）。

按操作步骤调出I/O接口总画面，观察与工作方式有关数据号地址27T中的5号、6号及7号数字号，即信号MOD、SL、A、B、C的状态（见表2—1），经反复观察此接口诊断，CRT显示如下：

①方式开关选择在手动方式时，A、B、C位置显示110，A位出错，但有时也会显示010正常信号。

②方式开关选择在数据输出方式时，A、B、C位置显示110正常信号，但有时也会显示010出错信号，即A位有时出错。

③方式开关选择在数据输入方式时，A、B、C位置显示101，A位出错。

④方式开关选择在纸带指令方式时，A、B、C位置显示101，接口信号正确。

表2—1　　　　　　　　工作方式与状态对应表

工作方式	方式选择		
	C	B	A
存储器指令方式	1	1	0
纸带指令方式	1	0	1
数据输入方式	1	0	0
数据输出方式	0	1	1
手动方式	0	1	0
（不能输入）	其他		

⑤方式开关选择在存储器指令方式时，A、B、C 位置显示 111，A 位出错。

故障分析：为了便于说明，参见图 2—10 所示的有关接口电路。

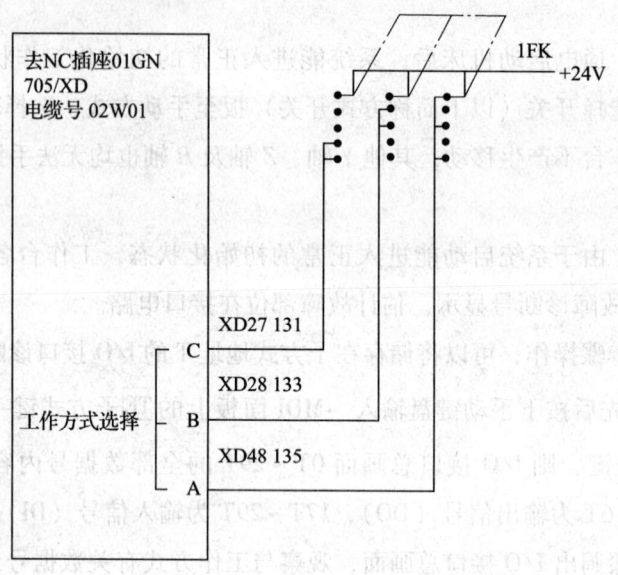

图 2—10　工作方式选择开关接线图

经上述故障诊断不难发现，方式开关选择的 5 种状态显示中，除纸带指令方式信号状态显示正常外，其他信号显示出错部位均与 A 位有关。其中方式③与方式⑤的信号显示 A 位出错原因明显，系由接口电路断路或触点开路故障引起；而方式①与方式②的信号显示 A 位出错原因较为复杂，既有可能存在接口电路及其控制触点的接触不良故障，也有可能存在断路碰线故障。

故障排除：拆开主轴电气面板检查，发现 135 号线在方式开关焊点处齐根拉断，而 135 号电线断头又紧靠 131 号线与方式开关的连接处。在手动操作方式开关时，因转换动作引起的机械抖动，致使 135 号电线断头与 131 号线产生时碰时断现象，故而导致接口信号显示紊乱。经分析，引起上述故障的原因，系固定方式开关的锁紧螺母松动，操作方式开关时其引线随着转动方向一起扭动，久而久之引起引线线头拉断。经重新定位锁紧，故障彻底排除。

从以上所举的一些维修实例可以看到，数控系统的自诊断功能在故障的诊断中起着十分重要的作用，它不但能保证系统的可靠运行，而且为维修人员排除故障提供了极大的方便。

三、脱机诊断

一些早期的数控系统，当系统出现故障时，往往需要停机，使用随机的专用诊断纸带对系统进行脱机诊断。诊断时先要将纸带上的诊断程序读入数控装置的 RAM 中，系统中的计算机运行诊断程序，对诊断部位进行测试，从而判定是否有故障。随机的专用诊断纸带有数种，一般可对以下部件进行测试：

1. CPU 测试

对 CPU 的各种指令、实时时钟中断、有关寄存器等进行试验。

2. RAM 测试

对 RAM 存储器进行各种寻址测试、写入并读出，证实各存储单元的功能是否正常。

3. 轴控制口和 I/O 接口测试

测试坐标轴位置控制是否正常，各输入、输出接口功能是否丧失。

4. 纸带阅读机测试

让阅读机读入专用测试带，输入时改变送带速度或方向，试验阅读机是否可靠，阅读是否正确。

在系统的 RAM 中输入诊断程序，进行脱机诊断时，一般会冲掉原先存放在 RAM 中的系统程序、数据以及零件加工程序。因此，脱机诊断后要重新输入上述程序和数据。

[例 2—26] 德国梅萨公司生产的 OMNIMATS 8800 型数控火焰切割机，采用 MG12SE10 型数控系统。

故障现象：在调换该系统 RAM 板上的 4 节锂电池时，因不能带电调换，造成存储在 RAM 中的系统程序丢失。当用系统纸带重新输入时，要么纸带阅读机中途停止阅读；要么输送结束后，CRT 上翻不到正常工作画面。因此，机器无法正常运行。

分析故障：从故障现象分析，造成这种故障的可能原因有：阅读机不可靠，RAM 板或 CPU 板有故障。用脱机诊断方法，先使用编号为 5××02 的诊断纸带对阅读机进行测试。将该纸带装在阅读机上，按 IPL 键，纸带开始输入，输完后两位 LED 显示"10"，表示可进行第一种测试。装好试验纸带，按 START 按钮，试验开始。LED 显示"0"试验号。这时纸带变速读入，不久，试验中止，所显示的试验号闪烁，表示该试验通不过。再按 START 键，LED 显示"2"，表示阅读机第 2 数据位输入不可靠。

故障排除：用双线示波器的全孔纸带，对纸带阅读机的八位数据孔波形进行比较和调整，将第 2 位孔数据波形宽度调整至与其他位一样。经调整后，可将系统纸带顺利输入到机器中，故障排除。

随着计算机技术的快速发展，除上述常用的开机自诊断、运行自诊断和脱机诊断之外，一些数控系统新的自诊断技术，如可用于西门子 SINUMERIK 880 系统、梅萨 MG12SE 30C 型系统的遥远系统故障诊断，可用于 FANUC 15 系统的人工智能专家故障诊断，以及用于 CINCINNATIMIL ACRON 950CNC 装置的自修复系统。这些新诊断技术，包括神经网络诊断、计算机仿真与测量、虚拟仪器检测等技术，在德国、日本、美国等地已开始应用，但在我国应用还不多，这里不一一详述。

第四节　干扰及其预防

干扰是造成数控系统"软"故障，且容易被忽视的一个重要的方面。消除干扰可以从下述几个方面着手。

一、正确连接机床、系统的接地线

为了避免干扰，数控机床的电源尽量用专线，不要与其他设备连接在一起，尤其是大功率冲压设备、大功率晶闸管设备、电焊机等设备不要与数控机床连接在一起。各部分地线必须采用一点接地法，切不可为了省事，在机床的各部位就近接地，造成多点接地环流。接地线的规格一定要按系统的规定，导线线径必须足够大。在需要屏蔽的场合，必须采用屏蔽线。屏蔽线必须按系统要求连接。

数控机床对接地的要求通常较高，车间、厂房的进线必须有符合数控机床安装要求的完整接地网络。它是保证数控机床安全、可靠运行的前提条件，必须引起足够的重视。

二、防止强电干扰

数控机床强电柜内的接触器、继电器等电磁部件都是干扰源。交流接触器的频繁通/断、交流电动机的频繁启动、停止，主回路与控制回路的布线不合理，都可能使 CNC 的控制电路产生尖峰脉冲、浪涌电压等干扰，影响系统的正常工作。因此，对电磁干扰必须采取措施，予以消除。

三、抑制或减小供电线路上的干扰

在某些电力不足或频率不稳的场合，例如：电压的冲击、欠压，频率和相位漂移，波形的失真、共模噪声及常模噪声等，将影响系统的正常工作，所以应尽可能减小线路上的此类干扰。

本章思考题

1. 故障的常规处理方法有哪些？
2. 数控机床故障常用的自诊断方法有哪些？
3. 如何消除系统的干扰现象？

第三章

数控机床的装调与检验

第一节 数控机床的装调

一、安装的环境要求

数控机床装调的最终目标是使数控机床达到出厂时的各项指标，它对安装环境具有一定的要求。在数控机床的安装中，一定要注意满足这些条件，这是数控机床在以后能稳定工作的前提。

数控机床安装的环境要求一般包括地基、环境温度、环境湿度、电网、接地线和防止干扰等方面的内容。

二、数控机床的安装

数控机床的安装包括基础施工、机床就位、连接组装、机床通电试车调整，下面对这几个方面分别进行介绍。

1. 基础施工与机床就位

使用单位在机床未到之前，要按机床基础图做好机床基础，并应在安装地脚螺栓的位置做出预留孔。机床到达后在地基附近拆箱，仔细清点技术文件和装箱单，按装箱单清点随机零部件和工具。按机床说明书中的规定进行安装，在地基上放置多块垫铁用以调整机床水平，把机床的基础件吊装就位在地基上，地脚螺栓按要求放入预留孔内。

2. 连接组装

连接组装是指将各分散的机床部件重新组装成整机的过程。清除连接面、导轨和各运动面上的防锈涂料，清洗各部件外表面，再把清洗后的部件连接组装成整机。

部件组装后要根据机床附带的电气接线图、液压接线图、气路图及连线标记正确连接电缆、油管和气管，并检查连接部位有无松动和损坏，特别要注意接触的可靠性和密封性，防止异物进入油管和气管。电缆、油管和气管连接后要做好管线的就位固定工作，确保一切正常才可试车。

3. 机床通电试车调整

机床通电试车调整包括机床通电试车运转和粗调机床的主要几何精度，其目的是考核机床安装得是否稳固，各个传动、控制、润滑、液压和气动系统是否正常工作。

三、数控机床的调试

现代数控系统的大部分故障主要是由系统参数的设置，伺服电动机和驱动单元本身的质量，以及强电原件、机械防护等出现问题而引起的。

数控机床的调试包括机床精度调整、机床功能测试和机床试运行。机床精度调整主要包括精调机床机身的水平和机床几何精度。对于带刀库、机械手的加工中心，还必须精确校验换刀位置和换刀动作。机床功能测试是指机床试车调整后，测试机床各项功能的过程。主要包括以下三方面内容：

1. 测试前，检查机床数控系统参数及 PLC 的设定参数是否符合规定。

2. 试验各种操作动作、安全装置、常用指令的执行。如手动、点动、数据输入、自动运行方式、各级转速指令是否正确等。

3. 检查辅助功能及附件的工作情况，如机床照明灯、冷却防护罩和各种护板是否有渗漏，排屑器能否正常工作，机床主轴恒温油箱能否起作用等。

数控机床安装调试完毕后，要求整机在带一定负载的条件下自动运行一段时间，较全面地检查机床的功能及可靠性，时间为每天 8 小时持续 2~3 天或每天 24 小时持续 1~2 天，这个过程称为安装后的试运行。

第二节　数控机床的精度检测及调试、验收

一、数控机床检测的标准

数控机床检测的标准主要有：直线运动定位精度、直线运动重复定位精度、直线运动的原点复位精度、回转轴运动精度等。具体内容见机械部分。

二、数控机床的精度检验

数控机床在验收时的精度检验主要包括机床几何精度检验、机床定位精度检验、切削精度检验、机床性能及数控功能检验。

三、数控机床的验收

数控机床的全部检测验收工作是一项工作量很大、技术难度很高的工作。它需要使用高精度检测仪器，对数控机床的机、电、液、气等各部分及整机进行综合性能和单项性能的检测，其中包括进行刚度和热变形等一系列试验，最后得出对该机床的综合评价。这项工作在行业内是由国家确定的机床检测中心进行，得出权威性的结论。所以，这类验收工作一般适合于机床样机的鉴定检测或行业产品评比检验及关键进口设备的检验。

数控机床一般分两个阶段进行验收：预验收和最终验收。

1. 机床性能检验

机床性能检验主要包括以下内容：主轴系统、进给系统、数控装置、电气装置、润滑装置、气液装置、安全装置、附属装置、机床噪声等。

2. 数控功能检验

数控功能检验主要包括以下内容：准备功能指令、辅助功能、操作功能、监视器显示功能、通信功能等。

以上具体内容参见数控机床装调维修工机械维修部分的内容，在此不一一详述。

本章思考题

1. 数控机床安装有哪些环境要求?
2. 数控机床的安装主要有哪些工作?
3. 数控机床的调试内容有哪些?
4. 数控机床的验收主要有哪些项目?

第四章
数控机床操作

　　数控机床的电气故障诊断和维修离不开数控机床的操作，数控机床维修人员必须具备操作机床的基本技能。不同的数控系统，具体的操作方法不同，但在一般操作方法上有相似之处，只要掌握了一种数控系统的操作方法，其他系统的操作也不难理解。SIEMENS 802D 系统为使用者提供了多种操作方式，作为维修人员应重点掌握常用的几种操作方式，如返回参考点、手动操作、增量进给、手轮操作、手动数据输入及自动运行操作等，因为这些操作方式在数控机床维修中经常用到，使用频率较高。

第一节　操作面板

一、机床操作面板

　　机床操作面板包括显示屏幕和操作键盘，用于零件程序的编辑、系统管理和状态信息显示。一位熟练的操作者不仅要熟悉操作面板上的各个键的分布位置，更重要的是要能够明白操作面板上各个按键的含义，熟悉每个按键的作用。图4—1 所示为 SIEMENS 802D 系统的操作面板。

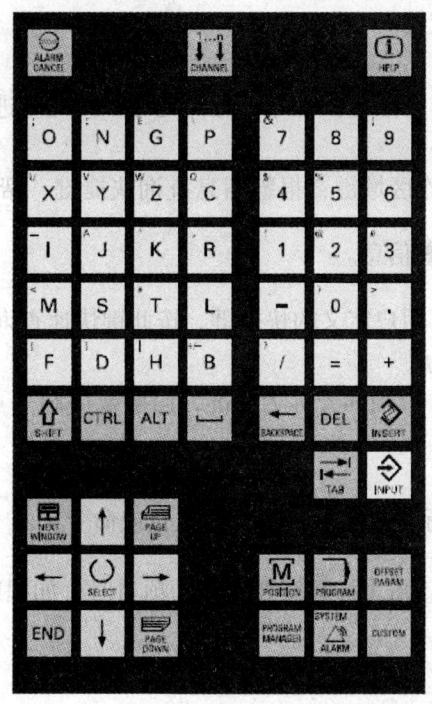

图4—1　SIEMENS 802D 系统的操作面板

■ 删除键（退格键）：按此键可清除光标（左边）前面的一个字符，或使光标移到左边位置。

■ 删除键：利用此键删除选择的内容或删除光标处的字符。

■ 插入键。

■ 制表键：按此键使光标移动一个制表符的位置。

■ 回车/输入键：当输入一个新指令后，必须按此键确认，系统才能接收，否则无效。

■ 加工操作区域键：任何时候按此键，可以直接进入加工操作区。

■ 程序操作区域键：程序选择快捷键，在任何时候按此键，可以看到零件程序目录，并可对程序进行操作。

[OFFSET PARAM] 参数操作区域键。

[PROGRAM MANAGER] 程序管理操作区域键：程序管理快捷键，按此键进入程序管理界面。

[SYSTEM ALARM] 报警/系统操作区域键：报警信息查询快捷键，帮助快速查询报警信息，按此键直接显示有关报警信息。

[CUSTOM] 用户定义键：用户定义的快捷键，按此键快速查询用户定义界面。

[PAGE UP] [PAGE DOWN] 翻页键：以当前光标为基准，向前或后翻一页，常用来快速查询光标后面的内容。

[←][↑][→][↓] 光标键：定位要选择的项目或命令。

[SELECT] 选择/转换键：当光标移至要选择的项目时，如程序控制项目、零件程序等，按此键选择有效。

[END] 结束键。

[J][Z] 字母键（上档键转换对应字符）。

[0][9] 数字键（上档键转换对应字符）。

[∧] 返回键：当出现此符号时，表明在子菜单中操作，按此键后，不保存数据直接退出子菜单。

[>] 菜单扩展键：当屏幕右下角出现此符号时，表明同级菜单中还有其他菜单，按此键可看到扩展的菜单。

[ALARM CANCEL] 报警应答键：当系统发生报警，消除报警条件后，按此键消除报警信息。

[CHANNEL] 通道转换键：用于选择加工通道。

[HELP] 信息键：当屏幕右下角出现"i"字符后，按此键显示项目的帮助信息；若无"i"字符出现，按此键无效。

[SHIFT] 上档键：对于紧凑型字符键盘，一键两用，一般使用键上的大字符，当

某一键与该键同时按下时，小字符有效。

CTRL 控制键：其功能类似于 PC 键盘的 Ctrl 键。

ALT ALT 键：其功能类似于 PC 键盘的 Alt 键。

␣ 空格键：按此键可在当前光标后加空格。

二、机床控制面板

机床控制面板用于控制机床的各部分运动。如果说机床操作面板针对的是数控装置，那么机床控制面板针对的就是机床，因为机床的各种动作都要通过机床控制面板来实现。机床控制面板上的操作键或旋钮由两部分组成：一部分是西门子提供的标准按键（见图4—2），这些键在基本PLC模块中都有明确的定义，如机床工作方式的选择、程序的启停、进给轴和主轴操作等；另一部分是用户定义键，它是根据机床所具有的功能，由机床制造商定义的功能键，如手动换刀、手动润滑、手动冷却等。

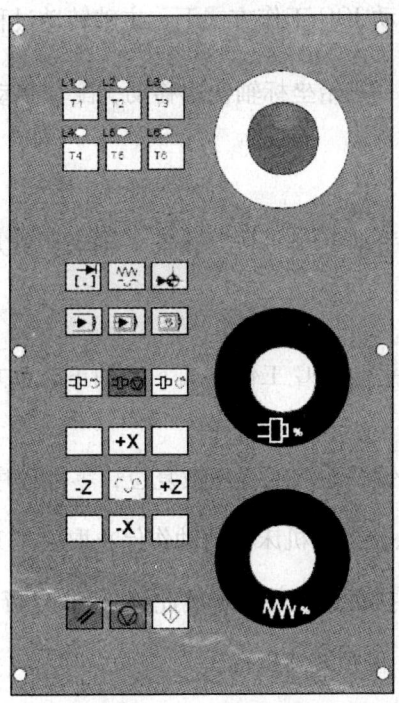

图4—2　SIEMENS 802D 系统的机床控制面板

增量选择：选择可变增量方式，改变增量步长。

手动：手动工作方式 JOG，配合其他按键，手动操作进给轴移动。

参考点：返回参考点 REF，配合进给轴移动键，执行返回参考点操作，建立机床坐标系。

自动方式：自动工作方式 AUTO，又称存储器工作方式，执行已编制而且已经选择的零件程序。

单段：此功能使系统逐段运行程序，某一段执行完毕则进给轴停止，但主轴不停止，待按程序启动键后执行下一段。

手动数据输入。

主轴正转：在手动 JOG 工作方式下，主轴逆时针转动。

主轴反转：在手动 JOG 工作方式下，主轴顺时针转动。

主轴停：在手动 JOG 工作方式下，主轴转动过程中，按此键转动停止。

快速运行叠加：进给坐标轴快速移动，配合手动进给操作，使所选择的进给轴快速移动。

X 轴点动：在手动 JOG 工作方式下 X 轴正、负方向运动。

Z 轴点动：在手动 JOG 工作方式下 Z 轴正、负方向运动。

复位：按下此键，系统或程序被复位，零件程序停止执行，进给轴、主轴停止，光标回到程序头位置，机床其他动作停止取决于 PLC 程序。

数控停止：在执行过程中，若按此键，程序执行中断，进给轴和主轴均停止；按程序启动键后，程序继续执行。

数控启动：立即运行 MDI 或 AUTO 工作方式下的程序段或程序，可利用复位键、程序中止键或急停按钮停止程序的执行。

● 主轴速度修调（选件）：此选择开关用于改变主轴的转速，使实际转速是设定转速的 50%～120%。

● 进给速度修调：此选择开关用于改变在进给过程中进给轴的移动速度，实际进给速度是设定速度的 0%～120%。

第二节 机床手动操作方式

一、返回参考点

零件加工程序是在一定坐标系下编制的，如果数控机床的位置测量系统不是采用绝对值编码器，而是采用增量式位置编码器，那么机床在断电后建立的坐标系就会消失，通电再启动就必须重新建立机床坐标系，否则零件程序就不能执行。控制系统执行返回参考点操作，其目的在于建立机床坐标系，保证位置测量系统与机床坐标系同步。另外，NC 启动后若不执行返回参考点操作，则显示的坐标轴的实际位置无效，设定的软限位及系统的螺距误差补偿均不生效。在返回参考点过程中，重点应注意参考点的坐标值、减速挡块的位置，以及返回参考点时的速度变化等。

操作步骤：接通 CNC 和机床电源。系统启动以后进入"加工"操作区 JOG 运行方式。出现如图 4—3 所示的"返回参考点"窗口。

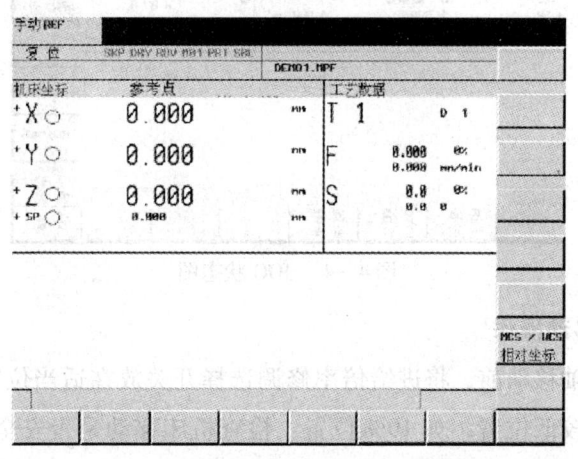

图 4—3 机床"返回参考点"窗口

用机床控制面板上的返回参考点键 启动返回参考点。按坐标轴方向键 +X ……-Z，给每个坐标轴返回参考点。符号〇表示坐标轴未返回参考点，符号●表示坐标轴已经到达参考点。

为防止主轴与工作台发生碰撞，通常应使 Z 轴先返回参考点。如果选错了返回参考点方向，轴将不会移动。

在返回参考点过程中，若要中止操作，应按复位键。如果进给轴未处在安全位置上，则将它移动到安全位置。执行返回参考点之前进给轴在参考点上，则应用 JOG 工作方式把轴移离参考点，再执行返回参考点操作。

二、JOG 运行方式——"加工"操作区

JOG 运行方式是 802D 系统的主要工作方式之一，机床的检查、维修和保养一般都采用 JOG 方式，机床维修人员应当熟练掌握 JOG 方式。经验丰富的操作者，可以利用 JOG 方式手动控制机床进行一般零件的切削加工。维修人员利用 JOG 方式，观察进给轴、主轴或机床其他部分的工作情况，如轴的运动是否平稳，有无异常声音，检查按键、旋钮操作是否灵活。可以通过机床控制面板上的 键选择 JOG 运行方式。

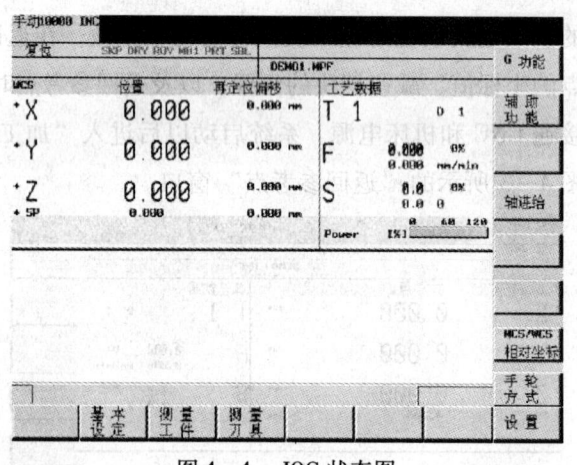

图 4—4　JOG 状态图

1. 进给轴移动操作

在选择进给轴移动前，将进给倍率修调选择开关放在适当位置，为安全起见，一般应放在速度较低位置，如 10% 位置。检查机床移动是否安全，与机床上的其他机械部件是否会发生干涉，有无其他物品放置在机床上。操作步骤见表 4—1。

表 4—1　　　　　　　　　进给轴移动操作说明表

操作顺序	操作键	操作说明
选择 JOG 工作方式	〰️	在机床操作面板上选择 JOG 软键,进入 JOG 工作方式
选择进给轴移动方向	+X	操作相应的方向键 +X、+Y 或 +Z,可使进给轴运行。相应的键一直按着,进给轴以设定速度运行,松开此键,移动停止
改变移动速度	⊙	使用进给倍率修调选择开关改变进给速度,使实际进给速度是设定速度的 0%~120%

2. 进给轴快速移动

快速移动就是进给轴以设定的快进速度向所选择的方向移动。它是在 JOG 工作方式的基础上再附加按下快进键,即 〰️ 和 ∿ 两个键一起按住,进给轴就在所选定的方向上以快进速度移动。若在快速移动过程中释放快进键,则自动恢复到 JOG 移动速度。

3. 增量移动

按下 🔘 键,以步进增量方式运行时,坐标轴以所选择的步进增量运行,步进量的大小在屏幕上显示。再按一次点动键就可以去除步进增量方式。

4. 主轴手动操作

手动控制主轴转动包括主轴正转、反转及主轴停止。在转动主轴前,将主轴转速倍率修调选择开关放在适当位置,为安全起见,一般应放在转速较低位置,如 50% 位置。待主轴旋转稳定后,再利用主轴转速倍率修调选择开关调整主轴的转速。手动操作主轴旋转的步骤见表 4—2。

表 4—2　　　　　　　　　主轴手动操作说明表

操作顺序		操作键	操作说明
选择 JOG 工作方式		〰️	在机床操作面板上选择 JOG 软键,进入 JOG 工作方式
主轴旋转	主轴正转	⊐⇩⤴	根据想要主轴转动的方向,按下对应的主轴方向选择键,主轴开始转动
	主轴反转	⊐⇩⤵	

续表

操作顺序		操作键	操作说明
改变主轴转速		⊙	使用主轴转速倍率修调选择开关改变转速，使转速的范围是设定速度的50%~120%
停止转动	主轴停止	⊣⊙	两个按键中的任何一个都能使主轴停止。主轴停止键只是停主轴，其他轴不受影响；复位键不仅停止主轴，还使数控装置复位
	复位	∥	

5. 手轮操作

在802D系统控制的机床上，配置带有手轮的手持单元。手轮又称为手摇脉冲发生器，选定进给轴，转动手轮，进给轴进给。当进行受动切削、机床对刀及精度检验时，采用手轮操作特别方便。

操作步骤：按上述方法进入JOG工作方式，选择手轮方式，在JOG运行状态下出现"手轮"窗口（见图4—5），打开窗口，在"坐标轴"一栏显示所有的坐标轴名称，它们在软键菜单中也同时显示。视所连接的手轮数，可以通过移动光标在手轮之间进行转换。移动光标到所选的手轮，然后按动相应坐标轴的软键，在窗口中出现✓符号。

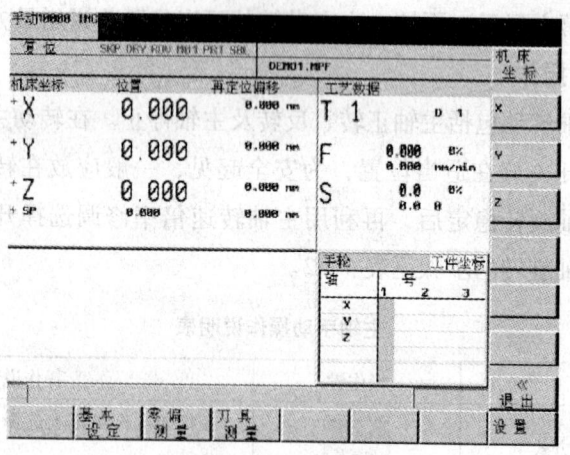

图4—5 "手轮"窗口

三、MDA运行方式（手动数据输入）

手动数据输入工作方式（MDA）又称为手动数据输入—自动执行方式。在对机床进行日常维修和保养中，要检测在自动方式下的某一特定动作，如主轴转动、换刀等，经常用到手动数据输入工作方式。一般情况下，编辑一个完整零件程序后才能执行程序，但是 MDA 方式可以边输入边执行。程序存在 NCK 一个固定的 MDA 缓冲区里。可以把 MDA 缓冲区的程序存放在程序目录中。在程序运行窗口，手动输入一个程序段或几个程序段，按程序启动键即可执行刚输入的程序段，执行完毕后自动停止。用于零件自动加工时，与自动方式不同的是，MDA 方式通常只适用于加工简单零件，因此都是现编程序现加工。执行 MDA 程序的前提条件是：各进给轴已经完成返回参考点，进给轴和主轴已经控制使能。MDA 状态图如图 4—6 所示。MDA 操作步骤见表 4—3。

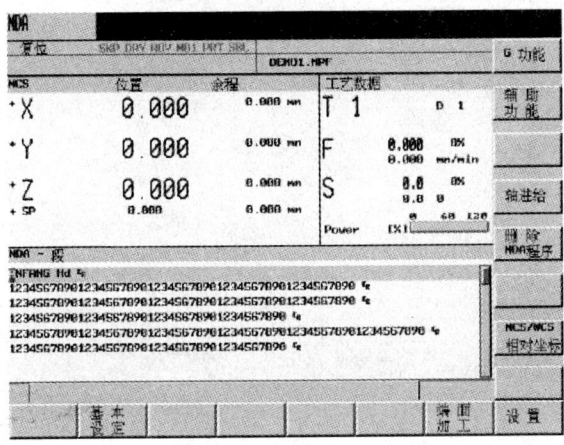

图 4—6　MDA 状态图

表 4—3　　　　　　　　　　MDA 操作说明表

操作顺序	操作键	操作说明
选择 MDA 工作方式		在机床操作面板上选择 MDA 软键，进入 MDA 工作方式
输入程序		输入所要执行的程序段
输入确认		把程序段读入执行存储器
执行程序		执行程序段。该段执行完后，等待新的程序段输入

在 MDA 工作方式下执行程序，如果需要中途停可按程序中止键或复位键。按程序中止键程序运行中途停止，若需要执行程序未执行的部分，再按程序启动键。需要说明的是。在执行 M、S、T 指令时，即使按下程序中止键，也要等待指令执

行完毕才能停止。按复位键光标回到 MDA 程序开始位置，使零件程序从头开始执行。

本章思考题

1. 试着画出 SIEMENS 802D 数控系统，或者你熟悉的数控系统的操作面板，并说明各键的作用。
2. 如何进行数控机床的返回参考点操作？
3. 什么是 MDA 运行方式？它有什么作用？

第五章 数控机床电气原理

第一节 导线及配线技术

一、导线

数控机床上主要使用三种类型的导线：动力线、控制线、信号线，相对应地也有三种类型的电缆。

导线和电缆的选择应根据 GB 5226.1—2002 的要求而定。

导线一般分为四种类型，见表5—1。1类导线主要用于固定的部件之间，也可用于出现极小弯曲的场合，条件是截面积应小于 0.5 mm²。频繁运动（如机械工作每小时运动一次）的所有导线，均应采用5类或6类绞合软线。

表5—1　　　　　　　　　　导线的分类与用途

类别	说明	用法/用途
1	铜或铝圆截面硬线，一般至少 16 mm²	只用于无振动的固定安装
2	铜或铝最少股的绞心线，一般大于 25 mm²	
5	多股细铜绞合线	用于有机械振动的安装，连接移动部件
6	多股极细铜软线	用于频繁移动的场合

二、配线技术

1. 连线和布线的一般要求

（1）所有连接，尤其是保护接地电路的连接应牢固，没有意外松脱的危险。

(2) 连接方法应与被连接导线的截面积及导线的性质相适应。对铝或铝合金导线，要特别考虑电蚀问题。

(3) 只有专门设计的端子，才允许一个端子连接两根或多根导线，但一个端子只应连接一根保护导线。

(4) 只有提供的端子适用于焊接工艺要求时才允许焊接连接。

(5) 接线座的端子应清楚地做出与电路图上相一致的标记。

(6) 软导线管和电缆的敷设应使液体能排离该装置。

(7) 当器件或端子不具备端接多股芯线的条件时，应提供拢合绞心束的办法，不允许用锡焊来达到此目的。

(8) 屏蔽导线的端接应防止绞合线磨损并应容易拆卸。

(9) 识别标牌应清晰、耐久，适合于实际环境。

(10) 接线座的安装和接线应使内部和外部配线不跨越端子。

2. 导线标记的一般要求

(1) 导线应按照技术文件的要求在每个端部做出标记。

(2) 当用在电缆线中颜色代码做导线标记时，可采用下列颜色：黑、棕、红、橙、黄、绿、蓝（包括浅蓝）、紫、灰、白、粉红、青绿。

(3) 如果不采用颜色做标记，可在选定位置上增加附加标记。

(4) 由于安全原因，在有可能与黄/绿双色组合发生混淆的场合，不应使用绿色和黄色。

(5) 可以使用上面列出颜色的组合色标，但不能发生混淆和不能使用绿或黄色。

第二节 电气系统原理图

一、构成电气系统的主要电路

数控机床的电气系统包括主电路、控制电路、数控系统接口电路等几部分，涉及低压电器元件、机床电气控制技术和数控系统接口等相关知识。

机床主电路主要用来实现电能的分配、短路保护、欠压保护、过载保护等功能。数控机床的主电路与普通机床的主电路控制原则基本一致，所不同的是要考虑数控系统、伺服系统的抗干扰和安全问题。在控制要求较高的数控机床总电源回路中，为了保证数控系统的可靠运行，一般要通过隔离变压器供电；对于电网电压波动较大的应用场合，还要在总电源回路中加装稳压器；对于主回路中容量较大，频繁通/断的交流电动机电源回路，为了防止其对数控系统产生干扰，一般要加阻容吸收电路。

机床控制电路主要用来实现对机床的液压、冷却、润滑、照明等系统的控制功能。该电路的控制原则与普通机床相同，但有些开关信号来自数控系统，而且在交流接触器、继电器线圈的两端需加阻容吸收。

数控系统接口电路用来完成信号的变换和连接。在数控系统的内部使用的是直流弱电信号，而机床电气控制电路采用的是交流强电信号，为防止电磁干扰或工频电压串入计算机数控系统中，一般采用光电耦合器进行隔离。

二、电气原理图的绘制

根据数控机床对电气控制系统的要求，并按照电气设备和电器元件的工作顺序，详细地表示电路、设备或者成套装置的基本组成以及连接关系的图形，就是通常说的电气控制系统图。

常见的电气控制系统图分为：电气原理图、电气布置图和电气安装连线图。在进行数控机床的电气原理分析时，技术人员和维修人员最常使用的是电气原理图。

图的绘制应按 JB/T 2739 和 JB/T 2740 的要求进行。

在绘制数控机床的电气系统原理图时，应该注意以下几点：

1. 确认所用的元器件以后，要将这些元器件有机地结合起来，使之可以完成机床的规定动作。这其中包括每个元器件的控制规则，以及它们之间的逻辑关系。

2. 为方便绘制和以后的连接，在绘制一些重要部件时，可以将其进行模块化，即将控制比较复杂的电气原理单独绘制成图，比如机床中的进给单元、主轴单元，一般的情况下都要进行单独绘制。

三、绘制电气原理图的基本原则

电气原理图中所用的电气元件的图形符号和文字符号，必须符合国家标准，不可采用其他非标准符号。在我国与电气设备有关的国家标准和行业标准主要有：JB/T 2739《工业机械电气图用图形符号》、GB 4728《电气图用图形符号》、JB/T 2740《工业机械电气设备电气图、图解和表的绘制》以及 GB 6988《电气制图》

和 GB 7159《电气技术中的文字符号制定通则》。应采用最新的国家标准或行业标准来绘制电气原理图。

第三节 数控机床的电气柜

数控机床的电气设备，大部分都是安装在电气柜内的，整个数控系统的功能和可靠性相当于电气柜内各个部件的并联关系，即任何一个部件的缺陷都会影响到整个系统的功能和可靠性。所以，数控机床的电气柜是数控机床的重要部分之一。

一、电气柜的保护

1. 电气柜的循环气路设计

在数控机床的电气柜中，热循环的气路设计是非常重要的，因为数控机床对工作温度和使用环境温度的要求都很严格，数控机床在运行和使用的过程中，其电气系统会产生大量的热量，只有及时地将热空气排出，才能保证机床电气柜内的温度不会过高，保证机床可以正常运行。为了保证机床在运行过程的可靠性，就要设计好机床电气柜的热循环气路。

数控机床的热循环气路包括两个方面：热空气循环方向，如图 5—1 所示；冷空气循环方向，如图 5—2 所示。

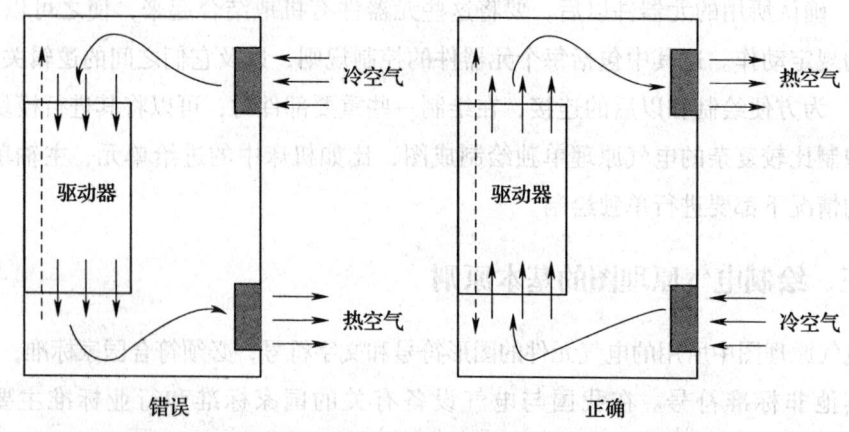

图 5—1 电气柜的热循环气路设计——热空气的循环方向

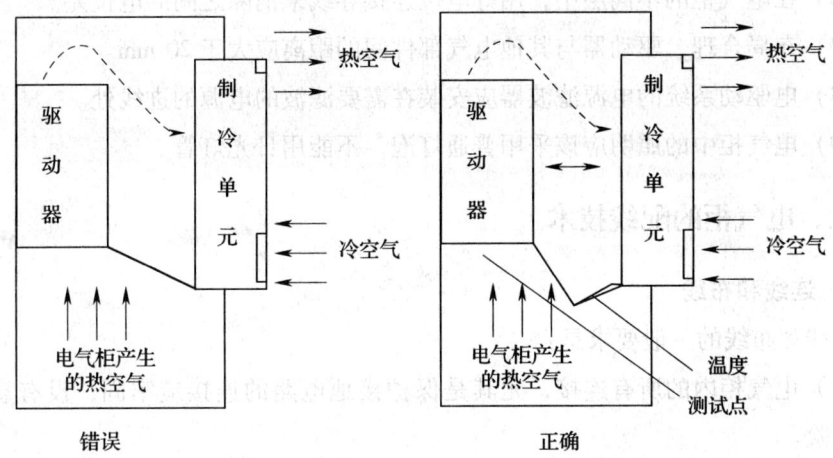

图 5—2　电气柜的热循环气路设计——冷空气的循环方向

除了这两种循环以外，驱动器在电气柜中还需要有足够的通风空间，如图 5—3 所示。

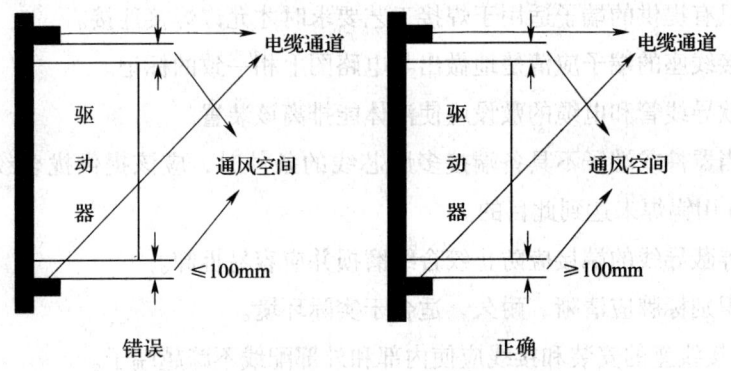

图 5—3　驱动器在电气柜中的通风空间

2．防电磁干扰

为了保证数控机床的可靠性，防止其电气柜内的部件受到电磁干扰，在设计和维修维护时，应注意以下几点：

（1）电气柜及其内部器件要满足安装要求。

（2）各层部件间的接触良好。

（3）柜门应通过尽可能少的导线与柜体相连。

（4）屏蔽线与等电势线的补偿线应与电气柜相连。

（5）建立各层部件的永久连接性，如采用镀层的方法。

（6）在电气柜的不同层中，用等电位连接导线来消除之间的电位差。

（7）布局合理，驱动器与其他电气部件间的距离应大于 20 mm。

（8）电驱动系统的电源滤波器应安装在需要滤波的电源的进线处。

（9）电气柜中的照明应该采用普通灯泡，不能用日光灯管。

二、电气柜的配线技术

1. 连线和布线

连线和布线的一般要求是：

（1）电气柜内的所有连接，尤其是保护接地电路的连接应牢固，没有意外松脱的危险。

（2）连接方法应与被连接导线的截面积及导线的性质相适应。对铝或铝合金导线，要特别考虑电蚀问题。

（3）连接时，只有专门设计的端子才允许一个端子连接两根或多根导线，但对于保护导线，一个端子只应连接一根。

（4）只有提供的端子适用于焊接工艺要求时才允许焊接连接。

（5）接线座的端子应清楚地做出与电路图上相一致的标记。

（6）软导线管和电缆的敷设应使液体能排离该装置。

（7）当器件或端子不具备端接多股芯线的条件时，应该提供拢合绞心束的办法，不允许用锡焊来达到此目的。

（8）屏蔽导线的端接应防止绞合线磨损并应容易拆卸。

（9）识别标牌应清晰、耐久，适合于实际环境。

（10）接线座的安装和接线应使内部和外部配线不跨越端子。

2. 导线和电缆敷设

（1）导线和电缆的敷设应使两端子之间无接头或拼结点。如果不能在接线盒中提供端子（如可移式机械、机械带长软电缆等），则允许接头或拼接。

（2）为了满足连接和拆卸电缆和电缆束的需要，应在接线时留有足够的附加长度。

（3）电缆端部应夹牢以防止导线端部的机械应力。

（4）尽可能将保护导线靠近有关的负载导线安装，以便减小回路阻抗。

3. 不同电路的导线

不同电路的导线可以并排放置，可以穿在同一通道中（如导线管或电缆管道装置），也可以处于同一多芯电缆中，前提是这种安排不削弱各自电路的原有功能。如果这些电路的工作电压不同，应把它们用适当的隔板彼此隔开，或者把同一管道的导线都用最高电压导线绝缘。

第四节　数控机床电气原理图简介

一、数控车床电气原理图

下面以示意图的形式给出了数控车床电气原理图的主要部分，对于线号仅给出了在不同的页面均出现的线缆的线号。

1. 电源部分

如图5—4所示，QF0 ~ QF4为三相断路器；QF5 ~ QF10为单相断路器；KM1 ~ KM6为三相交流接触器；RC1 ~ RC4为三相阻容吸收器（灭弧器）；RC5 ~ RC10为单相阻容吸收器（灭弧器）；KA1 ~ KA8为直流24V继电器。

2. 继电器与输入输出开关量

继电器主要是由输出开关量控制的。输入开关量主要是指进给装置、主轴装置、机床电气等部分的状态信息与报警信息。

如图5—5所示，KA1 ~ KA8为中间继电器；SQX – 1、SQX – 3分别为X轴的正、负限位开关的常闭触点；SQZ – 1、SQZ – 3分别为Z轴的正、负限位开关的常闭触点；420为来自伺服电源模块与伺服驱动模块的故障连锁；100为图5—6中DC24 V 50W开关电源。

图5—6中，100、24 V为DC24 V 50W开关电源的输出。

因为没有手持单元，所以XS8中的两个急停回路引脚需要短接起来，如图5—7所示。

3. 伺服单元接线图

如图5—8所示。

二、数控铣床电气原理图

下面以示意图的形式给出了数控铣床电气原理图的主要部分，对于线号仅给出了在不同的页面均出现的线缆的线号。

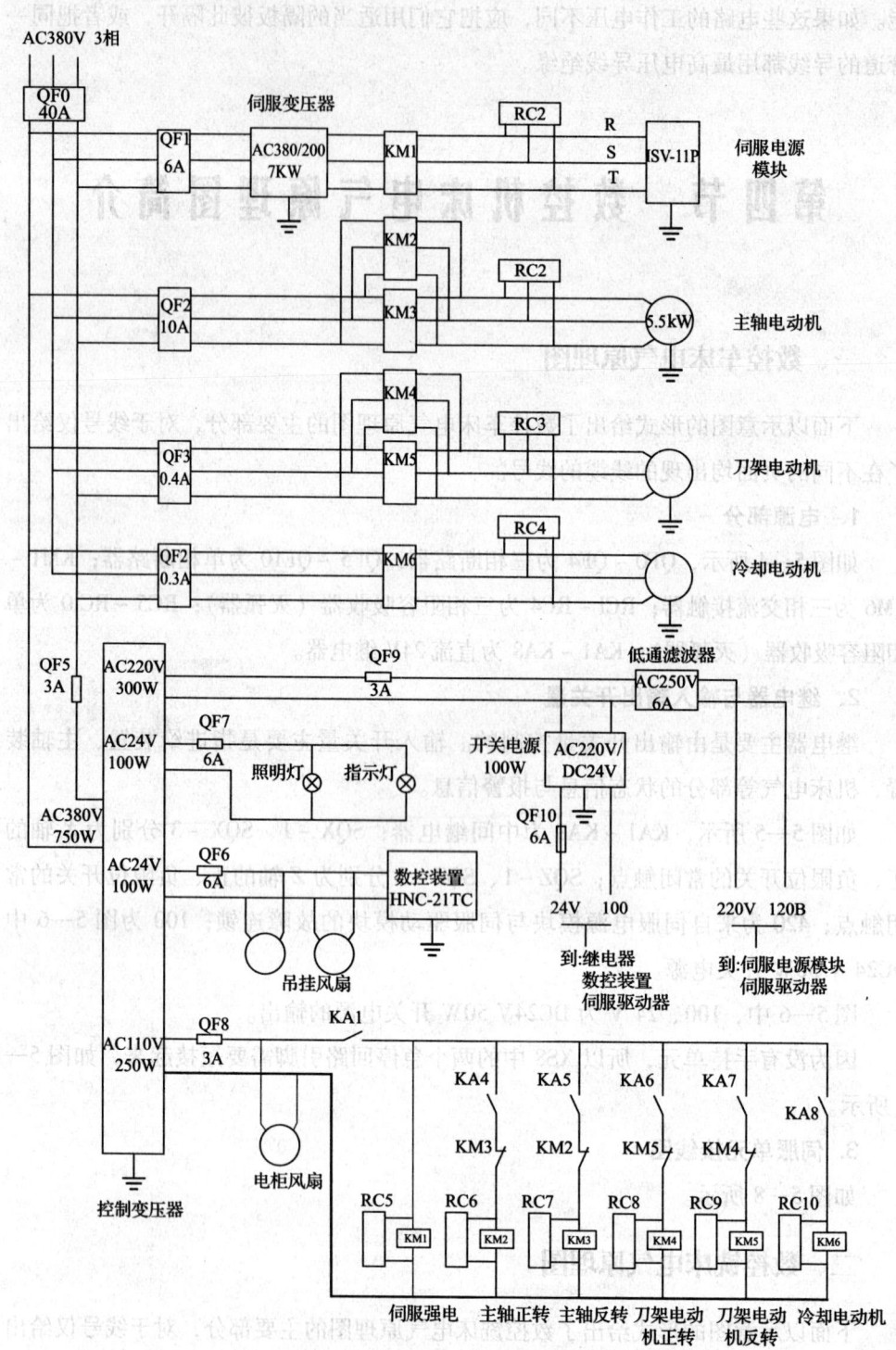

图5—4 典型数控车床数控系统电气原理图——电源部分

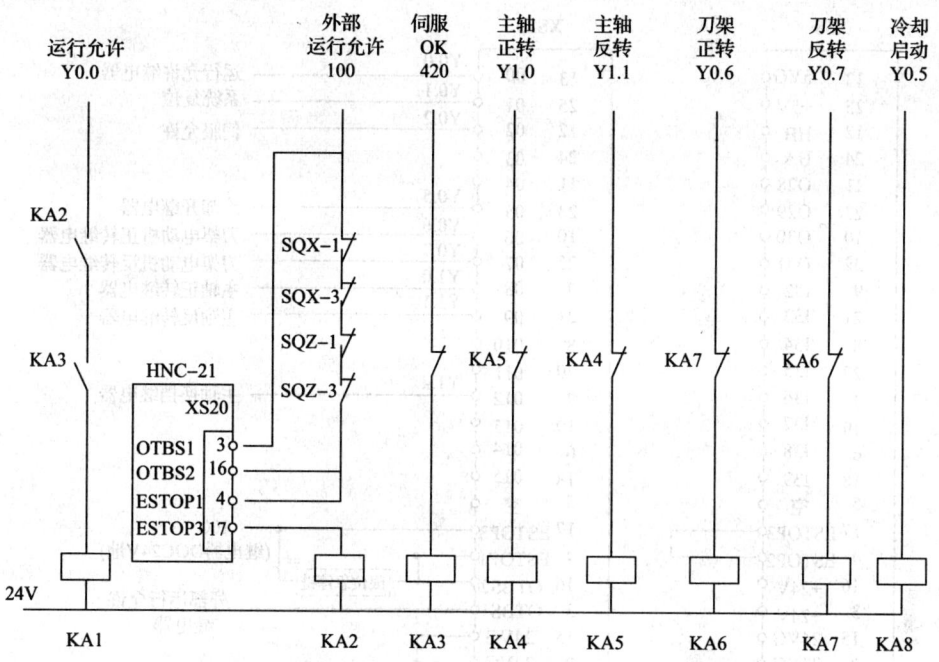

图 5—5 典型数控车床数控系统电气原理图——继电器部分

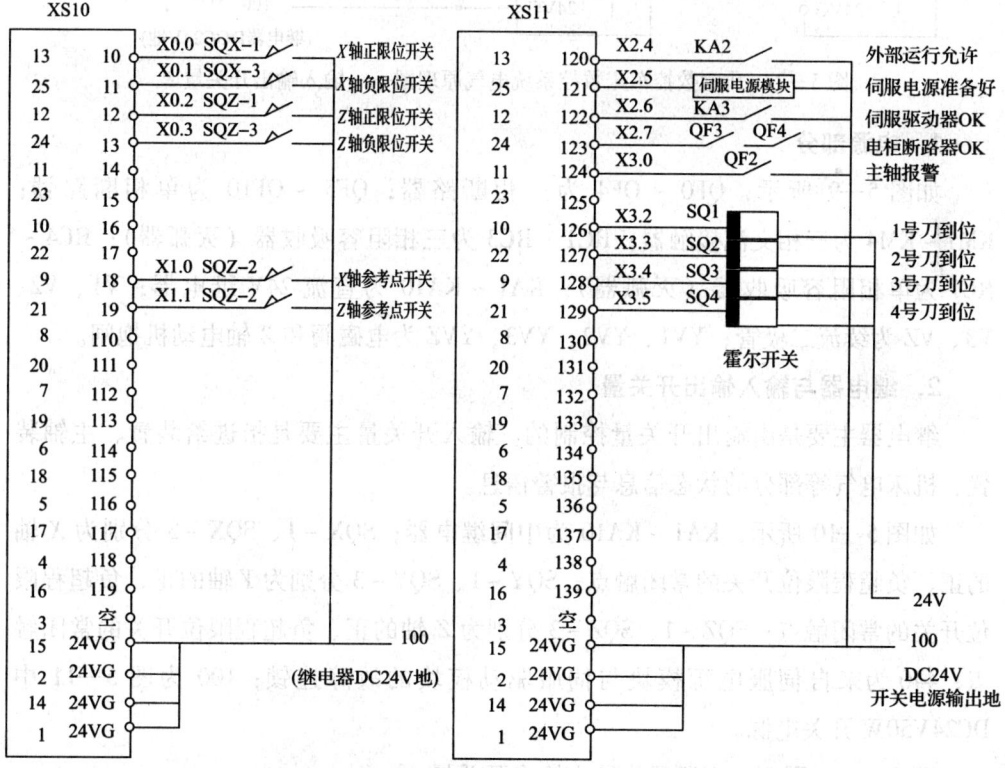

图 5—6 典型数控车床数控系统电气原理图——输入输出开关量1

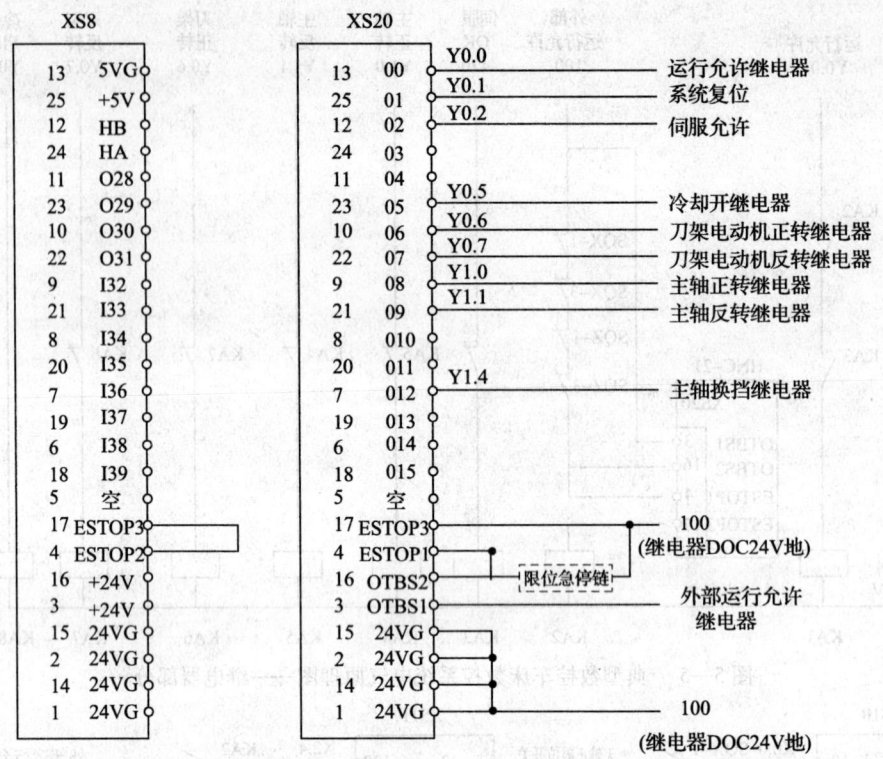

图 5—7 典型数控车床数控系统电气原理图——输入输出开关量 2

1. 电源部分

如图 5—9 所示，QF0～QF4 为三相断路器；QF5～QF10 为单相断路器；KM1～KM4 为三相交流接触器；RC1～RC3 为三相阻容吸收器（灭弧器）；RC4～RC7 为单相阻容吸收器（灭弧器）；KA1～KA10 为直流 24V 继电器；V1、V2、V3、VZ 为续流二极管；YV1、YV2、YV3、YVZ 为电磁阀和 Z 轴电动机抱闸。

2. 继电器与输入输出开关量

继电器主要是由输出开关量控制的。输入开关量主要是指进给装置、主轴装置、机床电气等部分的状态信息与报警信息。

如图 5—10 所示，KA1～KA10 为中间继电器；SQX–1、SQX–3 分别为 X 轴的正、负超程限位开关的常闭触点；SQY–1、SQY–3 分别为 Y 轴的正、负超程限位开关的常闭触点；SQZ–1、SQZ–3 分别为 Z 轴的正、负超程限位开关的常闭触点；440 为来自伺服电源模块与伺服驱动模块的故障连锁；100 为图 5—11 中 DC24V50W 开关电源。

图 5—11、图 5—12 所示为输入输出开关量。

手持单元的部件标识为 31，并由 PMC 系统参数中按其部件号来应用该设备。

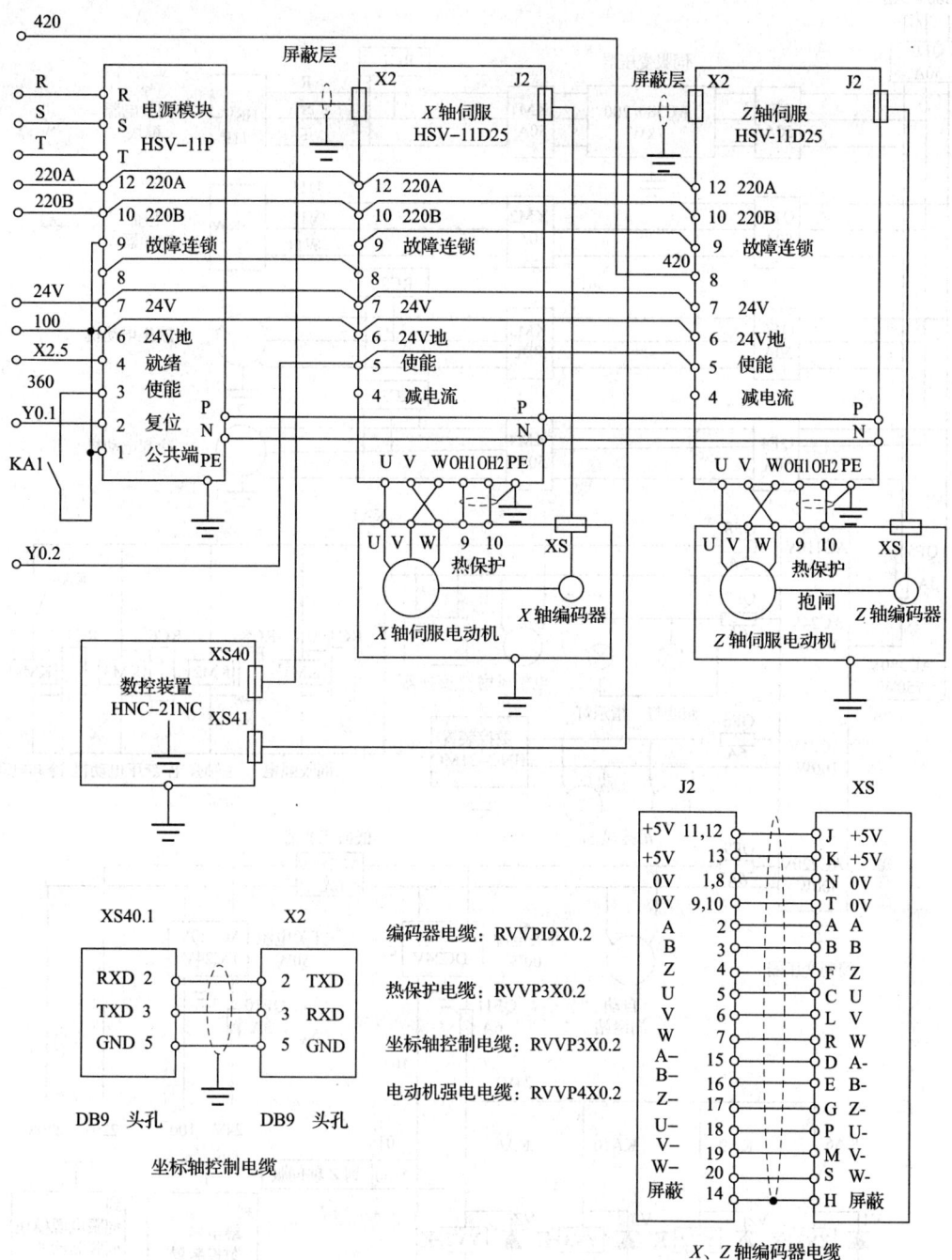

图 5—8 典型数控车床数控系统电气原理图——伺服驱动器的连接

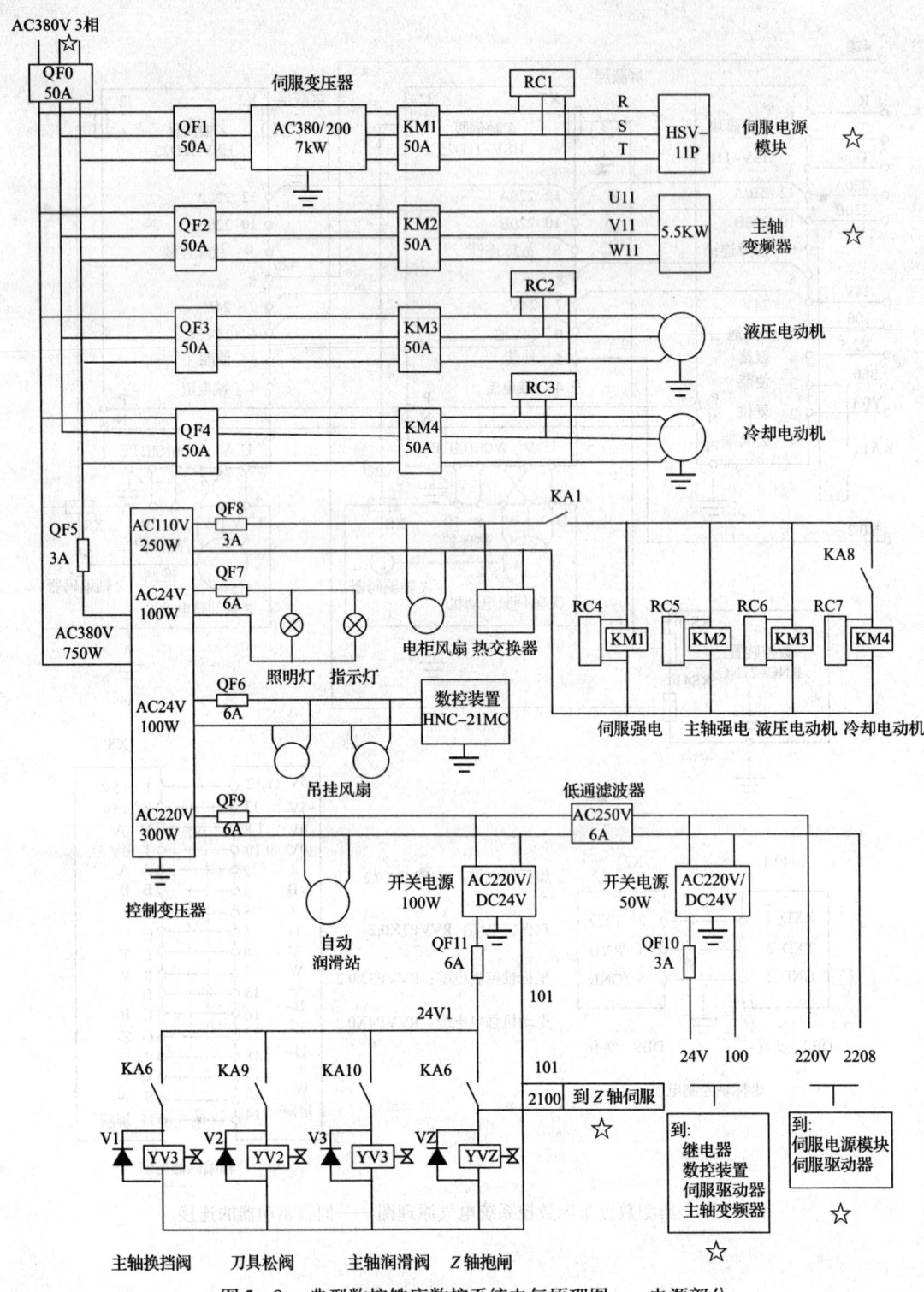

图 5—9 典型数控铣床数控系统电气原理图——电源部分

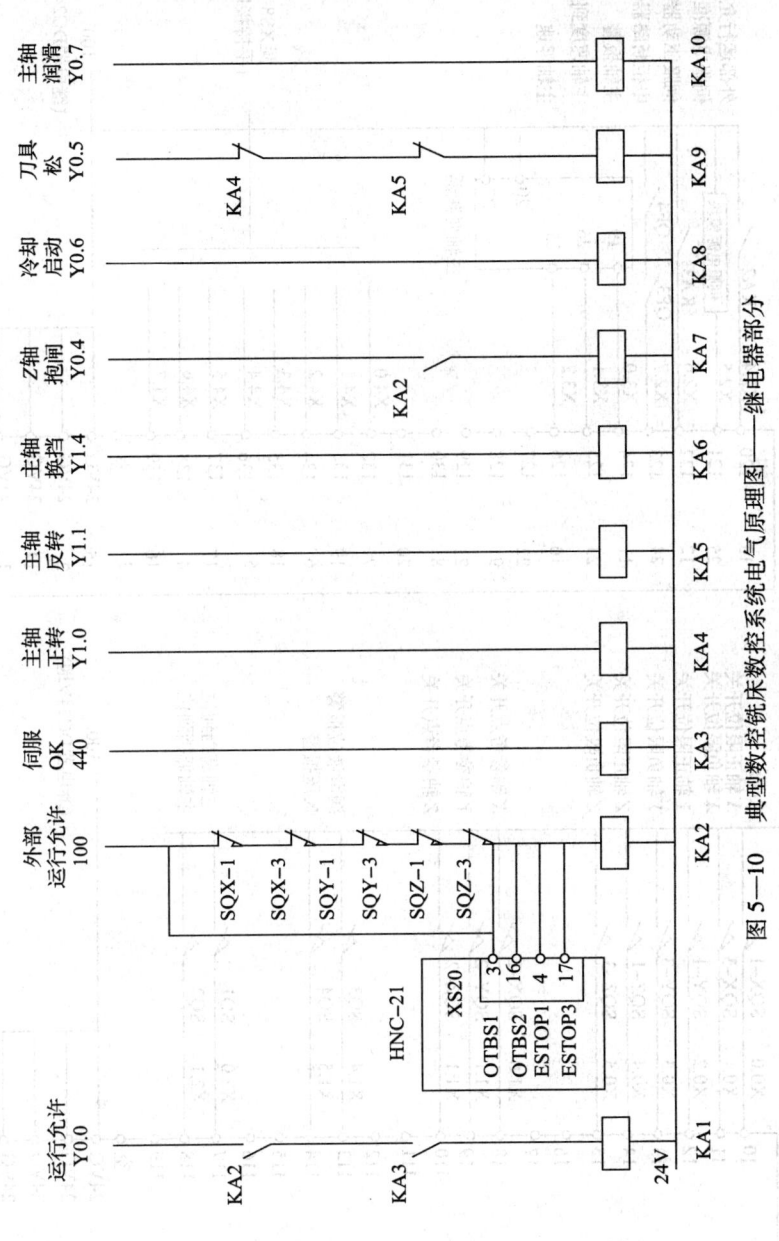

图 5—10 典型数控铣床数控系统电气原理图——继电器部分

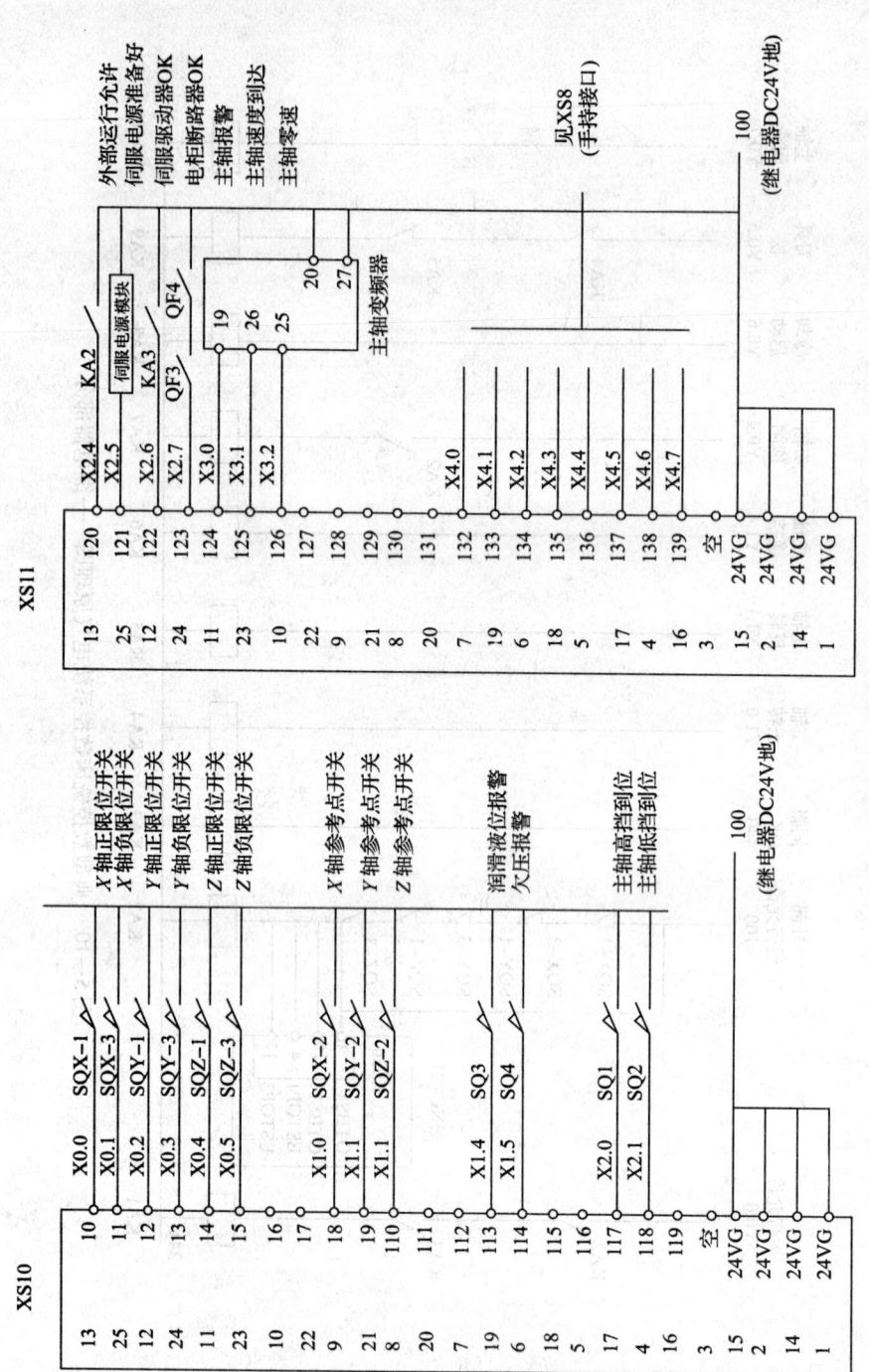

图5—11 典型数控铣床数控系统电气原理图——输入输出开关量1

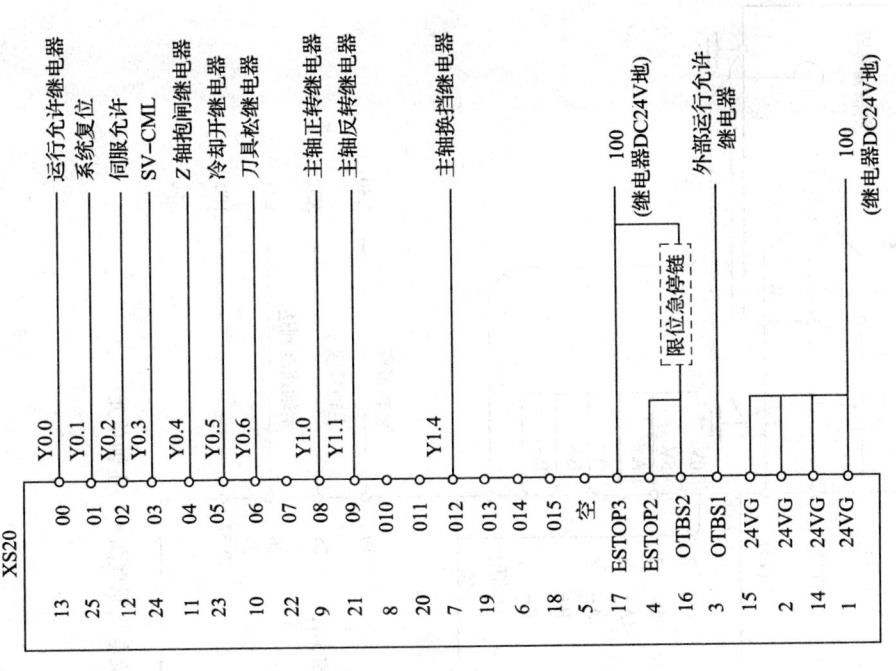

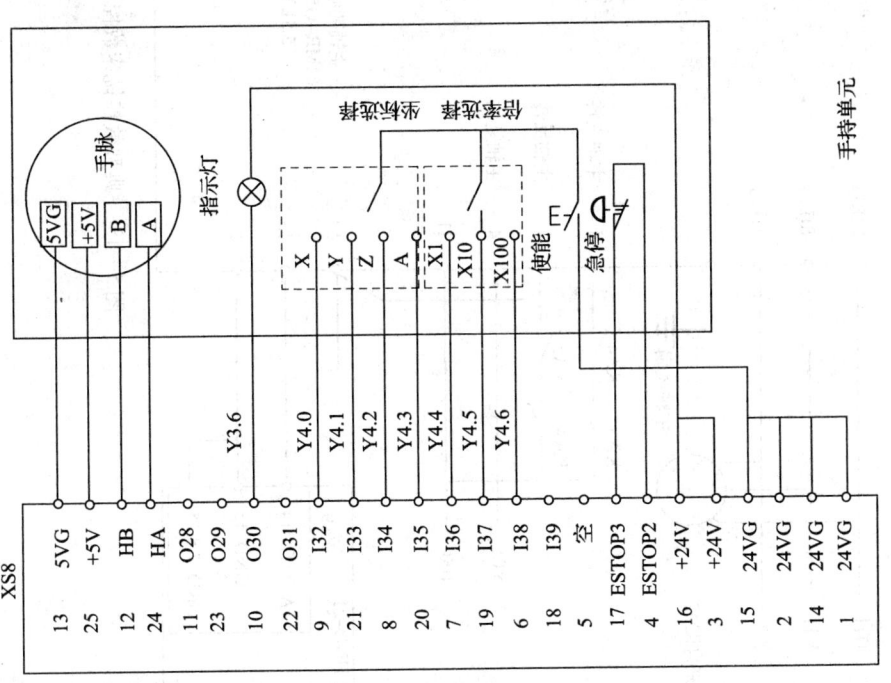

图 5—12 典型数控机床数控系统电气原理图——输入输出开关量 2

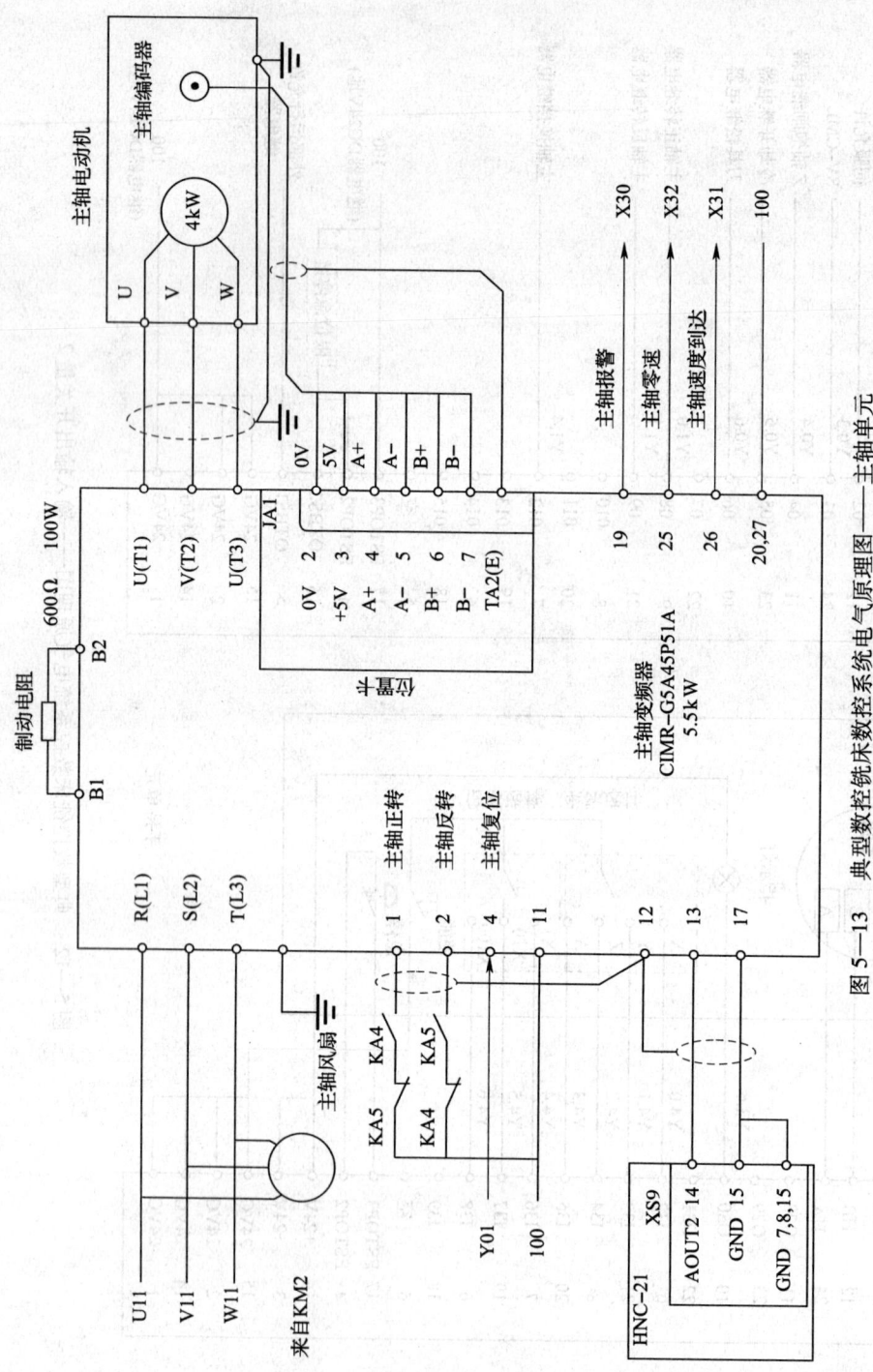

图 5—13 典型数控铣床数控系统电气原理图——主轴单元

3. 伺服驱动器接线图

图5—14 所示为伺服驱动器电路图。

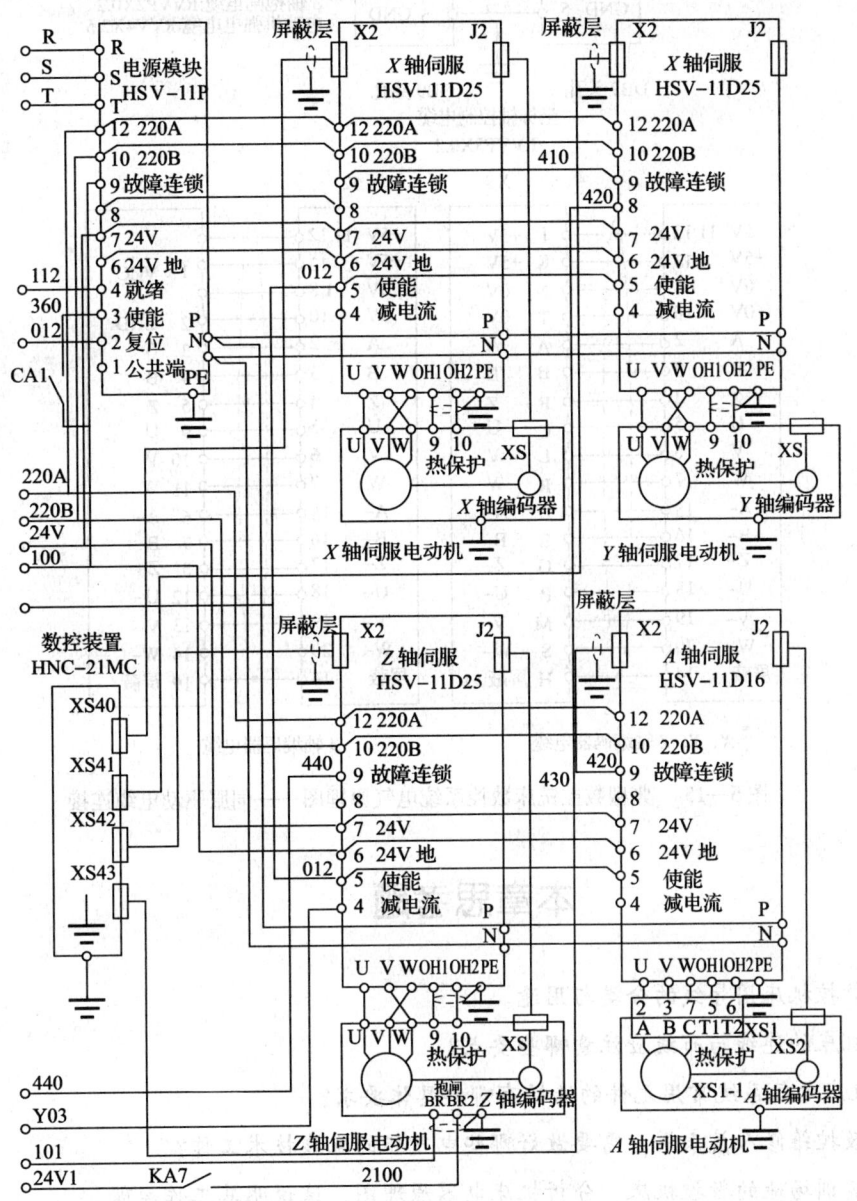

图5—14 典型数控铣床数控系统电气原理图——伺服驱动器电路

各电缆线的连接如图5—15 所示。

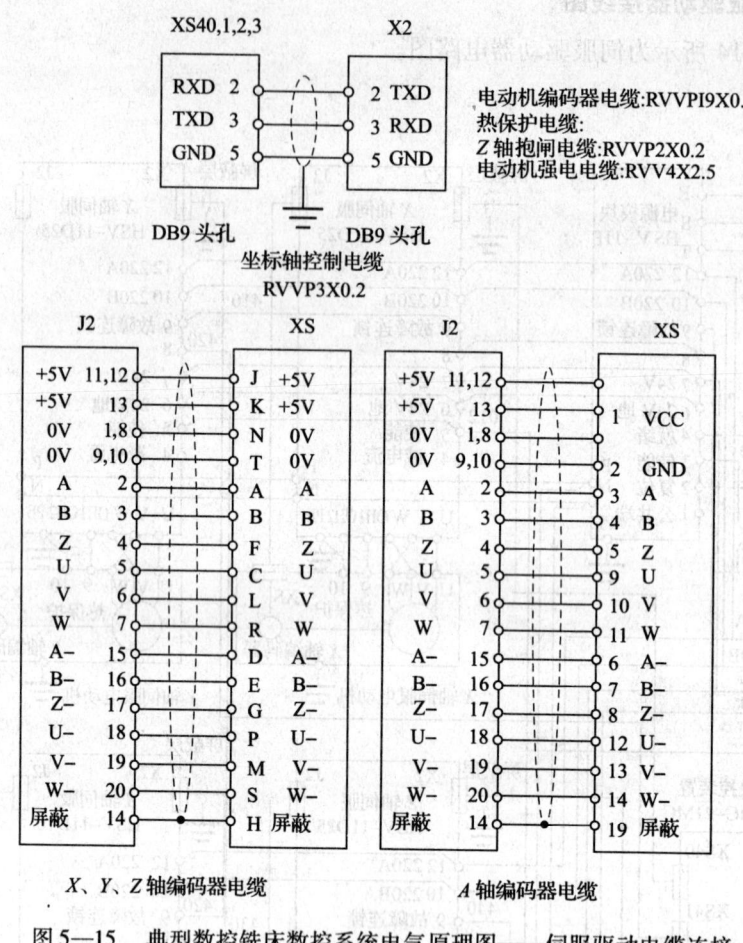

图5—15 典型数控铣床数控系统电气原理图——伺服驱动电缆连接

本章思考题

1. 简述数控机床用导线的分类与用途。
2. 数控机床的连线与布线应注意哪些要点？
3. 数控机床电气系统常用元件的选择有哪些具体要求？
4. 对于数控维修人员来讲，需要做好哪些电气柜的配线技术工作？
5. 对照实训场地的数控机床，分析机床电器原理图，试说明其工作原理。

第六章 CNC系统故障诊断与检修

第一节 典型数控系统简介

一、FANUC数控系统简介

日本FANUC公司是专门生产数控装置及工业机器人的著名厂家。该公司自20世纪50年代末期生产数控系统以来，已开发出40多个系列的数控系统，特别是20世纪70年代中期开发出FS5、FS7系统以后，所生产的系统都是CNC系统。20世纪80年代，FANUC公司较有代表性的系统是F6和F11。目前，主要产品有F0和F15系列。

1. 结构、性能特点

（1）F6系列

F6系列采用大板结构，上面插有电源模块、存储器板等小板。该CNC系列为多微处理器控制系统，其PMC所用的以及图形显示的CPU均为8086。

（2）F11系列

F11系列主板也是采用大板结构，它也是一种多微处理器控制系统，其CPU为68000。在控制线路中采用下列专用大规模集成电路：BAC（总线仲裁控制器）、IOC（输入输出控制器）、MB87103（位置控制芯片）、OPC（操作面板控制器）以及SSU（系统支持单元）。在系统中还采用了4M位大容量磁泡存储器、大容量I/O模块、A/D和D/A模块以及ATC（自动刀具交换装置）和APC（自动托盘交换装置）控制用定位模块。CNC 系统和操作面板、I/O 单元之间采用光缆连接，从而使连接简单，抗干扰能力提高。

（3）F15 系列

F15 系列是一种模块化、多总线结构的微处理器控制系统，也被称为 AI（人工智能）CNC，其 CPU 采用 32 位的 68020。F15 系列共有 F15－MA、F15－TA、F15－TF、F15－TTA 及 F15－TTF 等规格，它们具有以下特点：

1）在插补功能上，除了具有直线、圆弧、螺旋线插补外，还具有假想轴插补、极坐标插补、圆柱面插补、指数函数插补、渐开线插补以及样条插补等多种。

2）在补偿功能方面，具有螺距误差补偿、丝杠反向间隙补偿、坡度补偿、线性度补偿以及各种刀具补偿。

3）在切削进给加/减速功能方面，具有插补前直线加/减速、插补后直线加/减速以及插补后钟形加/减速等多种。

4）在故障诊断方面，引进了专家系统，即采用了人工智能。该系统以知识库为依据，采用推理软件来查找故障原因。

（4）F0 系列

F0 系列是目前在中国市场上销售量最大的一种系统，它是一种采用高速 32 位微处理器的高性能 CNC。在结构上采用传统的结构方式，即在主板上插有存储器板、I/O 板、轴控制模块以及电源单元，只是其主板较其他系列的主板要小得多，因此，在结构上显得非常紧凑，体积很小，FANUC 公司自称它是世界上最小的系统。F0 系列共有 F0－MA、F0－TA、F0－MC、F0－TC、F0－MD、F0－TD 等多种规格，其中 F0－MD 和 F0－TD 是在 F0－MA 及 F0－TA 的基础上简化而成的，所以大家也称它们为简易型数控系统。由于它们价格较低，被大量用于数控车床及数控铣床。F0 系列数控系统具有以下特点：

1）本系统是一种小型高精度、高性能的软件固定型 CNC。控制电路中采用了高速微处理器、专用 LSI（大规模集成电路）、半导体存储器等，这不仅提高了系统的可靠性，还提高了系统的性价比。

2）为了便于系统的维修，内部具备多种自诊断功能：

①微处理器不断地监视系统内部的工作状态，并能分类显示 CNC 内部状态。一旦发生故障，报警指示灯立即发亮，并使 CNC 停止工作，同时在 CRT 上可分类显示出故障的详细内容。

②在 CRT 显示器上，可显示出从 CNC 输出或向 CNC 输入的接通、关断

信号。

③通过 MDI（手动数据输入）可以"位"为单位接通、关断从 CNC 输出的接通、关断信号。

3）可用 CRT 显示检查数控系统的快速进给速度、加/减速时间常数等各种参数设定值。

4）由于采用了高速微处理器的数字式交流伺服系统，无漂移影响，实现了高速、高精度的控制。

在 F0 系列中还有一种规格是 F0-PC，它是专为转塔冲床开发的高性能 CNC，有以下特点：电子器件采用表面安装的 LSI 及超薄型显示单元；高性能的数字伺服系统；利用 M、S、T 和 B 代码直接加工指令，缩短了加工循环时间，提高加工效率；除了具有 F0-C 系列的标准功能外，还增加了冲压功能、晶格点阵功能、多段数据加工功能、C 轴控制功能等超级控制功能。

(5) F20 系列

F20 系列是继 F0 系列之后开发的系统，适用于一般的数控铣床和数控车床。它的特点是：具有高效的手动操作能力，在手动方式下具有引导功能，能用手轮操作加工圆弧、斜线，而且能将手轮操作的过程存储和再生，这将大大提高批量加工能力。另外，数控程序也很容易用引导功能建立起来，在引导画面直接操作，能很快编制出简单的加工程序。

(6) F16/18 系列及 F160/180 系列

此系列是专门为工厂自动化设计的数控系统，是目前国际上工艺与性能最先进的数控系统之一，在美国、日本、欧洲的制造业中已普遍使用。它具有以下特点：

1）采用超大规模集成电路。系统的开发与微机芯片发展同步，采用了超大规模集成芯片，如 CPU 为 80486，66 MHz 主频；机床强电的控制程序和零件加工程序存储在存储芯片和存储器卡中。用户可方便地修改、调整 PMC 程序，且省去了 EPROM 的写入设备。加工程序、系统参数、机床参数均可存入存储卡，更换与操作极为方便。为了提高系统的运行速度和处理能力，采用了 64 位的 RISC 芯片，与 80486 并行运行。进给伺服控制使用了 32 位数字信号处理器；除了通用芯片外，FANUC 公司还开发了专用超大规模逻辑电路的芯片。如：地址译码和锁存，位置反馈信号的处理，细插丰补位置误差的比较与误差的脉宽调制，串行数值信号的处理与数据传送，电子手轮信号的处理等 20 余种，大大地提高了系统的可靠性，缩小了系统的体积。

2）立体化、高密集的元件安装。上述超大规模集成芯片均为表面安装方式，而且全部元件均采用立体化的安装方式（这是日本 FANUC 公司的专利技术）。印制线路板除主板外，均按物理功能分成小模板，根据用户的要求和系统的规模分别插在主板上，使得系统扩展容易，维修方便，也简化了系统的总体设计，体积小，全部数控单元只有（380×150×200）mm³ 左右。

3）采用超薄型液晶显示器。它是一个 8.4 英寸或 9.5 英寸 TFT 彩色液晶显示器，有 4 096 种颜色，256 种颜色同时显示，色彩丰富，清晰度高。小型化的显示器，非常适于图形显示。

4）可靠性高。数控系统所用的元件，全部经过严格的高温存储，耐老化和筛选。印制线路板上的元件、部件的插装、焊接及系统组装全部自动化，大部分的工作都由机器人完成。产品经温升、高压、欠压等考验，产品出厂前还经过高温连续运行试验，因此产品质量可靠。

5）系统功能强。这表现在以下两个方面：

①高速、高精度。系统采用了 64 位的 RISC 处理器，与 80486 协调工作，大大提高了数据的处理能力，另外也提高了系统的分辨率（可达 0.1 μm）。系统具有超前预测控制功能，可实现微小程序段（即短距离移动）的连续轮廓的高速加工，且加工误差小，适合于复杂的立体型面的模具加工。

②有多种特殊曲线的插补功能。如：渐开线、抛物线、指数函数曲线、圆弧螺纹、多线螺纹、变螺距螺纹、锥螺纹、端面螺纹、柱面体型槽、极坐标插补等，并有多种固定加工循环。

6）系统内可以集成通用微机板。可使用 MS–DOS 和 WINDOWS 操作系统，可共享 IBM 微机的应用软件。在此基础上，FANUC 公司还开发了 MMC——人机会话功能，方便了系统的操作、诊断与维修。系统具有操作历史和报警历史的记忆与显示，伺服波形图的显示。还有 HELP 功能，该功能实际上是一个用于系统维护的专家系统，当出现报警和故障时，提示操作和维修人员应采取的处理措施。

7）高速 PMC。该 PMC 基本指令的执行时间为每步 0.1 μm，梯形图最高可达 24 000 步。它由一个独立的 32 位微处理器处理，可直接在系统的操作面板上编制梯形图，也可用 PC 机（如 IBM 微机）编制，然后通过串行口在 CNC 系统上调试 PMC 程序。调试好的程序不必用 EPROM 写入器写入，可直接存入闪存存储器中，另外，也可用 C 语言编写 PMC 程序。FANUC 公司还在此系统上开发了显示 PMC 程序的流程图软件。

8) 多种在机编程方法。如：菜单编程、图形会话编程（Super CAP）、符号图形编程（Symbolic CAP）以及示教编程。

9) 高精度、智能型数字式交流伺服系统的应用。新型的交流伺服电动机具有体积小、转矩惯量比大、加速快、磁极结构特殊以及运行平稳的特点。伺服电动机即使在极低转速下满负荷运行，转速脉动率也小于1%，而伺服单元的伺服控制采用单独的32位数字信号处理器，根据现代控制理论，设计成具有预测控制、前馈控制、控制观测器、电子式电流最佳控制（即HRV控制）。位置脉冲编码器为每转65 536个脉冲，可用增量式或绝对式位置编码器，还可实现双位置环反馈。

10) 智能型高效率数字式交流主轴系统的应用。采用α系列的主轴电动机，它具有输出功率大、恒功率范围宽以及加速快等特点。控制系统采用32位高速信号处理器，通过高速串行接口与CNC交换数据，它实际上也是一个位置闭环控制系统，除能调节转速外，还可实现主轴径向的任意位置定位，C轴的轮廓控制，双主轴的精确同步，并具有非正常负载的检测功能，可检测出刀具的折断、磨损和加工中的负载故障。

11) 联网功能。F16/18系统既可单机运行，也可通过Remote Buffer接口与计算机相连，由计算机控制加工，实现信息传递。该系统还可通过I/O Link（串行口）连接多种设备，如机器人、运动控制器、强电设备等，组成柔性线的基本单元。另外，经DNC1或DNC2接口可Cell Controller连接，也可接以太网，由主机控制实现车间的自动化。FANUC公司自动化工厂已有多条柔性线在运行，用于自己产品的生产。

F160/180系列是在F16/18系列的基础上开发出来的，它提供了一个开放系统接口，如与IBM微机兼容功能，便于用户实现具有个性化的功能。

2. 典型框图

现以FANUC公司的OM系统为例，用图6—1所示的框图说明系统的构成。

二、SIEMENS数控系统简介

德国西门子公司数控系统，以较好的稳定性和优越的性价比在我国数控机床行业中广泛应用。SIEMENS公司生产的SINUMERIK数控装置，从最简单到最复杂都可以按图样直接编程。SINUMERIK数控系统技术构思一致，区别在于其应用对象不同。

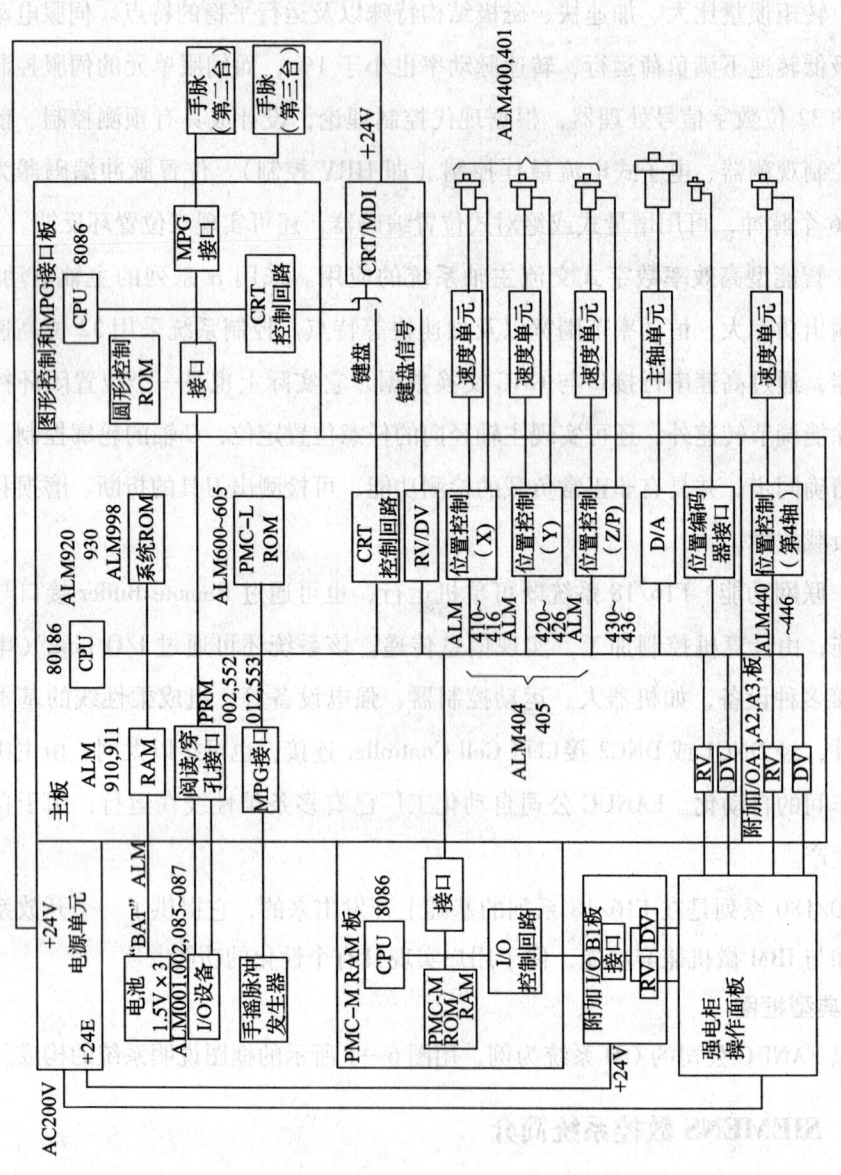

图 6—1 FANUC 公司 OM 系统框图

1. SIEMENS 数控系统的主要特点

（1）采用模块化结构设计，模块由多层印制线路板制成，经济性能好。在一种硬件标准上配置多种软件，使它具有多种工艺类型，满足多种机床的需要，并成为系列产品。每一系统都有适合不同加工需要的代号，如 T（车床）、M（铣床与加工中心）、G（磨床）、N（冲床）等。随着微电子技术的发展，更多地采用大规模集成电路（LSI）、表面安装部件（SMD）及应用先进加工工艺，所以新的 CNC 装置结构更紧凑，性能更佳，价格更低。

（2）优良的机床使用性。具有与上级计算机通信的功能，易于进入柔性制造系统（FMS）和具有高进给速度，保证了机床的最充分利用。位置控制回路具有很高的分辨率，即使在很高的进给速度下，仍能保证良好的表面质量。中央速度控制可以实现最短的加速度及制动。

（3）编程简单，操作方便。采用了 SIMATIC S5 系列可编程控制器或集成式可编程控制器，用 STEP 5 编程语言，具有丰富的人机对话功能，小数点记数法，绝对尺寸和增量尺寸最小编程等。根据需要选择操作提示，通过键盘或穿孔纸带进行简便的程序输入。具有多种语言显示，如英语、德语、法语、意大利语、西班牙语等。

（4）调整时间短，调试方便。直接在机床上修改加工程序，高进给率模拟运行。可设置零点偏置，在监视器上显示机床报警信息，进给和测量电路数字化，使设置功能变得更为方便，且具有接口诊断功能。

（5）数据传送用 RS-232 串行接口或 20 mA 电流环。

（6）对位移测量系统、驱动装置、主轴、温度、电压、微处理器、数据传送系统以及用户程序存储器实行监控。PCB 数量较少，结构紧凑，运行可靠。

（7）电话维修服务为用户提供了方便的条件。维修服务中心的故障诊断仪直接与电话相连接。通过电话用户可以获取很多信息，可以排除操作或编程的错误以及机床发生的故障。

2. SIEMENS 数控系统的 CNC 装置及其应用范围

SIEMENS 公司有 SIN 3/8/810/820/850/880/805/840 等系列数控系统，每个系列都有适用于不同性能和功能的机床数控装置，下面分别对它们进行介绍。

（1）SIN 3 系列

SIN3 系列是标准 16 位处理机系统，CPU 为 8086，可控制 4 轴，联动 3 轴。内置 PLC 输入、输出各 512 点。该数控装置适用于多种机床，3T 型用于车床和车削加工中心，3TT 型用于双刀架车床及双主轴车床，3M 型用于钻床、镗床、铣床或加工中心，3G 型用于磨床，3N 型用于冲压类机床。

(2) SIN 8 系列

SIN8 系列用于柔性制造系统，适用于车、镗、铣和其他各种工艺，最多可扩展到 12 个坐标轴。它主要是用来加工形状复杂的工件，一般在工艺设计阶段进行编程，但也可借助于人机对话方式直接在机床上编制和修改程序。利用简便的轮廓编程及快速处理功能，操作方便。不同的配置使 SIN 8 系统能以最合理的形式安装到电气柜中或机床上。可编程控制器不仅能有效地完成刀具管理和刀具寿命监控，还能进行工件监控和控制工件输送设备。

(3) SIN 810 系列

SIN 810 系列按功能分有 810T、810G、810N，按型号分有 810Ⅰ、810Ⅱ、810Ⅲ型。SIN 810 系列适用于中、低档的中、小型机床。其中，810Ⅰ型适用于车床和铣床，可控制三轴，联动二轴；810Ⅱ型适用于车床、铣床和磨床，可控制四轴，联动三轴；810Ⅲ型适用于车床、铣床、磨床和冲压类机床，可控制五轴，联动三轴。

SIN 810 系列数控装置的主 CPU 为 80186，系统分辨率为 1 μm，内置 PLC 为 128 点输入、64 点输出。该系统具有轮廓监控、主轴监控和接口诊断等功能。

(4) SIN 850/880 型

SIN 850/880 型是多微机轮廓轨迹控制数控装置，具有机器人功能，适用于复杂功能机床及 FMS、CIMS 需要。SIN 850/880 型主 CPU 为 80386，内置 PLC 输入、输出点数为 1 024，有 256 个定时器和 128 个计数器。数控装置采用 SINEC H1 总线连线方式联网。SINEC 是以以太网为基础开发的，具有很强的通信功能，可在加工的同时与柔性制造系统交换信息。SIN 880 型数控装置可控制 24 轴，比 SIN 850 型数控装置能控制的轴数多一倍。

(5) SIN 840C 型

SIN 840C 型数控装置是 32 位微处理机系统，具有计算机辅助设计（CAD）功能，能控制多轴，可五轴联动。内置 PLC，用户程序存储器的容量为 32 KB，可扩展到 256 MB。840C 型数控装置可用于全功能型车床、铣床、加工中心及 FMS 和 CIMS。

第二节 FANUC 数控系统故障分析与维修

FANUC 系统是数控机床使用最广、维修过程中遇到最多的一类数控系统。这些系统虽然功能、配置在各机床中各不相同，但由于系统的基本设计思想相同，因此，故障分析与维修的方法十分相近。根据不同的故障现象，采取不同的分析与维修的方法。下面以目前在我国应用得较多的 F0 系列为例，对于具体的故障进行分析。

一、F0 系列启动过程

通过对数控系统通电过程的了解，可以帮助分析数控系统在启动过程中出现的问题及其排除方法。

二、F0 – D 系列的故障分析

现以 F0 – MD 系统为例，具体介绍故障处理方法。其他系统也可仿照处理。

1. 返回参考点（基准点）异常——90 号报警

这是由于返回参考点时没有满足"必须沿返回参考点方向并距参考点不能过近（128 个脉冲以上）及返回参考点速度不能过低"的条件。对这类故障的处理步骤是：

（1）如果距参考点位置大于 128 个脉冲

1）返回参考点过程中，电动机转了不到 1 转（即没有接收到 1 转信号）。此时首先要变更返回时的开始位置，然后在位置偏差量超过 128 个脉冲的状态下，在返回参考点方向上进行 1 转以上的快速进给。按此可检测是否输入过转信号。

2）返回参考点过程中，电动机转了 1 转以上，而又产生上述报警。这种情况多是使用了分离型的脉冲编码器。此时，需要检查位置返回时的脉冲编码器 1 转信号 PCZ 是否输入到了轴卡中。如果是，则是轴卡不良；如果未输入，则先检查编码器用的电源电压是否偏低（允许电压波动在 0.2 V 以内），否则是脉冲编码器不良。

（2）如果沿返回方向移动量小于 128 个脉冲

检查确认进给速度指令值，快速进给倍率信号，返回参考点减速信号及外部减速信号是否正常。

(3) 如果距参考点位置小于 128 个脉冲

变更返回时的开始位置，使其位置偏差量超过 128 个脉冲。

(4) 返回参考点速度过低

返回参考点速度必须为位置偏差量超过 128 个脉冲的速度。如果速度过低，电动机的 1 转信号散乱，不可能进行正确的位置检测。

2．过载——400 号报警

该报警表示伺服放大器或伺服电动机过热，亦即发生了 OH 报警。此时可用诊断号 DGN730～DNG733 的第 7 位 ALDF 的状态来分析故障。如果 ALDF＝1，说明伺服电动机过热，此时执行下述的第（1）步；如果 ALDF＝0，则说明伺服放大器方面有问题，此时执行第（2）步。其具体分析步骤如下：

(1) 切断电源，从伺服放大器上拆下产生 OH 报警轴的反馈电缆，确认电缆侧的连接器 8、9 脚之间的导通状态。如果导通，说明热控开关动作，其原因多是轴卡不良引起；如不导通，则观察电源接通时是否立即发生报警。如不是，则执行第（3）步；如是，则执行第（4）步。

(2) 检查伺服放大器的 OH 报警是否点亮。如不亮，则进行伺服放大器的电源检测；如亮，则首先确认伺服放大器与 SI 短路棒的设置是否正确。当使用外部热控开关时设定为 L，否则为 H。如设定正确，则确认伺服放大器、伺服变压器、再生放电单元中是否有一个是热的。如有热的，则执行第（3）步；如无热的，则确认伺服放大器、伺服变压器、再生放电单元间的 OH 电缆是否有断线或接线错误。如没有问题，则其原因在于伺服放大器、伺服变压器、再生放电单元的热控开关不良。

(3) 用伺服放大器的测试端子 IR、IS 测量负载电流，确认是否超过了额定电流值。如超过，则执行第（5）步；否则，检查风扇电动机周围的环境（此类故障多是由于通风不良引起的）。

(4) 确认反馈电缆是否有断线或接线错误。如有此错误，则修理、更换电缆；否则，是由于电动机内的热控开关不良引起的。

(5) 检查电动机负载是否大于电动机的允许值。如是，则须检查机床侧的状态，如机床装配不良等，或重新选择电动机和放大器，或重新研究机床切削条件；如果负载未超过，则应检查加、减速是否频繁。如是，需重新研究机床切削条件；否则，是电动机不良或伺服放大器不良造成的。

3．VRDYOFF 故障——401 号报警

该报警表示当 NC 将 MCC 接通信号送给伺服放大器时，伺服放大器却不返回已准备好信号。此时应先解除其报警，然后进行伺服放大器的电源检测。

4. 位置偏差量过大——4×0，4×1 报警

该报警表示 NC 指令的位置与实际机床位置的误差（即位置偏差量）大于参数设定值。当发生 4×0 报警时，表示停止中的位置偏差量过大。当发生 4×1 报警时，表示移动中的位置偏差量过大。可以用诊断号 DGN800～DGN803 来确认位置偏差量是否超过参数设定值。

（1）如果没有超过，则说明是轴卡不良；如果超过，则应观察轴是否移动了。如没有移动，则执行第（5）步；否则，应检查与轴运动有关的参数（如 PRM004～006，35.7，37.0～37.2，45.3，504～506，512～520，522～524，529，593～595，601～603 等）值是否合适或进给速度指令（F_）是否过大。如不是这个原因，则执行第（2）步；否则，应变更参数或减小进给速度指令。

（2）检查伺服放大器的三相 200 V 输入电压是否在允许波动的范围之内（85%～110%）。如不正常，则执行第（4）步；否则，应检查 8000 号以后的参数，特别是电动机的类型等是否正确。如正确，则执行第（3）步；否则，应变更不正确的参数值。

（3）检查指令线和反馈线是否有断线或接线错误。如有问题，则应更换或修理电缆；否则，应确认伺服关断信号（用诊断号 DGN105.0～105.3 来检查）是否有时有接通现象。如不正常，则应检查机床强电梯形图的逻辑关系；否则可能是由伺服放大器，或轴控制电路，或电动机不良引起的。

（4）检查伺服电源变压器的输入电压。如正常，则确认伺服电源变压器的连接及连接电缆正常；如不正常，则是伺服电源变压器不良。

（5）确认轴操作中电动机制动器是否有效。如制动器已抱闸，则应解除制动；否则应检查电动机动力线、伺服放大器及轴卡之间的连接电缆是否有断线或接错线的现象。如都正常，则故障原因在于电动机不良，或轴电路不良，或伺服放大器不良。

5. 4×4 报警

该报警是有关的各种报警的总的表示。这些报警有可能是伺服放大器及伺服电动机本身引起的，也可能是数控系统的参数设定不正确等原因造成的。在此着重介绍由后者引起 4×4 报警的排除方法。对于 4×4 报警的原因，可通过诊断号 DGN720～723 的第 6 位至第 2 位来分别确认是否为 LV、OVC、HC、HV、DC 报警，然后检查与其报警对应的伺服放大器上的报警指示灯 LED 是否点亮。如不亮，则进行伺服放大器的电源的检测；否则，按其报警指示分别进行下述检查。

（1）4×4 报警（LV 报警）

该报警表示在伺服放大器中电压不足。其分析步骤如下：

1）首先检查伺服放大器上的熔断器 F1 是否熔断。如熔断，则更换熔断器。若再次熔断，则需考虑更换伺服放大器。

2）检查伺服放大器的输入电压是否在允许波动的范围之内（85%～110%）。如电压正常，则是伺服放大器不良。

3）确认是否使用了伺服变压器。如没有使用或虽使用但其输入电压不正常，则应检查供给电源。

4）确认伺服电源变压器的连接及其连接电缆。如连接不好，则进行修正；否则，可认为是伺服电源变压器不良。

(2) 4×4 报警（OVC 报警）

该报警表示在防止电动机烧毁的电流值监视电路中，电流在一定时间内积分值超过了规定值。

1）首先确认参数 PRM8140、8141、8156、8157 的 PK1、PK2、EMFCMP、PVPA 的值是否正确。

2）用伺服放大器上的检测端子 IR、IS 测量负载电流，确认瞬间电流是否超过允许值（20s 以下的电动机应为额定电流的 1.4 倍，20s 以上的电动机为 1.7 倍）。如未超过，则说明轴电路不良。

3）如瞬间电流超过允许值，则继续观察在恒定进给状态下负载电流是否也超过允许值。如是，则执行 4）；否则，是由于加/减速时电动机能量不足引起的。其解决办法有以下几种：重新选定电动机；降低进给速度；增大加/减速时间常数，包括快速进给加/减速时间常数（PRM522～525），切削进给加/减速时间常数（PRM529）以及手动进给加/减速时间常数（PRM601～604）。

4）确认是否由于制动器等外界因素增大了机械负载。若是，则应检查机床侧，设法减小机械负载；若不是，则可以考虑以下几种原因：电动机功率不够，电动机不良，轴电路不良。

(3) 4×4 报警（HC 报警）

该报警表示伺服放大器中发生了异常大电流。

1）首先检查电动机型号（参数 PRM8 120）以及电流环增益（参数 PRM8 140～8142 的 PK1、PK2、PK3 的值）。如正确，则执行；如不正确，则修正之。

2）切断 MC 及伺服放大器的输入电源，从伺服放大器侧取下电动机动力电缆，然后分别确认电缆侧的 U～G、V～G 及 W～G 之间的绝缘状况。如已不绝缘，则执行 4）；如绝缘正常，则应测量电缆侧的 U～V、V～W、W～U 之间的电阻值，并确认这三个值是否大致相等。如不等，则执行3）；如相同，则可认为是伺服放大器不良。

3）取下电动机侧的动力电缆，测量电动机端子的 U~V、V~W、W~U 之间的电阻值，并确认这三个值是否大致相等。如不等，则执行5）；如相同，则执行6）。

4）从电动机侧取下动力电缆，分别确认电动机的 U~G、V~G 及 W~G 之间的绝缘状况。如已不绝缘，则执行5）；如绝缘正常，则执行6）。

5）可认为是电动机不良，应更换一台同类型的电动机。

6）可认为是电动机动力线不良，应更换电动机动力线或进行修理。

(4) 4×4 报警（HV 报警）

该报警表示在伺服放大器中发生了过电压。

1）首先确认输入伺服放大器的电压是否在允许波动的范围之内（85%~110%）。如不正常，则执行2）；如正常，则执行4）。

2）确认是否使用了伺服变压器。如未使用，则检查动力电源；如使用，则确认伺服电源变压器的输入电压。如输入电压不正常，则检查动力电源；如电源正常，则执行3）。

3）确认伺服电源变压器的连接及连接电缆。如不正确，则修正之；如正确，则可认为是伺服电源变压器不良所致。

4）检查确认相对于负载的加/减速时间常数是否过小。如过小，则适当增大；如合适，则检查分离型再生放电单元的连接是否正确。如正确，则执行5）；如不正确，则重新进行连接。

5）切断电源，确认分离型再生放电单元的电阻值是否正确。如正确，则可认为是伺服放大器不良或伺服放大器的规格不适合于机械负载；如不正确，则更换分离型再生放电单元，但也有可能是电动机、伺服放大器不适合于机械负载。

(5) 4×4 报警（DC 报警）

该报警表示伺服放大器中的再生放电回路发生报警。

1）首先检查确认伺服放大器上端子 S2 的设定是否正确（若使用分离型再生放电单元，设定为 H；若不使用，设定为 L）。如正确，则执行2）；如不正确，则在切断电源之后再改变设定。

2）确认是否使用了分离型再生放电单元。如未使用，执行3）；如使用，则检查分离型再生放电单元的连接是否正确。如正确，则执行3）；如不正确，则将其正确连接。

3) 检查确认加/减速是否频繁。如不频繁,则要考虑是伺服放大器不良;如频繁,则要减小加/减速的频度或重新研究分离型再生放电单元的设置及规格。

6. 4×6 报警(断线报警)

该报警表示发生了脉冲编码器断线故障。

(1) 首先用诊断号 DGN730~733 第 7 位确认 ALDF 值是 "1" 还是 "0"。是 "1" 表示硬件检测,执行(2);是 "0" 表示软件检测,此时要检查报警轴上是否使用了分离型脉冲编码器。如未使用,执行(2);如使用则要检查实际的丝杠等间隙量是否大于参数 PRM535~538 的设定值。如不大,则执行(2);如大,则变更上述参数。

(2) 检查内装式脉冲编程器侧或分离型脉冲编码器侧的各自反馈电缆中是否有断线或接线错误(采用了何种类型脉冲编码器,这可根据 DGN730~733 的第 4 位 EXPC 值来确认。若 EXPC=0,表示采用内装式脉冲编码器;若 EXPC=1,表示采用分离型脉冲编码器)。若正确,执行(3);若不正确,则更换电缆。

(3) 检查反馈电缆的屏蔽线是否接地。如没有连接好,则将电缆的屏蔽接地,否则在连接信号中会有噪声干扰;如屏蔽线已接地,则可能是由于轴电路不良或脉冲编码器不良所致。

7. 510~581 报警(超程报警)

该报警表示机床位置超过了行程限位或超程信号接通。

(1) 用参数 PRM700~702 和 008.6 检查是哪个轴超过了轴的软限位或超程信号(OT)接通。

(2) 用手动操作使机床反方向移动,退出报警区,然后用 RESET 键解除报警。如不能退出,执行(3);如能退出,则将该轴返回原点。

(3) 切断电源,然后在按 P 键及 CAN 键的同时接通电源。千万注意,不要在按 RESET 键及正 DELEIE 键的同时接通电源。因在返回原点或在切断电源前均不进行行程限位检测,所以容易损坏机床。此时可由手动运转退出报警区。

(4) 退出报警区后,务必再次切断电源,使行程限位检测有效。

8. 不能进行自动操作

(1) 首先确认在 AUTO 方式下,按启动按钮,观察自动运转信号 STL 是否为 "1"。这可由诊断号 DGN148.5 或 048.5 来确认。若 STL=1,执行(2);若 STL=0,则执行以下步骤:

1) 用 DGN121.7 或 021.7 来确认复位信号 ETS=0。

2）用 DGN121.5 或 021.5 来确认自动运转暂停信号 ST = 1。

3）按启动按钮，用 DGN120.2 或 020.2 来确认运转启动信号 ST = 1。

（2）用 DGN700 确认 CNC 状态，并排除其相应的故障：

1）当 DGN700.6（CSCT）= 1 时，表示等待主轴速度到达信号接通。

2）当 DGN700.5（CITL）= 1 时，表示互锁信号接通。

3）当 DGN700.4（COVZ）= 1 时，表示倍率为 0%。

4）当 DGN700.3（CINP）= 1 时，表示进行到位检测。

5）当 DGN700.2（CDWL）= 1 时，表示执行暂停。

6）当 DGN700.1（CMTN）= 1 时，表示执行自动运转中的移动指令。

7）当 DGN700.0（CFIN）= 1 时，表示执行 M、S、T 功能。

9. 不能进行 JOG、HANDLE 或 STEP 进给

（1）在 CRT 中确认是否为所选定的方式，有无报警，是否为 NOT READY 状态。若无手动手轮控制的选择，HANDLE 方式下显示为 STEP，如显示正常，则执行（2）；如不正常，则变更方式。解除报警，确认紧急停止信号"ESP = 1"（用 DGN121.4 和 021.4 确认）。

（2）当 JOG、HANDLE、STEP 进给时，CRT 的位置显示是否发生变化。如变化，则执行（6）；如不变，则用 DGN121.7 或 021.7 来确认外部复位信号 ERS 是否变为"1"。如不是，执行（3）；如为"1"，使外部复位信号变为"0"。

（3）检查互锁信号是否有效。如有效，则使互锁信号变为无效；如无效，则执行 JOG 进给。如确是 JOG 进给，执行（4）；如不是 JOG 进给，则检查是 STEP 进给还是 HANDLE 进给。如是 STEP 进给，执行（5）；如是 HANDLE 进给，执行（6）。

（4）检查进给倍率是否为 0%，这可用诊断号 DGN121.0 ~ 121.3 或 021.0 ~ 021.3 来检查。如不为 0%，执行（5）；如为 0%，则应加大倍率。

（5）检查进给轴方向选择信号是否为"1"，这可用 DGN116.2 ~ 119.2（正向）及 116.3 ~ 119.3（反向）来检查。如不是"1"，应检查电缆的连接是否有问题；如为"1"，则须更换轴电路。

（6）用诊断号 DGN120.0 或 020.0 及 120.1 或 020.1 来检查手动进给能否正确设定每步的机械移动量。如不正确，应检查与电缆的连接并进行正确设定；如正确，应检查轴选择信号（HX ~ H4）是否仅有一个被选择，这可用 DGN116.7 ~ 119.7 或 016.7 ~ 019.7 来确认。

10. 返回参考点（基准点）位置偏移

（1）确认参考计数器值的设定是否正确

参考计数器的值等于电动机 1 转的脉冲数乘以检测倍率 DMR。参考计数器的值和检测倍率 DMR 的值均设定在参数 PRM004~007 中。

（2）确认返回参考点位置偏移的程度，是否在一个栅格之内

如在一个栅格之内，执行（3）；否则执行（4）。

（3）确认减速挡块（*DECX，*DECY 等）是否装配在正确位置上

如减速挡块距参考点小于电动机 1 转移动量的一半，则改变挡块位置，使它在该位置附近；如在该位置上，则应确认减速挡块的长度 LDW 是否太短。如果挡块长度 LDW 如下式：

$$LDW < V_R(T_R + T_S + 30) + 4R_L T_S/60\,000$$

式中　V_R——快速进给速度；

　　　T_R——自动加减速时间参数；

　　　T_S——伺服时间参数，$T_S = 100\,000/G$；

　　　G——在参数 PRM0517 中设定的伺服环增益；

　　　R_L——在 PRM0534 中设定的返回参考点的最低进给速度。

则应加长 LDW，使它大于或等于计算值。如 LDW 够长，则须考虑更换轴卡。

（4）检查参数 PRM0508~0511 中栅格偏移量设定是否正确

如不正确，则修正之；如正确，则检查脉冲编码器与 NC 之间的反馈电缆是否有断线或松脱现象。如不正常，则修正之；如正常，则检查此反馈电缆中的屏蔽线是否已接地。如已接地，则须更换轴卡。

11. 无画面显示

（1）首先检查 CRT 信号电缆及电源电缆是否已接好。

（2）检查电源单元 A1 上的红色 LED 灯是否点亮。如不亮，执行（3）；如亮，则关断电源，用万用表测试主板上的 +5V（逻辑电路用）、+15 V、-15 V（位置控制电路用）、+24 V（CRT/MDI 单元用）、+24 V（输入/输出信号用）端子与 GND 端子间的电阻是否有导通情况（0~2Ω 认为导通。当轴卡插入时，+5 V 与 GND 之间电阻约为 5~10Ω）。如导通，说明主板不良；如不通，则是电源单元不良。

（3）检查电源单元 A1 上的绿色 LED 灯是否点亮。如点亮，执行（4）；如不亮，检查电源单元是否已输入单相 200 V。如未输入，则检查电缆及外部电源；如已输入，则检查电源单元上的熔断器 F11、F12、F13 是否熔断。如已熔断，则应

更换相应规格的熔断器；如未熔断，则须考虑更换电源单元。

（4）检查主板上 1~16 的 LED 是否点亮。如未亮，执行（5）；如亮，检查 L4 是否点亮。如亮，说明存储器卡没有插好；如不亮，则可能是 CRT 不良，或存储器卡不良，或主板不良。

（5）在按面板上 ON 按钮接通电源的状态下，测量主板、轴卡、存储卡测试端子上 +5 V 与 GND 之间的电压是否在 4.75~5.25 V 之间。如不正常，执行（6）；如正常，则可能是主板不良或存储卡不良。

（6）测量 +5 V 与 GND 之间的电压是否为 0 V。如为 0 V，则检查面板上 ON、OFF 开关的电缆连接是否正常。如连接正确，则为电源单元不良。如果 +5 V 与 GND 之间电压不为 0 V，则测量电源单元上的测试端子 A10 与 A0 之间的电压是否为 10.00 V。如是，则是电源单元不良；如不是，则调整其上的可变电阻 VR11 使其电压为 10.00 V。

12. 伺服放大器的电源检测

（1）用数字万用表测量线路板上检测端子的电源电压是否正常。在正常情况下，+24 V 端子和 +24VE 端子电压允许波动 ±2 V；-15 V 端子和 15 V 端子电压允许波动 ±0.75 V；+5 V 端子电压允许波动 ±0.25 V。如电压正常，执行（2）；如电压不正常，执行（5）。

（2）检查接通电源后是否立即发生报警。如立即发生报警，执行（3）；如不是立即发生报警，则其故障原因可能是伺服放大器不良或轴电路不良。

（3）对发生报警的轴，用封盒插入轴卡中来代替指令电缆，然后接通电源，观察其报警是否消失。如消失，则执行（4）；如不消失，则说明轴电路不良。

（4）确认伺服放大器与轴卡之间的电缆是否有断线或接线错误。如电缆完好，连接正常，则引起报警的原因在于伺服放大器不良。

（5）检查伺服放大器的输入电压是否在允许范围之内（额定电压为 85%~110%）。如在允许范围内，说明伺服放大器不良；如不是，应检查动力电源是否正常。如电路中使用了伺服变压器，还应检查连接电缆是否正常。如一切正常，则故障原因在伺服变压器不良。

13. 主板上 LED 灯的指示含义及其故障排除方法

（1）L1 为绿灯，表示系统正常。

（2）L2 为红灯，表示只要有任一报警发生，L2 就点亮。

（3）L3 为红灯，表示存储卡接触不良。

（4）L4 为红灯，表示监控报警。其可能原因有轴卡脱落，轴卡、主板不良，轴卡与伺服 ROM 配置不当。

(5) L5 为红灯，未使用。

(6) L6 为红灯，未使用。

14. 电源单元熔断器熔断的处置方法

(1) 电源单元输入端的 F11/F12 熔断器的熔断及处理

1) VS11 浪涌吸收器短路。VS11 用于吸收输入端间的浪涌电压。若浪涌电压过高或连续过电压加在 VS11 上会导致 VS11 短路，从而使 F11/F12 熔断。

2) DS11 二极管堆短路。

3) 开关晶体管 Q14~15 的 C~E 间短路。

4) 二极管 D33~34 短路。

5) 辅助电源电路内晶体管 Q1 的 G~E 间短路。

(2) 电源单元 +24 V 输出端的 F13 熔断

1) 可认为是 CRT/MDI 单元内部或连接电缆短路。取下连接器 CP15，对其电缆作重点检查。

2) 主板侧 +24 V 电路短路。取下连接器 CP14 和 CP15 的电缆后，对主板侧作重点检查。

(3) 电源单元 +24VE 输出端的 F14 熔断

1) 向各线路板单元供给 +24VE 电源的电缆短路。

2) 来自机床侧的 +24 V 电源线接地或与其他电源线混接。

(4) 保护电源内部电路的熔断器 F1 熔断

1) 辅助电源电路（M1、Q1、T1、D1、Q2、ZD1）发生故障。

2) 电源 ON/OFF 开关的触点信号线、外部报警信号线与交流电源线等交错。此时，有可能将辅助电路烧毁。所以，应考虑更换电源单元。

第三节 SIEMENS 数控系统故障分析与维修

SIEMENS 系统在数控机床上使用非常广泛，了解 SIEMENS 数控系统故障分析与维修方法，对于维修人员是十分必要的。下面以 SINUMERIK 840D 数控系统为例，说明其故障分析与维修方法。

SINUMERIK 840D 是西门子公司最新推向市场的一种中档数控系统，它与以往数控系统的不同点是数控与驱动的接口信号是数字量的。它的人机界面建立在 Flexos 基础上，更易操作和掌握。另外，它的硬件结构更加简单，软件内容更加丰富。840D 的计算机化、驱动的模块化、控制与驱动接口的数字化，这三化代表着当今数控技术发展的趋势。

一、840D 的结构

1. 硬件结构（见图 6—2）

（1）MMC100/102 是 840D 的人机操作面板，它本身就是一台计算机，通过一根 MPI 电缆与 NCU 相连。

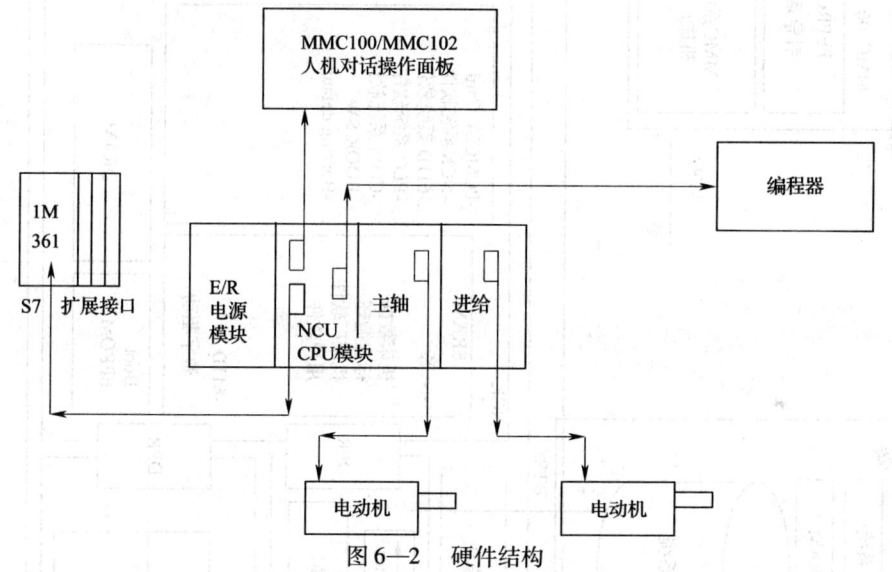

图 6—2 硬件结构

（2）NCU 是 840D 的核心。840D 的 NCK 与 PIC 都集成在这个模块上，它最多可以控制八个轴（其中可有五个是主轴）。

（3）E/R 电源模块。它向 NCU 提供 24 V 工作电源，也向 611D 提供 600 V 直流母线电压。

（4）611D 主轴与进给模块。它由 E/R 电源模块供电，受控于 NCU，并带动主轴或进给轴电动机运转。

（5）IM361 是 PLC 输入/输出接口模块。它一边通过总线与 I/O 模块相连，另一边通过一根电缆与 NCU 中的 PPLC 相连。

2. 软件结构（见图 6—3）

SRSM：STATIC MEM – ORY（BUFFERED）静态存储器。

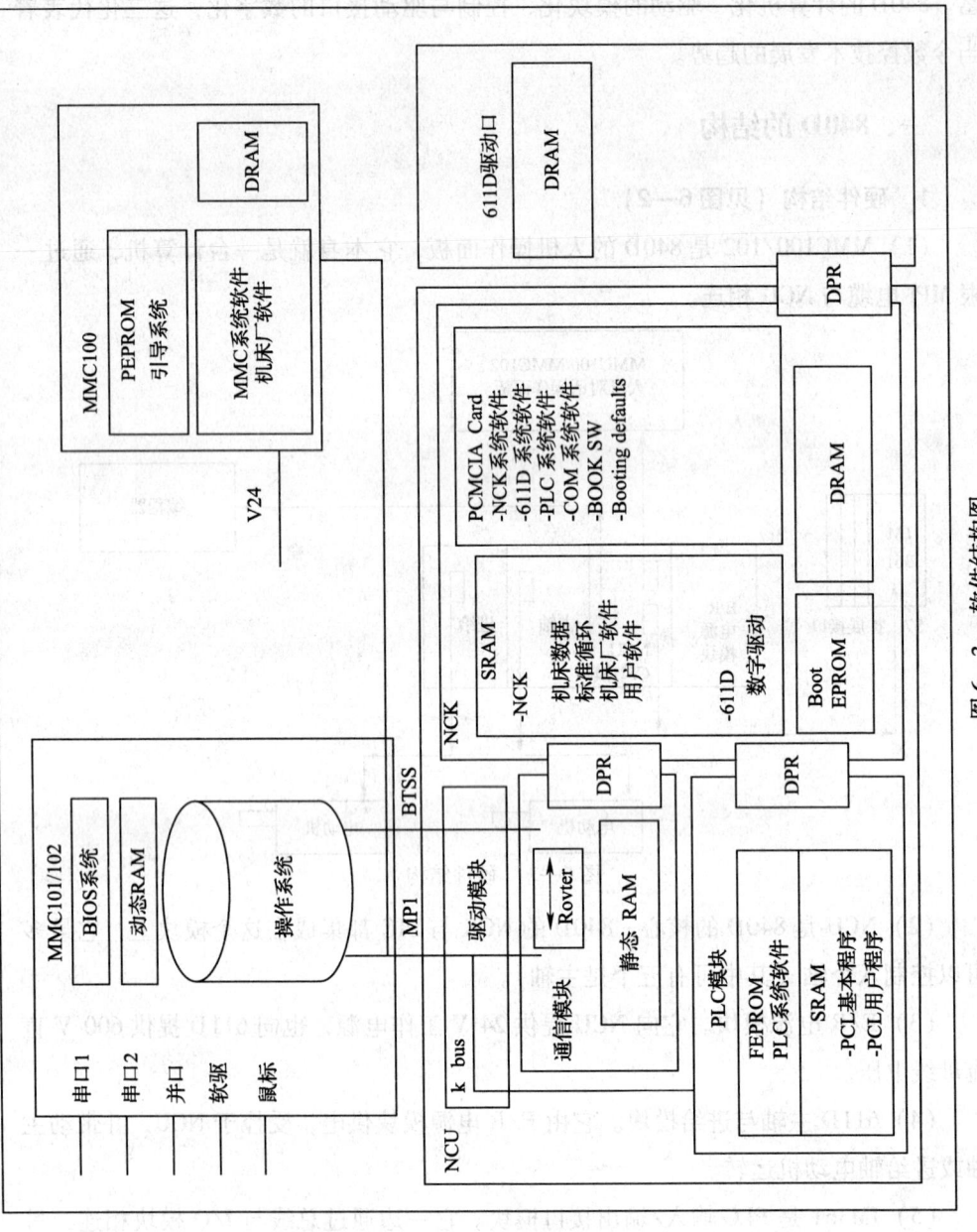

图 6—3 软件结构图

DPR：DUAL – PORT RAM 双口 RAM。

DRAM：DYNAMIC STORGE（RAM）动态存储器。

MPI：MULTI – PORT – IN – TERFACE 多通信接口。

NCU：NUMERICAL CON – TROL UNIT 数字控制单元。

NCK：NUMERICAL CONTROL KERNEI 数字控制核。

PCMCIA：PERSONAL COMPUTER MEMORY CARD INTERNATIONAL ASSOCIATION 个人计算机储存卡协会。

二、840D 的功能简介

840D 除了具有以往的 SIEMENS 数控系统所具有的功能外，还具有一些新功能，如数字化功能（仿形功能）、中文界面、数字化驱动及其软件化的调整等。PLC 采用的是内装的 S7 – 300CPU。

前面提到 840D 的计算机化、驱动的模块化、控制与驱动接口的数字化，这三化代表着当今数控发展的趋势，而其中有两化与 611D 伺服驱动有关。

1. 611D 的数字化接口

840D 的 NCU 与 611D 的信号（无论是 NCU 控制 611D 的信号还是 611D 的反馈信号）传递都是通过 DRIVR BUS 驱动总线完成的，除了一个使能控制端和两个零脉冲切换端子外，在 611D 驱动模块上已无其他控制端或伺服状态输出端。同样，指令也只能通过总线送达而不能像模拟驱动那样通过指令输入端加指令信号，再具体地说，已不能像模拟驱动那样可以甩开数控单独来调整驱动，换来的优点是当某一驱动模块出故障后，只需选择型号相同的驱动模块换上即可，无须做任何优化工作。因为整个驱动的优化已在第一次轴调整时完成并作为一个文件保存起来（其中包括 NC – MD 的选择、模块与电动机型号的选择、频率补偿等）。

2. 可选择轴优化软件"IBN – TOOL"对各轴进行优化

"IBN – TOOL"可装在 MMC102 或 PG740 上。以往在模拟驱动上做轴优化时，还要借助于示波器来观察驱动带电动机和机械负载时的阶跃响应。但在 611D 上，只要有"TBN – TOOL"软件，就可以在 MMC102 或在 PG740 上对各轴的速度环、位置环进行频率补偿（用低通或带通滤波器）及轴的优化，从而获得一个尽可能理想的阶跃相应曲线，而无须示波器的帮助，这在调试现场是非常有益的。

3. 611D 两个测量口的用途

与以往的模拟驱动不同的是，611D 具有两个测量口（一般模拟驱动只有一个速度测量口）。

(1) 第一个测量口。当该回路不需要对运动轴进行直接测量，或电动机直接安装在轴上，中间无其他机械传动装置时，就可以利用该轴电动机的测速发电机，既作为速度反馈又作为位置反馈，从而节省硬件的费用。

(2) 第二个测量口。当该回路的电动机与轴之间有机械传动装置，但又要求对轴进行直接测量时，可在该轴上面安装位置编码器，并将编码器信号送入第二个测量口，这样可为用户提供较宽的选择范围。

三、调整与维修

1. 840D 的调整

840D 的调整与以往的数控相比，相同之处在于轴的选定仍通过机床数据（MD）来完成，不同之处是在 840D 上轴的调整已经软件化。下面分别介绍如下：

(1) NC 机床数据

840D 的机床数据大致可以分为以下几类：

1) 通用机床数据。该类机床数据的范围是：NC – MD10000 ~ 19600。

2) 通道相关的机床数据。该类机床数据的范围是：NC – MD20000 ~ 29000。

3) 轴相关的机床数据。该类机床数据的范围是：NC – MD30110 ~ 38010。该类数据定义轴的形式，如是直线轴还是旋转轴等。

4) FDD（进给轴驱动）数据。该类机床数据的范围是：NC – MD1000 ~ 1799（每个进给轴都具有一套该类数据）。

5) MSD（主轴驱动）数据。该类机床数据的范围是：NC – MD2005 ~ 2725（每个主轴都具有一套该类数据）。在该类数据中定义所用电动机的型号等。

6) 驱动配置文档。在这个驱动配置文档中，可以定义所用的驱动模块，是进给轴还是主轴等。

7) 显示与操作数据。该类机床数据的范围是：NC – MD9000 ~ 9999。该类数据用来设定 V24 通信口和 CRT 的显示。

(2) PLC 用户程序

840D 的 PLC 用户程序同其他数控系统的 PLC 用户程序一样，是关于机床状态、外围输入信号与控制开关之间逻辑关系的程序，即机床的电气控制的逻辑关系主要是在 PLC 用户程序中确定的。840D 用 PLC 用户程序是由 STEP7 编程语言来编写的，可以借助 PG720/PG740 等编程仪，对 PLC 用户程序进行编辑、传入、传出；可以对 PLC 进行在线诊断和状态控制；可以读出中断堆栈、信号状态；也可以启、停 PLC，给查找和处理与 PLC 有关的故障提供了极大的方便。

2. 840D 的维修

有关 840D 的维修，主要从以下几个方面来介绍。

（1）报警类型及代码

1）NC 报警。000000 ~ 009999：一般报警；010000 ~ 019999：通道报警；020000 ~ 029999：进给轴/主轴报警；030000 ~ 039999：功能报警；060000 ~ 064999：SIEMENS 循环程序报警；065000 ~ 069999：用户循环程序报警；070000 ~ 079999：机床厂编制的报警。

2）MMC 报警/信息 100000 ~ 100999：基本程序报警；101000 ~ 101999：诊断报警；102000 ~ 102999：服务报警；103000 ~ 103999：机床报警；104000 ~ 104999：参数报警；105000 ~ 105999：编程报警；107000 ~ 107999：OEM 报警。

3）611D 报警 300000 ~ 399999：驱动报警。

4）PLC 报警。400000 ~ 499999：一般报警；500000 ~ 599999：通道报警；600000 ~ 699999：进给轴/主轴报警；700000 ~ 799999：用户报警；800000 ~ 899999：顺序控制报警。

（2）数据的保存

如同以往的数控系统一样，也要注意保存 840D 的数据，所不同的是 840D 调整好并将相应的文档存储后，在"Start – up"这个目录下有"NC – DATA"和"PLC – DATA"两个文件存储着 NC 与 PLC 的有关数据，要注意保存这两个文件。

（3）840D 的硬件维修特点

840D 硬件的特点是模块少，结构简单。这主要是由于丰富的软件替代了一部分硬件功能所致。因而其硬件的故障率很低。而一旦出现系统自身的硬件故障，在现场只有用备件来替换。除了驱动模块外，可替换的只有 NCU 和 MMC 这两个模块，而这两个模块集成度很高，在现场是无法修理的；若 PLC 的 I/O 模块有问题也会有相应的提示，及时更换就可以了。

第四节　数控系统故障诊断与维修实例

下面介绍的一些系统故障，都是在实际使用中遇到的，具有一定的普遍性，供读者遇到实际故障时参考。

[例 6—1]　一台卧式加工中心机床，配置 F - 6M 系统。

故障现象：CRT 显示 908 和 911 号报警。

故障分析：这两个报警号表示磁盘存储器和 RAM 奇偶出错报警，采用替换法，确认磁盘存储器和主板损坏。究其损坏的原因，是该加工中心处于湿度较大的地区，而 CNC 系统又未及时去除潮湿，从而造成这两块价格极高的部件损坏。

[例 6—2]　日本产 AMADA 数控冲床，配置 F-6ME 系统。

故障现象：CRT 出现 401 报警，而且 Y 轴伺服单元上 HCAL 报警灯亮。

故障分析：CRT 上出现 401 报警，说明 X、Y、Z 等进给轴的速度控制准备信号（VRDY）变成切断状态，即说明伺服没有准备好，表示伺服系统有故障。再根据 Y 轴伺服单元上 HCAL 报警灯亮，可以大致判断 Y 轴伺服单元上的晶体管模块损坏。实测结果证明上述判断正确，有两个晶体管模块烧毁。

[例 6—3]　一台加工中心机床，配置 F-6M 系统。

故障现象：在运行过程中，CRT 画面突然出现 401、410 及 420 报警。

故障分析：401 号报警表示速度控制单元 VRDY 信号断开，其可能原因是伺服单元上电磁接触器 MCC 未接通，速度控制单元没有加上 100 V 电源，伺服单元线路板故障，CNC 和伺服单元连接不良，以及 CNC 主控制板不良等多种，而 410 和 420 报警表示 X 轴和 Y 轴的位置偏差过大。

其可能的原因有：位置偏差值设定错误；输入电源电压太低；电动机电压不正常；电动机的动力线和反馈线连接故障；伺服单元故障及主板上的位置控制部分故障。

故障的原因有很多，但只要冷静分析一下，就可发现故障位置所在。一般来说，不可能同时发生两个控制单元损坏，所以本故障最可能发生在主板的位置控制部分，只要替换一下主板即可确认、排除故障。

[例 6—4]　一台加工中心，配置 F-6M 系统。

故障现象：工作台位于行程的中段时，X 轴丝杠缓慢地做正、反向摆动。

故障分析：经检查系统、伺服单元和机械均无问题的情况下，应检查系统的有关设定，因为机床使用一段时间后，如果机床与伺服系统设定配合不良时容易引起这种故障。此时，短接 X 轴的伺服单元上的 SL3 设定（直流增益设定）即可消除振动故障。

[例 6—5]　一台加工中心机床，配置 F-6M 系统。

故障现象：工人在操作过程中系统突然出现 401、410、411、420、421、430、431 号报警。

故障分析：按照6M系统的维修说明书有关报警的说明，发生这些报警的原因有很多，且都又与伺服单元有关。但要掌握一个原则，在一般情况下不可能同时发生X轴、Y轴、Z轴伺服单元损坏，因此不可能是伺服单元的故障。此时可先检查CNC系统中有关伺服部分的参数。实际上这台数控机床之所以产生这么多报警，其原因是由于工人的误操作，使CNC系统参数被消除，一旦将这些参数恢复，系统就恢复正常。

[例6—6] 一台卧式加工中心，配置F-6M系统。

故障现象：手动操作Z轴时，Z轴有振动和异常响声，CRT显示431号报警。

故障分析：431号报警表示Z轴定位误差过大，可用诊断号DGN802来观察Z轴的位置误差，再用电流表检查发现Z轴负载电流很大，在确认Z轴伺服单元无问题的情况下检查Z轴机械部分，发现Z轴滚珠丝杠的轴承发烫。经仔细检查，故障是由于油路不畅造成润滑不好所致。

[例6—7] 一台日立精密级加工中心机床，配置F-6M系统。

故障现象：X轴方向发生软件超程。

故障分析：通过对系统进行检查，没有发现有什么问题。经对操作者的初步了解，得知该故障是在突然停电之后引起的。因此可以认为，这是一起由于外界干扰引起的偶发性故障，只需按RESET（复位）按钮，让机床完成返回参考点动作，机床即可恢复正常运行。

[例6—8] 一台数控铣床，配置SIEMENS 802D系统。

故障现象：开机时出现ALM380500、400015、400000、025201、026102、025202号报警，驱动器显示ALM599号报警。

故障分析：根据系统诊断说明书检查以上报警的内容如下：

ALM380500：PROFIBUS DP驱动器连接出错。

ALM400015：PROFIBUS DP I/O连接出错。

ALM400000：PLC停止。

ALM025201：驱动器1出错。

ALM025202：驱动器1出错，通信无法进行。

ALM026102：驱动器不能更新。

伺服驱动器ALM599：802D与驱动器之间的循环数据转换中断。

鉴于本机床的系统报警多，维修时必须分清主次，否则维修工作将难以开展。根据以上报警内容与发生故障时的现象观察，首先进行以下分析：

①开机时，伺服驱动器显示"RUN"，表明伺服驱动系统可以通过自诊断，驱

动器的硬件应无故障。

②系统初始化完成后，驱动器"使能"信号尚未输出，系统就出现报警，并且驱动器也随之报警。

根据以上两点，可以暂时排除伺服驱动器故障的可能，而且由于伺服驱动的使能信号尚未加入，从而排除了由于电动机励磁产生的干扰，由此判定故障是由系统引起的。

③根据系统报警 ALM400015（PROFIBUS DP I/O 连接出错）与 ALM400000（PLC 停止）分析，ALM400015（PROFIBUS DP I/O 连接出错）属于硬件故障报警，如果系统的 I/O 单元工作正常，即使是 ALM400000（PLC 停止），一般也不会引起系统产生硬件报警。

综合以上分析，报警的检查应重点针对 I/O 单元（PP72/48）进行。

经检查，该机床的 I/O 单元（PP72/48）指示灯"POWER"不亮，表明 I/O 单元无 DC 24 V。

测量外部供电 DC 24 V 正常，I/O 单元内部全部熔断器都正常，由此初步判定故障原因在 DC 24 V 的输入回路或外部 DC 24 V 与 I/O 单元的连接上。

进一步检查 I/O 单元与外部 DC 24 V 的连接，发现 I/O 单元电源连接端子接触不良，重新连接后，I/O 单元的"POWER""READY"指示灯亮，CNC 报警消失，机床恢复正常工作。

[例 6—9]　一台四轴联动数控铣床，配置 SIEMENS 802D 系统。

故障现象：机床开机后，发现操作面板上"NC-ON"指示灯不亮，但开机过程正常，无报警。执行手动返回参考点时，CNC 显示"坐标轴无使能"，机床无法正常工作。

故障分析：故障前该机床工作正常，从故障现象上看，这两种故障没有直接的关联。维修时首先针对指示灯不亮的故障进行分析。

经实际测量，指示灯无输入电压。由于指示灯信号直接来自 PLC 的输出，因此检查 802D 内部 PLC 的状态（在本机床上"NC-ON"指示灯输出信号地址为 Q1.4），确认了 PLC 内部输出状态为"1"，可以确认 PLC 内部软件工作完全正常。

检查指示灯线路连接，未发现线路中的开路或短路现象。经进一步深入检查，发现机床自动润滑的输出信号（Q0.5）同样存在以上问题。

经以上检查，可以基本确认故障在 CNC 的输入/输出上，在测量确认模块外部输入电压、连接完全正确的前提下，通过更换同型号机床的输入/输出模块试验，发现机床随即可以工作正常，"坐标轴无使能"报警同时消失。

检查输入/输出单元，发现该单元上的熔断器等易损件均正常，无法通过简单的修理解决故障，后通过更换备件模块解决。

[**例 6—10**] 一台四轴联动数控镗铣床，配置 SIEMENS 802D 系统。

故障现象：机床移动 Y 轴时，Z 轴也随之运动，但 Y、Z 轴移动的距离不相等。

故障分析：要使坐标轴产生手动运动，必须输入坐标轴运动方向键。经检查，系统的输入/输出信号，$+Y$、$-Y$、$+Z$、$-Z$ 方向信号均正常，无相互关联，排除了外部原因。

通过深入思考后，初步判定引起以上故障的原因是系统内部设置不当，而且与坐标系的旋转有关（见图 6—4）。因为只有当坐标系发生旋转后，原来的 P_1—P_2 点的运动才可能在新坐标系上转换为 Y'、Z' 的直线插补运动。

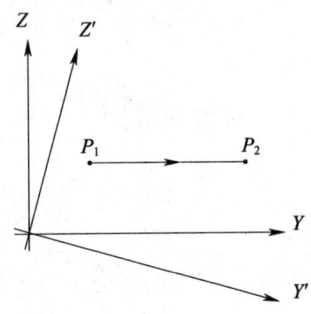

图 6—4　坐标系转换示例图

根据以上分析，检查机床坐标系设置页面，发现该机床操作人员在输入工件坐标系时，误将旋转轴（A 轴）的工件零点偏置值输入到了坐标系绕 X 轴旋转的位置，引起了以上故障，修改设置值后，以上故障现象即消除。

本章思考题

1. 简述 FANUC 数控系统的结构与性能特点。
2. 简述 SIEMENS 数控系统的主要特点。
3. 以 F0 - MD 为例，分析"返回参考点（基准点）异常"的故障处理过程。
4. 以 F0 - MD 为例，分析"不能进行自动操作"的故障处理过程。
5. 以 F0 - MD 为例，分析"不能进行 JOG、HANDLE 或 STEP 进给"的故障处理过程。
6. 简述 SINUMERIK 840D 的结构特点与功能。

7. 一台配置 F-6M 系统的加工中心，在运行过程中，CRT 画面突然出现 401、410 及 420 号报警。试分析故障原因。

8. 一台配置有 F-6M 系统的加工中心机床，某轴方向发生软件超程，如何解决？

9. 一台配置 SIEMENS 802D 系统的四轴联动数控铣床，机床开机后，发现操作面板上"NC-ON"指示灯不亮，但开机过程正常，无报警。执行手动返回参考点时，CNC 显示"坐标轴无使能"，机床无法正常工作。请分析发生故障的原因。

第七章 数控机床进给伺服系统故障诊断与维修

第一节 进给伺服系统概述

一、数控机床进给伺服系统的基本形式

数控机床所采用的进给伺服系统按控制系统的结构可以分为开环控制、闭环控制、半闭环控制以及混合控制四种。

无位置反馈装置的进给伺服系统称为开环控制系统。使用步进电动机（包括电液脉冲马达）作为伺服执行元件，是其最明显的特点。在开环控制系统中，数控装置输出的脉冲，经过步进驱动器的环形分配器或脉冲分配软件的处理，在驱动电路中进行功率放大后控制步进电动机，最终控制步进电动机的角位移。步进电动机再经过减速装置（或直接连接）带动丝杠旋转，通过丝杠将角位移转换为移动部件的直线位移。因此，控制步进电动机的转角与转速，就可以间接控制移动部件的移动速度与位移量。图7—1a所示为开环控制伺服驱动系统的结构示意图。

采用开环控制系统的数控机床结构简单，制造成本较低，但是由于系统对移动部件的实际位移量不进行检测，因此无法通过反馈自动进行误差检测和校正。另外，步进电动机的步距角误差、齿轮与丝杠等部件的传动误差，最终都将影响被加工零件的精度；特别是在负载转矩超过电动机输出转矩时，将导致步进电动机的"失步"，使加工无法进行。因此，开环控制仅适用于加工精度要求不高，负载较轻且变化不大的简易、经济型数控机床上。

半闭环控制数控机床的特点是：机床的传动丝杠或伺服电动机上装有角位移检测装置（如光电编码器等），通过它可以检测电动机或丝杠的转角，从而间接地检测移动部件的位移。角位移信号被反馈到数控装置或伺服驱动中，实现了从位置给定到电动机输出转角间的闭环自动调节。同样，由于伺服电动机和丝杠相连，通过丝杠可以将旋转运动转换为移动部件的直线位移，因此间接地控制了移动部件的移动速度与位移量。这种结构只对电动机或丝杠的角位移进行了闭环控制，没有实现对最终输出的直线位移的闭环控制，故称为半闭环控制系统。

采用半闭环控制系统的数控机床，电气控制与机械传动间有明显的分界，因此调试、维修与故障诊断较方便；且机械部分的间隙、摩擦死区、刚度等非线性环节都在闭环以外，因此系统的稳定性较好。伺服电动机和光电编码器通常做成一体，电动机和丝杠间可以直接连接或通过减速装置连接；位置检测单位和实际最小移动单位间的匹配，可以通过数控系统的参数（通常被称为"电子齿轮比"）进行设置。半闭环控制系统具有传动系统简单、结构紧凑、制造成本低、性价比高等特点，从而在数控机床上得到了广泛应用。

图7—1b、c所示为半闭环控制数控机床伺服驱动部分的结构示意图。其中，图7—1b所示为伺服电动机内装编码器的情况，图7—1c所示为编码器安装于丝杠上的情况。

闭环控制数控机床的特点是：机床移动部件上直接安装有直线位移检测装置，检测装置检测最终位移输出量。实际位移值被反馈到数控装置或伺服驱动中，可以直接与输入的指令位移值进行比较，用误差进行控制，最终实现移动部件的精确运动和定位。从理论上说，对于这样的闭环系统，其运动精度仅取决于检测装置的检测精度，而与机械传动的误差无关，显然，其精度将高于半闭环系统。而且它可以对传动系统的间隙、磨损进行自动补偿，其精度保持性要比半闭环系统好得多。图7—1d所示为闭环控制数控机床伺服驱动部分的结构原理图。

由于闭环控制系统的工作特点，它对机械结构以及传动系统的要求比半闭环控制系统更高，传动系统的刚度、间隙、导轨的爬行等各种非线性因素将直接影响系统的稳定性，严重时甚至产生振荡。

解决以上问题的最佳途径是采用直线电动机作为驱动系统的执行器件。采用直线电动机驱动，可以完全取消传动系统中将旋转运动变为直线运动的环节，大大简化机械传动系统的结构，实现了所谓的"零传动"。它从根本上消除了传动环节对精度、刚度、快速性、稳定性的影响，故可以获得比传统进给驱动系统更高的定位精度、快进速度和加速度。

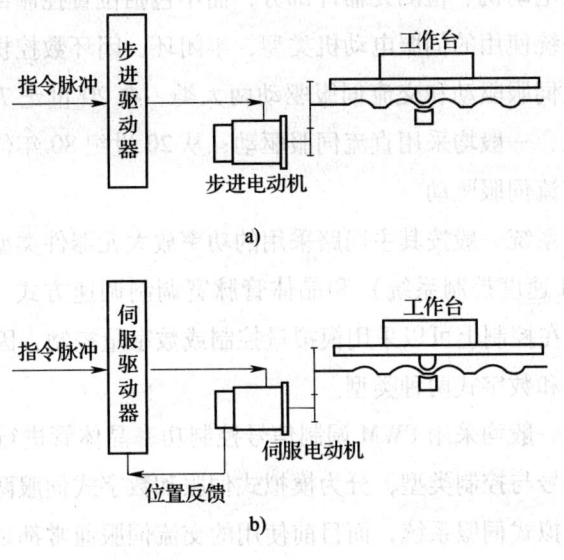

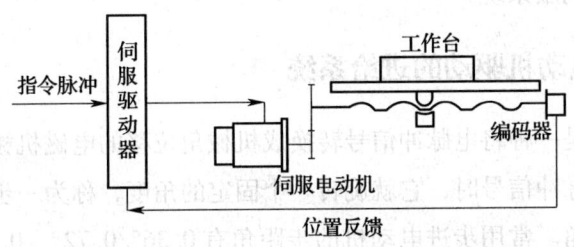

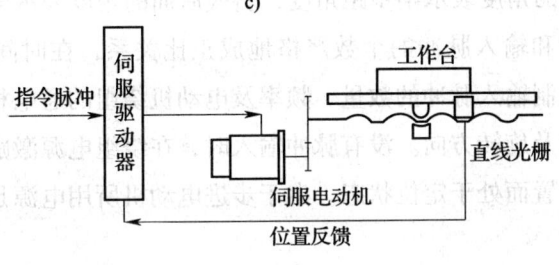

图 7—1 伺服驱动结构示意图
a) 开环控制 b、c) 半闭环控制 d) 闭环控制

从原理上说，数控机床的伺服系统应包括从位置指令脉冲给定到实际位置输出的全部环节，即包括位置控制、速度控制、驱动电动机、检测元器件等部分。但在很多系统中，为了制造方便，通常将伺服系统的位置控制部分与CNC装置制成一体，所以，人们平时习惯上所说的机床进给伺服系统，一般是指进给伺服系统的速

度控制单元、伺服电动机、检测元器件部分，而不包括位置控制部分。

按进给伺服系统使用的伺服电动机类型，半闭环、闭环数控机床常用的进给伺服系统可以分直流伺服驱动和交流伺服驱动两大类。在 20 世纪 70 年代至 80 年代生产的数控机床上，一般均采用直流伺服驱动；从 20 世纪 80 年代中、后期起，数控机床上多采用交流伺服驱动。

直流伺服驱动系统一般按其主回路采用的功率放大元器件类型，又分晶闸管调速方式（简称 SCR 速度控制系统）和晶体管脉宽调制调速方式（简称 PWM 速度控制系统）两类。在控制上可以采用模拟量控制或数字量控制，因此，在某些场合还可以分为模拟式和数字式两种类型。

交流伺服系统一般均采用 PWM 调制信号控制功率晶体管进行驱动放大的主回路，并按其指令信号与控制类型，分为模拟式伺服和数字式伺服两类。初期的交流伺服系统一般是模拟式伺服系统，而目前使用的交流伺服通常都是采用数字量控制的全数字式交流伺服系统。

二、步进电动机驱动的进给系统

步进电动机是一种将电脉冲信号转换成机械角位移的电磁机械装置。对步进电动机施加一个电脉冲信号时，它就旋转一个固定的角度，称为一步，每一步所转过的角度叫做步距角。常用步进电动机的步距角有 $0.36°/0.72°$，$0.75°/1.5°$，$0.9°/1.8°$ 等，斜线前面的角度表示半步距角度，斜线后面的角度表示全步距角度。步进电动机的角位移量和输入脉冲的个数严格地成正比关系，在时间上与输入脉冲同步。因此，只需控制输入脉冲的数量、频率及电动机绕组的通电相序，便可获得所需要的转角、转速及旋转方向。没有脉冲输入时，在绕组电源激励下，气隙磁场能使转子保持原有位置而处于定位状态。由于步进电动机所用电源是脉冲电源，所以也称为脉冲马达。

步进电动机具有较好的定位精度，无漂移和累积定位误差，能跟踪一定频率范围的脉冲列，可作为同步电动机使用。步进电动机与交、直流伺服电动机相比，在低速运行时有较大噪声和振动，在过载或高转速运行时会产生失步现象。所以利用步进电动机控制机床的进给运动，限制了数控机床的精度和可靠性。因此，步进电动机主要应用于经济型数控机床和各种小型自动化设备及仪器。

1. 步进电动机的分类

（1）按步进电动机输出转矩的大小分类

可分为快速步进电动机和功率步进电动机。快速步进电动机连续工作频率高，而输出转矩小。功率步进电动机的输出转矩比较大，数控机床一般采用功率步进电动机。

（2）按转矩产生的工作原理分类

步进电动机分为可变磁阻式、永磁式和混合式三种基本类型。可变磁阻式步进电动机又称为反应式步进电动机，它的工作原理是由改变电动机的定子和转子的软钢齿之间的电磁引力来改变定子和转子的相对位置，这种电动机结构简单、步距角小。永磁式步进电动机的转子铁心上装有多条永久磁铁，转子的转动与定位是由定子、转子之间的电磁引力与磁铁磁力共同作用的。与反应式步进电动机相比，相同体积的永磁式步进电动机转矩大，步距角也大。混合式步进电动机结合了反应式步进电动机和永磁式步进电动机的优点，采用永久磁铁提高电动机的转矩，采用细密的极齿来减小步距角，是目前数控机床上应用最多的步进电动机。

（3）按励磁相数分类

可分为两相、三相、四相、五相、六相甚至八相步进电动机。

（4）按电流的极性分类

可分为单极性和双极性步进电动机。

（5）按运动的形式分类

可分为旋转、直线、平面步进电动机。

2. 步进电动机分类工作原理及特性

（1）步进电动机分类工作原理

1）永磁步进电动机的结构原理

图7—2所示为永磁步进电动机的结构原理，定子绕组分为A、B两相，分别通以双极性电流i_A、i_B激励，如图7—2b所示。此时，定子产生磁势F_s。转子为一对极的永磁体，产生磁势F_r，转子的平衡位置处于F_r与定子合成磁场F_s相重合处，当按图7—2b所示的时序改变励磁电流时，F_s每次移动$\pi/2$（逆时针方向），转子也将跟踪F_s移动$\pi/2$，处于新平衡位置。由于在一次通电循环之后，共有四次电流变化，称为四拍，转子恰好转了一圈，故可计算出步进电动机的步距角为90°。若改变电流的相序，永磁步进电动机将反转。

$$\beta = \frac{360°}{循环拍数 \times 极对数}$$

由于结构的原因，永磁步进电动机只适用于大步距应用场合，其优点是电感小，可用较低电压驱动，但步距大，静刚度小。

2）三相反应式步进电动机的工作原理

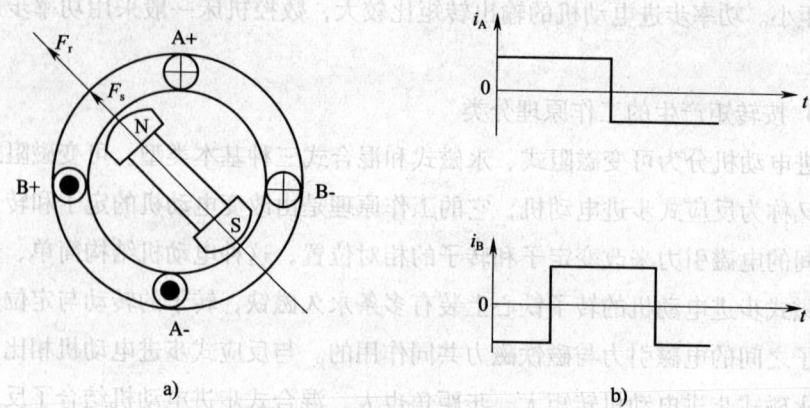

图7—2　永磁步进电动机结构原理

图7—3所示为三相反应式步进电动机结构原理图。定子上有六个磁极，分成三对，称为三相。磁极上的绕组分为A、B、C三相，分别通以单极性电流励磁。定子每相磁极上分布有小齿，具有转子齿相同的齿距和相似的齿形。

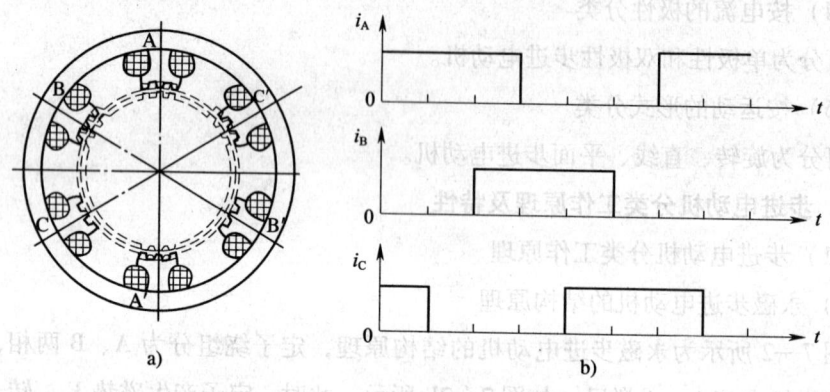

图7—3　反应式步进电动机结构原理

当A相磁极小齿与转子齿对齐时，B相磁极小齿与转子齿错开1/3齿距，C相磁极小齿与转子齿错开2/3齿距。如果以A—B—C—A（三拍方式）通电时，A相通电励磁后，即建立以A—A′为轴线的磁场，该磁场通过由定子、转子所组成的磁路，并使转子齿在磁场力的作用下与定子齿对齐，如图7—3a所示。

接着，在A相切断的同时，B相接通，建立以B—B′为轴线的磁场，此时转子齿在磁场力的作用下与B相定子齿对齐。

同理，在B相切断的同时，C相接通，转子齿在磁场力的作用下与C相定子齿对齐。在这样一次通电循环之后，转子转过一个齿距，由此可计算出步距角：

$$\beta = \frac{360°}{3 \times Z_2}$$

其中，Z_2 为转子总齿数，3 为循环拍数。

若按图 7—3b 所示的通电时序 CA—A—AB—B—BC—C—CA（六拍方式），一次通电循环之后，转子也转过一个齿距，其步距角：

$$\beta = \frac{360°}{6 \times Z_2}$$

由于 Z_2 可以取较大值，如 $Z_2 = 50 \sim 100$，β 可以达到 1°以下，故反应式步进电动机适用于小步距角的应用场合，其优点是步距角小，静刚度大，但电感大，需要较高电压驱动。

实际使用的步进电动机，一般都要求有较小的步距角。因此步距角越小，所达到的位置精度越高。步进电动机转速计算公式为：

$$n = \frac{\theta}{360°} \times 60 \times f = \frac{\theta f}{6}$$

式中 n——转速，r/min；

  f——控制脉冲频率，即每秒输入步进电动机的脉冲数；

  θ——用度数表示的步距角。

(2) 步进电动机的主要特性

1) 步距角的步距特性。步进电动机每走一步，转子实际的角位移与设计的步距角存在步距误差。连续走若干步以后，上述步距误差形成累积值，因为转子转过一圈后，回至上一转的稳定位置，所以步进电动机步距的误差不会无限累积，在一转的范围内存在一个最大累积误差。步距误差和累积误差通常用度、分或者步距角百分比表示。影响步距误差的主要因素有：转子齿的分度精度，定子磁极与齿的分度精度；铁心叠压及装配精度；气隙的不均匀程度；各相励磁电流的对称度。

2) 矩角特性。所谓静态，是指步进电动机不改变通电状态，转子不产生步进运动的工作状态。步进电动机某相通以直流电流时，空载下该相对应的定子、转子齿对齐，这时转子输出转矩为零。若在电动机轴上加一顺时针方向的负载转矩 M_L，步进电动机转子则按顺时针方向转过一个小角度 θ，并重新稳定，这时转子电磁转矩 M_m 和负载转矩 M_L 相等，称 M_m 为静态转矩，称 θ 角度为失调角。描述步进电动机稳态时，电磁转矩 M_m 与失调角 θ 之间的曲线称为矩角特性或静转矩特性。

3) 启动惯频特性。在负载转矩 $M_L = 0$ 的条件下，步进电动机由静止状态突然启动,不丢步地进入正常运行状态所允许的最高启动频率,称为启动频率或突跳频率,超过此值就不能正常启动。启动频率与机械系统的转动惯量有关,包括步进电动机转子的转动惯量,加上其他运动部件折算至步进电动机轴上的转动惯量。图7—4所示为启动频率与负载转动惯量之间的关系。随着负载惯量的增加,启动频率下降。若同时存在负载转矩 M_L,则启动频率将进一步降低。在实际应用中,由于 M_L 的存在,可采用的启动频率要比惯频特性还要低。

4)连续运行频率。步进电动机启动后,当控制的脉冲频率在连续上升时,能不失步运行的最高脉冲重复频率称为连续运行频率。转动惯量主要影响运行频率连续升降的速度,而步进电动机的绕组电感和驱动电源的电压对运行频率高低影响很大。在实际应用中,由于启动频率比运行频率低得多,通常采用自动升降频的方式,先在低频下使步进电动机启动,然后逐渐升至运行频率。当需要步进电动机停转时,先将脉冲信号的频率逐渐降低至启动频率以下,再停止输入脉冲,步进电动机才能不失步地准确停止。

5)矩频特性。矩频特性是描述步进电动机在负载惯量一定且稳态运行时的最大输出转矩与脉冲重复频率的关系曲线。步进电动机的最大输出转矩随脉冲重复频率的升高而下降,这是因为步进电动机的绕组是感性负载,在绕组通电时,电流上升减缓,使有效转矩变小;绕组断电时,电流逐渐下降,产生与转动方向相反的转矩,使输出转矩变小。随着脉冲重复频率的升高,电流波形的前后沿占通电时间的比例越来越大,输出转矩也就越来越小。当驱动脉冲频率高到一定的程度,步进电机的输出转矩已不足以克服自身的摩擦转矩和负载转矩时,步进电机的转子会在原位置振荡而不能做旋转运动,称为电动机产生堵转或失步现象。步进电动机的绕组电感和驱动电源的电压对矩频特性影响很大,低电感或高电压将获得下降缓慢的矩频特性,如图7—5所示。

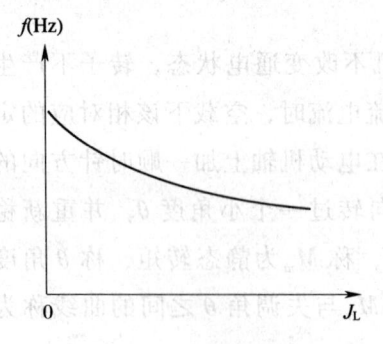

图7—4 启动惯频特性

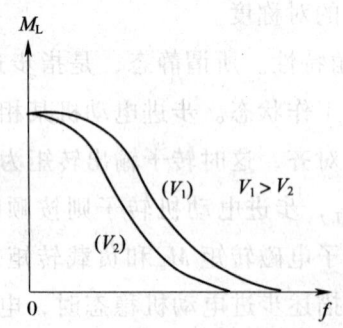

图7—5 连续运行矩频特性

由图 7—5 还可以看出，在低频区，矩频曲线比较平坦，电动机保持额定转矩。在高频区，矩频曲线急剧下降，这表示步进电动机的高频特性差。因此，步进电动机作为进给运动控制，从静止状态到高速旋转需要有一个加速过程；同样，步进电动机从高速旋转状态到静止也要有一个减速过程。没有加/减速过程或者加/减速不当，步进电动机会出现失步现象。

（3）步进电动机驱动器的控制原理

步进电动机各励磁绕组是按一定节拍依次轮流通电工作的，为此，需将 CNC 发出的控制脉冲按步进电动机规定的通电顺序分配到定子各励磁绕组中。完成脉冲分配的功能元件称为环形脉冲分配器。环形脉冲分配可以由硬件实现，也可以用软件完成。环形脉冲分配器发出的脉冲功率很小，不能直接驱动步进电动机，必须经驱动电路将信号电流放大到若干安培，才能驱动电动机。因此，步进电动机驱动器通常由环形脉冲分配器及功率放大器组成，加到环形脉冲分配器输入端的指令脉冲是 CNC 插补器输出的分配脉冲，经过加减速控制，使脉冲频率平滑上升或下降，以适应步进电动机的驱动特性。环形脉冲分配器将脉冲信号按一定顺序分配，然后送到驱动电路中进行功率放大，驱动步进电动机工作。

环形分配器的功能可以由硬件完成（如 D 触发器组成的电路），也可以由软件完成，即将等匝绕组的控制信号定义为 I/O 输出口之位，其状态输出可以用逻辑表达式或查表等方式来实现，比逻辑电路要简单得多。

功率放大器的作用是将环形分配器输出的通电状态信号经过若干级功率放大，控制步进电动机各相绕组电流按一定顺序切换。晶体管、场效应管、晶闸管、IGBT 等功率开关器件都可以作为步进电动机的功率放大器。

三、直流伺服驱动系统

在早期的数控系统上，直流伺服系统一般都采用 SCR 速度控制系统，到了 20 世纪 80 年代中期，开始逐步被 PWM 速度控制系统所代替。直流伺服电动机一般都采用以铁氧体作为永磁材料的永磁式直流伺服电动机。伺服电动机的电枢部分与普通直流电动机相似，通常按转子惯量的大小将其分为大惯量电动机、中惯量电动机和小惯量电动三种。

1. SCR 速度控制系统

SCR 速度控制系统的主回路有多种形式，如：单相半控桥式整流、单相全控桥式整流、三相半波整流、三相半控桥式整流、三相全控桥式整流等。单相半控桥式整流及单相全控桥式整流，虽然电路简单，但由于其输出波形较差，调速范围有限，因此在伺服驱动系统中较少使用。根据数控机床的控制要求，对于直流伺服驱动，速度控制单元的主回路一般都采用三相全控桥式整流电路。

SCR 速度控制系统又有无环流可逆系统和有环流可逆系统之分。有环流可逆系统具有反应迅速的优势，但其线路较复杂；而无流环可逆系统虽线路简单，却存在换向死区。为了提高快速性与精度，数控机床用的伺服驱动系统一般都采用图 7—6 所示的逻辑无环流可逆系统，这是一种既有速度环又有电流环的双环自动控制系统。

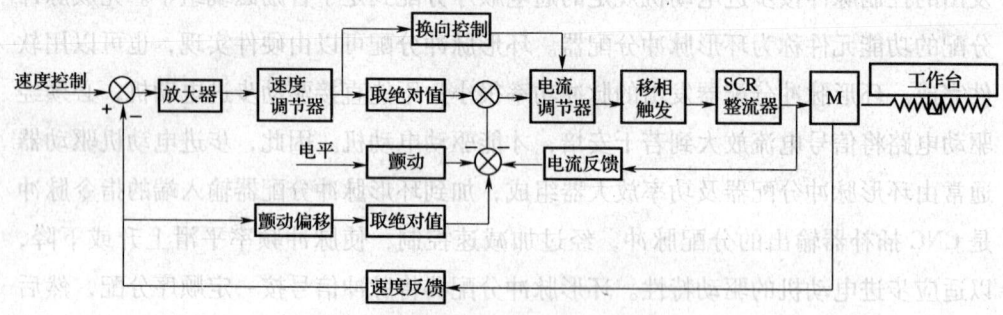

图 7—6 双环调速系统的原理框图

（1）SCR 速度控制系统的特点

从图 7—6 所示框图可见，该系统具有以下特点：

1）速度指令电压和速度反馈电压在经过阻容滤波之后，进入比较器进行比较放大，从而得到速度误差信号。

2）为了获得满意的静态和动态的调速特性，合理地解决速度调节系统的稳定性与精度之间的矛盾，速度调节器通常采用 PI 调节器。速度误差信号经过比例积分环节（PI 调节器），产生电流给定信号，输出到电流调节器，作为电流给定。

3）为了减少晶闸管电路的死区，电流调节器的输入端又引入了颤动偏置和颤动偏移控制信号，使伺服电动机在静止状态时呈颤动状态，从而提高了系统的灵敏度。

4）速度调节器输出的电流给定值与颤动信号以及电流反馈值一起输入电流调节器。为了加快电流环的响应速度，缩短系统启动过程，并减少低速轻载时由于电流断续对系统稳定性的影响，提高系统的稳定性，电流调节器通常使用比例调节器。

5）电流调节器的输出信号经过由同步电路、移相控制电路组成的移相触发环节，控制晶闸管整流桥的导通角，达到调速的目的。

(2) SCR 速度控制系统的自动调节原理

1）当系统的速度指令电压增大时，由于实际速度反馈信号不变，使速度误差信号增大，速度调节器的输出电压也随之增大，使触发器的触发脉冲前移，整流输出电压升高，电动机转速也随之上升。随着电动机转速的增加，测速发电机输出电压也逐渐增加，当它等于或接近于给定值时，系统达到新的平衡点，电动机就按要求的转速稳定旋转。

2）当系统受到外界干扰，例如负载突然增加时，电动机输出转速就会下降，测速发电机的输出电压也随之下降，使速度调节器的速度误差增大，速度调节器的输出电压增大，触发脉冲前移，晶闸管整流器的输出电压升高，使电动机转速上升并恢复到外界干扰前的转移值。

3）当电网电压突然降低时，整流器的输出电压也随之降低。在电动机转速由于惯性的原因尚未变化之前，首先引起主回路电流减小。与此同时，反映主回路电流的电流反馈信号也随之减小，使电流调节器输出增大，触发脉冲前移，又使整流器输出电压恢复到原来的值，因而抑制了主回路电流的变化。

总之，具有速度外环、电流内环的双环调速系统具有良好的静态和动态指标，它可最大限度地利用电动机的过载能力，使过渡过程最短。

2. PWM 速度控制系统

PWM 速度控制系统是通过脉宽调制器对大功率晶体管的开关时间进行控制，将直流电压转换成某种频率的方波电压，并通过对脉冲宽度的控制，改变输出直流平均电压的自动调速系统。

（1）PWM 速度控制系统的工作原理

以脉冲编码器作为检测器件的常见 PWM 直流伺服系统的框图如图 7—7 所示。其工作过程如下：

数控装置 CPU 发出的指令信号，经过数值积分器 DDA（即为插补器）转换后，输出一系列的均匀脉冲。为了使实际机床位置分辨率与指令脉冲相对应，系统中通常都需要通过指令倍乘器 CMR，对指令脉冲进行倍频/分频变换。指令脉冲与位置反馈脉冲比较的差值，送到误差寄存器 ER；误差寄存器的输出与位置增益（G）、偏移值补偿（D）运算、合成后，送到脉宽调制器（PWM）进行脉宽调制。被调制的脉冲经过 D/A 变换器转换成模拟电压，作为速度控制单元（V）的指令电压 VCMD 输出。

电动机旋转后，脉冲编码器（PC）发出的脉冲，经断线检查器（BL）确认无信号断线之后，送到鉴相器（DG），进行电动机的旋转方向的识别。鉴相器的输出分两路,一路经 F/V 变换器,将反馈脉冲变换成测速电压(TSA),送速度控制单元,并与 VCMD 指令进行比较,从而实现速度的闭环控制。另一路输出到检测倍乘器 DMR,经倍乘后送到比较器作为位置环的位置反馈输入。

通过设置不同的 CMR 与 DMR 值,可以将指令脉冲的移动量和实际机床的每脉冲移动量相一致,从而使控制系统能适合于各种场合。

速度控制单元的原理框图如图 7—7 所示。

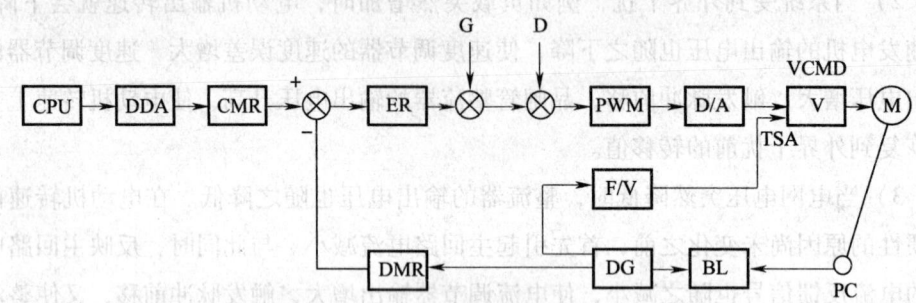

图 7—7 PWM 直流伺服系统原理图

如图 7—8 所示,指令电压 VCMD 与测速反馈信号 TSA 经过比较、放大后,输出误差信号"ER = K(VCMD - TSA)"和"- ER = - K(VCMD - TSA)"。误差信号 ER 送到 A 相和 B 相调制器,并与三角波发生器产出的三角波进行逻辑运算后,经脉宽调制、驱动放大之后输出 TRA 和 TRB 信号,控制晶体管 VTA 和 VTB 的基极;- ER 信号与三角波进行逻辑运算后,经脉宽调制、驱动放大之后输出 TRC 和 TRD 信号,控制晶体管 VTC 和 VTD 的基极。

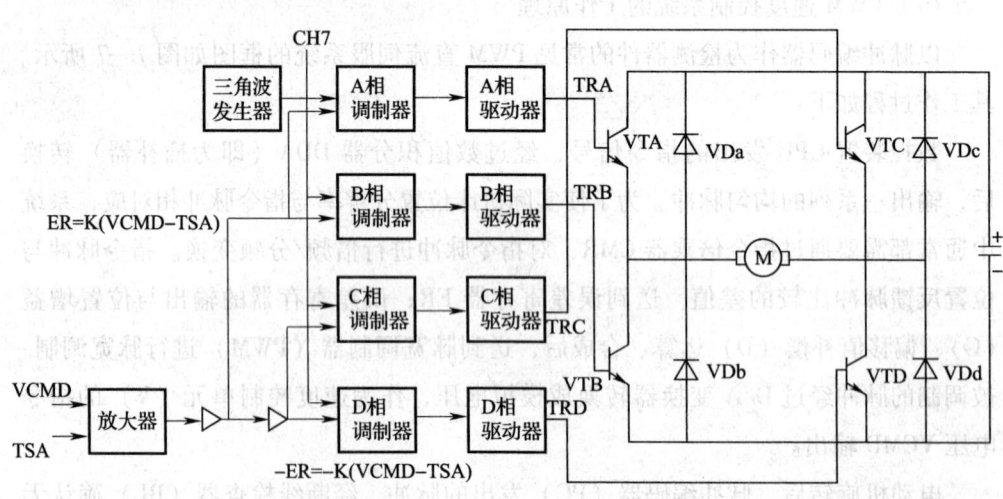

图 7—8 PWM 速度控制单元原理框图

电动机正转时，图7—8中各信号的波形如图7—9所示。此时，电动机电枢回路工作可以分以下四步：

1) VTB 和 VTC 晶体管导通。这时电流方向从直流电源的"+"端，经过VTC、电动机 M、VTB 回到电源的"−"端。

2) VTC 和 VTA 晶体管导通。此时电枢电感释放能量，电流从电枢 M 经二极管 VDa、晶体管 VTC 构成回路。

3) VTB 和 VTC 晶体管导通。此过程同第一步。

4) VTB 和 VTD 晶体管导通。此时电流方向从电动机 M 经 VTB、续流二极管 VDd 构成回路。

主回路按上述顺序循环工作，从而形成对电动机的连续供电，使电动机正向旋转。波形图中的 Δt 是工作死区，该值一定要大于晶体管的关断时间，以确保晶体管不会出现 VTA 和 VTB、VTC 和 VTD 同时导通的情况，以避免电源短路。

图7—9中，虚线是表示当 ER 值（−ER 值）较小时的情况。在这种情况下，给电动机电枢供电的晶体管导通时间变短，电枢两端的电压脉宽变窄，平均电压较低，从而使直流电动机的转速降低，以上就是 PWM 速度控制系统的工作原理。

(2) PWM 速度控制系统的优点

PWM 速度控制系统与 SCR 速度控制系统相比，具有以下优点：

1) 能有效防止系统产生共振，提高了数控机床工作的稳定性。在 SCR 速度控制系统中，由于晶闸管的工作频率与电源频率相同，为 50/60 Hz，因此电枢电流脉动频率也为 50/60 Hz，从而可能诱发机械系统的共振，影响数控机床的工作稳定性，从而影响被加工零件的表面精度。而在 PWM 控制方式中，由于晶体管工作频率很高（约 2 kHz），远远高于机械系统的固有频率，避免了系统可能产生的共振。

2) 电枢电流脉动小，保证了机床在低速运动时仍能稳定地工作。在 SCR 速度控制系统中，整流波形差，特别是在低速、轻载时，电流断续严重。由于电枢电流的不连续，将影响到低速运行的稳定性，这也是 SCR 速度控制系统产生低速脉动的原因之一。在 PWM 速度控制系统中，由于开关频率很高，依靠电枢绕组的电感滤波作用就可获得脉动很小的直流电流，而且电枢电流也很容易连续，因此，机床在低速时仍然可以平滑、稳定地工作。

3) 电动机损耗、发热小。由于 PWM 速度控制系统输出电流的纹波系数（电流有效值和平均值之比）只有 1.001 ~ 1.03，而 SCR 速度控制系统为 1.05 ~ 1.6，所以电动机在同样的输出转矩（它与电流的平均值成正比）时，前者的电动机损耗和发热均较后者小,在数控机床上,它可以减少电动机发热,减小热变形,提高机床精度。

4) PWM 速度控制系统的系统响应快。当 PWM 控制方式的速度控制单元与小惯量的电动机相匹配时,可以充分发挥系统的性能,使系统具有快的响应,因此,它适合于频繁启动、制动的场合。

5) 动态特性好。由于 PWM 控制方式具有很宽的响应频率范围,因此整个系统的动态特性好,系统校正瞬态负载扰动的能力强。特别是在负载周期性变化的场合,机床仍平稳地工作,延长了刀具使用寿命,改善了被加工零件表面的精度。

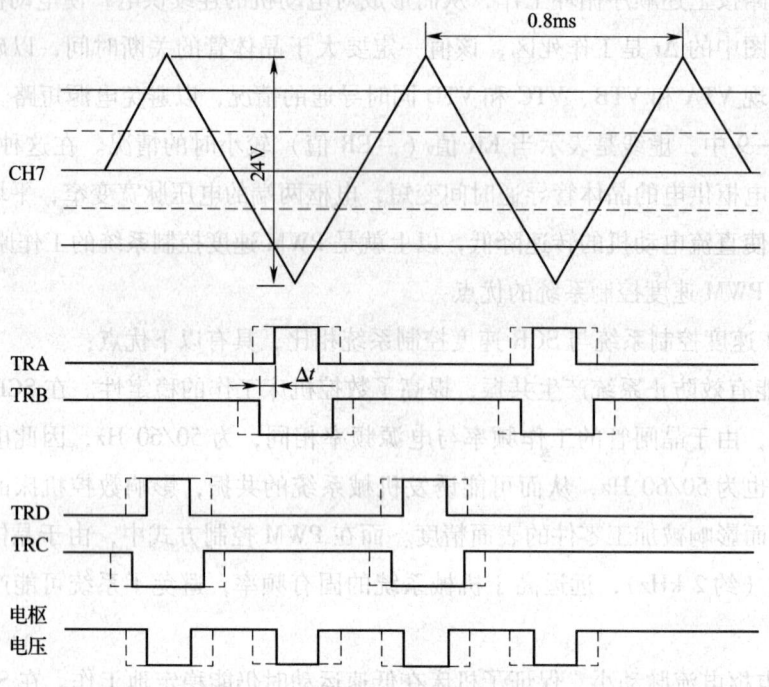

图 7—9 脉宽调制各点波形图

四、交流伺服驱动系统

直流伺服系统虽有优良的调速性能,但由于其在结构上采用了易磨损的电刷和换向器,需要经常维护。另外,由于换向火花,使电动机的最高转速受到了限制。此外,直流电动机结构复杂、制造困难、材料消耗大,因此制造成本较高。

交流伺服电动机也称为无刷交流伺服电动机,它与直流电动机相比,由于无换向器,故克服了以上缺点,从而提高了机床的可靠性、快速性和整体性能。近年来，随着新型大功率电力电子器件的出现，新型变频技术、现代控制理论以及数字控制技术等技术的发展，交流伺服系统也取得了快速发展，在中、小功率的伺服驱动系统中，有全面取代直流伺服驱动的趋势。

交流伺服电动机一般都是永磁式的三相同步电动机。根据不同的规格与要求，永磁材料可分别采用铁氧体、铝镍钴和稀土材料等。电动机一般采用全封闭结构。

1．交流伺服电动机的特点

交流伺服电动机具有以下特点：

（1）采用特殊的转子结构，其气隙磁通密度通常按正弦分布，实现了最小的转矩波动。

（2）定子通常采用无外壳的结构，改善了电动机的冷却效果，减小了体积和质量，提高了加/减速能力。

（3）通过采用无刷和全封闭的结构形式，使得电动机不需维修，即使在恶劣的使用环境下仍有很长的使用寿命。

（4）在控制上，现代交流伺服系统一般都采用磁场矢量控制方式，它使交流伺服驱动系统的性能完全达到了直流伺服驱动系统的性能，这样的交流伺服系统具有下述特点：

1）系统在极低速度时仍能平滑地运转，而且具有很快的响应速度。

2）在高速区仍然具有较好的转矩特性，即电动机的输出特性"硬度"好。

3）可以将电动机的噪声和振动抑制到最低的限度。

4）具有很高的转矩/惯量比，可实现系统的快速启动和制动。

5）通过采用高精度的脉冲编码器作为反馈器件，采用数字控制技术，可大大提高系统的位置控制精度。

6）驱动单元一般都采用大规模的专用集成电路，系统的结构紧凑、体积小、可靠性高。

正因为如此，在数控机床上，交流伺服系统全面取代直流伺服系统已经成为技术发展的必然趋势。

2．交流伺服系统的分类

交流伺服系统按其指令信号与内部的控制形式，可以分为模拟式伺服与数字式伺服两类。初期的交流伺服系统一般是模拟式交流伺服系统，而目前使用的交流伺服系统通常都是全数字式交流伺服系统。

（1）模拟式交流伺服系统

典型的交流模拟伺服系统原理如图7—10所示。系统的工作过程简述如下：

速度给定指令 VCMD 来自数控系统，来自检测元件（通常为脉冲编码器）的信号经 F/V 变换后作为系统的速度反馈信号 TSA，它们经比较、放大后输出速度误差信号。速度误差信号再经调节器放大，作为转矩指令输出。转矩指令信号通过乘法器，分别与转子位置计算回路中输出的 $\sin\theta$ 和 $\sin(\theta-240°)$ 算子相乘，其乘积作为电流指令信号输出。电流指令又与电流反馈信号相比较后，产生电流误差信号，电流误差信号经放大，输出到 PWM 控制回路，进行脉宽调控。脉宽调制信号通过功率晶体管与电源回路的逆变，形成三相交流电，控制交流伺服电动机的电枢。

图 7—10 中的虚线框，在实际系统中通常为集成一体的专用大规模集成电路。在 FANUC 常见的交流伺服驱动中，其中一片型号为 AF 20，它包括两个乘法器和一个转子位置计算回路；另一片型号为 MB 63137，它包括 PWM 控制回路和脉冲编码器的接收回路。图 7—11 所示为交流模拟伺服系统的简化框图。

(2) 数字式交流伺服系统

数字式交流伺服系统是随着交流伺服控制技术、计算机技术的发展而产生的新型交流伺服系统，它所用的元器件更少，通常只要一片专用大规模集成电路，如 FANUC 公司通常采用的是 MB 651105 专用大规模集成电路，这种结构具有以下特点：

1）通过总线与调度，驱动系统的 CPU 和信号处理器可以共用 RAM。

2）具有 A/D 转换控制功能，可将模拟量转换为数字量。

3）系统同时具有电流环、速度环、位置环控制的功能，以适应不同的控制要求。

4）驱动系统 CPU 可与主 PWM 之间进行通信，容易采用总线控制方式。

5）可以方便地产生指令信号，控制电动机调速。

6）可以进行位置检测信号（如脉冲编码器信号）处理。

此外，在数字式伺服系统中，还可以采用绝对脉冲编码器作为位置检测器件，在数控系统停电后，仍能记忆机床的实际位置。因此，机床开机时可以不进行手动返回参考点操作。

数字式伺服系统的框图如图 7—12 所示。

(3) 模拟式与数字式交流伺服系统的比较

通过比较图 7—11 与图 7—12 可以看出，与模拟式交流伺服系统相比，数字式交流伺服系统具有下述明显的优点：

1）系统精度不受电子器件温度漂移的影响，系统不需要采用自动漂移补偿电路，结构简单，精度高。

2）系统控制精度高，定位精度可达到 $0.1\ \mu m$ 以上。

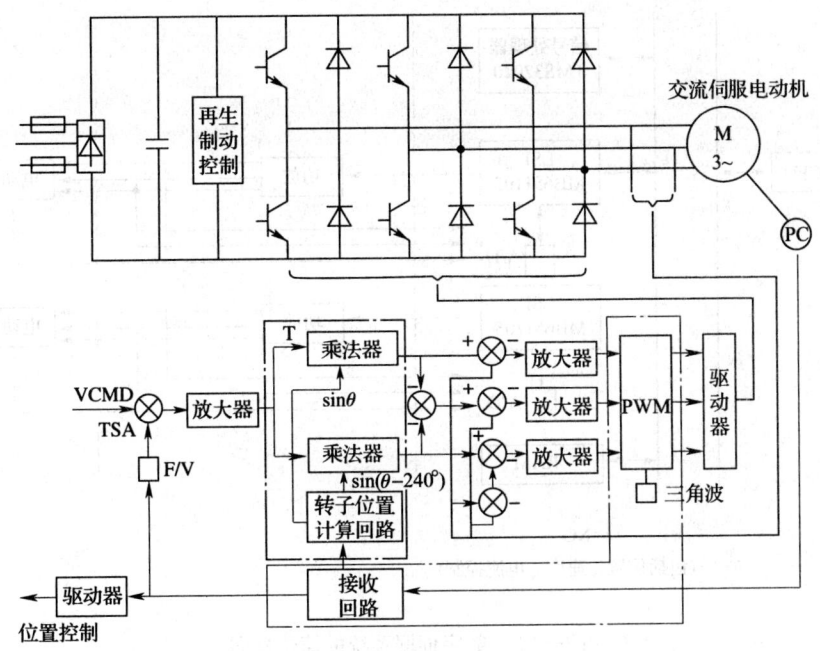

图 7—10　交流模拟伺服系统原理图

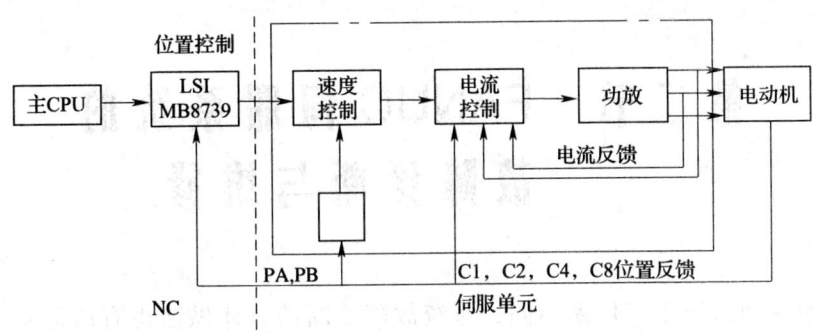

图 7—11　交流模拟伺服系统的简化框图

3）系统所用的元器件少，可靠性高。

4）功能上可扩充性好，如可以对系统的非线性、干扰转矩等进行补偿，提高系统的精度。

5）维修方便，系统的诊断、监视功能比模拟伺服更强。

6）对位置、速度、转矩、电流等信息进行了集中管理、控制，可以避免机械共振。

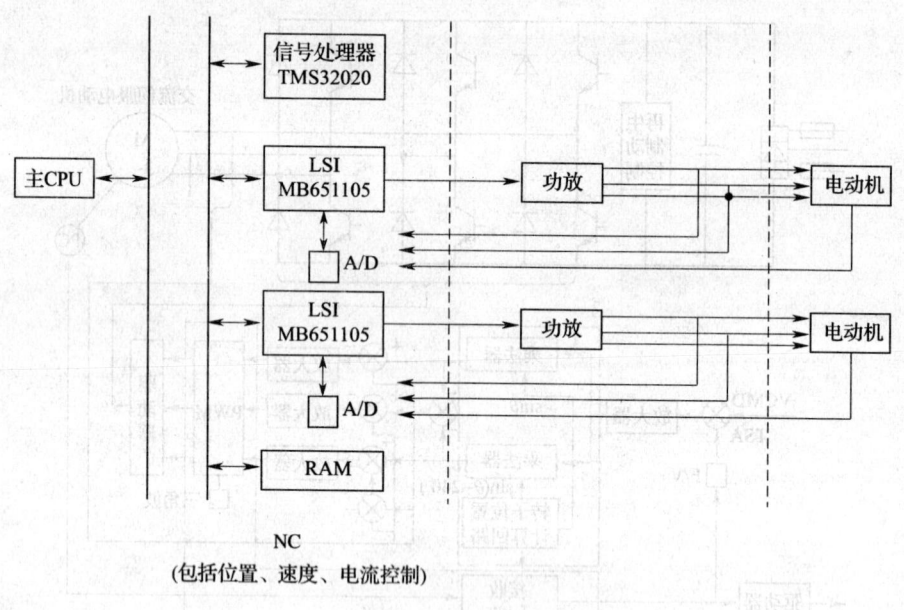

图7—12 数字伺服系统的简化框图

7)系统参数的设定与调节可以通过数字量进行,较模拟式伺服系统的电位器调节更加准确、简单、容易。

第二节 FANUC 伺服系统的故障诊断与维修

伺服驱动系统生产厂家不同,系统故障诊断的具体做法也有所区别,但其基本检查方法与诊断原理是一致的。诊断伺服系统的故障,一般可利用状态指示灯诊断法、数控系统报警显示诊断法、系统诊断信号检查法、原理分析法等。

FANUC 伺服驱动系统与 FANUC 数控系统一样,是数控机床中使用最广泛的伺服驱动系统之一。从总体上说,FANUC 伺服驱动系统分为直流驱动和交流驱动两大类。直流驱动分为 SCR 速度控制单元和 PWM 速度控制单元两种形式,交流驱动分为模拟式交流速度控制单元和数字式交流速度控制单元两种形式。在 1985 年以前生产的数控机床上,一般都采用直流伺服驱动,其配套的控制系统有 FANUC 的 FS5、FS6、FS7 系统等。以后生产的数控机床上，一般都采用交流伺服驱动，其配套的控制系统有 FANUC 的 FS0、PS11、PS15/16 系统等。

一、FANUC 直流伺服系统的故障诊断与维修

直流伺服系统一般用于 20 世纪 80 年代中期以前生产的数控机床上，这些数控机床虽然距今已经有二十多年，但由于当时数控系统的价格很高，通常只有在高、精、尖设备中才采用数控，因此，其机床的刚性、可靠性等各方面性能通常都较好，即使在今天，很多设备还是作为企业的关键设备在使用中，故直流伺服系统的维修仍然是数控机床维修的重要内容。

1. SCR 速度控制单元的常见故障与维修

SCR 速度控制单元的主要故障与可能的原因，常见的有以下几种：

（1）速度控制单元熔断器熔断

造成速度控制单元熔断器熔断的原因有以下几种：

1）机械故障造成负载过大。如：滑动面摩擦因数太大，齿轮啮合不良，工件干涉、碰撞，机械锁紧等。以上故障可通过测量电动机电流来确认。

2）切削条件不合适。如：切削用量过大，连续重切削等。

3）控制单元故障。如：控制单元的元器件损坏，控制板上设定端设定错误，电位器调整不当等。

4）速度控制单元与电动机间的连接错误。如：速度负反馈被接成正反馈，使电动机飞车或使系统振荡。

5）电动机选用不合适或电动机不良。如：因为直流电动机的退磁，造成需要过大的励磁电流，从而引起速度控制单元熔断器熔断。

直流电动机去磁的检查方法如图 7—13 所示。通过读出电压表和电流表指示值，并按下式计算，可以判别电动机反电势常数 K_e 是否正常，从而确定电动机是否退磁。

$$V - I \times R_m \approx K_e \times \frac{n}{1\,000}$$

式中　V——测量的电压值，V；

　　　I——测量的电流值，A；

　　　R_m——电枢电阻，Ω；

　　　n——电动机转速，r/min；

K_e——电动机反电动势系数，V/（1 000 r/min）。

若上式成立，则证明电动机未退磁。

不同型号的电动机，其电枢电阻和反电动势系数的值也是不相同的，对于常用的 FANUC 直流伺服电动机，它们的值可参考表 7—1。

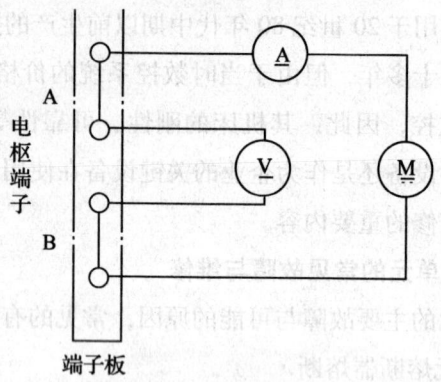

图 7—13 电动机去磁的测量

表 7—1　　　　　　　　　　　　电动机参数表

型号	电枢电阻 R_m（Ω）	反电动势系数 K_e [V/（1 000 r/min）]	型号	电枢电阻 R_m（Ω）	反电动势系数 K_e [V/（1 000 r/min）]
0	0.5	21	20	0.25	79
5	0.81	42	30	0.32	120
10	0.28	56			

6）相序不正确。SCR 速度控制单元由于存在晶闸管触发脉冲与主电路的同步问题，因此对电源的输入有相序的要求。若相序不正确，则接通电源后将造成速度控制单元的输入熔断器的熔断。

相序检查可以用相序表或示波器进行，如图 7—14 所示。

用相序表测量时，在主回路与同步电源 R、S、T 连接一一对应的前提下，测量 R、S、T 的相序，当相序正确时，相序表应按顺时针方向旋转（见图 7—14a）。

用示波器测量时，在主回路与同步电源 R、S、T 连接一一对应的前提下，双线示波器按照图 7—14b 连接，当 U_{AB}、U_{CB} 的波形在相位上相差 120°时，则表明相序正确。

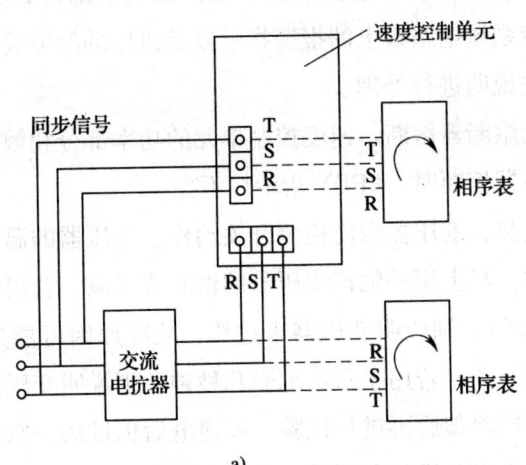

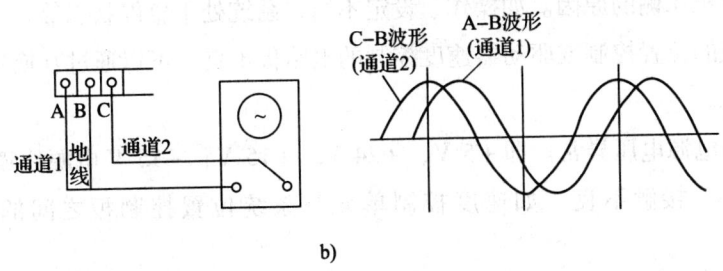

图 7—14 相序测量

a) 相序表法 b) 示波器法

注意：在直流伺服驱动系统中，相序必须一一对应，因此不可以用观察交流电动机转向的方式来检查相序。

(2) 状态指示灯显示的报警

FANUC 公司生产的 SCR 速度控制单元，在控制线路板上带有三个状态指示灯，分别为 PRDY、TGLS 和 OVC 指示灯，其含义如下：

PRDY：绿色指示灯。指示灯亮表示速度控制单元工作正常。

TGLS：红色指示灯。指示灯亮表示与速度控制单元连接的测速发电机报警。

OVC：红色指示灯。指示灯亮表示速度控制单元发生过电流报警。

常见的故障现象与原因有：

1) PRDY 指示灯不亮。当系统通电后，如果速度控制单元的 PRDY 指示灯不亮，则造成故障的原因可能有：

①数控系统或伺服驱动器（速度控制单元）报警。故障诊断可以通过数控系统的报警显示、数控系统电路板上的报警指示以及机床的故障提示进行，并根据以上提示的内容与有关说明进行处理。

②速度控制单元熔断器熔断。速度控制单元的功率部分和触发电路板上，均安装有熔断器，当熔断器熔断时，PRDY 指示灯不亮。

③伺服变压器过热，变压器温度检测开关动作。变压器的温度可以这样进行检查：在刚切断电源时，马上用手触摸变压器的铁心或线圈，若用手能承受得住变压器的温度（不高于60°），则说明变压器未过热，故障原因可能是温度检测开关不良，应更换温度检测开关；若用手只能承受几秒钟，则说明变压器过热，需要断电半小时以上，待变压器冷却后再进行试验。如通电后仍过热，原因可能是负载过大或变压器不良（如变压器线圈局部短路，绝缘损坏等）。

④来自机床侧的原因。如操作、设定不当，系统处于急停状态等。

⑤系统的位置控制或驱动器速度控制的电路板不良。可以通过互换法或更换备件进行确认。

⑥辅助电源电压异常。即 +5 V、+24 V、+15 V、-15 V 电源故障。

⑦安装、接触不良。如速度控制单元与系统位置控制板之间的连接不良等。

⑧驱动器发生 TGLS 或 OVC 报警。按检查 TGLS 或 OVC 报警的方法处理。

2) TGLS 灯亮。TGLS 灯亮表示速度控制单元发生了测速发电机断线报警，其可能的原因是：

①作为速度反馈的部件（如测速发电机或脉冲编码器）的测量信号线断线或连接不良。

②电动机的电枢线断线或连接不良。

3) OVC 灯亮。OVC 灯亮表示速度控制单元发生了过电流报警，其可能的原因是：

①过电流设定不当。应检查速度控制单元上的过电流设定电位器 RV3 的设定是否正确。

②电动机负载过重。应改变切削条件或机械负荷，检查机械传动系统与进给系统的安装与连接。

③电动机运动有振动。应检查机械传动系统、进给系统的安装与连接是否可靠，测速发电机是否存在不良。

④负载惯量过大。

⑤位置环增益过高。应检查伺服系统的参数设定与调整是否正确、合理。

⑥交流输入电压过低。应检查电源电压是否满足规定的要求。

（3）超过速度控制范围

速度控制单元超速的原因有以下几种：

1）测速反馈连接错误，如被接成正反馈或断线。

2）在全闭环系统中，联轴器、电动机与工作台的连接不良，造成速度检测信号不正确或无速度检测信号。

3）位置控制板发生故障，使速度反馈信号未输入到速度控制单元。

4）速度控制单元设定不当。

（4）机床振动

若坐标轴在数控机床停止时或移动过程中出现振动、爬行，除系统本身设定、调整不当外，在驱动器上引起机床振动的原因主要有以下几种：

1）机械系统连接不良，如联轴器损坏等。

2）脉冲编码器或测速发电机不良。对于脉冲编码器或测速发电机不良的情况，可按下述方法进行检查。首先，将位置环、速度环断开，手动电动机旋转，观察速度控制单元电路板上 F/V 变换器的电压（检测端子 CH12），如果出现图 7—15 所示的电压突然下跌的波形，则说明反馈部件不良。

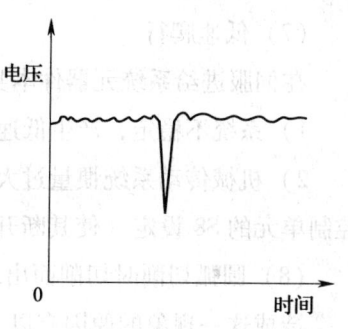

图 7—15　速度反馈不良的波形

3）电动机电枢线圈不良（如内部短路）。这种情况可以通过测量电动机的空载电流进行确认，若空载电流随转速成正比增大，则说明电动机内部有短路现象。出现本故障一般应首先清理换向器、检查电刷等，再进行测量确认。如果故障现象依然存在，则可能是线圈匝间有短路现象，应对电动机进行维修处理。

4）速度控制单元不良。应首先检查速度控制单元的调整与设定，若调整与设定正确，可通过更换速度控制单元的电路板或进行维修处理。

5）外部干扰。对于固定不变的干扰，可检查 F/V 变换器检测端子（CH2），电流检测端子（CH11），以及同步端（CH13A－C）的波形，检查是否存在干扰，并采取相应的措施。对于偶然性干扰，应采取通过有效的屏蔽、可靠的接地等措施，尽可能予以避免。

6）系统振荡。应观察电动机电流的波形是否有振荡，引起振荡的原因可能是

RV1 调整不当，测速机不良，或是丝杠的间隙太大等。

（5）超调

当速度控制单元本身无故障时，造成系统超调的原因有以下几种：

1）伺服系统速度环增益太低或位置环增益太高。可以通过调整速度控制单元电位器 RV1 提高速度环增益，或通过改变系统的机床参数降低位置环增益进行优化。此外，还可以通过改变速度控制单元的 S6、S7、S9 设定等措施解决。

2）提高伺服进给系统和机械进给系统的刚度。

（6）单脉冲进给精度差。产生这种现象的原因有以下几种：

1）机械传动系统的间隙、死区或精度不足。应重新调整机械传动系统，消除间隙，减小摩擦阻力，提高机械传动系统的灵敏度。

2）伺服系统速度环或位置环增益太低。这时可以通过调整速度控制单元的电位器 RV1 解决。

（7）低速爬行

在伺服进给系统元器件本身无故障时，造成低速爬行的原因有以下几种：

1）系统不稳定，产生低速振荡。

2）机械传动系统惯量过大。对于这种情况，有时可以通过改变电路板上速度控制单元的 S8 设定（使其断开），以及重新调整 RV1 解决。

（8）圆弧切削时切削面出现条纹

造成这一现象的原因有以下几种：

1）伺服系统增益设定不当。可以通过降低位置环增益、提高速度环增益解决。

2）检查速度控制单元的 CH11 端子上的电流波形，确认电流是否连续。

3）检查机械传动系统是否有连接松动、间隙等。

2．PWM 速度控制单元的常见故障与维修

（1）CRT 无报警显示的故障维修

FANUC PWM 速度控制单元发生故障时，通常情况下系统显示器上可以显示出报警号，维修时可以根据报警提示进行。但是有部分故障在 CRT 上不一定能予以显示或不能予以指明具体的故障原因，这些故障主要有：机床失控，移动和停止时机床振动，定位精度和加工精度差，速度控制单元和位置控制单元动作不正确。对于以上故障的产生原因、检查和处理方法可以归纳如下：

1）机床失控。机床失控指的是机床在开机时或工作过程中突然改变速度、改变位置的情况，如：伺服启动时突然冲击，工作台停止时突然向某一方向快速运动，正常加工过程中突然加速等。其故障原因、检查步骤和处理方法见表7—2。

表7—2　　　　　机床失控的原因、检查步骤和处理方法

项目	故障原因	检查步骤	处理方法
1	位置检测、速度检测信号不良	检查连线，检查位置、速度环是否为正反馈	改正连线
2	电动机或位置编码器故障	由DGN检查	重新进行正确的连线
3	主板、速度控制单元故障		更换印制电路板

2）机床振动。机床振动指的是机床在移动时或停止时的振荡，运动时的爬行，正常加工过程中的运动不稳等。其故障原因、检查步骤和处理方法见表7—3。

表7—3　　　　　机床振动的原因、检查步骤和处理方法

项目	故障原因	检查步骤	处理方法
1	位置控制系统参数设定错误	对照系统参数说明检查原因	设定正确的参数
2	速度控制单元设定错误	对照速度控制单元说明或根据机床厂提供的设定单检查设定	正确设定速度控制单元
3	需要根据不同情况进行故障分析	检查振动周期是否与进给速度成比例	若与进给速度成正比，则见第6项；若振动周期基本相同，不取决于速度，则见第4项
4	根据第3项检查，振动周期基本相同，不取决于速度	短接速度控制单元的CH5、CH6，检查振动是否消除	若振动消除，则见第7项；若振动未消除，则见第5项
5	根据第4项检查，短接速度控制单元的CH5、CH6，振动未消除	短接CH5、CH6，当逆时针转动RV1时，检查振动是否减小	若减小，则见第8项；若未减小，则见第9项

续表

项目	故障原因	检查步骤	处理方法
6	根据第3项检查，振动周期与进给速度成正比 故障原因：机床、检测器、电动机不良，插补精度差或检测增益设定太高	若插补精度差，振动周期可能为位置检测器信号周期的1或2倍；若为连续振动，可能是检测增益设定太高 检查与振动周期同步的部分，并找到不良部分	更换或维修不良部分。调整或检测增益
7	机床和速度单元的匹配不良	将S9、S11短接，检查振动是否减小	改变设定，更换或重新调整伺服单元
8	机床和速度单元的匹配不良	检查振动周期是否从几十赫兹至几百赫兹	改变设定，更换或重新调整伺服单元
9	速度控制单元控制板不良	检查速度控制单元每部分波形或更换控制单元控制板	改变设定，更换控制单元控制板

3) 定位精度和加工精度差。机床定位精度和加工精度差可以分为定位超调、单脉冲的进给精度差、定位点精度不好、圆弧插补加工的圆度差等情况，其故障的原因、检查步骤和处理方法见表7—4。

表7—4　　　　　机床振动的原因、检查步骤和处理方法

项目		故障原因	检查步骤	处理方法
超调	1	加/减速时间设定过短	检测电动机启动、制动电流是否已经饱和	延长加/减速时间
	2	电动机与机床的连接部分刚度低或连接不牢固	检查故障是否可以通过减小位置环增益改善	减小位置环增益或提高机床的刚度
单脉冲精度差	1	需要根据不同情况进行故障分析	通过DGN800~803，检查定位时位置跟随误差是否正确	若正确，则见第2项；若不正确，则见第3项
	2	机械传动系统存在爬行或松动	检查机械部件的安装精度与定位精度	调整机床机械传动系统
	3	伺服系统的增益不足	调整速度控制单元板上的RV1（顺时针旋转2~3刻度），提高速度环增益	提高位置环、速度环增益

续表

项目		故障原因	检查步骤	处理方法
定位精度不良	1	需要根据不同情况进行故障分析	通过DGN800~803，检查定位时位置跟随误差是否正确	若正确见第2项，若不正确见第3项
	2	机械传动系统存在爬行或松动	检查机械部件的安装精度和定位精度	调整机床机械传动系统
	3	位置控制单元不良	更换位置控制单元板（主板）	更换不良主板
	4	位置检测器件（编码器、光栅）不良	检测位置检测器件（编码器、光栅）	更换不良的位置检测器件（编码器、光栅）
	5	速度控制单元控制板不良		维修、更换不良控制板
圆弧插补加工的圆度误差大	1	需要根据不同情况进行故障分析	测量圆度，检查轴向上是否变形，45°方向上是否成椭圆	若轴向变形，则见第2项；若45°方向上成椭圆，则见第3和第4项
	2	机床反向间隙大、定位精度差	测量各轴的定位精度与反向间隙	调整机床，进行定位精度、反向间隙的补偿
	3	位置环增益设定不良	调整控制单元RV4，使同样的进给速度下各插补轴的位置跟随误差（DGN800~803）的差值在±1%以内	调整位置环增益以消除各轴间的增益差（见下述）
	4	各插补轴的检测增益设定不良	在项目3调整后，在45°方向上成椭圆	调整检测增益
	5	感应同步器或旋转变压器的接口板调整不良	检查接口板的调整	重新调整接口板
	6	丝杠间隙或传动系统间隙	测量，重新调整间隙	调整间隙或改变间隙补偿值

当圆弧插补出现45°方向上的椭圆时，可以通过调整伺服进给轴的位置增益进行调整。坐标轴的位置增益由下式计算：

$$K_v = \frac{16.67v}{e_{ss}}$$

式中　v——进给速度，mm/min；

　　　e_{ss}——位置跟随误差，0.001 mm；

　　　K_v——位置增益，1/s。

位置跟随误差可以通过数控系统的诊断参数检查，诊断参数号在不同的系统上有不同的定义，在 FANUC 0C 上为 DGN800~804。调整速度控制单元上的电位器 RV4（F/V 转换器电压补偿），可以改变同一进给速度下的位置跟随误差。调整 RV4，使 DGN800~804 的值在上式计算所得的理论值的 ±10% 以内，且参与圆弧插补的两轴的位置跟随误差的差值必须控制在 1% 以内。

(2) 速度控制单元上的指示灯报警

在 FANUC PWM 速度控制单元的控制板上，右下部有七个报警指示灯，它们分别是 BPK、HVAL、HCAL、OVC、LVAL、TGLS 和 DCAL；在它们的下方还有 PRDY（位置控制已准备好信号）和 VRDY（速度控制单元已准备好信号）两个状态指示灯。其含义见表 7—5。

表 7—5　　　　　　　　速度控制单元状态指示灯一览表

代号	含义	备注	代号	含义	备注
PRDY	位置控制准备好	绿色	OVC	驱动器过载报警	红色
VRDY	速度控制单元准备好	绿色	TGLS	电动机转速太高	红色
BRK	驱动器主回路熔断器跳闸	红色	DCAL	直流母线过电压报警	红色
HCAL	驱动器过电流报警	红色	LVAL	驱动器欠电压报警	红色
HVAL	驱动器过电压报警	红色			

在正常情况下，一旦电源接通，首先 PRDY 灯亮，然后是 VRDY 灯亮，如果不是这种情况，则说明速度控制单元存在故障。出现故障时，根据指示灯的提示，可按以下方法进行故障诊断。

1) BRK 报警。BRK 为主回路熔断器跳闸指示，当指示灯亮时代表速度控制单元的主回路熔断器（见图 7—16）NFB1、NFB2 跳闸，故障原因主要有以下几种：

①主回路受到瞬时电压冲击或干扰。这时，可以通过重新合上熔断器 NFB1、NFB2，再进行开机试验，若故障不再出现，可以继续工作；否则，根据下面的步骤进行检查。

②速度控制单元主回路的三相整流桥 DS（Diode Module）的整流二极管有损坏（可以参照图 7—16 所示主回路原理图，用万用表检测）。

③速度控制单元交流主回路的浪涌吸收器 ZNR（Surge Absorber）有短路现象（可以参照图 7—16 所示主回路原理图，用万用表检测）。

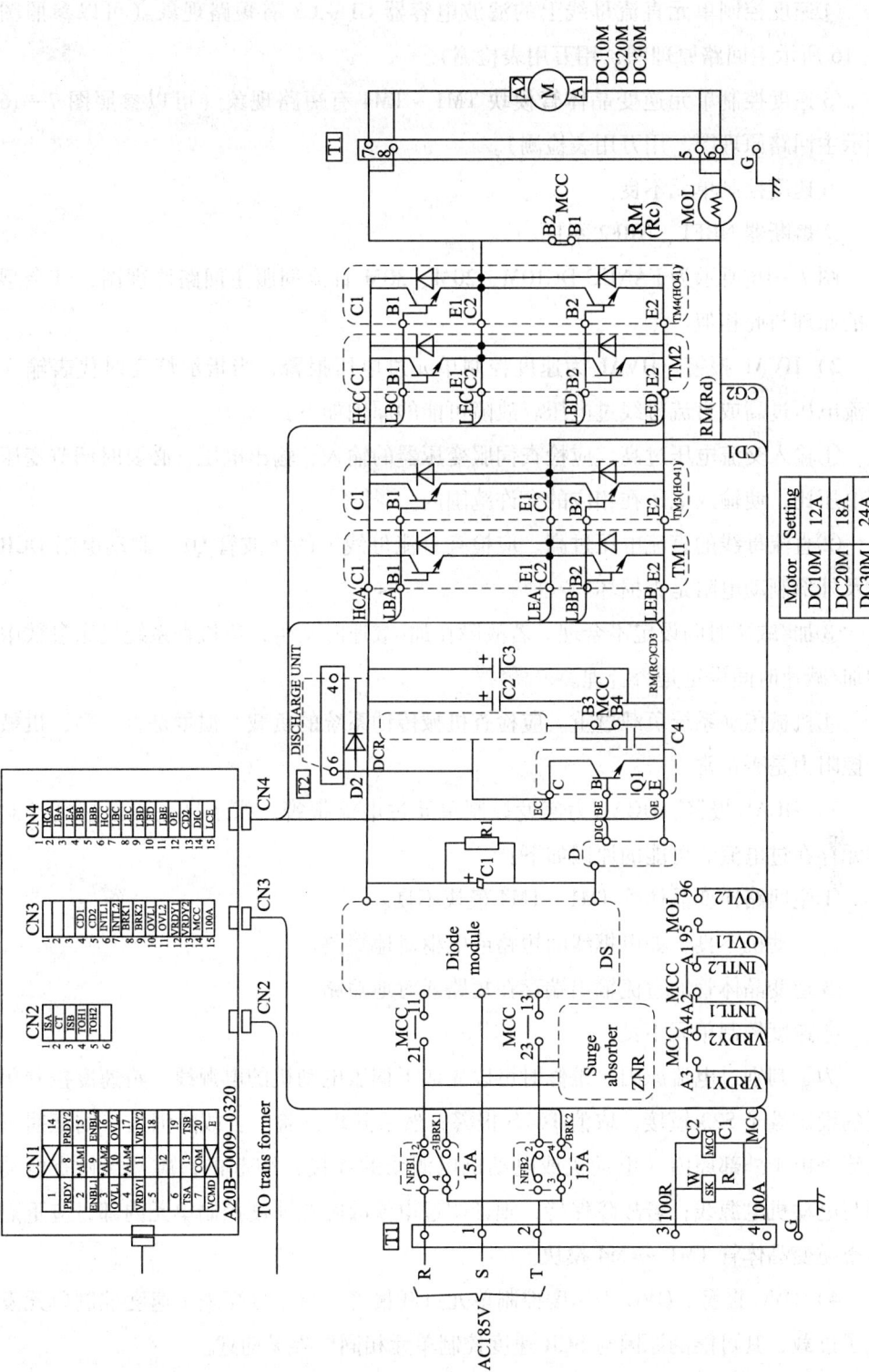

图7-16 FANUCD C10M、20M、30M 直流伺服主回路原理图

④速度控制单元直流母线上的滤波电容器 C1～C3 有短路现象（可以参照图 7—16 所示主回路原理图，用万用表检测）。

⑤速度控制单元逆变晶体管模块 TM1～TM4 有短路现象（可以参照图 7—16 所示主回路原理图，用万用表检测）。

⑥速度控制单元不良。

⑦熔断器 NBF1、NBF2 不良。

图 7—16 所示为 FANUC DC10M、20M、30M 直流伺服主回路原理图，其余型号的原理与此相似。

2）HVAL 报警。HVAL 为速度控制单元过电压报警，当指示灯亮时代表输入交流电压过高或直流母线过电压。故障可能的原因如下：

①输入交流电压过高。应检查伺服变压器的输入、输出电压，必要时调节变压器电压比，使输入电压在相应的允许范围内。

②直流母线的直流电压过高。应检查直流母线上的斩波管 Q1、制动电阻 DCR 以及外部制动电阻是否损坏。

③加/减速时间设定不合理。若故障在加/减速时发生，应检查系统机床参数中的加/减速时间设定是否合理。

④机械传动系统负载过重。应检查机械传动系统的负载、惯量是否太高，机械摩擦阻力是否正常。

3）HCAL 报警。HCAL 为速度控制单元过电流报警，指示灯亮表示速度控制单元存在过电流。可能的原因如下：

①主回路逆变晶体管 TM1～TM4 模块不良。

②电动机不良，如电枢线间短路或电枢对地短路。

③逆变晶体管的直流输出端存在短路或对地短路。

④速度控制单元不良。

为了判别过电流原因，维修时可以先取下伺服电动机的电源线，将速度控制单元的设定端子 S23 短接，取消 TGLS 报警，然后开机试验。若故障消失，则证明过电流是由于外部原因（电动机或电动机电源线的连接）引起的，应重点检查电动机与电动机电源线；若故障保持，则证明过电流故障在速度控制单元内部，应重点检查逆变晶体管 TM1～TM4 模块。

4）OVC 报警。OVC 为速度控制单元过载报警，指示灯亮表示速度控制单元发生了过载，其可能的原因与 SCR 速度控制单元相同，参见前述。

5）LVAL 报警。LVAL 为速度控制单元电压过低报警，指示灯亮表示速度控制单元的各种控制电压过低，其可能的原因如下：

①速度控制单元的辅助控制电压输入 AC18V 过低或无输入。

②速度控制单元的辅助电源控制回路故障。

③速度控制单元的保险电阻熔断。

④瞬间电压下降或电路干扰引起的偶然故障。

⑤速度控制单元不良。

6）TGLS 报警。TGLS 为速度控制单元测速发电机断线报警，指示灯亮表示速度控制单元发生了测速发电机断线，其可能的原因与 SCR 速度控制单元相同，参见前述。

7）DCAL 报警。DCAL 为直流母线过电压报警，与其相关的原因主要是直流母线的斩波管 Q1、制动电阻 DCR 以及外部制动电阻不良。

维修时应注意：如果在电源接通的瞬间就发生 DCAL 报警，这时不可以频繁进行电源的通、断，否则易引起制动电阻的损坏。

8）VRDY 不亮。VRDY 为速度控制单元准备好指示灯，如果该灯不亮，则表示速度控制单元未准备好，CNC 在未接收 VRDY 信号时不能正常工作。VRDY 灯不亮的原因主要有：

①速度控制单元有报警，即其余报警灯有亮。

②速度控制单元辅助控制电压不正常，参见 LVAL 报警原因。

③速度控制单元 AC100 V 输入电压不正确。

④速度控制单元的主接触器 MCC 故障。

⑤速度控制单元与主板间的连接不良。

⑥系统未准备好。系统的急停信号生效，系统处于急停状态。

9）VRDY 开机时就亮。在正常情况下，当接通系统电源，首先 CNC 向速度控制单元发出位置环准备好信号，速度控制单元上的 PRDY 灯亮。这时若速度控制单元正常，主接触器 MCC 合上，速度控制单元向 CNC 发出速度控制单元准备好信号，同时 VRDY 灯亮。若数控系统一通电，速度控制单元的 VRDY 灯立即就亮，则表明速度控制单元动作不正常，其可能的原因有：

①当系统急停按钮断开时，若速度控制单元的 PRDY 指示灯亮，则表明系统 PRDY 信号故障，原因是主板不良或 PRDY 信号连接错误。

②当系统急停按钮断开时，若速度控制单元的 PRDY 指示灯不亮，表明系统 PRDY 信号正常，故障在速度控制单元的 VRDY 信号上，这时可以进行下一步检查。

③取下速度控制单元的 CN2 插头，接通电源，若故障不变，则表明速度控制单元不良。

④取下速度控制单元的 CN2 插头，接通电源，若故障消失，则表明其原因是速度控制单元与主板间的 VRDY 信号连接不正确、主板不良、速度控制单元不良或 MCC 接触器触点不良。

(3) 系统 CRT 上有报警的故障

由于 FANUC 直流伺服驱动一般与 FANUC 3、5、6、7 等系列数控系统配套使用，其中维修过程中遇到最多的为 FANUC6。当伺服驱动器故障时，CNC 上也显示相应的报警号，这些报警在 FS6 上为 400~500 号报警。常见的报警号及含义如下：

1) 过载报警（ALM400、402）。FANUC 6 ALM400 报警的含义是"基本轴驱动器（X、Y、Z 轴）过载"，ALM402 报警的含义是"附加轴（第 4、5 轴）驱动器过载"。

CRT 显示的过载报警有以下原因：

①速度控制单元上热继电器动作。其原因可能是热继电器的设定值不正确、切削条件不合适或摩擦阻力太大。

②伺服变压器过热。可以通过测量伺服变压器的接点 51 和 52 的电阻值来确认。正常值应小于或等于 10；如电阻值大于 100 kΩ，则说明伺服变压器过热。这时，变压器表面温度会达到 80~90℃，应进一步检查电动机电流，确认切削条件。如表面温度小于 60℃，则说明伺服变压器未过热，而是热敏电阻不良，应更换热敏电阻。

③再生放电单元过热。可以通过测量速度控制单元上的 T3 端的 3 和 4 号线间的电阻确认。正常时其值应小于 10 Ω；如电阻值大于 100 kΩ，则说明再生放电单元过热。这时，再生放电单元的表面金属板的温度会达到 80~90℃，可能是电动机的启/制动或加/减速太频繁引起的故障。如金属底板表面的温度只有 50~60℃，则说明再生放电单元未过热，而是热敏电阻不良，应更换热敏电阻。

2) 速度控制单元的 VRDY 断开报警（ALM401、403）。

3) 速度控制单元的 VRDY 错误接通报警（ALM404）。

除以上报警显示外，通过 CNC 的诊断参数 DGN707、709、713、714、715、719 等，还可以对伺服驱动器的故障信号进行进一步维修显示。

3. 直流伺服电动机的故障诊断与维修

(1) 直流伺服电动机的故障诊断

1) 伺服电动机不转。当机床开机后，CNC 工作正常，机床锁住等信号已释放，按下方向键后系统显示启动，但实际伺服电动机不转，可能有以下原因：

①动力线断线或接触不良。这一故障，通常在驱动器上显示 TGLS 报警。

②速度控制使能信号（ENABLE）没有送到速度控制单元。这时，通常驱动器上的 PRDY 指示灯不亮。

③速度指令电压（VCMD）为零。

④电动机永磁体脱落。

⑤对于带制动器的电动机来说，可能是制动器不良或制动器未通电造成的制动器未松开。

⑥松开制动器用的直流未加入或整流桥损坏、制动器断线等。

2）电动机过热。伺服电动机过热可能的原因如下：

①电动机负载过大。

②由于切削液和电刷灰引起换向器绝缘不正常或内部短路。

③由于电枢电流大于磁钢去磁最大允许电流，造成磁钢发生去磁。

④对于带有制动器的电动机，可能是制动线圈断线、制动器未松开、制动摩擦片间隙调整不当而造成制动器不释放。

⑤电动机温度检测开关不良。

3）电动机旋转时有大的冲击。若机床一开机，伺服电动机即有冲击，通常是由于电枢或测速发电机极性相反引起的；若冲击在运动过程中出现，则可能的原因如下：

①测速发电机输出电压突变。

②测速发电机输出电压的纹波太大。

③电枢绕组不良或内部短路、对地短路等。

④脉冲编码器不良。

4）低速加工时工件表面有大的振纹。造成低速加工时工件表面有大的振纹，其原因较多，有刀具、切削参数、机床等方面的原因，应予以综合分析。从电动机方面看有以下原因：

①速度环增益设定不当。

②电动机的永磁体被局部去磁。

③测速发电机性能下降，纹波过大。

5）电动机噪声大。造成直流伺服电动机噪声的原因主要有以下几种：

①换向器接触面粗糙或换向器损坏。

②电动机轴向间隙太大。

③切削液等进入电刷槽中，引起了换向器的局部短路。

6）在运转、停车或变速时有振动现象。造成直流伺服电动机转动不稳、振动的原因主要有以下几种：

①脉冲编码器不良。

②电枢绕组不良，绕组内部短路或对地短路。

③若在工作台快速移动时产生机床振动，甚至有较大的冲击或伺服单元的熔断器熔断时，故障的主要原因是测速发电机电刷接触不良。

(2) 直流伺服电动机的维修

1）直流伺服电动机的基本检查。由于结构决定了直流伺服电动机的维修工作量要比交流伺服电动机大得多，当直流伺服电动机发生故障时，应进行以下检查：

①伺服电动机是否有机械损伤。

②电动机旋转部分是否可以手动正常转动。

③带制动器的伺服电动机，制动器是否可以正常松开。

④电动机是否有松动的螺钉或轴向间隙。

⑤电动机是否安装在潮湿、温度变化剧烈或有灰尘的地方。

⑥电动机是否长时间未开机。因电刷长期停留在换向器的同一个位置，引起换向器的生锈和腐蚀，从而使电动机换向不良和产生噪声。若如此，应将电刷从电动机上取出，重新清理换向器表面。

⑦电刷是否需要更换。若电刷剩下长度短于 10 mm，则电刷不能再使用，必须进行更换。若电刷接触面有深槽或伤痕，或在电刷弹簧上见到电弧痕迹，也必须更换新电刷。更换时应用压缩空气吹去刷握中的电刷粉尘，使用的压缩空气应不含铁粉和潮气。安装电刷时应拧紧刷帽，注意电刷弹簧不能夹在导电金属和刷握之间，并确认所有刷帽都拧到各自刷握同样的位置。电刷装入刷握时，应保证能平滑地移动，并使电刷表面与换向器表面良好吻合。

2）安装伺服电动机的注意事项。维修完成后重新安装伺服电动机时，应注意以下几点：

①伺服电动机的安装方向，应保证在结构上易于电刷安装、检查和更换。

②带有热管的伺服电动机（有风扇电动机），安装方向要便于检查和清扫冷却器。

③由于伺服电动机的防水结构不是很严密，若切削液、润滑油等渗入伺服电动机内部，会引起绝缘强度降低、绕组短路、换向不良等故障，从而损坏换向器表

面，使电刷的磨损加快。因此，应该注意电动机的插头方向，避免切削液的进入。

④当伺服电动机安装在齿轮箱上时，加注润滑油时，齿轮箱的润滑油油面高度必须低于伺服的输出轴，防止润滑油渗入电动机内部。

⑤固定伺服电动机联轴器、齿轮、同步带等连接件时，在任何情况下，作用在电动机上的力不能超过电动机容许的径向、轴向负载（见表7—6）。

表7—6　　　　　直流伺服电动机容许的径向、轴向负载　　　　　　　　　kg

直流伺服电动机规格	容许的径向负载	容许的轴向负载	直流伺服电动机规格	容许的径向负载	容许的轴向负载
00M	75	8	10M,20M,30M,30MH	450	135
00M,5M	75	20			

⑥必须按照说明书的规定，进行正确连线。错误的连线可能引起电动机失控或异常的振荡，也可能引起电动机的损坏。完成接线后，通电前要测量电源线与电动机壳体间的绝缘，测量应该用500 V兆欧表或万用表进行，并用万用表检查信号线和电动机壳体的绝缘，但决不能用兆欧表测量脉冲编码器信号线的绝缘。

3）测速发电机的检查与清扫。一般用于直流伺服电动机的测速发电机是扁平形的，清扫时可以直接从外面吹入压缩空气进行清扫。

若机床快速移动时，机械出现振荡（在大多数情况下，振荡周期是电动机每转时间的1~4倍）。出现这种故障一般都是由测速发电机的电刷接触不良引起的。测速发电机由于长期使用，其特性有时由于刷尘的影响将降级。这类故障可能的原因如下：由于刷尘，造成测速发电动机的换向器相邻换向片短路；由于刷尘，使电刷在刷握中不能平滑地移动；由于炭膜粘在换向器表面，增加了接触电阻，使测速发电机的输出波纹增大；由于油、切削液粘在换向器表面，增加了接触电阻，使测速发电机的输出纹波增大。

测速发电机的清扫应按以下步骤进行：

①从伺服电动机上卸下后盖，注意不要让与后盖连在一起的导线受力。

②用干净的空气吹换向器表面，清洁换向器表面可以解决由于刷尘引起的大多数故障。如故障还不能清除，应按下面的步骤进行。

③拆除刷握，检查电刷是否能平滑移动，若电刷不能平滑移动，应清除附着在导向块、垫圈等上面的刷尘。

④取出转子并小心清除换向器槽中的粉尘，然后检查相邻换向片间的电阻，当

测出的电阻值在整个圆周均为 20~30 Ω 时为正常。如果测出的电阻值很大（如数百欧姆），则换向片的绕组可能有断路，这种情况下，应更换新测速发电机；如果测出的电阻值低于 20 Ω，则换向片间可能有短路，应进一步清扫换向器槽。

⑤当换向器表面被厚的炭膜覆盖时，可用蘸酒精的湿布擦洗。

⑥若换向器表面粗糙，则测速发电机不能再使用，应更换新测速发电机。

4）脉冲编码的更换方法。FANUC 直流伺服电动机的脉冲编码器安装在电动机的后部，它通过十字联轴器与电动机轴相连，其安装与拆卸都比较简单、容易，在此不再介绍。

二、FANUC 交流伺服系统的常见故障与维修

1. FANUC 交流速度控制单元常见规格型号

FANUC 交流速度控制单元有多种规格，早期的交流伺服为模拟式，目前一般都使用数字式伺服。在数控机床中，常用的型号有以下几种：

（1）与 FANUC 交流伺服电动机 AC0.5、10、20M、20、30、30R 等配套的模拟式交流速度控制单元。它是 FANUC 最早的交流伺服产品，速度控制单元采用正弦波 PWM 控制，大功率晶体管驱动。在结构形式上，可以分单轴独立型、双轴一体型、三轴一体型三种基本结构。单轴独立型速度控制单元，常用的型号有 A06B-6050-H102/H103/H104/H113 等；双轴一体型速度控制单元，常用的型号有 A06B-6050-H201/H202/H203 等；三轴一体型速度控制单元，常用的型号有 A06B-6050-H401/H402/H403/H404 等，多与 FANUC11、0A、0B 等系统配套使用。

（2）与 FANUC 交流 S（L、T）系列伺服电动机配套的 S（L、C）系列数字式交流伺服驱动器，它是 FANUC 中期的交流伺服产品，驱动器采用全数字正弦波 PWM 控制，IGBT 驱动。其中，S 系列用量最广，规格最全；L 系列只有单轴型结构，常用的型号有 A06B-6058-H001~H007/H102/H103 等；C 系列有单轴型、双轴型两种结构，常用的单轴型有 A06B-6066-H002~H006 等，常用的双轴型有 A06B-6066-H222~H224/H233、H234、H244 等。

作为常用规格，S 系列有单轴型、双轴型、三轴型三种结构，常用的单轴型有 A06B-6058-H001~H007/H023/H025 等，常用的双轴型有 A06B-6058-H221~H231/H251~H253 等，常用的三轴型有 A06B-6058-H331~H334 等，多与 FANUC 0C、11、15 系统配套使用。

（3）与 FANUC α/αC/αM/αL 系列伺服电动机配套的 FANUC α 系列数字式交

流伺服驱动器,是 FANUC 当前常用的交流伺服产品,驱动器带有 IPM 智能电源模块,采用全数字正弦波 PWM 控制,IGBT 驱动。FANUC α 系列数字式交流速度控制单元有以下两种基本结构形式:

1) 各驱动公用电源模块(PSM)、伺服驱动单元(SVM)为模块化安装的结构形式。驱动器可以是单轴型、双轴型与三轴型三种结构。常用的单轴型有 A06B – 6079 – H101~NH106 等,常用的双轴型有 A06B—6079—H201~H208 等,常用的三轴型有 A06B – 6079/6080 – H301~H307 等,多与 FANUC 0C、15A/B、16A/B、18A、20、21 系统配套使用。

2) 电源与驱动器一体化(SVU 型)的结构形式。各驱动器单元可以独立安装,有单轴型、双轴型两种结构。常用的单轴型有 A06B – 6089 – H101~H106 等,常用的双轴型有 A06B – 6089 – H201~H210 等,多与 FANUC 0C、0D、15A/B、16A/B、18A、20、21 系统配套使用。

(4) 与 FANUC β 系列伺服电动机配套的 FANUC β 系列数字式交流伺服驱动器,也是 FANUC 当前常用的 AC 伺服产品,采用电源与驱动器一体化(SVU 型)的结构,驱动器带有 IPM 智能电源模块,采用全数字正弦波 PWM 控制,IGBT 驱动。可以使用 PWM 接口、I/O Link 接口,也可以采用光缆接口。型号为 A06B – 6093 – H101~H104/H151~H154//H111~H114,多与 FANUC OTD、PM01 等经济型数控系统配套使用。

(5) 与 FANUC αi 系列伺服电动机配套的 FANUC αi 系列伺服驱动器,是 FANUC 公司的最新产品,它在 FANUC α 系列的基础上作了性能改进。产品通过特殊的磁路设计与精密的电流控制以及精密的编码器速度反馈,使转矩波动极小,加速性能优异,可靠性极高。电动机内装有 16 000 000 脉冲/转、极高精度的编码器,作为速度、位置检测器件,使系统的速度、位置控制达到了极高的精度。

αi 系列驱动器由电源模块(PSM)、伺服驱动器(SVM)、主轴驱动器(SPM)等组成,伺服驱动与主轴驱动共用电源模块,组成伺服、主轴一体化的结构。伺服驱动模块有单轴型、双轴型、三轴型三种基本规格。标准型(FANUC αi 系列)为 AC200 V 输入,常用的单轴型有 A06B – 6114 – H103~H109 等,双轴型有 A06B – 6114 – H201~H211 等,三轴型有 A06B – 6114 – H301~H304 等。高电压输入型 [FANUC αi(HV)系列] 为 AC400V 输入,常用的单轴型有 A06B – 6124 – H102~H109 等,双轴型有 A06B – 6124 – H201~H211 等,目前尚无三轴型结构。FANUC αi 系列交流数字伺服配套的数控系统主要有 FANUC 0i、FANUC 15i/150i、FANUC16i/18i/160i/180i/20i/21i 等。

2. 模拟式交流速度控制单元的故障检测与维修

FANUC 模拟式交流速度控制单元的故障诊断与维修方法与直流速度控制单元类似。对于"CRT 无报警显示的故障维修"的分析、处理方法与直流 PWM 速度控制单元一致。

（1）速度控制单元上的指示灯报警

与直流 PWM 速度控制单元一样，FANUC 模拟式交流速度控制单元也设有报警指示灯，这些状态指示灯的含义见表 7—7。

表 7—7　　　　　　　　速度控制单元状态指示灯一览表

代号	含义	备注	代号	含义	备注
PRDY	位置控制准备好	绿色	OVC	驱动器过载报警	红色
VRDY	速度控制单元准备好	绿色	TG	电动机转速太高	红色
HC	驱动器过电流报警	红色	DC	直流母线过电压报警	红色
HV	驱动器过电压报警	红色	LV	驱动器欠电压报警	红色

在正常情况下，一旦电源接通，首先 PRDY 灯亮，然后是 VRDY 灯亮，如果不是这种情况，则说明速度控制单元存在故障。出现故障时，根据指示灯的提示，可按以下方法进行故障诊断。

1) VRDY 灯不亮。速度控制单元的 VRDY 灯不亮，表明速度控制单元未准备好，速度控制单元的主回路断路器（见图 7—17、图 7—18、图 7—19）NFB1、NFB2 跳闸，故障原因主要有以下几种：

①主回路受到瞬时电压冲击或干扰。这时，可以通过重新合上断路器 NFB1、NFB2，再进行开机试验，若故障不再出现，则可以继续工作；否则，根据下面的步骤进行检查。

②速度控制单元主回路的三相整流桥 DS 的整流二极管有损坏（可以参照图 7—17、图 7—18、图 7—19 所示主回路原理图，通过万用表检测）。

③速度控制单元交流主回路的浪涌吸收器 ZNR 有短路现象（可以参照图 7—17、图 7—18、图 7—19 所示主回路原理图，通过万用表检测）。

④速度控制单元直流母线上的滤波电容器 C1~C4 有短路现象（可以参照图 7—17、图 7—18、图 7—19 所示主回路原理图，通过万用表检测）。

⑤速度控制单元逆变晶体管模块 TM1-TM3 有短路现象（可以参照图 7—17、图 7—18、图 7—19 所示主回路原理图，通过万用表检测）。

⑥速度控制单元不良。

⑦断路器 NBF1、NBF2 不良。

图 7—17、图 7—18、图 7—19 所示分别为常用的单轴、双轴、三轴型交流速度控制单元主回路原理图，其余型号的原理与此相似。

2）HV 报警。HV 为速度控制单元过电压报警，当指示灯亮时表示输入交流电压过高或直流母线过电压。故障可能的原因如下：

①输入交流电压过高。应检查伺服变压器的输入、输出电压，必要时调节变压器电压比。

②直流母线的直流电压过高。应检查直流母线上的斩波管 Q1、制动电阻 RM2、二极管 D2 以及外部制动电阻是否损坏。

③加/减速时间设定不合理。故障在加/减速时发生，应检查系统机床参数中的加/减速时间设定是否合理。

④机械传动系统负载过重。检查机械传动系统的负载、惯量是否太高，机械摩擦阻力是否正常。

3）HC 报警。HC 为速度控制单元过电流报警，指示灯亮表示速度控制单元过电流。可能的原因如下：

①主回路逆变晶体管 TM1~TM3 模块不良。

②电动机不良，电枢线间短路或电枢对地短路。

③逆变晶体管的直流输出端短路或对地短路。

④速度控制单元不良。

为了判别过电流原因，维修时可以先取下伺服电动机的电源线，将速度控制单元的设定端子 S23 短接，取消 TG 报警，然后开机试验。若故障消失，则证明过电流是由于外部原因（电动机或电动机电源线的连接）引起的，应重点检查电动机与电动机电源线；若故障保持，则证明过电流故障在速度控制单元内部，应重点检查逆变晶体管 TM1~TM3 模块。

4）OVC 报警。OVC 为速度控制单元过载报警，指示灯亮表示速度控制单元发生了过载，其可能的原因是电动机过流或编码器连接不良。

5）LV 报警。LV 为速度控制单元电压过低报警，指示灯亮表示速度控制单元的各种控制电压过低，其可能的原因如下：

①速度控制单元的辅助控制电压输入 AC18V 过低或无输入。

②速度控制单元的辅助电源控制回路故障。

③速度控制单元的 +5 V 熔断器熔断。

④瞬间电压下降或电路干扰引起的偶然故障。

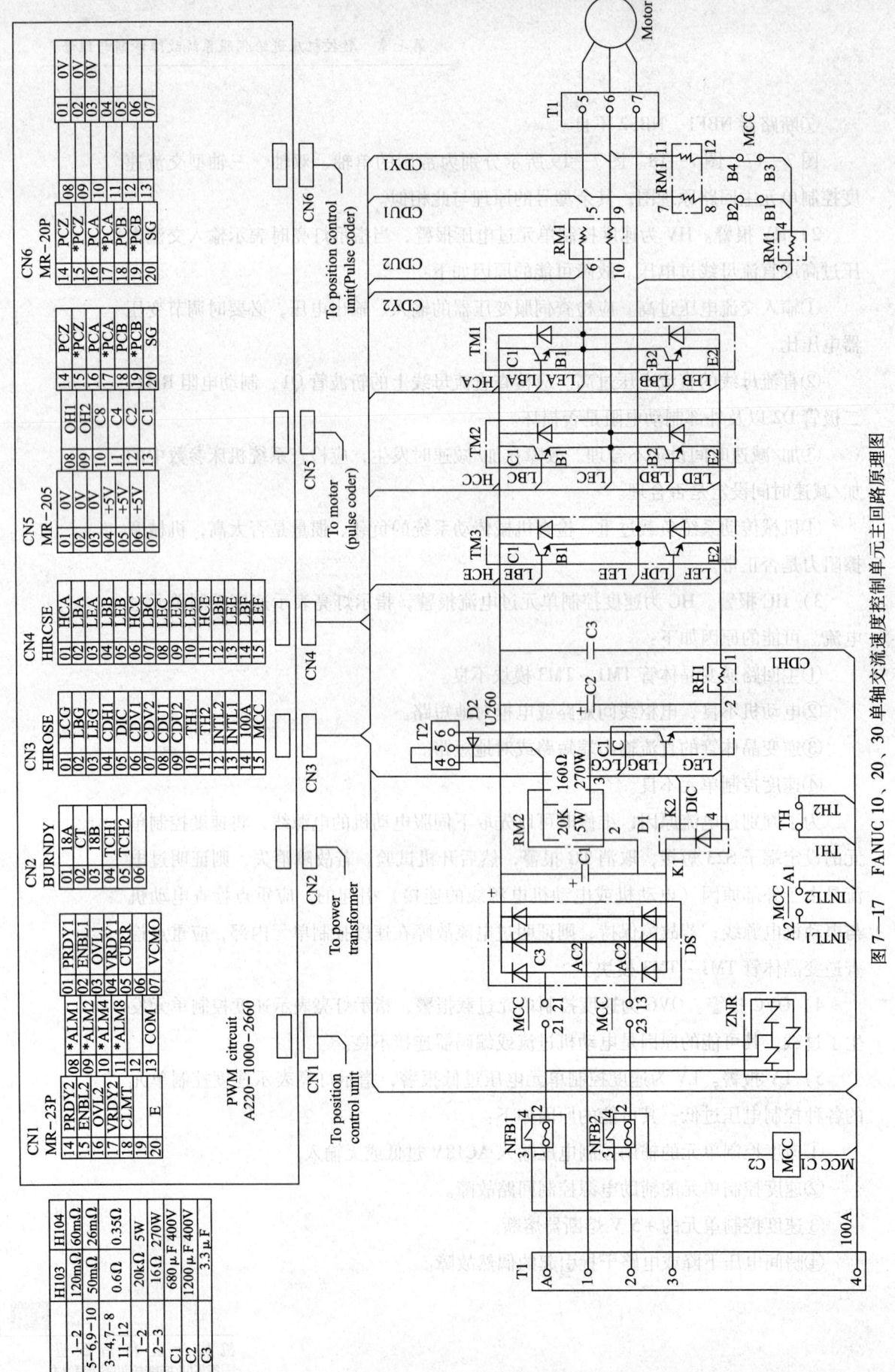

图 7—17 FANUC 10、20、30 单轴交流速度控制单元主回路原理图

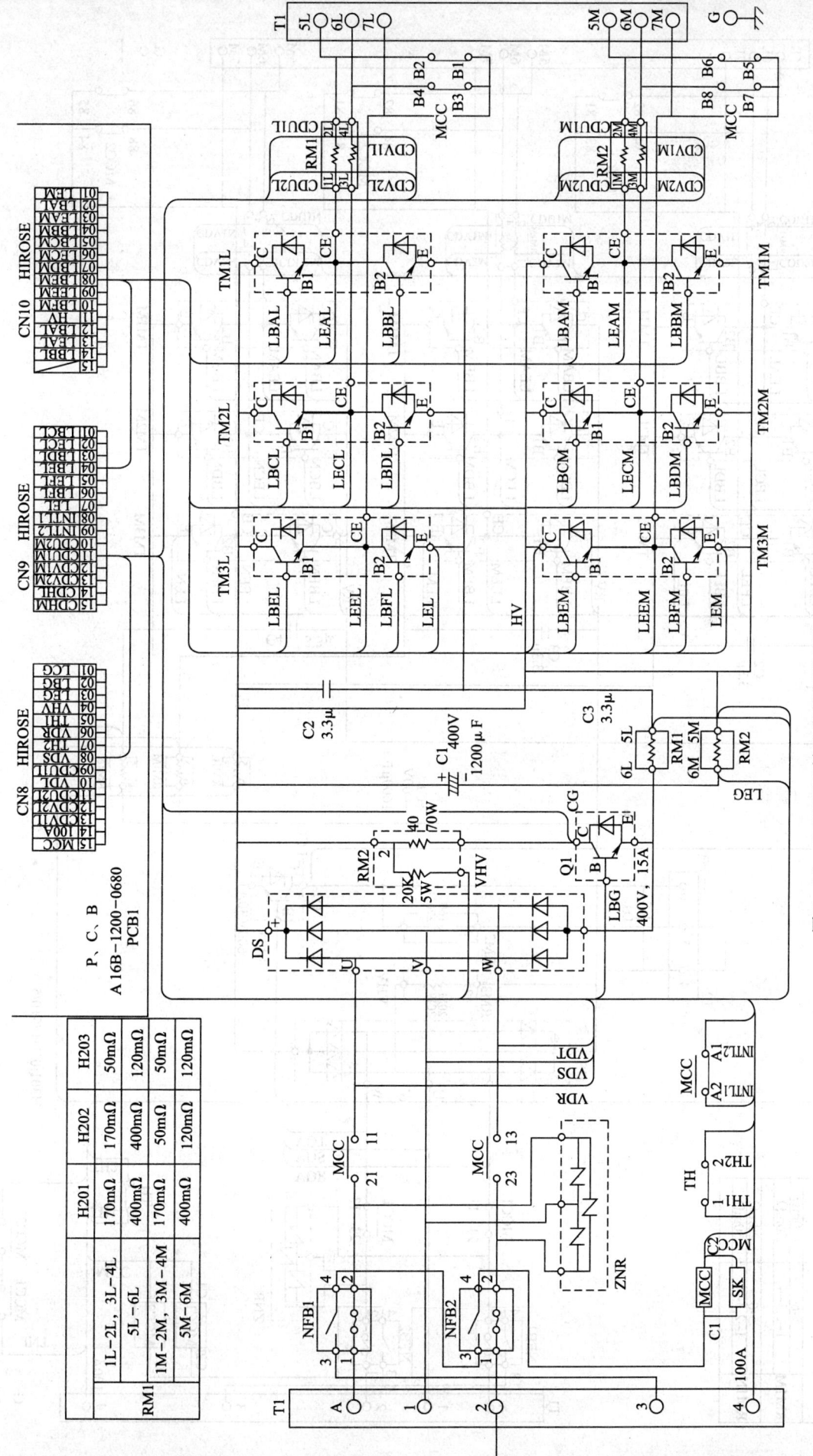

图 7—18 FANUC 双轴速度控制单元主回路原理图

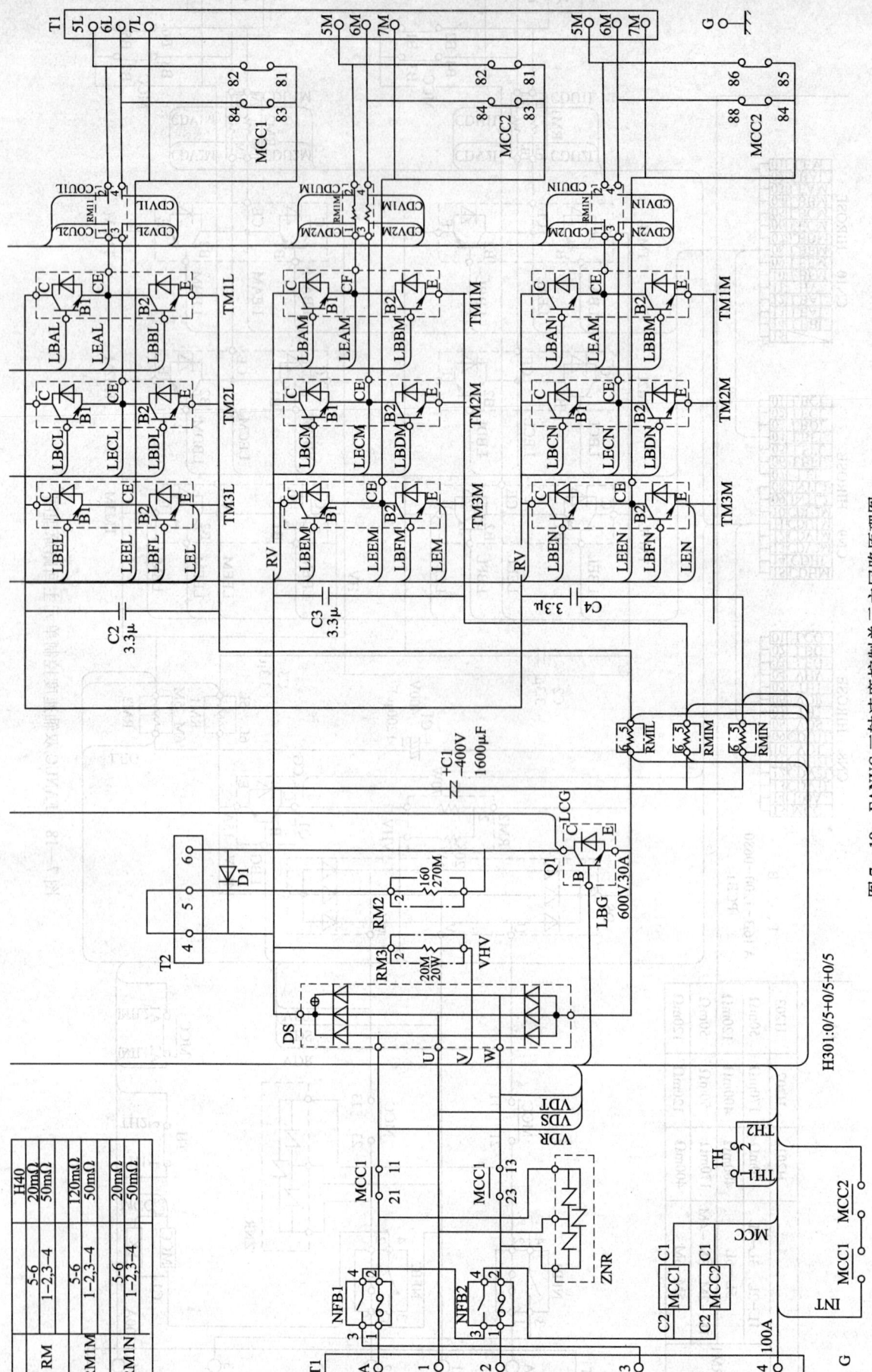

图 7—19 FANUC 三轴速度控制单元主回路原理图

⑤速度控制单元不良。

6）TG报警。TG为速度控制单元断线报警，指示灯亮表示伺服电动机或脉冲编码器断线、连接不良，或速度控制单元设定错误。

7）DC报警。DC为直流母线过电压报警，与其相关的原因主要是直流母线的斩波管Q1、制动电阻RM2、二极管以及外部制动电阻不良。

维修时应注意：如果在电源接通的瞬间就发生DC报警，这时不可以频繁进行电源的通、断，否则易引起制动电阻的损坏。

（2）系统CRT上有报警的故障

FANUC模拟式交流伺服通常与FANUC 0A/B、FANUC 10/11/12等系统配套使用，当伺服发生报警时，在CNC上一般也有相应的报警显示。在不同的系统中，报警号及意义如下。

1）FANUC-0系统的报警

①4N0报警：报警号中的N代表轴号（如：1代表X轴，2代表Y轴等，下同），报警的含义是表示N轴在停止时的位置误差超过了设定值。

②4N1报警：表示N轴在运动时，位置跟随误差超过了允许的范围。

③4N3报警：表示N轴误差寄存器超过了最大允许值（±32 767）；或D/A转换器达到了输出极限。

④4N4报警：表示N轴速度给定太大。

⑤4N6报警：表示N轴位置测量系统不良。

⑥940报警：表示系统主板或速度控制单元线路板故障。

2）FANUC 10/11/12系统的报警

①SV00报警：测速发电动机断线报警。

②SV01报警：表示伺服内部发生过电流（过负载）报警，原因同OVC报警。

③SV02报警：速度控制单元主回路断路器跳闸。

④SV03报警：表示伺服内部发生异常电流报警，原因同HC报警。

⑤SV04报警：表示驱动器发生过电压报警，原因同HV报警。

⑥SV05报警：表示来自电动机释放的能量过高，发生再生放电回路报警，原因同DC报警。

⑦SV06报警：电源电压过低报警，原因同LV报警。

⑧SV08报警：停止时位置偏差过大。

⑨SV09报警：移动过程中，位置跟随误差过大。

⑩SV10报警：漂移量补偿值（PRMi834）过大。

⑪SV11 报警：位置偏差寄存器超过了最大允许值（±32 767），或 D/A 转换器达到了输出极限。

⑫SV12 报警：指令速度超过了 512 KP/s。

⑬SV13 报警：驱动器未准备好报警，原因同 VRDY 灯不亮故障。

⑭SV14 报警：在 PRDY 断开时，VRDY 信号已接通。

⑮SV15 报警：表示发生脉冲编码器断线报警，原因同 TG 报警。

⑯SV23 报警：表示发生伺服过载报警，原因同 OH 报警。

其余 SV 报警，详见附录中的 FANUC 11 报警一览表。此外，通过 CNC 的诊断参数，还可以进一步确认故障的原因与伺服驱动器的各种状态信息。

3. 数字式交流伺服驱动单元的故障检测与维修

（1）驱动器上的状态指示灯报警

FANUC S 系列数字式交流伺服驱动器，设有 11 个状态及报警指示灯，指示灯的状态以及含义见表 7—8。

以上状态指示灯中，HC、HV、OVC、TG、DC、LV 的含义与模拟式交流速度控制单元相同，主回路结构与原理也与模拟式速度控制单元相同。表 7—8 中，OH、OFAL、FBL 为 S 系列伺服增添的报警指示灯，其含义如下。

表 7—8   FANUC S 系列驱动器状态指示灯一览表

代号	含义	备注	代号	含义	备注
PRDY	位置控制准备好	绿色	DC	直流母线过电压报警	红色
VRDY	速度控制单元准备好	绿色	LV	驱动器欠电压报警	红色
HC	驱动器过电流报警	红色	OH	速度控制单元过热	
HV	驱动器过电压报警	红色	OPAL	数字伺服存储器溢出	
OVC	驱动器过载报警	红色	FBAL	脉冲编码器连接出错	
TG	电动机转速太高	红色			

1）OH 报警。OH 为速度控制单元过热报警，发生该报警的可能原因有：

①电路板上 S1 设定不正确。

②伺服单元过热，散热片上热动开关动作。在驱动器无硬件损坏或不良时，可通过改变切削条件或负载排除报警。

③再生放电单元过热。可能是 Q1 不良；当驱动器无硬件不良时，可通过改变加/减速频率、减轻负荷排除报警。

④电源变压器过热。当变压器及温度检测开关正常时，可通过改变切削条件、

减轻负荷排除报警，或更换变压器。

⑤电气柜散热器的过热开关动作，原因是电气柜过热。若在室温下开关仍动作，则需要更换温度检测开关。

2）OFAL 报警。数字伺服参数设定错误，这时需改变数字伺服的有关参数的设定。对于 FANUC 0 系统，相关参数是 8100，8101，8121，8122，8123 以及 8153～8157 等；对于 10/11/12/15 系统，相关参数为 1804，1806，1875，1876，1879，1891 以及 1865～1869 等。

3）FBAL 报警。FBAL 是脉冲编码器连接出错报警，出现报警的原因通常有以下几种：

①编码器电缆连接不良或脉冲编码器本身不良。

②外部位置检测器信号出错。

③速度控制单元的检测回路不良。

④电动机与机械间的间隙太大。

(2) 伺服驱动器上的 7 段数码管报警

FANUC C 系列、α/αi 系列数字式交流伺服驱动器通常无状态指示灯显示，驱动器的报警是通过驱动器上的 7 段数码管进行显示的。根据 7 段数码管的不同状态显示，可以指示驱动器报警的原因。

FANUC C 系列、电源与驱动器一体化结构形式（SVU 型）的 α/αi 系列交流伺服驱动器的数码管状态以及含义见表 7—9。

表 7—9　FANUC C/α/αi 系列（SVU 型）7 段数码管状态一览表

数码管显示	含义	备注
-	速度控制单元未准备好	开机时显示
0	速度控制单元准备好	
1	速度控制单元过电压报警	同 HV 报警
2	速度控制单元欠电压报警	同 LV 报警
3	直流母线欠电压报警	主回路断路器跳闸
4	再生制动回路报警	瞬间放电能量超过，或再生制动单元不良或不合适
5	直流母线过电压报警	平均放电能量超过，或伺服变压器过热、过热检测元器件损坏
6	动力制动回路报警	动力制动继电器触点短路
8	L 轴电动机过电流	第一轴速度控制单元用
9	M 轴电动机过电流	第二轴速度控制单元用

续表

数码管显示	含义	备注
b	L/M轴电动机过电流	
8.	L轴的IPM模块过热、过流、控制电压低	第一轴速度控制单元用
9.	M轴的IPM模块过热、过流、控制电压低	第二轴速度控制单元用
b.	L/M轴的IPM模块过热、过流、控制电压低	

采用公用电源模块结构形式（SVM型）的FANUC α/αi系列数字式交流伺服驱动器，数码管状态以及含义见表7—10。

表7—10 FANUC α/αi系列（SVM型）7段数码管状态一览表

数码管显示	含义	备注
–	速度控制单元未准备好	
0	速度控制单元准备好	
1	风机单元报警	
2	速度控制单元5V欠电压报警	
5	直流母线欠电压报警	主回路断路器跳闸
8	L轴电动机过电流	一轴或二、三轴单元的第一轴
9	M轴电动机过电流	二、三轴单元的第二轴
A	N轴电动机过电流	二、三轴单元的第三轴
b	L/M轴电动机同时过电流	
C	M/N轴电动机同时过电流	
d	L/N轴电动机同时过电流	
E	L/M/N轴电动机同时过电流	
8.	L轴的IPM模块过热、过流、控制电压低	一轴或二、三轴单元的第一轴
9.	M轴的IPM模块过热、过流、控制电压低	二、三轴单元的第二轴
A.	N轴的IPM模块过热、过流、控制电压低	二、三轴单元的第三轴
b.	L/M轴的IPM模块同时过热、过流、控制电压低	
C.	M/N轴的IPM模块同时过热、过流、控制电压低	
d.	L/N轴的IPM模块同时过热、过流、控制电压低	
E.	L/M/N轴的IPM模块同时过热、过流、控制电压低	

FANUC β系列数字式交流速度控制单元，带有POWER、READY、ALM三个状态指示灯与7段数码管状态显示，指示灯与数码管的含义见表7—11。

表 7—11　　　　　　FANUC β 系列 7 段数码管状态一览

POWER 灯	READY 灯	ALM 灯	数码管显示	含义	备注
●	○	●	-	速度控制单元未准备好	开机时显示
●	●	○	0	速度控制单元准备好	
●	○	●	Y	速度控制单元过电压报警	同 HV 报警
●	○	●	P	直流母线欠电压报警	主回路熔断器跳闸
●	○	●	J	再生制动回路过热报警	瞬间放电能量超过，或再生制动单元不良或不合适
●	○	●	0	过热报警	速度控制单元过热
●	○	●	C	风扇故障报警	
●	○	●	c	过电流报警	主回路过流

（3）系统 CRT 上有报警的故障

1）PANUC-0 系统的报警。FANUC 数字伺服出现故障时，通常情况下系统 CRT 上可以显示相应的报警号，对于大部分报警，其含义与模拟伺服相同；少数报警有所区别，这些报警主要有：

①4N4 报警：报警号中的 N 代表轴号（如：1 代表 X 轴，2 代表 Y 轴等，下同），报警的含义是表示数字伺服系统出现异常，详细内容可以通过诊断参数做进一步分析。

②4N6 报警：表示位置检测连接故障，可以通过诊断参数做进一步检查、判断。

③4N7 报警：表示伺服参数设定不正确，可能的原因有：
- 电动机型号参数（FANUC 0 为 8N20，FANUC 11/15 为 1874）设定错误。
- 电动机的转向参数（FANUC 0 为 8N22，FANUC 11/15 为 1879）设定错误。
- 速度反馈脉冲参数（FANUC 0 为 8N23，FANUC 11/15 为 1876）设定错误。
- 位置反馈脉冲参数（FANUC 0 为 8N24，FANUC 11/15 为 1891）设定错误。
- 位置反馈脉冲分辨率（FANUC 0 为 037bit7，FANUC 11/15 为 1804）设定错误。

④940 报警：表示系统主板或驱动器控制板故障。

2）FANUC 10/11/12/15 系统的报警。当使用数字伺服时，在 FANUC 10/11/12 及 FANUC15 上可以显示相应的报警。这些报警中，SV000～SV100 号报警的含义与前述的模拟伺服基本相同。对于数字伺服的特殊报警主要有以下几个：

①SV101 报警：绝对编码器数据出错报警。可能的原因是绝对编码器不良或机床位置不正确。

②SV110 报警：串行编码器报警（串行 A）。可能的原因是串行编码器不良或连接电缆不良。

③SV111 报警：串行编码器报警（串行 C），原因同上。

④SV114 报警：串行编码器数据出错。

⑤SV115 报警：串行编码器通信出错。

⑥SV116 报警：驱动器主接触器（MCC）不良。

⑦SV117 报警：数字伺服电流转换错误。

⑧SV118 报警：数字伺服检测到异常负载。

3）FANUC 16/18 系统的报警。在 FANUC 16/18 系统中，当伺服驱动器出现报警时，CNC 也可显示相应的报警信息，这些信息包括：

①ALM400 报警：伺服驱动器过载，可以通过诊断参数 DGN201 做进一步分析。

②ALM401 报警：伺服驱动器未准备好，DRDY 信号为"0"。

③ALM404 报警：伺服驱动器准备好信号 DRDY 出错，原因是驱动器主接触器接通（MCON）未发出，但驱动器 DRDY 信号已为"1"。

④ALM405 报警：回参考点报警。

⑤ALM407 报警：位置误差超过设定值。

⑥ALM409 报警：驱动器检测到异常负载。

⑦ALM410 报警：坐标轴停止时，位置跟随误差超过设定值。

⑧ALM411 报警：坐标轴运动时，位置跟随误差超过设定值。

⑨ALM413 报警：数字伺服计数器溢出。

⑩ALM414 报警：数字伺服报警，详细内容可以参见诊断参数 DGN200～204 的说明。

⑪ALM415 报警：数字伺服的速度指令超过了极限值（511 875 P/s），可能的原因是机床参数 CMR 设定错误。

⑫ALM416 报警：编码器连接出错报警，详细内容可参见诊断参数 DGN201 的说明。

⑬ALM417 报警：数字伺服参数设定错误报警，相关的参数有：PRM2020/2022/2023/2024/2084/2085/1023 等。

⑭ALM420 报警：同步控制出错。

⑮ALM421 报警：采用双位置环控制时，位置误差超过。

在系统使用绝对编码器时，报警还包括以下内容：

①ALM300 报警：坐标轴需要手动回参考点操作。

②ALM301 报警：绝对编码器通信出错。

③ALM302 报警：绝对编码器数据转换出现超时报警。

④ALM303 报警：绝对编码器数据格式出错。

⑤ALM304 报警：绝对编码器数据奇偶校验出错。

⑥ALM305 报警：绝对编码器输入脉冲错误。

⑦ALM306 报警：绝对编码器电池电压不足，引起数据丢失。

⑧ALM307 报警：绝对编码器电池电压到达更换值。

⑨ALM30S 报警：绝对编码器电池报警。

⑩ALM30S 报警：绝对编码器回参考点不能进行。

在系统使用串行编码器时，串行编码器报警内容如下：

①ALM350 报警：串行编码器故障，具体内容可以通过诊断参数 DGN202/204 检查。

②ALM351 报警：串行编码器通信出错，具体内容可以通过诊断参数 DGN203 检查。

4．交流伺服电动机的维修

（1）交流伺服电动机的基本检查

原则上说，交流伺服电动机可以不需要维修，因为它没有易损件。但由于交流伺服电动机内含有精密检测器，因此，当发生碰撞、冲击时可能会引起故障，维修时应对电动机做如下检查：

1）是否受到任何机械损伤。

2）旋转部分是否可用手正常转动。

3）带制动器的电动机，制动器是否正常。

4）是否有任何松动螺钉或间隙。

5）是否安装在潮湿、温度变化剧烈和有灰尘的地方，等等。

（2）交流伺服电动机的安装注意点

维修完成后，安装伺服电动机要注意以下几点：

1）由于伺服电动机防水结构不是很严密，如果切削液、润滑油等渗入内部，会引起绝缘性能降低或绕组短路，因此，应注意尽可能避免切削液的飞溅。

2）当伺服电动机安装在齿轮箱上时，加注润滑油时应注意齿轮箱的润滑油油面高度必须低于伺服的输出轴，防止润滑油渗入电动机内部。

3）固定伺服电动机联轴器、齿轮、同步带等连接件时，在任何情况下，作用在电动机上的力不能超过电动机容许的径向、轴向负载（见表7—12）。

表7—12　　　　　　交流伺服电动机容许的径向、轴向负载　　　　　　kg

电机形式	容许的径向负载	电机形式	容许的径向负载
1-0, 2-0	25	10, 20, 30, 30R	450
0, 5	75		

4）按说明书规定，对伺服电动机和控制电路之间进行正确的连接。连接中的错误，可能引起电动机的失控或振荡，也可能使电动机或机械件损坏。当完成接线后，在通电之前必须进行电源线和电动机壳体之间的绝缘测量，测量用500 MΩ表进行；然后再用万能表检查信号线和电动机壳体之间的绝缘。

注意：不能用兆欧表测量脉冲编码器输入信号的绝缘。

（3）脉冲编码器的更换

1）如交流伺服电动机的脉冲编码器不良，就应更换脉冲编码器。更换编码器应按规定步骤进行，以FANUC S系列伺服电动机为例，编码器在交流伺服电动机中的安装如图7—20所示，更换步骤如下：

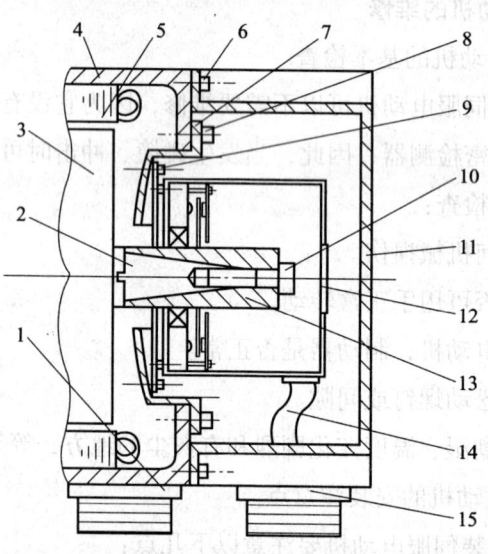

图7—20　伺服电动机结构示意图

1—电枢线插座　2—连接轴　3—转子　4—外壳　5—绕组　6—后盖连接螺钉
7—安装座　8—安装座连接螺钉　9—编码器固定螺钉　10—编码器连接螺钉
11—后盖　12—橡胶盖　13—编码器轴　14—编码器电缆　15—编码器插座

①松开后盖连接螺钉6，取下后盖11。

②取出橡胶盖12。

③取出编码器连接螺钉10，脱开编码器和电动机轴之间的连接。

④松开编码器固定螺钉9，取下编码器。注意：由于实际编码器和电动机轴之间是锥度啮合，连接较紧，取编码器时应使用专门的工具，小心取下。

⑤松开安装座连接螺钉8，取下安装座7。

编码器维修完后，再根据图7—20所示重新装上安装座7，并固定编码器连接螺钉10，使编码器和电动机轴啮合。

2) 为了保证编码器的安装位置的正确，在编码器安装完成后，应对转子的位置进行调整，方法如下：

①将电动机电枢线的V、W相（电枢插头的B、C脚）相连。

②将U相（电枢插头的A脚）和直流调压器的"＋"端相连，V、W和直流调压器的"－"端相连（见图7—21a），编码器加入+5V电源（编码器插头的J、N脚间）。

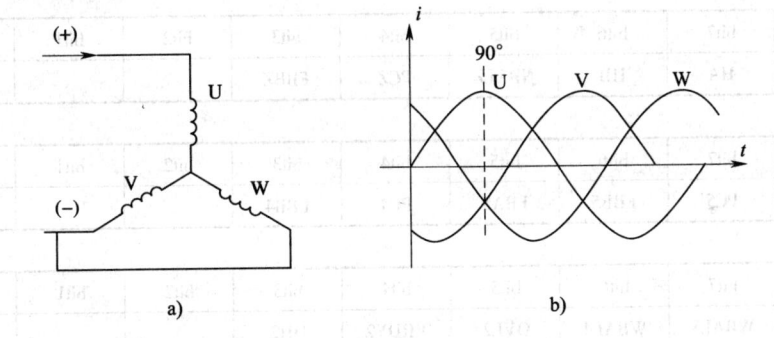

图7—21 电动机励磁连接与定位示意图
a) 励磁连接图　b) 电动机定位示意图

③通过调压器对电动机电枢加入励磁电流。这时，因为 $I_u = I_v + I_w$，且 $I_v = I_w$，事实上相当于使电动机工作在图7—21b所示的90°位置，因此伺服电动机（永磁式）将自动转到U相的位置进行定位。

注意：加入的励磁电流不可以太大，只要保证电动机能进行定位即可（实际维修时调整在3~5 A）。

④在电动机完成U项定位后，旋转编码器，使编码器的转子位置检测信号C1、C2、C4、C8（编码器插头的C、P、L、M脚）同时为"1"，使转子位置检测信号和电动机实际位置一致。

⑤安装编码器固定螺钉，装上后盖，完成电动机维修。

三、FANUC 伺服系统的状态诊断

在 FANUC 系统中，各伺服轴的驱动报警以及位置编码器 A 相、B 相、零位脉冲等信息，可以通过诊断参数进行进一步检查，以确认故障发生的部位与原因。常用系统的状态诊断参数地址与所代表的意义如下。

1. FANUC 6 诊断参数地址及意义

在 FANUC 6 中，伺服状态可以通过诊断参数 DGN707/713/714/715、DGN719 等进行检测，DGN707/713/714/715 为基本控制轴伺服诊断信号，DGN719 为附加轴伺服诊断信号，各诊断位的含义见前述，各诊断参数的含义如下：

DGN70	bit7	bit6	bit5	bit4	bit3	bit2	bit1	bit0
信号	OHMB	OVL	VRDY		OH			

DGN71	bit7	bit6	bit5	bit4	bit3	bit2	bit1	bit0
信号	WBALY	PCY	FBBY	FBAY	NBAIX	PCX	FBBX	FBAX

DGN71	bit7	bit6	bit5	bit4	bit3	bit2	bit1	bit0
信号	HA	HB	NBALZ	PCZ	FBBZ			FBAZ

DGN71	bit7	bit6	bit5	bit4	bit3	bit2	bit1	bit0
信号	PC5	FBB5	FBA5	PC4	FBB4			FBA4

DGN71	bit7	bit6	bit5	bit4	bit3	bit2	bit1	bit0
信号	WBAL5	WBAL4	OVL2	VRDY2	OH2			

OHMB：主板过热。

OVL：驱动器过载报警。

VRDY：驱动器未准备好。

OH：伺服电动机过热。

WBALX/Y/Z/4/5：对应为 X、Y、Z、4、5 轴脉冲编码器信号断开报警信号。

PCX/Y/Z/4/5：对应为 X、Y、Z、4、5 轴脉冲编码器零位信号。

FBBX/Y/Z/4/5：对应为 X、Y、Z、4、5 轴脉冲编码器 B 相信号。

FBAX/Y/Z/4/5：对应为 X、Y、Z、4、5 轴脉冲编码器 A 相信号。

HA、HB：对应为手轮 A、B 相脉冲信号。

OVL2：附加轴速度控制单元过载报警信号。

VRDY2：附加轴速度控制单元准备好信号。

OH2：附加轴速度控制单元、电动机过热报警信号。

2. FANUC 0 诊断参数地址及意义

FANUC 0 的伺服状态可以通过诊断参数 DGN720～DGN723 等进行检测，这些诊断参数分别可以监测坐标轴 X、Y、Z、4 轴的状态，DGN720～DGN723 参数对应位的含义相同，分别与 X、Y、Z、4 轴对应，其含义如下。

DGN720～723	bit7	bit6	bit5	bit4	bit3	bit2	bit1	bit0
信号名称	OVL	LV	OVC	HCAL	HVAL	DCAL	FBAL	OFAL

OVL：驱动器过载报警。

LV：驱动器电压不足。

OVC：驱动器过电流报警。

HCAL：驱动器电流异常报警。

HVAL：驱动器过电压报警。

DCAL：驱动器直流母线回路报警。

FBAL：驱动器断线报警。

OFAL：计数溢出报警。

诊断参数 DGN027 用于诊断编码器状态，其意义如下：

DGN027	bit7	bit6	bit5	bit4	bit3	bit2	bit1	bit0
代号				PCS	ZRN4	ZRNZ	ZRNY	ZRNX

ZRNX/Y/Z/4：对应为 X、Y、Z、4 轴脉冲编码器零位信号。

PCS：对应为主轴脉冲编码器零位信号。

当系统使用串行脉冲编码器时，以下检测信号有效：

DGN770～773	bit7	bit6	bit5	bit4	bit3	bit2	bit1	bit0
信号名称	DTERR	CRCER	STBER					

DTERR：编码器发生通信错误，通信没有应答。

CRCERR：编码器发生通信错误，数据传输出错。

STBERR：编码器通信信号的停止位出错。

GN760～763	bit7	bit6	bit5	bit4	bit3	bit2	Bit1	bit0
信号名称	SRFLG	CSAL	BLAL	PHAL	RCAL	BZAL	CKAL	SPHAL

SRFLG：连接串行脉冲编码器（非报警）。

SPHAL：串行脉冲编码器或连接电缆不良，产生计数出错。

CKAT：串行脉冲编码器不良，产生时钟报警。

BZAL：编码器无电池报警。

RCAL：串行脉冲编码器不良，产生转速计数出错。

PHAL：串行脉冲编码器或连接电缆不良，产生脉冲计数出错。

RLAL：编码器电池电压不足报警。

CSAL：编码器发生硬件报警。

3. FANUC 11/15 诊断参数地址及意义

在 FANUC 11/15 中，伺服驱动器的报警状态可以由报警代码 SV000～SV100 直接检测，状态可以通过 DGN3010～3023（X），DGN3030～DGN3043（Y），DGN3050～DGN3063（Z）等诊断参数进行检测。伺服状态诊断参数，在显示页面上有直接信息提示参数的内容，维修时可以根据提示进行检查。

当 FANUC 11/15 系统显示 SV023（过载）或 SV015（连接出错）报警时，可以通过诊断参数检查出现报警的具体原因。诊断参数号对于不同的坐标轴，其对应的诊断参数地址如下：

X 轴：DGN 3014/3015。

Y 轴：DGN 3034/3035。

Z 轴：DGN 3054/3055。

第 4 轴：DGN 3074/3075。

第 5 轴：DGN 3094/3095。

以上诊断参数各对应状态位的含义相同，表示的意义为：

DGN3**4	bit7	bit6	bit5	bit4	bit3	bit2	bit1	bit0
信号名称	OVL	LVAL	OVC	HCAL	HVAL	DCAL	FBAL	OFAL

OVL：对应轴驱动器过载报警

LVAL：对应轴输入电压过低报警。

OVC：对应轴过电流报警。

HCAL：对应轴驱动器电流异常报警。

HVAL：对应轴驱动器输入电压过高报警。

DCAL：对应轴再生制动电路报警。

FBAL：对应轴驱动器连接不良报警。

OFAL：对应轴数字伺服计数溢出报警。

DGN3＊＊5	bit7	bit6	bit5	bit4	bit3	bit2	bit1	bit0
信号名称	ALDF			EXPC				

两位组合代表以下意义：

ALDF　　EXPC

1　　　　0：电动机过热。

0　　　　0：驱动器过热。

1　　　　0：内置式编码器连接无效（硬件）。

1　　　　1：分离式编码器连接无效（硬件）。

0　　　　0：编码器连接无效（软件）。

当使用绝对编码器时，其报警信息通过 SV101（绝对编码器数据出错）或 OT032 予以显示。

4．FANUC 0i/PM0/16/18 诊断参数地址及意义

在 FANUC 0i/PM0/16/18 中，伺服状态可以通过诊断参数 DGN200、DGN203 bit4、DGN204 bit5、DGN280 等参数进行检测。当 DGN203 bit4 = 1 时，系统出现伺服报警（ALM417）的原因，可以通过 DGN200 进行检查，诊断参数的含义如下

DGN200	bit7	bit6	bit5	bit4	bit3	bit2	bit1	bit0
信号名称	OVL	LV	OVC	HCAL	HVAL	DCAL	FBAL	OFAL

OVL：驱动器过载报警。

LV：驱动器电压不足。

OVC：驱动器过电流报警。

HCAL：驱动器电流异常报警。

HVAL：驱动器过电压报警。

DCAL：驱动器直流母线回路报警。

FBAL：驱动器断线报警。

OFAL：计数溢出报警。

当 DGN203 bit4 = 0 时，伺服报警（ALM417）的原因，可以通过 DGN280 进行检查，诊断参数含义如下：

DGN280	bit7	bit6	bit5	bit4	bit3	bit2	bit1	bit0
信号名称		AXS		DIR	PLS	PLC		MOT

AXS：伺服参数 PRM1023 设置错误，轴号不正确。

DIR：伺服参数 PRM2022 设置错误，旋转方向设置错误（设定了 111 或 111 以外的值）。

PLS：伺服参数 PRM2024 设置错误，电动机位置反馈每转脉冲数设定错误。

PLC：伺服参数 PRM2023 设置错误，电动机速度反馈每转脉冲数设定错误。

MOT：伺服参数 PRM2020 设置错误，伺服电动机代号设定错误。

FANUC 0i/PM0/16/18 有关编码器的报警信息诊断，根据系统采用的编码器形式，对于串行编码器，可以通过诊断参数 DGN201～DGN204 进行诊断；对于分离型脉冲编码器，可以通过诊断参数 DGN205、DGN206 进行诊断，参数中的诊断位含义如下：

（1）串行脉冲编码器与驱动器报警信息

DGN 201	bit7	bit6	bit5	bit4	bit3	bit2	bit1	bit0
信号名称	ALD			EXP				

ALD：过载或断线报警。

EXP：断线报警。

两位组合代表以下意义：

ALD	EXP	
1	0	：内装式脉冲编码器断线，或电动机过热。
1	1	：分离型脉冲编码器断线。
0	0	：脉冲编码器连接设置错误，或驱动器过热。

DGN 202	bit7	bit6	bit5	bit4	bit3	bit2	bit1	bit0
信号名称		CSA	BLA	PHA	RCA	BZA	CKA	SPH

SPH：串行脉冲编码器或连接电缆不良，产生计数出错。

CKA：串行脉冲编码器不良，产生时钟报警。

BZA：编码器无电池报警。

RCA：串行脉冲编码器不良，产生转速计数出错。

PHA：串行脉冲编码器或连接电缆不良，产生脉冲计数出错。

BLA：编码器电池电压不足报警。

CSA：编码器发生硬件报警。

DGN203	bit7	bit6	bit5	bit4	bit3	bit2	bit1	bit0
信号名称	DTE	CRC	STB	PRM				

DTE：编码器发生通信错误，通信没有应答。

CRC：编码器发生通信错误，数据传输出错。

STB：编码器通信信号的停止位出错。

PRM：数字伺服参数设置错误。

DGN204	bit7	bit6	bit5	bit4	bit3	bit2	bit1	bit0
信号名称	OFS	MCC	LDA	PMS				

OFS：数字伺服电流异常。

MCC：数字伺服主接触器故障。

LDA：串行编码器光源故障。

PMS：反馈电缆连接不良，引起反馈出错。

（2）分离型脉冲编码器与驱动器报警信息

DGN205	bit7	bit6	bit5	bit4	bit3	bit2	bit1	bit0
信号名称	OHA	LDA	BLA	PHA	CMA	BZA	PMA	SPH

OHA：分离型脉冲编码器出现过热报警。

LDA：分离型脉冲编码器光源故障。

BLA：分离型脉冲编码器电池电压低。

PHA：分离型直线位置测量系统异常报警。

CMA：分离型脉冲编码器、计数器出错报警。

BZA：分离型脉冲编码器电池电压为零报警。

PMA：分离型脉冲编码器脉冲出错报警。

SPH：分离型脉冲编码器或连接电缆不良，产生计数出错。

DGN206	bit7	bit6	bit5	bit4	bit3	bit2	bit1	bit0
信号名称	DTE	CRC	SIB					

DTE：分离型脉冲编码器发生通信错误，通信没有应答。

CRC：分离型脉冲编码器发生通信错误，数据传输出错。

STB：分离型脉冲编码器通信信号的停止位出错。

四、FANUC 伺服系统的动作确认

1. 动作确认的注意事项

（1）动作确认的方法既适合交流伺服系统，也适合直流伺服系统。

（2）动作确认需要使用的工具（如：十字旋具一套、万用表或示波器一台）等应准备齐全。

（3）通电前要用手按住急停开关，维修人员要处于能观察到机床一切动作变化的位置上。

（4）在确认动作的整个过程中，维修人员的手应不离开急停按钮，在发生异常时能立即按下急停。

（5）在机床动作时，尤其是大型机床，要确认机床与人员的绝对安全，动作之前要防止一切可能发生的危险。

（6）机床运动时，应用手轮（MPG）或手动连续（JOG）方式低速移动机床，然后再进行快速移动试验。

（7）凡是不需要进行试验的轴，其断路器应预先取下或切断，以保证操作不当或连接不当时也不会引起异常动作。

（8）第一次通电时，应逐一安装驱动器主回路的熔断器，并按第（6）项的要求确认动作。

（9）在机床运动时，如需要检测信号波形，必须有两人以上协同配合操作，以避免发生事故；此外，同步示波器的探针等，必须有良好的接地。

（10）实际维修过程中，数控机床的很多故障是由于连接不良引起的，维修时切勿随意怀疑电路板有问题而轻易更换。

2. 动作确认的步骤

在不旋转伺服电动机的情况下，进行以下各部分的确认：

（1）取下电动机动力线，使机床即使有移动指令，也不会实际移动。

（2）设定 TGLS 报警无效。为使在电动机不旋转时不发生报警，可以将驱动器的设定端 S10 设定到"L"位置（对于直流伺服单元，应将 S23 短路）。

（3）对于垂直轴，要考虑到机械自重可能导致的下落。如伺服电动机带有内装式制动器，只要将电动机的制动电源线取下，制动器即可起作用；在机械侧安装制动器的场合，则要检查强电回路，使制动器处于制动状态。

（4）记录机床原来的参数，并对以下参数进行修改（不同的系统，参数号有所不同），取消系统可能发生的伺服报警。这些参数包括：

1）修改"到位宽度"的设定值，防止发生"跟随误差"报警。

2）修改"停止时的允许误差"参数，防止停止时发生"跟随误差"报警。

3）修改"移动时的允许误差"参数，防止运动时发生"跟随误差"报警。

4）将偏移补偿量、间隙补偿量设定为"0"。

5) 将返回参考点的功能设定为"无"。

(5) 通电确认 V_{CDM}（速度指令电压）与位置跟随误差（诊断参数 DGN800～803）的关系如下：

当 $V_{CDM} = 7\,V$ 时，位置跟随误差寄存器的内容由下式求得：

$$e_{ss} = \frac{L \times N}{60 \times K_v}$$

式中　e_{ss}——位置跟随误差，mm；

L——电动机每转的移动量，mm/r；

N——$V_{CDM} = 7\,V$ 时的电动机转速，r/min，一般为 1 000 r/min 或 2 000 r/min，参见电动机说明；

K_v——位置环增益，s^{-1}。

例如：对于 FANUC 10M 型电动机（$V_{CDM} = 7\,V$ 时的电动机转速为 1 000 r/min）；电动机每转对应的工作台行程为 8 mm，位置环增益的设定为 30 s^{-1} 时，当采用 MDI 或 MPG 方式使工作台运动速度为 8 000 mm/min 时，ER = 4.444 mm。

位置跟随误差可以通过诊断参数进行确认，速度指令电压 V_{CDM} 可由伺服单元的 CH1（交流伺服）端子或 CH18 端子（直流伺服）检查。

如 V_{CDM} 与计算值不同（V_{CDM} 的允差为 ±5%），可能是参数中位置环增益及增益倍数的设定值有误，以及主板的 D/A 转换器不良等原因。

(6) ER 与 V_{CDM} 之间存在比例关系，给出任意位置跟随误差均可计算出 V_{CDM} 值。应通过测定多个 e_{ss}/V_{CDM} 值，以确定它的线性度。

当反向电压不能输出或电压值被箝拉时，机床可能产生振动或误差过大报警。当输入的位置跟随误差过大时，会产生位置电路的溢出报警。

(7) 按下系统的急停开关，可清除位置跟随误差寄存器的内容。

(8) 确认驱动器速度调节器的输出，具体步骤如下：

1) 取下电动机动力线，接通电源，解除急停开关，测量速度误差的检测端子 CH14（交流伺服）或 CH9（直流伺服）的电压。

2) 调整电位器 RV2，若 RV2 位置处于最高和最低位置时，检测电压为 ±12 V，则说明速度控制单元处于最佳状态。当输入"伺服关断"信号（*SVFX）时，检测端应有 0.2 V 左右的箝拉电压。

如测量结果发生单向偏离，则可能是 V_{CDM} 或测速发电机反馈信号产生了偏移。当偏移值在 0.1 V 以下时，一般可用"偏移补偿"电位器进行调节；当偏移值在 0.5 V 以上时，可能硬件有故障。

（9）进行 PWM 的确认。对于直流伺服，应通过示波器测量，确认 A～D（CH11～CH14）的脉宽调制信号；对于交流伺服，确认 R、S、T（CH7～CH9）的脉宽调制电平。用示波器观察直流伺服的 PWM 波形的占空比或交流伺服的电平变化，调整电位器 RV2，确认合适的波形。

（10）进行驱动器输出确认。测定驱动器输出端子板的电动机输出电压，调整 RV2，改变电动机输出电压。这一电压与电动机类型有关，对于直流电动机，应为伺服变压器输出电压的 $\sqrt{2}$ 倍；对于交流电动机，应与 CH7～CH9 的测量电压成比例。

（11）确认位置反馈。手动转动电动机轴，确认位置跟随误差寄存器的值。当电动机正向旋转时，位置控制应以与返回原位置的等效方向（负向）增大位置跟随误差寄存器的值。例如：对于电动机每转行程为 8 mm 的机床，若检测单位为 1（每 1 个脉冲为 1 μm），电动机转 1 转时误差寄存器的值应为 8 000 脉冲。若位置跟随误差量没有变化，则可能是脉冲编码器故障或连接不良，以及控制部分故障；若极性相反，则表示脉冲编码器接线错误。

（12）确认速度反馈。按急停开关，清除位置跟随误差寄存器的值。然后，用手转动电动机轴，测量速度控制单元上 CH2（TSA）的电压。因为速度反馈为负反馈，故当电动机正向旋转时，可以测到负的反馈电压。若极性相反，则为接线错误；如没有测速发电机反馈电压，可能是 F/V 转换器不良以及测速发电机断线等。

（13）确认动力线的连接。对于直流伺服电动机，应确认伺服电动机动力线的连接。当接上伺服电动机动力线之后，按下急停开关，接通电源。在系统急停状态下，用手旋转伺服电动机轴，测量电动机的反电势。当电动机正向旋转时，在速度控制单元的电动机连接端子应为正电压。若无电压，则可能是电动机的电刷磨损、接触不良或动力线断线；若电压极性相反，则为接线错误。

（14）将全部设定及参数均恢复到原来值，记录新的电位器 RV2 调整值，并按下述的方法进行进一步的调整。

五、FANUC 直流/模拟式交流伺服系统的调整

1. 直流速度控制单元的调整与检测

FANUC 直流伺服单元通常设有部分常用的调整电位器，通过调整可以使速度控制单元与机床、电动机相匹配，以达到最佳性能。此外，为了测量维修方便，速度控制单元还设有若干检测端子，以便维修测试使用。各调整电位器与检测端子的

含义见表7—13、表7—14。

表 7—13　　　　　　　　速度控制单元的调整电位器意义

代号	作用	通常调整位置	备注
RV1	速度调节器比例增益	5刻度	
RV2	漂移调节	5刻度	
RV3	过电流保护调节	10刻度	
RV4	测速发电机反馈电压调节	5刻度	
RV5	电流极限调节	9刻度	

表 7—14　　　　　　　　速度控制单元检测端子的意义

端子	测速内容	备注
CH1	速度给定电压	$3/4\ V_{CM}$
CH2	速度反馈电压	
CH3、CH4	0 V	
CH5	速度调节器补偿	
CH6	速度调节器输入	
CH7	三角波	
CH8	电流给定	0.2 V/A 或 0.1 V/A（30M）
CH9	PWM 控制电压	
CH10	过电流检测	
CH11	驱动管 A 的 PWM 输出	
CH12	驱动管 B 的 PWM 输出	
CH13	驱动管 C 的 PWM 输出	
CH14	驱动管 D 的 PWM 输出	
CH15	+24 V	
CH16	+15 V	
CH17	−15 V	
CH18	速度给定电压 V_{CM}	
CH19、CH20	电枢反馈电压 $V_{FB}1/2$	
CH23	驱动使能信号	

2. 模拟式交流速度控制单元的调整与检测

与直流伺服单元一样，FANUC 模拟式交流速度控制单元上也设有部分调整电位器，通过调整可以使速度控制单元与机床、电动机相匹配，以达到最佳性能。此外，为了测量维修方便，速度控制单元还设有若干检测端子，以便维修测试使用。

各调整电位器与检测端子的含义见表7—15、表7—16。

表7—15　　　　　　　　速度控制单元的调整电位器意义

代号	作用	通常调整位置
RV1	速度调节器比例增益	4刻度
RV2	漂移调节	5刻度
RV3	测速发电机反馈电压调节	出厂时调整
RV4	+5 V电压调整	

表7—16　　　　　　　　速度控制单元检测端子的意义

端子	测量内容	备注
CH1	速度给定电压	0.344（0.687）× V_{CM}
CH2	速度反馈电压	0.8×速度反馈电压
CH3、CH4	0 V	
CH5	速度调节器补偿	
CH6	速度调节器输入	
CH7	R相电流给定电压	
CH8	S相电流给定电压	
CH9	T相电流给定电压	
CH10	R相电流反馈电压	
CH11	S相电流反馈电压	
CH12	T相电流反馈电压	
CH13	三角波	
CH14	转矩指令电压	
CH15	+5 V	
CH16	+15 V	
CH17	−15 V	
CH18	+10 V 参考电压	

3. 直流、模拟式交流速度单元的调整步骤

当速度控制单元的电路板更换后，必须对伺服系统进行重新调整，其步骤如下：

（1）确认控制电源电压。按下急停开关，接通电源，确认电源电压。确认的电压应包括速度控制单元的输入电压以及速度控制单元的各种辅助控制直流电压。

(2) 确认动作。解除急停开关,并做好按下急停开关的准备,用低速移动机床的坐标轴,若无异常声音或振荡,就继续进行中速(200~1 000 mm/min)、高速(快速的50%及100%)确认。

(3) 进行偏移的调整。检查位置跟随误差值,若坐标轴运动停止时,位置跟随误差不是在"0"左右变化,则可用以下两种方法进行偏移调整:

• 方法1:进行手动偏移调整,步骤如下:

①观察诊断参数DGN800~803的显示。

②调节速度控制单元的电位器RV2,使其位置跟随误差DGN800~803的显示值达到最小值。

• 方法2:进行自动偏移调整,步骤如下:

①选择MDI方式。

②使系统的"参数写入"处于有效状态。

③将机床参数的自动漂移补偿设定为有效(该参数在不同的系统中有所不同,应参见系统说明书)。

④将机床参数的"到位宽度"值记下,然后将该参数设定为"0"。

⑤经约3 s之后,自动漂移补偿生效,位置跟随误差变为0左右。

⑥将"到位宽度"参数设定为原来的值,"参数写入"恢复为禁止状态,按复位键取消报警。

(4) 圆度的调整。当坐标轴以某一恒定进给速度运动时,位置跟随误差可用下式计算:

$$e_{ss} = \frac{F}{60 \times K_v}$$

式中　e_{ss}——位置跟随误差,mm;

　　　F——进给速度,mm/min;

　　　K_v——位置环增益,s^{-1}。

例如:当进给速度为1 000 mm/min、位置环增益为30 s^{-1}时,位置跟随误差应为0.555 mm。如系统的检测单位是1 μm/pulse,则诊断参数显示的位置跟随误差值也应为555。

各坐标轴都用1 000 mm/min速度进给,调节速度控制单元上测速发电机电压调节用电位器RV3(交流伺服)或RV4(直流伺服),使诊断参数显示为555。如调节电位器时,诊断参数显示值与计算值相差很大,可能是速度控制单元设定或CNC的参数设定有误,应检查以上设定后再进行调整。

(5) 如有必要，可对电流值进行进一步的测量与调节。用电流表或示波器测定各轴的电流值，测定项目有：

1) 单脉冲进给时的启动电流。
2) 低速/高速时的加/减速电流。
3) 低速/高速时的工作电流。

应确认每一个轴的工作电流在额定电流以下。在加/减速时，应对电流加上电流限制。当使用示波器时，还可以观察电流波形有无异常情况。

六、FANUC 数字伺服系统的调整

通常情况下，数字伺服的调整应通过数控系统进行。数字伺服的调整可分为初始化与动态性能调整两部分。

1. FANUC 数字伺服的初始化

当数控系统的伺服驱动更换，或因为更换电池等原因，使伺服参数出现错误时，必须对伺服系统进行初始化处理与重新调整。数字伺服的初始化步骤如下。

(1) 初始化的准备

在初始化数字伺服前应首先确认以下基本数据，以便进行初始化工作。

1) 数控系统的型号。
2) 伺服电动机的型号、规格、代码。
3) 电动机内装的脉冲编码器的型号、规格。
4) 伺服系统是否使用外部位置检测器件，如使用，需要确认其规格、型号。
5) 电动机每转对应的工作台移动距离。
6) 机床的检测单位。
7) 数控系统的指令单位。

(2) 初始化的步骤

数字伺服的初始化按以下步骤进行：

1) 使数控系统处在"紧停"状态。
2) 设定系统的参数写入为"允许"状态。
3) 操作系统，显示伺服参数画面。对于不同的系统，其操作方法有所区别，具体如下：

对于 FANUC 0C 系统，操作步骤为：

①将机床参数 PRM389 bit0 设定为"1"，使伺服参数页面可以在 CRT 上显示。
②关机，使 PRM389 bit0 的设定生效。

③通过按系统操作面板上的"PARAM"(参数显示)键(按键可能需要数次,或直接通过系统显示的软功能键进行选择),直到出现图7—21所示的页面显示。

对于 FANUC 15 系列系统:按"SERVICE"键数次,直到出现图7—21所示的页面显示。

对于 FANUC 16/18/20/21 系列系统,操作步骤为:

①将机床参数 PRM3111bit0 设定为"1",使伺服参数页面可以在 CRT 上显示。

②关机,使 PRM3111 bit0 的设定生效。

③按"SYSTEM"键,选择系统显示页面。

④依次操作软功能键 [SYSTEM] → [>] → [SV-PRM],显示图7—22所示的页面。

```
Servo set                01000         N1000
                         X axis        Z axis
INITIAL   SET    BITS    00001010      00001010
Motor   ID    no         16            16
AMR                      00000000      00000000
CMR                      2             2
Feed   gear    N         1             1
(N/M)          M         1             1
DIRECTION     Set        111           -111
Velocity   Pulse   No    8192          8192
Position   Pulse   No    12500         12500
Ref.counter              10000         10000
Value    SETTING
```

图7—22 数字伺服初始化页面

4)根据系统的要求设定伺服系统的指令单位(INITIAL SET BITS 的 bit0),设定初始化参数(INITIAL SET BITS 的 bit1 为初始化方式,见表7—17)。

5)根据所使用的电动机,输入电动机代码参数"Motor ID No"。

6)根据电动机的编码器输出脉冲数,设定编码器参数 AMR。在通常情况下,使用串行口脉冲编码器时,AMR 设定为 00000000。

7)根据机床的机械传动系统设计,设定指令脉冲倍乘比 CMR。

8)根据机床的机械传动系统设计与使用的编码器脉冲数,设定伺服系统的电子齿轮比参数"Feedgear"的 N/M 值。

9) 设定电动机转向参数"DIRECTION Set",正转时为111,反转时为-111。

10) 设定伺服系统的速度反馈脉冲数"Velocity Pulse No"与位置反馈脉冲数"Position Pulse No"。

在通常情况下,对于半闭环系统,可以按表7—17进行设定。当采用全闭环系统时,设定参数有所区别,可参见有关手册进行。

表7—17　　　　速度/位置反馈脉冲数的设定

指令单位设定	INITIAL SET BITS bit0 = 0	INITIAL SET BITS
初始化位	INITIAL SET BITS bit1 = 0	INITIAL SET BITS
Velocity Pulse No	8192	819
Position Pulse No	12500	1250

11) 根据编码器脉冲数、丝杠螺距、减速比等参数,设定伺服系统的参考计数器容量"Ref Counter"。

12) 关机,再次开机。

2. FANUC 数字伺服的参数调整与动态优化

当数字伺服参数设定错误时,将发生数字伺服报警,这时必须调整参数。报警的内容与原因以及应调整的参数见表7—18。

表7—18　　　　数字伺服参数报警及调整一览表

报警内容	报警原因	应调整的参数		
		FANUC 0C	FANUC 15	FANUC 16/18/20/21
POAI(观察器)溢出	POAI 参数被设定为 0	8*47	1857	2047
N 脉冲抑制电平溢出	N 脉冲抑制参数设定太大	8*03	1808	2003
前馈参数溢出	前馈参数超过了 32767	8*68	1961	2068
位置参数溢出	位置增益参数设定太大	517	1825	1825
位置反馈脉冲数溢出	位置反馈脉冲数大于 13100	8*00	1804	2000
电动机代码不正确	电动机代码设定错误	8*20	1874	2020
轴选择错误	坐标轴设定错误	269~274	1023	1023
其他报警	位置反馈脉冲数≤0	8*24	1891	2024
	速度反馈脉冲数≤0	8*23	1876	2023
	旋转方向 = 0	8*22	1879	2022
	电子齿轮比(N/M)≤0	8*84/8*85	1977/1978	2084/2085
	电子齿轮比(N/M)>1	8*84/8*85	1977/1978	2084/2085

(1) 数字伺服的功能概述

FANUC 数字伺服采用了部分新型的控制功能，用于调整伺服系统的动态特性，这些功能包括：

1）停止时的振荡抑制功能（N 脉冲抑制功能）。N 脉冲抑制功能的作用是消除停止时的振荡。由于伺服系统采用了闭环控制，当电动机不转、速度反馈出现很小的偏移时，经过速度环的放大，就可能引起电动机的振荡。使用 N 脉冲抑制功能，可在电动机停止时，从速度环比例增益中消除速度反馈脉冲的偏移量，避免电动机停止时的振荡。

2）机械谐振抑制功能。在 FANUC 数字伺服中，用于机械谐振抑制的功能主要有：250 μs 加速反馈功能，机械速度反馈功能，观察器功能，转矩指令滤波功能，双位置反馈功能等。

250 μs 加速反馈功能是利用电动机的速度反馈信号乘以加速反馈增益，实现对转矩的补偿，从而对速度环的振荡进行抑制的功能，它对由于弹性联轴器连接或负载惯量等原因引起的 50~150 Hz 的振荡具有抑制作用。

机械速度反馈功能可以在电动机与机床间连接刚度不足时，将机床本身的速度反馈加入速度环中，从而提高速度环的稳定性。

观察器功能用于消除机械系统的高频谐振干扰，提高速度环的稳定性。在数字伺服系统中，控制系统的状态变量为速度与扰动转矩，观察器的功能是将预测的速度状态变量用于反馈。由于观察器预测的速度量中无实际速度的高频分量，因此，利用本功能可以消除速度环的高频振荡。

转矩滤波器的作用是对转矩指令进行低通滤波，消除转矩指令中的高频分量，从而抑制机械系统的高频谐振。

双位置反馈功能用于全闭环系统，它可以使全闭环系统获得与半闭环系统同样的稳定性。

3）超调补偿功能。超调补偿功能是通过数字伺服系统的不完全积分器，使得系统的转矩指令满足"启动转矩指令 TCMDI > 静摩擦转矩 > 动摩擦转矩 > 停止时的转矩指令 TCMD2"的关系式，从而消除了系统的超调。

4）形状误差抑制功能。在 FANUC 数字伺服中，用于抑制形状误差的功能主要有位置前馈、反向间隙加速两种功能。

位置前馈是通过前馈控制，提高了系统的动态响应速度，从而减小系统的位置跟随误差，抑制加工的形状误差的功能。

反向间隙加速是通过提高系统反向间隙补偿速度，减小了由于机械系统间隙引起的位置滞后,从而抑制加工的形状误差的功能。

通过合理充分利用上述功能,选择合理的伺服参数,可以使伺服系统获得最佳的静、动态性能。

(2) 数字伺服的参数调整

当数字伺服参数设定不合适时,伺服系统的动态性能将变差,严重时甚至会使系统产生振荡与超调,这时必须进行参数的调整与优化。对于不同的故障,伺服系统参数的调整与优化步骤如下。

1) 停止时发生振荡。伺服系统停止时可能发生的振荡有高频振荡与低频振荡两种。对于停止时的振荡,参数调整的步骤与内容见表7—19。

表7—19 数字伺服参数调整一览表1

现象	处理	应调整的参数		
		FANUC 0C	FANUC 15	FANUC 16/18/20/21
高频振荡	(1) 降低速度环比例增益(PK2 V)	8*44	1856	2044
	(2) 降低负载惯量比	8*21	1875	2021
	(3) 使用250 μs加速功能	8*66	1894	2066
	(4) 使用N脉冲抑制功能	8*03	1808	2003
低频振荡	(1) 提高负载惯量比	8*21	1875	2021
	(2) 降低速度环积分增益(PK1 V)	8*43	1855	2043
	(3) 提高速度环比例增益(PK2 V)	8*44	1856	2044

2) 移动时发生振荡。伺服系统移动时可能发生的振荡,也有高频振荡与低频振荡两种。对于移动时的振荡,参数调整的步骤与内容见表7—20。

表7—20 数字伺服参数调整一览表2

现象	处理	应调整的参数		
		FANUC 0C	FANUC 15	FANUC 16/18/20/21
高频振荡	(1) 降低速度环比例增益(PK2 V)	8*44	1856	2044
	(2) 降低负载惯量比	8*21	1875	2021
	(3) 使用250 μs加速功能	8*66	1894	2066
低频振荡	(1) 提高负载惯量比	8*21	1875	2021
	(2) 降低速度环积分增益(PK1 V)	8*43	1855	2043
	(3) 提高速度环比例增益(PK2 V)	8*44	1856	2044
	(4) 调整TCMD波形	应使用调整板进行		

3）超调。对伺服系统移动时超调，参数调整的步骤与内容见表7—21。

表7—21　　　　　数字伺服参数调整一览表3

现象	处理	应调整的参数		
		FANUC 0C	FANUC 15	FANUC 16/18/20/21
超调	(1) 使PI控制生效（PIEN）	8*03	1808	2003
	(2) 提高负载惯量比	8*21	1875	2021
	(3) 使用超调抑制功能	8*03/ 8*45/8*77	1808/ 1875/1970	2003/ 2045/2077
	(4) 提高速度环不完全积分增益	8*45	1875	2045
	(5) 调整TCMD波形	应使用调整板进行		

4）出现圆弧插补象限过渡过冲现象。对于伺服系统圆弧插补象限过渡过冲现象，参数调整的步骤与内容见表7—22。

表7—22　　　　　数字伺服参数调整一览表4

现象	处理	应调整的参数		
		FANUC 0C	FANUC 15	FANUC 16/18/20/21
圆弧插补象限过渡过冲	(1) 使PI控制生效（PIEN）	8*03	1808	2003
	(2) 调整反向间隙值	535	1851	1851
	(3) 使用反向间隙加速功能	8*03	1808	2003
	(4) 使用两级反向间隙加速功能	—	1957	2015
	(5) 调整VCMD波形	应使用调整板进行		

第三节　FANUC伺服驱动系统的故障诊断与维修实例

一、FANUC直流伺服驱动系统故障诊断与维修

[例7—1]　开机出现剧烈振动的故障维修。

故障现象：一台配置FANUC 6M系统的加工中心，在机床搬迁后，首次开机时机床出现剧烈振动，CRT显示401、430报警。

分析与处理过程：FANUC 6M 系统 CRT 上显示 401 报警的含义是"X、Y、Z 等进给轴驱动器的速度控制准备信号（VRDY 信号）为 OFF 状态，即：速度控制单元没有准备好"，ALM430 报警的含义是"停止时 Z 轴的位置跟随误差超过"。

根据以上故障现象，考虑到机床搬迁前工作正常，可以认为机床的剧烈振动是引起 X、Y、Z 等进给轴驱动器的速度控制准备信号（VRDY 信号）为 OFF 状态，且 Z 轴的跟随误差超过的根本原因。

分析机床搬迁前后的最大变化是输入电源发生了改变，因此，电源相序接反的可能性较大。检查电源进线，确认了相序连接错误。更改后机床恢复正常。

［例 7—2］～［例 7—3］　运动失控的故障维修。

［例 7—2］　故障现象：一台配置 FANUC 6ME 系统的加工中心，由于伺服电动机损坏，在更换了 X 轴伺服电动机后，机床一接通电源，X 轴电动机即高速转动，CNC 发生 ALM410 报警并停机。

分析与处理过程：机床一接通电源，X 轴电动机即高速转动，CNC 发生 ALM410 报警并停机的故障，在机床厂第一次开机调试时经常遇到，根据维修经验，故障原因通常是由于伺服电动机的电枢或测速反馈极性接反引起的。

考虑到本机床 X 轴电动机进行过维修，存在测速发电机极性接反的可能性，维修时将电动机与机械传动系统的连接脱开后（防止电动机冲击对传动系统带来的损伤），直接调换了测速发电机极性，通电后试验，机床恢复正常。

［例 7—3］　故障现象：一台配置 FANUC 6ME 系统、FANUC 直流伺服驱动、SIEMENS 1HU3076 直流伺服电动机的进口加工中心，在机床大修后，机床一接通电源，X 轴电动机即高速转动，CNC 发生 ALM410 报警并停机。

分析与处理过程：故障分析处理过程同上，初步判定故障原因通常是由于伺服电动机的电枢或测速反馈极性接反引起的。

考虑到本机床大修时，将 X 轴电动机进行了重新安装，且 SIEMENS 1HU3076 直流伺服电动机不带测速发电机，伺服电动机的实际转速反馈信号通过对编码器的 F/V 转换得到，因此故障最大可能的原因是电动机电枢线极性接反。

维修时在电动机与机械传动系统脱开后（防止电动机冲击对传动系统带来的损伤），直接调换了电动机电枢极性，通电后试验，机床恢复正常。

［例 7—4］～［例 7—5］　速度控制单元无报警指示的故障维修。

［例 7—4］　故障现象：一台配置 FANUC 7M 系统的加工中心，开机时，系统 CRT 显示 ALM05、ALM07 报警。

分析与处理过程：FANUC 7M 系统 ALM05 报警的含义是"系统处于急停状

态"，ALM07 报警的含义是"伺服驱动系统未准备好"。

在 FANUC 7M 系统中，引起 ALM 05、ALM 07 号报警的常见原因是数控系统的机床参数丢失或伺服驱动系统存在故障。

检查机床参数正常，但速度控制单元上的报警指示灯均未亮，表明伺服驱动系统未准备好，且故障原因在速度控制单元。

进一步检查发现，Z 轴伺服驱动器上的 30 A（晶闸管主回路）和 1.3 A（控制回路）熔断器均已经熔断，说明轴驱动器主回路存在短路。

分析驱动器主回路存在短路的原因，通常都是由于晶闸管被击穿引起的。利用万用表逐一检查主回路的晶闸管，发现其中的两只晶闸管已被击穿，造成了主回路的短路。更换晶闸管后，驱动器恢复正常。

[例 7—5] 故障现象：一台配置 FANUC 6ME 系统的加工中心，在加工过程中突然停机，CRT 显示 ALM401、410、411、420、421、430、431 号报警。

分析与处理过程：FANUC 6ME 系统 CRT 上显示以上各报警的含义是：

ALM401：X、Y、Z 等进给轴驱动器的速度控制准备信号（VRDY 信号）为"OFF"状态，即伺服驱动系统没有准备好。

ALM410、420、430：X 轴、Y 轴和 Z 轴停止时的位置偏差过大。

ALM411、421、431：X 轴、Y 轴和 Z 轴移动时位置偏差过大。

根据 FANUC 6M 系统的维修说明书，发生以上报警信号的原因较多，且都与位置控制、伺服驱动器有关。实际分析，在一般情况下，系统同时发生 X 轴、Y 轴和 Z 轴伺服驱动器损坏的可能性较小，所以故障应与速度控制单元的公共部分有关。

通过检查速度控制单元的主回路电源、辅助电源等公共部分，发现伺服变压器的进线电源熔断器的其中两相已熔断。

测量伺服变压器一次（侧）进线，确认变压器柜内部存在短路。打开伺服变压器柜检查发现，伺服变压器进线的导线绝缘破损，造成了电源短路。在重新连接后，确认伺服驱动器无短路，重新开机，故障排除，机床恢复正常。

[例 7—6] 速度控制单元 TGLS 报警的故障维修。

故障现象：一台配置 FANUC 7M 系统的加工中心，开机时，CRT 显示 ALM05、ALM07 号报警。

分析与处理过程：FANUC 7M 系统发生 ALM 05 号报警的含义同 [例 7—4]。

检查机床伺服驱动系统，发现 X 轴速度控制单元上的 TGLS 报警灯亮，即 X 轴存在测速发电机断线报警，分析故障原因可能有：

(1) 测速发电机或脉冲编码器不良。

(2) 电动机电枢线断线或连接不良。

(3) 速度控制单元不良。

测量、检查 X 轴速度控制单元，发现外部条件正常；速度控制单元与伺服电动机、CNC 的连接正确，表明故障与速度控制单元或电动机有关。

为了确定故障部位，维修时首先通过互换 X、Y 轴速度控制单元的控制板，发现故障现象不变，初步判定故障在伺服电动机或电动机内装的测量系统上。

由于故障都与伺服电动机有关，维修时再次进行了同规格电动机的互换确认，故障随着伺服电动机转移。

将 X 轴电动机拆下，通过加入直流电，单独旋转电动机，电动机转动平稳、调速正常，表明电动机本身无故障。用示波器测量测速发电机输出波形，发现波形异常。拆下测速发电机检查，发现测速发电机电刷弹簧已经断裂，引起了接触不良。通过清扫测速发电机并更换电刷后，机床恢复正常。

[例 7—7]　故障现象：一台采用 FANUC 6M 系统，配套 DC10 型 PWM 直流速度控制单元的立式加工中心，开机时出现 ALM401 报警。

分析与处理过程：FANUC 6M 系统出现 ALM 401 报警的含义同前。检查速度控制单元，发现 Y 轴伺服驱动器上的 HCAL 报警灯亮，表明 Y 轴存在过电流，故障可能的原因同上。

为了确认故障部位，维修时先取下伺服电动机的电枢线，并设定了端子 S23 短路（取消由于电枢线未连接而产生 TGLS 报警）。再次开机试验，发现 HCAL 报警消失，由此确认故障与驱动器本身无关，其故障部位在电枢线或伺服电动机上。

拆下 Y 轴伺服电动机检查，发现该轴电动机由于安装位置不良，长期有冷却水溅入电枢线插头，引起了电枢线插头的绝缘不良，产生了短路。更换电动机插头，并对冷却水进行防护处理后，机床恢复正常。

[例 7—8]　速度控制单元 OVC 报警的故障维修。

故障现象：某配置 FANUC 6M 系统的进口立式加工中心，在自动加工过程中，出现 ALM402、ALM403、ALM441 报警。

分析与处理过程：FANUC 6M 出现以上报警的含义如下：

ALM402：附加轴（第 4 轴）速度控制单元过载报警。

ALM403：第 4 轴速度控制单元未准备好报警。

ALM441：第 4 轴位置跟随误差超过报警。

由于该机床的第 4 轴（A 轴）为数控转台，根据报警的含义，检查 A 轴速度控制单元及伺服电动机，发现该轴伺服电动机表面温度明显过高，证明 A 轴存在过载。

为了分清故障部位，在回转台上取下了伺服电动机，旋转 A 轴蜗杆，发现蜗杆已被完全夹紧。考虑到该轴有液压夹紧机构，在松开 A 轴液压夹紧机构后再试验，蜗杆仍无法转动，由此确认故障是由于 A 轴机械负载过重引起的。

打开 A 轴转台检查，发现转台内部的夹紧装置及检测开关位置调节不当，使 A 轴在松开状态下仍然无法转动。重新调整转台夹紧装置及检测开关后，再次试验，报警消失，机床恢复正常。

[例 7—9] 编码器不良引起的跟随误差报警的故障维修。

故障现象：某配置 FANUC 3MA 系统的数控铣床，在运行过程中，系统显示 ALM31 报警。

分析及处理过程：FANUC 3MA 系统显示 ALM 31 报警的含义是"坐标轴的位置跟随误差大于规定值"。

通过系统的诊断参数 DGN 800、801、802 检查，发现机床停止时 DGN 800（X 轴的位置跟随误差）在 $-1 \sim -2$ 之间变化；DGN801（Y 轴的位置跟随误差）在 $+1 \sim -1$ 之间变化；但 DGN802（Z 轴的位置跟随误差）值始终为"0"。由于伺服系统的停止是闭环动态调整过程，其位置跟随误差不可以始终为"0"，现象表明 Z 轴位置测量回路可能存在故障。

为进一步判定故障部位，采用交换法，将 Z 轴和 X 轴驱动器与反馈信号互换，即利用系统的 X 轴输出控制 Z 轴伺服，此时，诊断参数 DGN 800 数值变为 0，但 DGN 802 开始有了变化，这说明系统的 Z 轴输出以及位置测量输入接口无故障。故障最大的可能是 Z 轴伺服电励机的内装式编码器故障或编码器的连接电缆存在不良。

通过示波器检查 Z 轴的编码器，发现该编码器输出信号不良。更换新的编码器，机床即恢复正常。

[例 7—10] 连接不良引起跟随误差报警的故障维修。

故障现象：一台配置 FANUC 6M 系统的数控铣床（二手设备），开机后移动 X 轴，CNC 显示 ALM401、ALM411 报警。

分析与处理过程：FANUC 6M 系统 ALM401 报警的内容同前，ALM411 报警的含义是"运动时 X 轴跟随误差超过"。

进一步分析、试验，发现系统全部参数设置正确，开机时驱动器无报警，且利用增量方式或手轮方式少量移动 X 轴（≤0.2 mm），机床仍无报警，且显示变化，但电动机不转。通过诊断参数检查 X 轴跟随误差 DGN800 的值,发现在 X 轴运动时,其值不断增加,当超过 ±200 时,即出现报警,这一点与系统的"停止时允差"监控参数一致。

由于机床开机时速度控制单元均无报警,且 CNC 跟随误差能变化,初步判定机床的 CNC 与速度控制单元均无故障。利用万用表测量驱动器的 V_{CMD}(速度给定电压)输入,发现此值始终为"0",即故障原因为 CNC 的速度给定电压未输入到驱动器。

在故障确定后,检查 CNC 至速度控制单元的连线,发现 X 轴速度给定输出线中间已断裂。重新连接后,故障排除,X 轴即可正常工作。

[例 7—11] 系统参数错误引起跟随误差报警的故障维修。

故障现象:一台配置 FANUC 6ME 系统的加工中心,在开机后,CRT 显示 401、410、411、420、421、430、431 号报警。

分析与处理过程:FANUC 6M 系统 CRT 上显示以上报警的含义及分析过程同前。初步判定故障发生在速度控制单元的公共部分。

检查伺服驱动器电源、速度控制单元辅助电源等公共部分,未发现伺服驱动系统存在不良。考虑到在一般情况下,同时发生 X 轴、Y 轴、Z 轴伺服驱动器损坏的可能性较小,因此维修时检查了伺服系统的参数设定。经检查发现,该机床的部分参数存在不同程度上的错误。在故障原因不明的情况下,根据机床原出厂数据,首先对参数进行了恢复,重新开机后故障清除,机床恢复正常工作。

为了保证加工精度,又对机床的间隙、螺距等参数进行了重新测量与补偿,机床的精度得到了恢复,机床工作完全正常。

本故障的真正原因不明,初步判断属于偶然性干扰引发的存储器数据混乱。

[例 7—12] 运动不平稳故障维修。

故障现象:一台配置 FANUC 7M 系统的加工中心,进给加工过程中,发现 Y 轴有振动现象。

分析与处理过程:加工过程中坐标轴出现振动、爬行现象与多种原因有关,故障可能是机械传动系统的原因,也可能是伺服进给系统的调整与设定不当等。

为了判定故障原因,将机床操作方式置于手动方式,用手摇脉冲发生器控制 Y 轴进给,发现 Y 轴仍有振动现象。在此方式下,通过较长时间的移动后,Y 轴速度单元上 OVC 报警灯亮。证明 Y 轴伺服驱动器发生了过电流报警,根据以上现象,分析可能的原因如下:

(1) 电动机负载过重。
(2) 机械传动系统不良。
(3) 位置环增益过高。
(4) 伺服电动机不良，等等。

维修时通过互换法，确认故障原因出在直流伺服电动机上。卸下 Y 轴伺服电动机，经检查发现 6 个电刷中有 2 个的弹簧已经烧断，造成了电枢电流不平衡，使电动机输出转矩不平衡。另外，发现电动机的轴承也有损坏，故而引起 Y 轴的振动与过电流。

更换电动机轴承和电刷后，机床恢复正常。

二、FANUC 交流伺服驱动系统故障诊断与维修

[例 7—13] 小范围移动正常、大范围移动出现剧烈振动的故障维修。

故障现象：某采用 FANUC 0T 数控系统的数控车床，开机后，只要 Z 轴一移动就出现剧烈振荡，CNC 无报警，机床无法正常工作。

分析与处理过程：经仔细观察、检查，发现该机床的 Z 轴在小范围（约 2.5 mm 以内）移动时，工作正常，运动平稳无振动；但一旦超过以上范围，机床即发生剧烈振动。

根据这一现象分析，系统的位置控制部分以及伺服驱动器本身应无故障，初步判定故障在位置检测器件，即脉冲编码器上。

考虑到机床为半闭环结构，维修时通过更换电动机进行了确认，判定故障原因是由于脉冲编码器的不良引起的。

为了深入了解引起故障的根本原因，维修时做了以下分析与试验：

(1) 在伺服驱动器主回路断电的情况下，手动转动电动机轴，检查系统显示，发现无论电动机正转、反转，系统显示器上都能够正确显示实际位置值，表明位置编码器的 A、B、*A、*B 信号输出正确。

(2) 由于本机床 Z 轴丝杠螺距为 5 mm，只要 Z 轴移动 2.5 mm 左右即发生振动，因此，故障原因可能与电动机转子的实际位置有关，即脉冲编码器的转子位置检测信号 C1、C2、C4、C8 信号存在不良。

根据以上分析，考虑到 Z 轴可以正常移动 2.5 mm，相当于电动机实际转动 180°，因此，进一步判定故障的部位是转子位置检测信号中的 C8。

按照上例同样的方法，取下脉冲编码器后，根据编码器的连接要求（见表 7—23），在引脚 N/T、J/K 上加上 DC 5V 后，旋转编码器轴，利用万用表测量 C1、

C2、C4、C8，发现 C8 的状态无变化，确认了编码器的转子位置检测信号 C8 存在故障。

表 7—23　　　　　　　　　编码器引脚连接表

引脚	A	B	C	D	E	F	G	H	J/K	L	M	N/T	P	R	S
信号	A	B	C1	A	B	Z	Z	屏蔽	+5 V	C4	C8	0V	C2	OH1	OH2

进一步检查发现，编码器内部的 C8 输出驱动器集成电路已经损坏。更换集成电路后，安装编码器，并调整转子角度，机床恢复正常。

［例 7—14］　运动过程中出现振动的故障维修。

故障现象：一台配置 FANUC 11ME 系统的加工中心，在长期使用后，X 轴正向运动时发生振动。

分析与处理过程：伺服驱动系统产生振动、爬行的原因主要有以下几种：

（1）机械部分安装、调整不良。

（2）伺服电动机或速度、位置检测部件不良。

（3）驱动器的设定和调整不当。

（4）外部干扰、接地、屏蔽不良，等等。

为了分清故障部位，考虑到机床伺服系统为半闭环结构，脱开电动机与丝杠的连接后再次开机试验，发现故障仍然存在，因此初步判定故障原因在伺服驱动系统的电气部分。

为了进一步判别故障原因，维修时更换了 X、Y 轴的伺服电动机，进行试验，结果发现故障转移到了 Y 轴，由此判定故障原因是由于 X 轴伺服电动机不良引起的。

利用示波器测量伺服电动机内装式编码器的信号，最终发现故障是由于编码器不良而引起的。更换编码器后，机床恢复正常工作。

［例 7—15］　开机后电动机产生尖叫的故障维修。

故障现象：一台配置 FANUC 15MA 数控系统的龙门加工中心，在启动完成、进入可操作状态后，X 轴只要一运动即出现高频振荡，电动机产生尖叫，系统无任何报警。

分析与处理过程：在故障出现后，观察 X 轴滑板，发现实际滑板振动位移很小；但触摸电动机输出轴，可感觉到转子在以很小的幅度、极高的频率振动，且振动的噪声就来自 X 轴伺服电动机。

考虑到振动无论是在运动中还是静止时均发生，且都与运动速度无关，故基本上可以排除测速发电机、位置反馈编码器等硬件损坏的可能性。

分析可能的原因是 CNC 中与伺服驱动有关的参数设定、调整不当引起的，且由于机床振动频率很高，因此时间常数较小的电流环引起振动的可能性较大。

由于 FANUC 15MA 数控系统采用的是数字伺服，伺服参数的调整可以直接通过系统进行。维修时调出伺服调整参数页面，并与机床随机资料中提供的参数表对照，发现参数 PRM1852、PRM1825 与提供值不符，设定值如下：

参数号	正常值	实际设定值
1852	1000	3414
1825	2000	2770

将上述参数重新修改后，振动现象消失，机床恢复正常运行。

[例 7—16] 驱动器无准备好信号的故障维修。

故障现象：一台配置 FANUC 0M 系统的加工中心，机床启动后，在自动方式下运行，CRT 显示 401 号报警。

分析与处理过程：FANUC 0M 系统出现 401 号报警的含义是"轴伺服驱动器的 VRDY 信号断开，即驱动器未准备好"。

根据故障的含义以及机床上伺服进给系统的实际配置情况，维修时按下列顺序进行了检查与确认：

（1）检查 L/M/N 轴的伺服驱动器，发现驱动器的状态指示灯 PRDY、VRDY 均不亮。

（2）检查伺服驱动器电源 AC100 V、AC18 V 均正常。

（3）测量驱动器控制板上的辅助控制电压，发现 ±24 V、±5 V 异常。

根据以上检查，可以初步确定故障与驱动器的控制电源有关。

仔细检查输入电源，发现 X 轴伺服驱动器上的输入电源熔断器的电阻值大于 2 MΩ，远远超出规定值。经更换熔断器后，再次测量直流辅助电压，±24 V、±5 V 恢复正常，状态指示灯 PRDY、VRDY 均恢复正常，重新运行机床，401 号报警消失。

[例 7—17] 伺服驱动器出现 TG 报警的故障维修。

故障现象：某配置 FANUC PM0 系统的数控车床，在加工过程中，不定期地经常出现 ALM401 号报警。

分析与处理过程：FANUC PM0 系统 ALM401 报警的含义是"伺服驱动器的'准备好'（DRDY）信号断开"，通过对驱动器的检查，可以得知其原因是伺服驱动器的 TG 报警。由于本故障为不定期发生，可以认为电缆的连接不可靠是引起故障的原因之一。

重新连接驱动器的连接电缆及屏蔽线、接地线，故障不再出现。

[例 7—18] 伺服驱动器出现 HC 报警的维修。

故障现象：一台配置 FANUC 15MA 数控系统的龙门加工中心，开机时 Y 轴伺服一接通，系统就出现过电流报警（报警号 SV003）。

分析与处理过程：FANUC 15MA 系统 SV003 报警的内容为 "YAXIS EXCESS CURRENTIN SERV0"。检查 X、Y、Z 轴伺服驱动器的状态指示，发现 Y 轴伺服驱动器的过电流报警灯 HC（红色）亮，指示 Y 伺服驱动器的直流母线存在过电流。

FANUC 交流伺服直流母线是通过三相整流桥 DS 将 R、S、T 三相交流电整流成直流后，经电容 C 滤波作为逆变回路的逆变电源。因此，故障可能的原因有：

(1) 控制板的直流母线电流检测环节（如采样电阻 R1）、反馈环节不良。

(2) 逆回路的大功率晶体管损坏。

通过使用在线测试仪，同时进行 Y 轴驱动器控制板和 Z 轴驱动器控制板的信号比较，发现 Y 轴驱动器控制板上有两个厚膜集成电路（型号为 DV47HA6640）损坏，使同一相中的两个大功率晶体管同时导通，造成了直流母线的短路。更换两个损坏的厚膜集成电路 DV47HA6640 后，故障排除。

[例 7—19] 故障现象：某配置 FANUC 0i 系统、αi 系列伺服驱动的立式数控铣床，在自动加工过程中突然出现 ALM414、ALM411 报警。

分析与处理过程：FANUC 0i 系统发生 ALM411 报警的含义是 "移动过程中位置偏差过大"，ALM414 报警的含义是 "数字伺服报警（Z – Axis DETECTION SYSTEM ERROR）"。

检查 Z 驱动器显示 "8"，表明 Z 轴 IPM 报警，可能的原因是 Z 轴过电流、过热或 IPM 控制电压过低。利用系统诊断参数 DGN200 检查发现 DGN200 bit5 = 1，表明 Z 轴驱动器出现过电流报警。

根据以上诊断、检查，可以初步确认故障原因为 Z 轴过电流。考虑到机床的伺服进给系统为半闭环结构，维修时脱开了电动机与丝杠间的联轴器，手动转动丝杠，发现该轴运动十分困难，由此确认故障原因在机械部分。

进一步检查机床机械部分，发现 Z 导轨表面无润滑油，检查机床润滑系统的定量分油器，确认定量分油器不良。更换定量分油器后，通过手动润滑较长时间，保证 Z 导轨润滑良好后，再次开机试验，报警消失，机床恢复正常工作。

[例 7—20] 驱动器同时出现 OV、TG 报警。

故障现象：一台配置 FANUC 0TE – A2 系统的数控车床，X 轴运动时出现

ALM401 报警。

分析与处理过程：检查报警时 X 轴伺服驱动板 PRDY 指示灯不亮，OV、TG 两报警指示灯同时亮，CRT 上显示 ALM401 号报警。断电后 NC 重新起动，按 X 轴正/负向运动键，工作台运动，但 2~3 s，又出现 ALM401 号报警，驱动器报警不变。

由于每次开机时 CRT 无报警，且工作台能运动，一般来说，NC 与伺服系统应工作正常，故障原因多是由于伺服系统的过载。

为了确定故障部位，考虑到本机床为半闭环结构，维修时首先脱开了电动机与丝杠间的同步带，检查 X 轴机械传动系统，用手转动同步带轮及 X 轴丝杠，刀架上下运动平稳正常，确认机械传动系统正常。

检查伺服电动机绝缘、电动机电缆、插头均正常。但用电流表测量 X 轴伺服电动机电流，发现 X 轴静止时，电流值在 6~11 A 范围内变动。因 X 轴伺服电动机为 A06B-0512-B205 型电动机，额定电流为 6.8 A，在正常情况下，其空载电流不可能大于 6 A，判断可能的原因是电动机制动器未松开。

进一步检查制动器电源，发现制动器 DC 90V 输入为"0"，仔细检查后发现熔断器座螺母松动，连线脱落，造成制动器不能松开。重新连接后，确认制动器电源已加入。开机后故障排除。

本章思考题

1. 为何半闭环控制的数控机床，可以获得比开环控制的数控机床高的精度，但比闭环控制的数控机床精度低呢？
2. 简述开环、半闭环、闭环控制系统数控机床的特点及应用。
3. 根据 SCR 双环调速系统的原理框图，简述其自动调速原理及特点。
4. PWM 速度控制系统与 SCR 速度控制系统相比，有哪些优点？
5. 采用磁场矢量控制方式的交流伺服系统，具有哪些特点？
6. 试分析 FANUC 直流伺服系统的 SCR 速度控制单元的主要故障与原因。
7. 试分析 FANUC 直流伺服系统的 PWM 速度控制单元的主要故障与原因。
8. 简述直流伺服电动机的故障诊断与维修。
9. 简述交流伺服电动机的故障诊断与维修。
10. FANUC 伺服系统的动作确认需注意的事项及操作过程有哪些？

第八章

主轴驱动系统故障诊断与维修

主轴驱动系统分为直流主轴驱动系统和交流主轴驱动系统。本章介绍 FANUC、SIEMENS 直流和交流主轴驱动装置的结构、工作原理及接口技术，并介绍常见故障现象及处理方法。重点掌握 FANUC 和 SIEMENS 交流主轴驱动装置常见故障现象及故障排除方法。

第一节 主轴驱动基础

一、数控机床对主轴驱动系统的要求

主轴驱动系统是在数控系统中完成主运动的动力装置。主轴驱动系统通过传动机构将电动机提供的动力和运动转变成主轴上安装的刀具（如数控铣床、加工中心）或工件（如数控车床）的切削力矩和切削速度，配合进给运动加工出理想的零件。主轴的运动是零件加工的成形运动之一，其精度对零件的加工精度有较大的影响。

1. 调速范围宽并实现无级调速

这是为了保证加工时选用合适的切削用量，以获得最佳的生产率、加工精度和表面质量。特别是具有自动换刀功能的数控加工中心，为适应各种刀具、工序和材料的加工要求，对主轴的调速范围要求更高，要求主轴能在较宽的转速范围内根据数控系统的指令自动实现无级调速，并减少中间传动环节，简化主轴箱。

目前主轴驱动装置的恒转矩调速范围已可达 1∶100，恒功率调速范围也可达 1∶30，一般过载 1.5 倍时可持续工作 30 min。

主轴变速分为有级变速、无级变速和分段无级变速三种形式，其中有级变速仅用于经济型数控机床，大多数数控机床均采用无级变速或分段无级变速。在无级变速中，变频调速主轴一般用于普及型数控机床，交流伺服主轴则用于中、高档数控机床。

2．恒功率范围宽

主轴在全速范围内均能提供切削所需功率，并尽可能在全速范围内提供主轴电动机的最大功率。由于主轴电动机与驱动装置的限制，主轴在低速段均为恒转矩输出。为满足数控机床低速、强力切削的需要，常采用分段无级变速的方法（即在低速段采用机械减速装置），以扩大输出转矩。

3．具有四象限驱动能力

这要求主轴在正、反向转动时均可进行自动加、减速控制，并且加、减速时间要短。目前一般伺服主轴可以在 1 s 内从静止加速到 6 000 r/min。

4．具有位置控制能力

具有位置控制能力，即具有进给功能（C 轴功能）和定向功能（准停功能），以满足加工中心自动换刀、刚性攻螺纹、螺纹切削以及车削中心的某些加工工艺的需要。

5．具有较高的精度与刚度，传动平稳，噪声小

数控机床加工精度的提高与主轴系统的精度密切相关。为了提高传动件的制造精度与刚度，采用齿轮传动时齿轮齿面应采用高频感应加热淬火工艺以增加耐磨性，最后一级一般用斜齿轮传动，使传动平稳。采用带传动时应采用同步带。为提高主轴组件的刚度，应采用精度高的轴承及合理的支撑跨距。在结构允许的条件下，应适当增加齿轮宽度，提高齿轮的重合度。变速滑移齿轮一般都采用花键传动，用内径定心。侧面定心的花键对降低噪声更为有利，因为这种定心方式传动间隙小，接触面大，但需要采用专门的刀具和花键磨床加工。

6．良好的抗振性和热稳定性

数控机床加工时，可能由于持续切削、加工余量不均匀、运动部件不平衡以及切削过程中的自振等引起冲击力和交变力，使主轴产生振动，影响加工精度和表面粗糙度，严重时甚至可能损坏刀具和主轴系统中的零件，使其无法工作。主轴系统的发热使其中的零部件产生热变形，降低传动效率，影响零部件之间的相对位置精度和运动精度，从而造成加工误差。因此，主轴组件要有较高的固有频率、较好的动平衡，且要保持合适的配合间隙，并要进行循环润滑。

二、常用主轴驱动系统简介

1. FANUC 公司主轴驱动系统

从 20 世纪 80 年代开始，FANUC 公司就使用了交流主轴驱动系统。目前三个系列交流主轴电动机为：S 系列电动机，额定输出功率范围为 1.5~37 kW；H 系列电动机，额定输出功率范围为 1.5~22 kW；P 系列电动机，额定输出功率范围为 3.7~37 kW。FANUC 公司交流主轴驱动系统的特点为：

（1）采用微处理器控制技术，进行矢量计算，从而实现最佳控制。

（2）主回路采用晶体管 PWM 逆变器，使电动机电流非常接近正弦波形。

（3）具有主轴定向控制、数字和模拟输入接口等功能。

2. SIEMENS 公司主轴驱动系统

SIEMENS 公司生产的直流主轴电动机有 1GG5，1GF5，1GL5 和 1GH5 四个系列，与上述四个系列电动机配套的 6RA27 系列驱动装置采用晶闸管控制。

20 世纪 80 年代初期，该公司又推出了 1PH5 和 1PH6 两个系列的交流主轴电动机，功率范围为 3~100 kW，驱动装置为 6SC650 系列交流主轴驱动装置或 6SC611A（SIMODRIVE 611A）主轴驱动模块，主回路采用晶体管 SPWM 变频控制的方式，具有能量再生制动功能。另外，采用微处理器 80186 可进行闭环转速、转矩控制及磁场计算，从而完成矢量控制。

三、主轴伺服系统常见故障形式及诊断方法

数控机床主轴伺服系统故障有两种表现形式：一种是无报警信息故障，另一种是有报警信息故障。有报警信息故障分为两种：一种是由监视器显示故障信息的故障，另一种是由主轴驱动装置的数码管或指示灯显示故障信息的故障。

1. 数控机床主轴伺服系统无报警信息的故障

（1）主轴转速与指示值不符

故障的原因一般是 CNC 装置输出的 -10~+10 V 转速模拟量偏离转速指令对应的数值。检查 CNC 装置模拟量输出是否有问题，如有问题则检查模拟量输出电缆线连接是否松动。如果模拟量输出正常，则检查 CNC 装置和变频器模拟量的参数是否设置正确。

（2）主轴噪声和振动

如果在主轴恒转速运行过程中，反馈信号正常，主轴电动机在自由停车的过程中有异常噪声和振动，那么这种情况一般属于主轴机械的问题。如果噪声和振动周

期与主轴转速有关，那么基本上是主轴机械部分的问题。

（3）干扰

当 CNC 没有输出速度指令时，主轴有往返运动，调整零速平衡和漂移补偿不能消除该故障，这多半是由电磁干扰、屏蔽和接地措施不良造成的。因此，电源进线要采取抗干扰措施，走线要合理，信号线和反馈线要进行屏蔽，接地要可靠。

2. 数控机床主轴伺服系统有报警信息的故障

（1）过载

故障的原因可能是在加工过程中，因切削用量过太，主轴正反转频繁，主轴电动机冷却系统不良，主轴电动机内部风扇损坏，主轴电动机与主轴驱动装置之间的连线断开或接触不良等因素引起的。过载时，主轴电动机过热，CNC 和主轴驱动装置提示报警信息。检查上述可能引起故障的各种因素，逐一排除。

（2）主轴异常噪声和振动

该故障有以下两种情形：

1）如果故障发生在主轴减速过程，可能是由于主轴驱动装置内再生回路的晶体管模块损坏。

2）如果异常噪声和振动周期与主轴转速无关，可能是由于主轴驱动装置未调整好或驱动装置的控制电路不良，测速装置有故障。

（3）主轴转速偏离指令值

该故障有以下几种情形：

1）主轴电动机的负载过大或主轴的转速极限值设定太小而造成主轴电动机过载，会引起主轴转速偏离指令值。

2）如果问题发生在主轴减速过程，可能是由于再生回路的控制有故障或再生回路中的晶体管模块损坏。

3）速度反馈信号出现故障，速度反馈信号电缆线接触不良或断线。

4）主轴驱动装置有故障。

（4）主轴转速与进给不同步

当数控机床进行螺纹切削、攻螺纹或其他需要主轴转速与进给坐标轴进行同步配合的加工动作时，要依靠脉冲编码器配合工作。当主轴转速与进给不同步时，一般是由于脉冲编码器有故障，反馈信号异常。

（5）主轴定位抖动

该故障有以下两种情形：

1）主轴定位一般分为机械准停定位、电气准停定位和脉冲编码器的准停定位。当主轴定位抖动时，准停装置可能有故障。

2) 主轴定位要有一个减速过程，如果减速或增益参数设置不当，会引起主轴定位抖动。

(6) 主轴电动机不转

该故障有以下两种情形：

1) CNC 装置没有速度信号输出，速度信号传输有故障，致使信号没有接通，主轴的启动条件如润滑、冷却等制约了主轴启动。

2) 如果有主轴准停信号，则控制信号的流程可能有问题，设定不正确或准停装置有故障。

第二节　直流主轴驱动系统

一、直流主轴驱动原理

1. 直流主轴电动机主电路及其工作原理

数控机床主轴要求正、反转，且切削功率尽可能大，并希望停止和改变转向迅速，故主轴直流电动机驱动装置往往采用三相桥式反并联逻辑无环流可逆调速系统，其主电路如图 8—1 所示，其中 VT1 为正组晶闸管，VT2 为反组晶闸管。

2. 主轴的四象限运行原理

反并联线路能实现电动机正、反向的电动和回馈发电制动，三相桥式反并联逻辑无环流可逆调速系统四象限运行，如图 8—2 所示。

电动机正向运动时，正组晶闸管工作在整流状态，提供正向直流电流；电动机反向运动时，则由反组晶闸管工作在整流状态，提供反向直流电流，即可控制电动机在第一、三象限的启动和升、降速。

当电动机需要从正向运动状态转到反向电动状态时，速度指令由正变负，正组晶闸管进入逆变状态，电动机电枢回路中的电感储能维持电流方向不变，电动机仍处于电动状态，但电枢电流逐渐减小。当电枢电流到零后，必须使正、反组晶闸管都处于封锁状态，避免控制失误造成短路，此时电动机在惯性作用下自由转动。经过安全延时后，反组晶闸管进入有源逆变状态，电动机工作在回馈发电制动状态，将机械能送回电网，转速迅速下降。转速到零后，反组晶闸管进入整流状态，电动

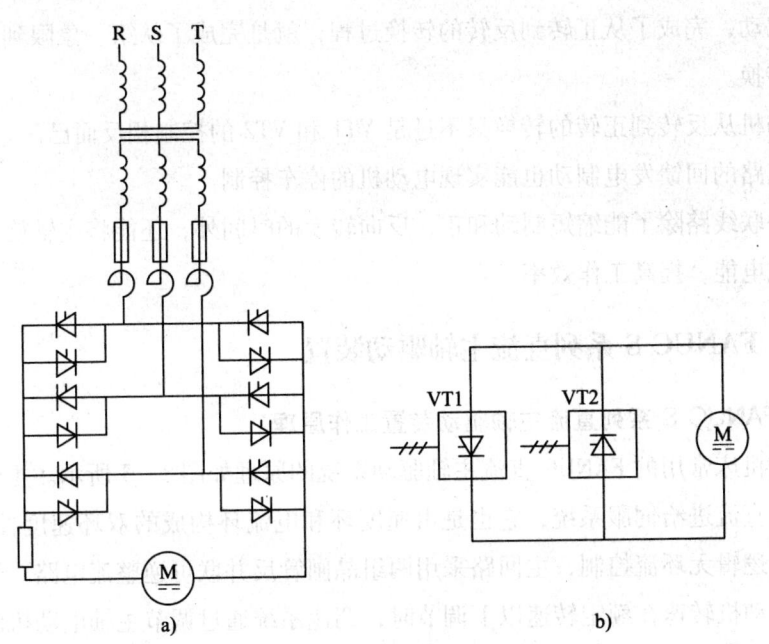

图 8—1 直流电动机三相桥式反并联逻辑无环流可逆调速系统主电路
a) 主回路原理图　b) 简化图

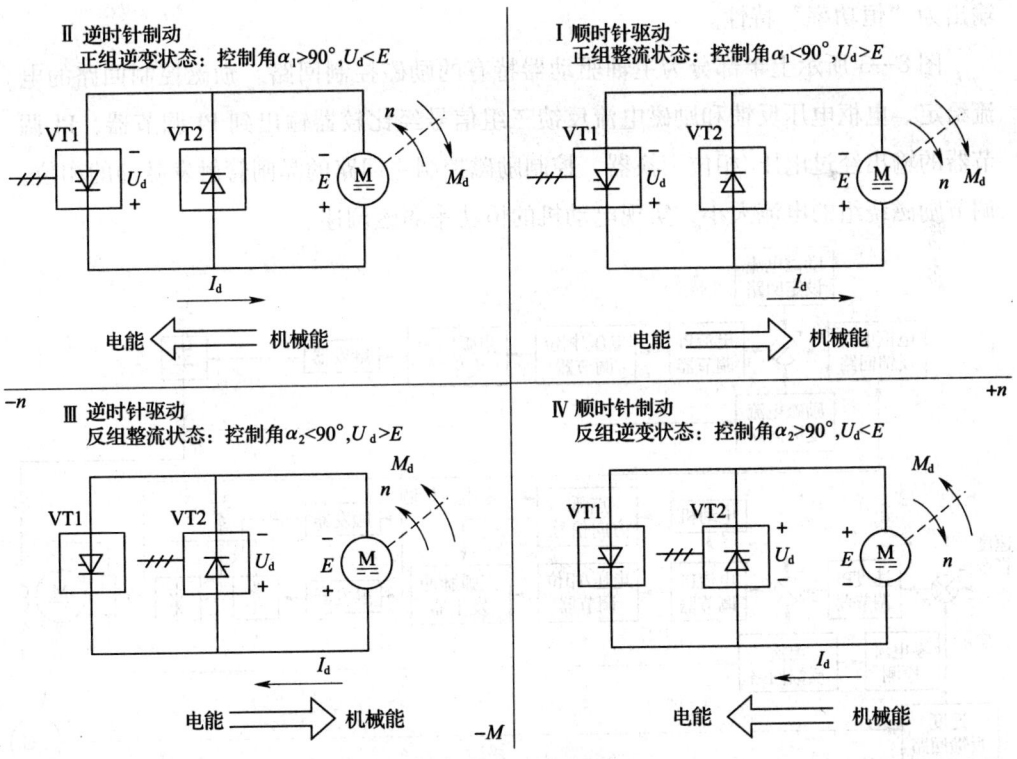

图 8—2 直流电动机三相桥式反并联逻辑无环流可逆调速系统四象限运行示意图

机反向启动，完成了从正转到反转的转换过程，就是完成了从第一象限到第三象限的工作转换。

电动机从反转到正转的转换只不过是 VT1 和 VT2 的控制相反而已。

该电路的回馈发电制动也能实现电动机的停车控制。

反并联线路除了能缩短制动和正、反向转换的时间外，还能将主轴旋转的机械能转换成电能，提高工作效率。

二、FANUC S 系列直流主轴驱动装置

1. FANUC S 系列直流主轴驱动装置工作原理

数控机床常用的 FANUC 直流主轴驱动系统的原理如图 8—3 所示。主轴驱动系统类似于直流进给伺服系统，它也是由速度环和电流环构成的双环速度控制系统。系统采用逻辑无环流控制，主回路采用两组晶闸管反并联可逆整流电路。

当电动机转速在额定转速以下调节时，调速系统通过调节主轴电动机的电枢电压实现自动变速，输出为"恒转矩"特性。当电动机转速在额定转速以上调节时，直流主轴电动机的电枢电压保持额定电压不变，通过控制励磁电流实现弱磁调速，输出为"恒功率"特性。

图 8—3 所示上半部分为主轴驱动器特有的励磁控制回路。励磁控制回路的电流给定、电枢电压反馈和励磁电流反馈三组信号经比较器输出到 PI 调节器，PI 调节器的输出经过电压/相位变换器，控制励磁控制主回路的晶闸管触发脉冲的相位，调节励磁绕组的电流大小，实现电动机的恒功率弱磁调速。

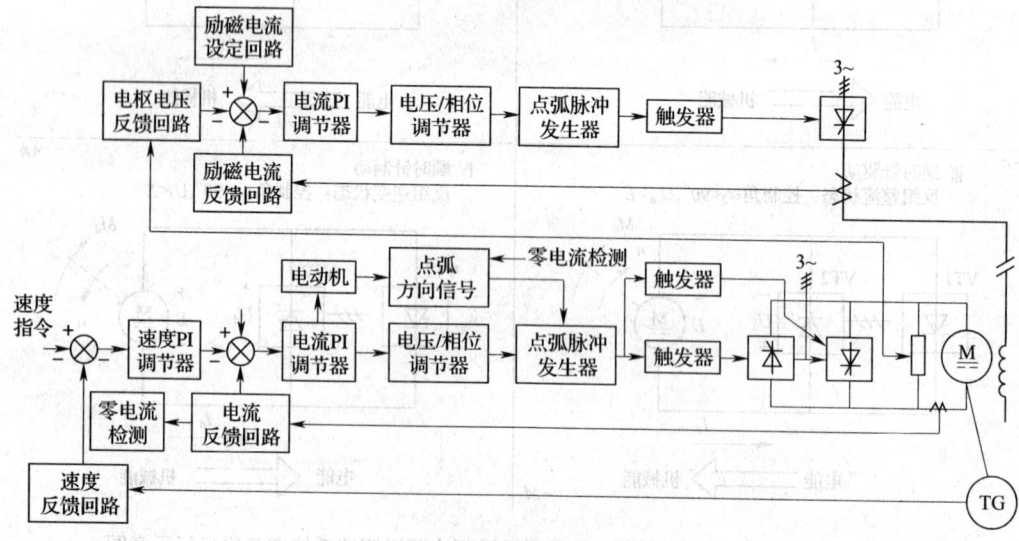

图 8—3　直流主轴驱动系统原理图

图 8—4 所示为 FANUC 直流主轴驱动器的主回路原理图。图中，两组三相全控桥式晶闸管通过反并联连接组成了可以供四象限运行的主回路，在正常情况下，驱动器可以实现再生制动。由于采用了逻辑无环流控制，所以直流主回路一般无电抗器。

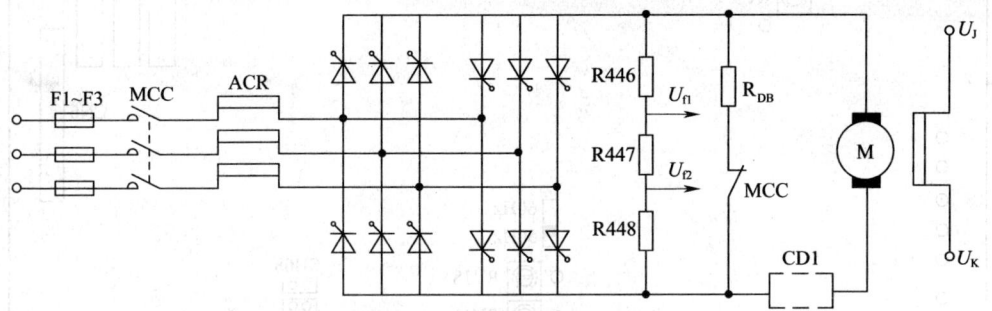

图 8—4　FANUC 直流主轴驱动器主回路原理图

主回路所用主要元器件及其作用如下：

（1）滤波电抗器 ACR。三相电源进线可以根据需要安装滤波电抗器 ACR，用于防止电网的浪涌电压与高频干扰。当进线采用了主轴变压器时，滤波电抗器 ACR 也可以省略。

（2）快速熔断器 F1～F3。为三相电源进线快速熔断器，用于主回路的短路保护，维修时应特别注意其性能，通常情况下不允许用普通熔断器代替。

（3）三相电源主接触器 MCC。可以由外部或内部信号控制其通断。MCC 除接通三相电源主回路外，其辅助触点还用于直流主回路的能耗制动上，作为外部断电或 MCC 断开时的主轴辅助制动回路的控制。

（4）能耗制动电阻 R_{DB}。主要作用是在主接触器 MCC 断开或交流主回路熔断器 F1～F3 熔断时，起辅助制动的作用，以确保电动机迅速停止。在正常工作时，它不起作用，制动形式为再生制动。

（5）直流主回路电流检测元件 CD1。用于电流反馈与过电流保护回路。

（6）电枢电压检测电阻元件 R446～R448。主要作用是检测直流主回路的电枢电压。当电枢电压达到电动机额定电压时，如电动机转速还需要提高，则可以通过励磁调节回路使系统自动进行弱磁调速。

（7）线圈 U_J～U_K 为主电动机励磁线圈，用于控制电动机的励磁电流。

2．FANUC S 系列直流主轴驱动装置结构

FANUC S 系列直流主轴驱动装置结构如图 8—5 所示，它包括 SH01～SH09 设定端，RV1～RV21 调整电位器和若干测试端以及各种信号指示灯。

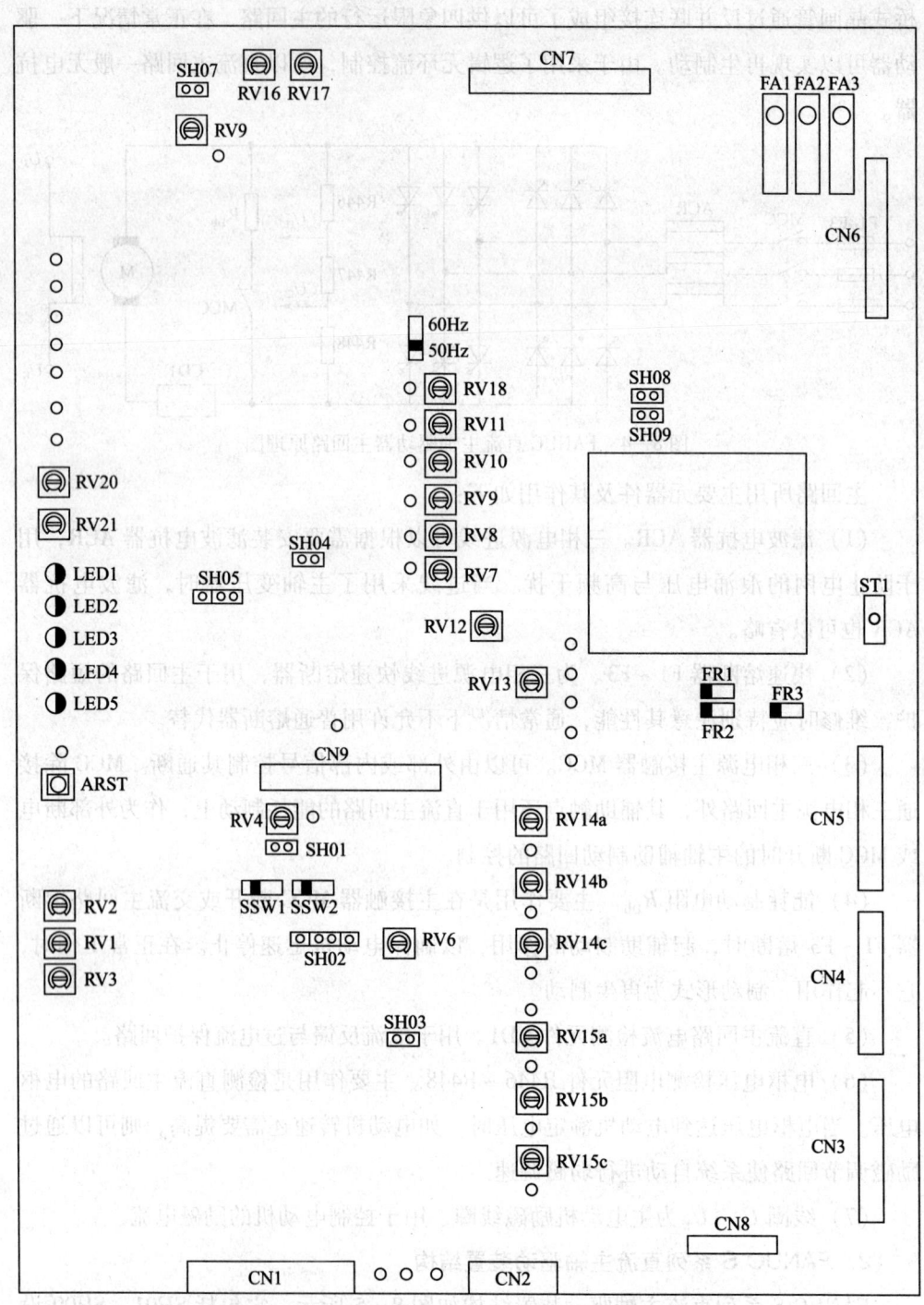

图 8—5 FANUC S 系列直流主轴驱动装置结构示意图

（1）SH01～SH09 设定端。SH01～SH09 设定端用于设定控制器的性能、功能以及规格等，以保证驱动器与配套的电动机、系统相适应。例如，SH01（1-16）用于线速度恒定控制功能设定，其他设定端具体含义可查阅 FANUC 相关手册。

（2）RV1～RV21 调整电位器。主轴控制板上的调整电位器 RV1～RV21 用于调节控制器的参数、性能等，以保证驱动器正常、可靠地工作，并获得最佳的调速性能。例如，对于 FS 6 系统常用的中等功率直流主轴驱动（A208-0008-0371～0377），调整电位器 RV1 的作用是调节速度指令电压增益大小，其他调整电位器具体含义、参考值及调整方法可查阅 FANUC 相关手册。

（3）FANUC 直流主轴驱动器报警指示灯。FANUC 直流主轴驱动器控制板上安装有 LED1～LED5 共五个发光二极管报警指示灯，分别代表不同的故障原因。当指示灯亮时，其含义如下：

1）LED1：电动机转速超过允差报警。引起故障的原因较多，其直接原因通常是测速发电机断线或连接错误导致电动机转速超过允差值。

2）LED2：励磁回路报警指示。引起报警的原因较多，可能是由于励磁回路断线或励磁电流过小引起的过电流，也可能是励磁控制板连接或元器件不良等。

3）LED3：输入电源相序不正确或输入电源缺相报警。

4）LED4：电动机或驱动器过载或过热报警。引起报警的原因较多，可能是负载过重、机械传动系统不良、温度传感器不良、连接错误等，也可能是驱动器本身的晶闸管不良或控制电路、主回路不良等方面的原因。

5）LED5：输入电压过低报警。可能是电源回路连接不良，电源缺相或外部电源过低等方面的原因。

3. 直流主轴驱动系统常见故障及处理

除根据报警指示灯进行故障诊断外，维修时也可根据故障的现象，对不同的情况进行不同的处理。

（1）主轴电动机不转

引起主轴电动机不转的原因主要有以下几个方面：

1）控制信号未满足主轴旋转的条件，如转向信号、速度给定电压未输入等。

2）控制线路板不良或表面脏。

3）触发脉冲电路故障，晶闸管无触发脉冲。

4）主轴电动机动力线断线或电动机与主轴驱动器的连接不良。

5）机械连接脱落，例如高速挡齿轮切换用的离合器、齿轮啮合不良等。

6）机床负载太大。

(2) 电动机转速异常或转速不稳定

引起电动机转速异常或转速不稳定的原因有以下几个方面：

1）CNC 的主轴模拟量输出 D/A 转换器故障。

2）测速发电机断线或测速发电机不良。

3）速度指令电压不良。

4）电动机不良，如励磁回路故障等。

5）电动机负荷过重。

6）驱动器不良。

(3) 主轴电动机振动或噪声太大

引起主轴电动机振动或噪声太大故障的原因有以下几个方面：

1）电源存在缺相或电源电压不正常。

2）驱动器上的电源开关设定错误（如 50/60 Hz 切换开关设定错误等）。

3）驱动器上的增益调整电路或颤动调整电路调整不当。

4）电流反馈回路调整不当。

5）三相电源的相序不正确。

6）电动机轴承存在故障。

7）主轴齿轮啮合不良或主轴负载太大。

(4) 发生过流报警

引起过流报警的原因可能有以下几个方面：

1）驱动器电流极限设定错误。

2）触发电路的同步触发脉冲不正确。

3）主轴电动机的电枢线圈内部存在局部短路。

4）驱动器的 +15 V 控制电源存在故障。

5）电动机负荷过重。

6）驱动器不良。

(5) 速度偏差过大

引起速度偏差过大的原因有以下几个方面：

1）机床切削负荷太重。

2）速度调节器或测速反馈回路的设定调节不当。

3）主轴负载过大，机械传动系统不良或制动器未松开。

4）电流调节器或电流反馈回路的设定调节不当。

(6) 熔断器熔断

引起熔断器熔断的原因主要有以下几个方面：

1）驱动器控制电路板不良（通常驱动器的报警指示灯 LED1 亮）。

2）电动机不良，例如电枢线短路、电枢绕组短路或局部短路，电枢线对地短路等。

3）测速发电机不良（通常驱动器的报警指示灯 LED1 亮）。

4）输入电源相序不正确（通常驱动器的报警指示灯 LED3 亮）。

5）输入电源存在缺相。

（7）热继电器保护

热继电器保护时，驱动器的 LED4 灯亮，表示电动机存在过载。

（8）电动机过热

电动机过热时，驱动器的 LED4 灯亮，表示电动机连续过载，导致过热。

（9）过电压吸收器烧坏

通常情况下，这是由于外加电压过高或瞬间电网电压干扰引起的。

（10）运转停止

运转停止时，驱动器的 LED5 灯亮，可能的原因有电源电压太低、控制电源存在故障等。

（11）LED2 灯亮

驱动器的 LED2 灯亮，表示主电动机励磁丧失，可能的原因是励磁断线、励磁回路不良等。

（12）速度达不到最高转速

引起电动机速度达不到最高转速的原因主要有以下几个方面：

1）励磁电流调整过大。

2）励磁控制回路存在不良。

3）晶闸管整流部分太脏，造成直流母线电压过低或绝缘性能降低。

（13）主轴在加/减速时工作不正常

造成主轴在加/减速时工作不正常故障的原因主要有以下几个方面：

1）加/减速电流极限设定、调整不当。

2）电流反馈回路设定、调整不当。

3）加/减速回路时间常数设定不当或电动机/负载间的惯量不匹配。

4）机械传动系统不良。

（14）电动机电刷磨损严重或电刷面上有划痕

造成电动机电刷磨损严重或电刷面上有划痕的原因有以下几个方面：

1) 主轴电动机连续长时间过载工作。
2) 主轴电动机换向器表面脏或有伤痕。
3) 电刷上有切削液进入。
4) 驱动器控制回路的设定、调整不当。

三、直流主轴驱动系统维修实例

[例8—1] 直流电动机换向器故障。

故障现象：某加工中心直流主轴在运转时抖动、噪声大。

分析与处理过程：检查主轴电动机、主轴箱和主轴驱动装置均正常。测量到测速发电机的反馈信号伴有不该出现的脉冲信号，进一步检查测速发电机，发现换向器被炭粉堵塞，绕组短路，使得测速反馈信号出现规律性脉冲，速度调节系统不稳定，从而造成主轴电动机抖动和噪声大。清除炭粉，故障排除。

[例8—2] 触发线路故障。

故障现象：某配置FANUC 15型直流主轴驱动器的数控仿形铣床，主轴启动后，在运转过程中声音沉闷；当主轴制动时，CRT显示"FEED HOLD"（进给保持），主轴驱动装置的过电流报警指示灯亮。

分析与处理过程：为了判别主轴过电流报警产生的原因，维修时首先脱开主轴与主轴驱动器间的连接，检查机械传动系统，未发现异常，因此排除了机械系统的原因。然后测量、检查绕组、对地电阻及它们的连接情况，在对换向器及电刷进行检查时，发现部分电刷已达使用极限，换向器表面有严重的烧熔痕迹。

针对以上问题，维修时首先更换同型号的电刷，并拆开换向器，对换向器的表面进行修磨处理。重新安装后再进行试车，当时故障消失，但在第二天开机时又再次出现上述故障，并且在机床通电约30 min之后故障自动消失。

根据以上现象，由于排除了机械传动系统、主轴、连接方面的原因，故而可以判定故障原因在主轴驱动器上。

对照主轴伺服驱动系统的原理图，重点针对电流反馈环节的有关线路进行分析检查：对电路板中有可能虚焊的部位进行重新焊接，对全部连接插件进行表面处理，但故障现象仍然存在。

由于维修现场无驱动器备件，不可能进行驱动器的电路板互换处理。为了确定故障的大致部位，针对机床通电约30 min后故障可以自动消失这一特点，维修时采用局部升温的方法，用吹风机在距电路板8~10 cm处，对电路板的每一部分进行局部升温，结果发现当对触发电路升温后，主轴运转可以马上恢复正常。由此分析，初步判定故障部位在驱动器的触发电路上。

通过示波器观察触发部分电路的输出波形，发现其中的一片集成电路在常温下无触发脉冲发生，引起整流回路 U 相的四只晶闸管（正组和反组各两只）的触发脉冲消失，更换此芯片后故障排除。

维修完成后，进一步分析故障原因，在主轴驱动器工作时，三相全控桥整流主回路有一相无触发脉冲，导致直流母线整流电压波形脉动变大，谐波分量提高，产生换向困难，运行声音沉闷。当主轴制动时，由于驱动器采用的是回馈制动，控制线路首先要关断正组的触发脉冲，并触发反组的晶闸管使其逆变。逆变时同样由于缺一相触发脉冲，使能量不能及时回馈电网，因此产生过流，从而驱动器产生过电流报警，保护电路动作。

[例 8—3] 晶闸管的触发电路故障。

故障现象：某加工中心采用直流主轴电动机、逻辑无环流可逆调速系统，当用 M03 指令启动时有"咔咔"的冲击声，电动机换向片上有轻微的火花，启动后无明显的异常现象；用 M05 指令使主轴停止运转时，换向片上出现强烈的火花，同时伴有"叭叭"的放电声，随即交流回路的熔丝熔断。火花的强烈程度与电动机的转速有关，转速越高，火花越大，启动时的冲击声也越明显。用急停方式停止主轴，换向片上没有任何火花。

分析与处理过程：该机床的主轴电动机有以下两种制动方式：

（1）电阻能耗制动：只用于急停。

（2）回馈制动：用于正常停机（M05）。主轴直流电动机驱动系统是一个逻辑无环流可逆控制系统，任何时候不允许正、反两组晶闸管同时工作，制动过程为"本桥逆变—电流为零—他桥逆变制动"。根据故障特点，急停时无火花，而用 M05 指令时有火花，说明故障与逆变电路有关。他桥逆变时，电动机运行在发电机状态，导通的晶闸管始终承受着正向电压，这时晶闸管触发控制电路必须在适当时刻使导通的晶闸管受到反压而被迫关断。若是漏发或延迟了触发脉冲，已导通的晶闸管就会因得不到反压而继续导通，并逐渐进入整流状态，其输出电压与电动势成顺极性串联，造成短路，引起换向片上出现火花、熔丝熔断故障。同理，启动过程中的整流状态，若漏发触发脉冲，已导通的晶闸管会在经过自然换向点后自行关断，这将导致晶闸管输出断续，造成电动机启动时的冲击。因此，本故障是由晶闸管的触发电路故障引起的。更换电路板，故障排除。

第三节 交流主轴驱动系统

随着交流调速技术的发展，目前数控机床的主轴驱动多采用交流主轴电动机配变频器控制的方式。变频器的控制方式从最初的电压空间矢量控制（磁通转迹法）到矢量控制（磁场定向控制），发展至今为直接转矩控制，从而能方便地实现无速度传感器化。PWM 技术从正弦 PWM 发展至优化 PWM 技术和随机 PWM 技术，以实现电流谐波畸变小、电压利用率最高、效率最优、转矩脉冲最小及噪声强度大幅度削弱的目标。功率器件由 GTO、GTR、IGBT 发展到智能模块 IPM，使开关速度快，驱动电流小，控制驱动简单，故障率降低，干扰得到有效控制，保护功能进一步完善。

一、变频调速技术

1. 变频器的分类

变频器的功能是将电网电压提供的恒压恒频 CVCF 交流电变换为变压变频 VVVF 交流电，变频伴随变压，对交流电动机实现无级调速。

变频器常见类型如图 8—6 所示。

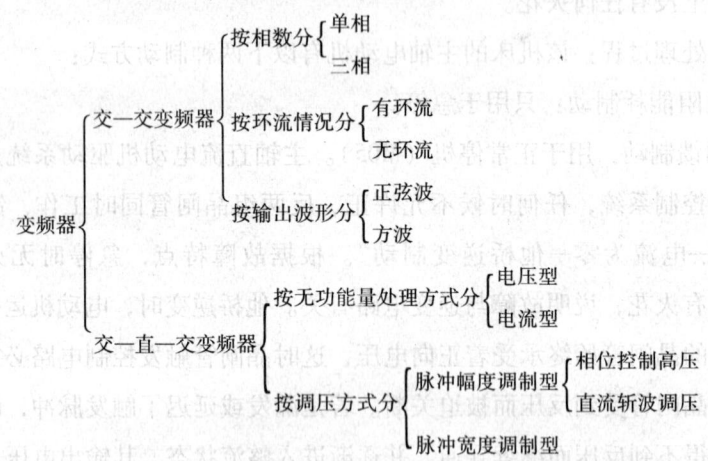

图 8—6 变频器常见类型

2. 常用变频器结构框图及基本特点

交—交变频器与交—直—交变频器的结构框图如图 8—7 所示。交—交变频器没有明显的中间滤波环节，电网交流电被直接变成可调频调压的交流电，又称为直

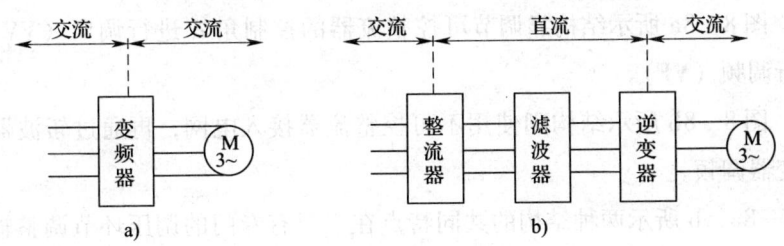

图 8—7 两种类型变频器结构框图
a) 交—交变频器 b) 交—直—交变频器

接变频器。交—直—交变频器先把电网交流电转换为直流电,经过中间的滤波环节之后,再进行逆变才能转换为变频变压的交流电,故称为间接变频器。在数控机床上,一般采用交—直—交变频器。

交—直—交变频器有明显的中间滤波环节,按照这个中间滤波环节是电容性或是电感性,可以将交—直—交变频器划分为电压(源)型或电流(源)型交—直—交变频器。

3. 交—直—交电压型变频器结构形式及其分析

图 8—8 所示为交—直—交电压型变频器的主电路结构形式。在电压型变频器中,因采用电容滤波,故输出电压波形是规则的。

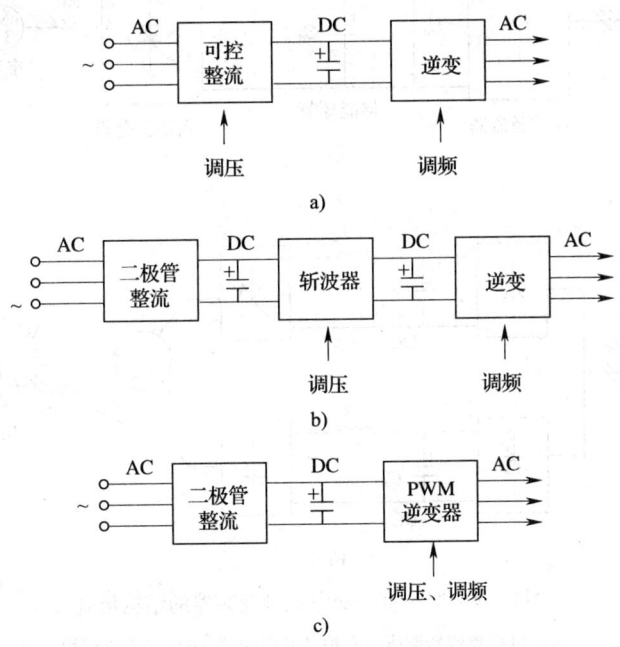

图 8—8 交—直—交电压型变频器的结构形式
a) 可控整流器调压、六拍逆变器变频 b) 二极管整流斩波器调压、六拍逆变器变频
c) 二极管整流、PWM 逆变器调压调频

（1）图 8—8a 所示结构靠调节可控整流器的控制角 α 进行调压（VV），逆变器只进行调频（VF）。

（2）图 8—8b 所示结构则使用不可控整流器接入电网，再通过斩波器进行调压，逆变器调频。

图 8—8a、b 所示两种结构的共同特点在于都有专门的调压环节调整输出电压的幅值，因此，从最后的输出波形看，它们同属于脉冲幅度调制（PAM）方式。

（3）图 8—8c 所示结构是目前通用变频器产品中最常见的主电路形式，由不可控制整流器接入电网，整流之后不调节电压幅度就送入逆变器，逆变器一次完成调频调压，因其电压幅值不可变，逆变器的调压靠改变电压输出脉冲的宽度来完成，所以以输出波形划分，该结构为脉冲宽度调制（PWM）方式。

4．交—直—交电流型变频器结构形式及其分析

图 8—9 所示为交—直—交电流型变频器主电路结构，在整流器与逆变器之间起抗干扰及无功能量缓冲作用的滤波器件是电感，因此，电流型变频器的输出电流波形比较规则。

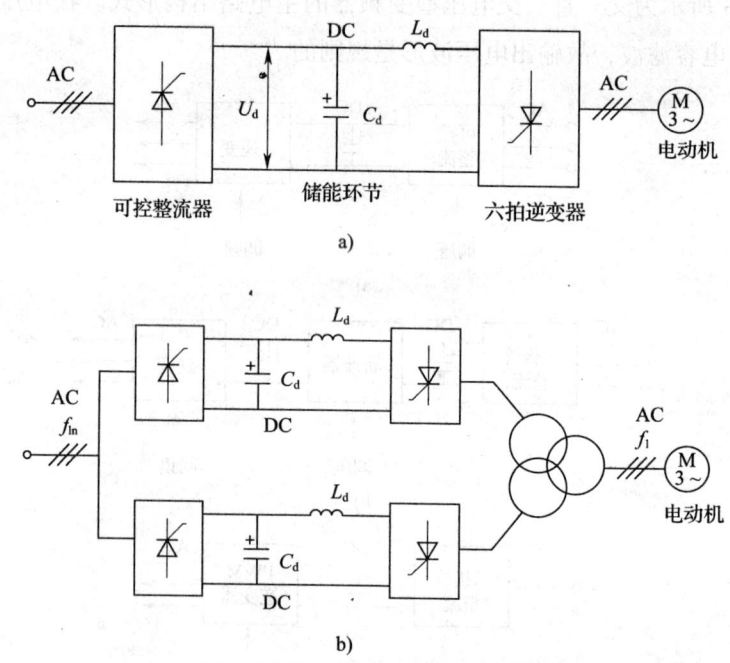

图 8—9　交—直—交电流型变频器的结构形式
a）可控整流器调压、六拍逆变器变频　b）二重化结构

（1）图 8—9a 所示结构是普通交—直—交电流型变频器的常见结构，可控整流器用于调节电压和电流的大小，逆变器变频。由于电流型变频器很少进行脉冲宽

度调制,而普通方案的输出电流波形(方波)中谐波分量太大,影响了电动机的低速性能。

(2)图8—9b所示为电流型变频器常采用的二重化结构。在该结构中,上、下两套变频器的输出方波电流频率一致,但相位上错开一定角度,输出时将两套变频器的输出电流通过变压器(或直接)叠加,叠加之后输出的交流电流将成为多阶梯的波形,更接近于正弦波,有利于抑制低速运行时的转矩脉动,扩大运行范围。

5. 逆变器的基本工作原理

下面以单相逆变桥电路为例,说明逆变器将直流电变为幅值可调的交流电的原理。单相逆变桥电路结构如图8—10a所示,由V1~V4四个逆变晶体管构成。P、N为直流母线电压端子,输入直流电压为正。规定当a端为"+",b端为"-"时,输出电压U_{ab}为"+";反之,输出电压为"-"。

(1)在前半周期,控制信号使V1、V4导通,而V2、V3截止,这时$U_{ab}=+E$。

(2)在后半周期,控制信号使V1、V4截止,而V2、V3导通,$U_{ab}=-E$。

(3)如此周而复始地交替下去,则a、b两端输出的便是交流电压U_{ab}了,其波形如图8—10b所示。

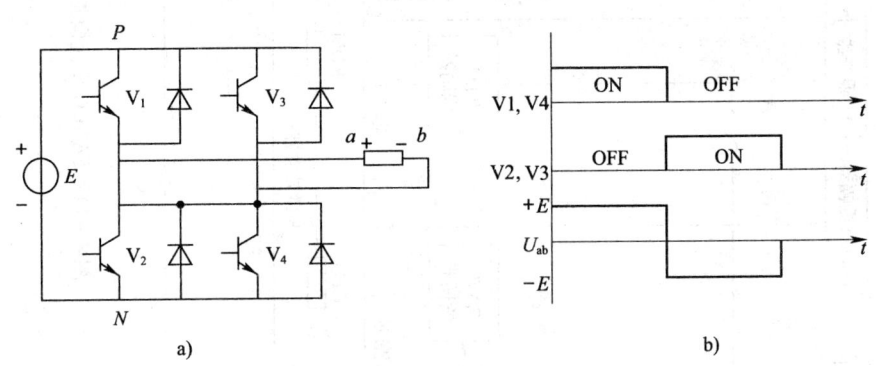

图8—10 单相逆变桥的工作原理
a)单相逆变桥线路 b)输出波形

二、FANUC交流模拟主轴驱动装置

1. FANUC交流模拟主轴驱动装置工作原理

FANUC交流模拟主轴驱动装置的工作原理如图8—11所示。其工作过程如下:

由CNC来的转速给定指令1在比较器中与测速反馈信号2比较后产生转速误差信号,这一转速误差经比例积分调节器3放大后,作为转矩给定指令电压输出。

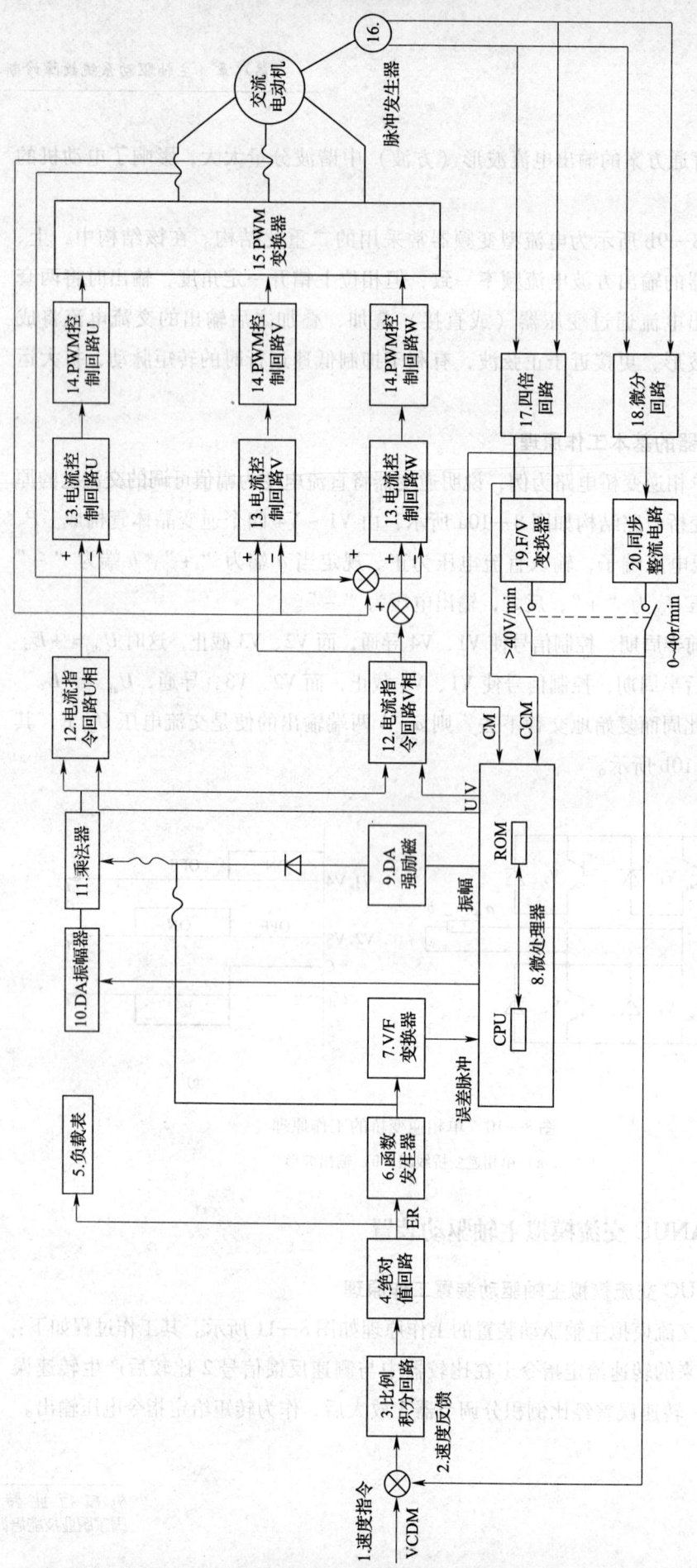

图 8—11 FANUC 交流模拟主轴驱动装置工作原理框图

转矩给定指令经绝对值回路 4 将转矩给定指令电压转化为单极性信号，然后经函数发生器 6、V/F 变换器 7，转换为转矩给定脉冲信号。

转矩给定脉冲信号在微处理器 8 中与"四倍频"回路 17 输出的速度反馈脉冲进行运算。同时，预先存储在微处理器 ROM 中的信息输出幅值和相位信号，分别送到 DA 振幅器 10 和 DA 强励磁 9。

DA 振幅器用于产生与转矩指令相对应的电动机定子电流的幅值，而 DA 励磁强化回路用于控制增加定子电流的幅值。两者输出经乘法器 11 处理后，形成定子电流的幅值给定。另外，从微处理器输出的 U、V 相位信号 $\sin\theta$ 和 $\sin(\theta-120°)$ 分别送到 U 相和 V 相的电流指令回路 12，并在电流指令回路中与幅值给定相乘后产生 U 相和 V 相的电流给定指令。

电流给定指令与电流反馈信号比较之后的误差，经放大送到 PWM 控制回路 14，变成固定频率的脉宽调制信号，其中，W 相信号由 I_U、I_V 两信号合成产生。

以上脉宽调制信号经 PWM 变换器 15，最终控制电动机的三相电流。

2. FANUC 交流模拟主轴驱动装置结构与连接

型号为 A06B-6044 系列的中等功率 FANUC 交流模拟主轴驱动装置外形如图 8—12 所示。驱动器分上下两层布置，其中上层为控制板，下层为驱动器主回路。

这种交流模拟主轴驱动装置的基本构成如下：

(1) R/S/T/G：驱动器电源进线。

(2) T1-U/V/W/G：主轴电动机电枢连接端，它必须与电动机侧的 U/V/W 一一对应。

(3) T2-FMA/B：主轴电动机冷却风机连接。

(4) TB1/2/3：连接主轴转速表、负载表，应使用单向偏转直流转速表与负载表，其中满刻度电压为 10 V，内阻在 10 kΩ 以上，连接线应使用双绞屏蔽线。

(5) CN1：控制信号连接，用于连接主轴驱动器的输入/输出信号。

(6) CN2：主轴电动机反馈编码器连接，用于主轴电动机的编码器检测信号的连接。信号连接如图 8—13 所示。其中 PA/RA、PB/RB 为编码器反馈脉冲信号，OH1/OH2 为电动机过热信号，+5 V/0 V 为编码器电源。

(7) CN3：辅助控制信号连接，用于连接主轴驱动器的输入/输出信号。

3. FANUC 交流模拟主轴驱动装置的设定、调整以及报警指示

FANUC 交流模拟主轴驱动装置速度控制板结构如图 8—14 所示。其中 S1~S9 为主轴驱动器设定端，如 S1 为取消 MRDY 信号；RV1~RV19 为调整电位器，如 RV1 用来调整速度指令电压值；CH1~CH32 为测试端，供驱动器调整与维修时检

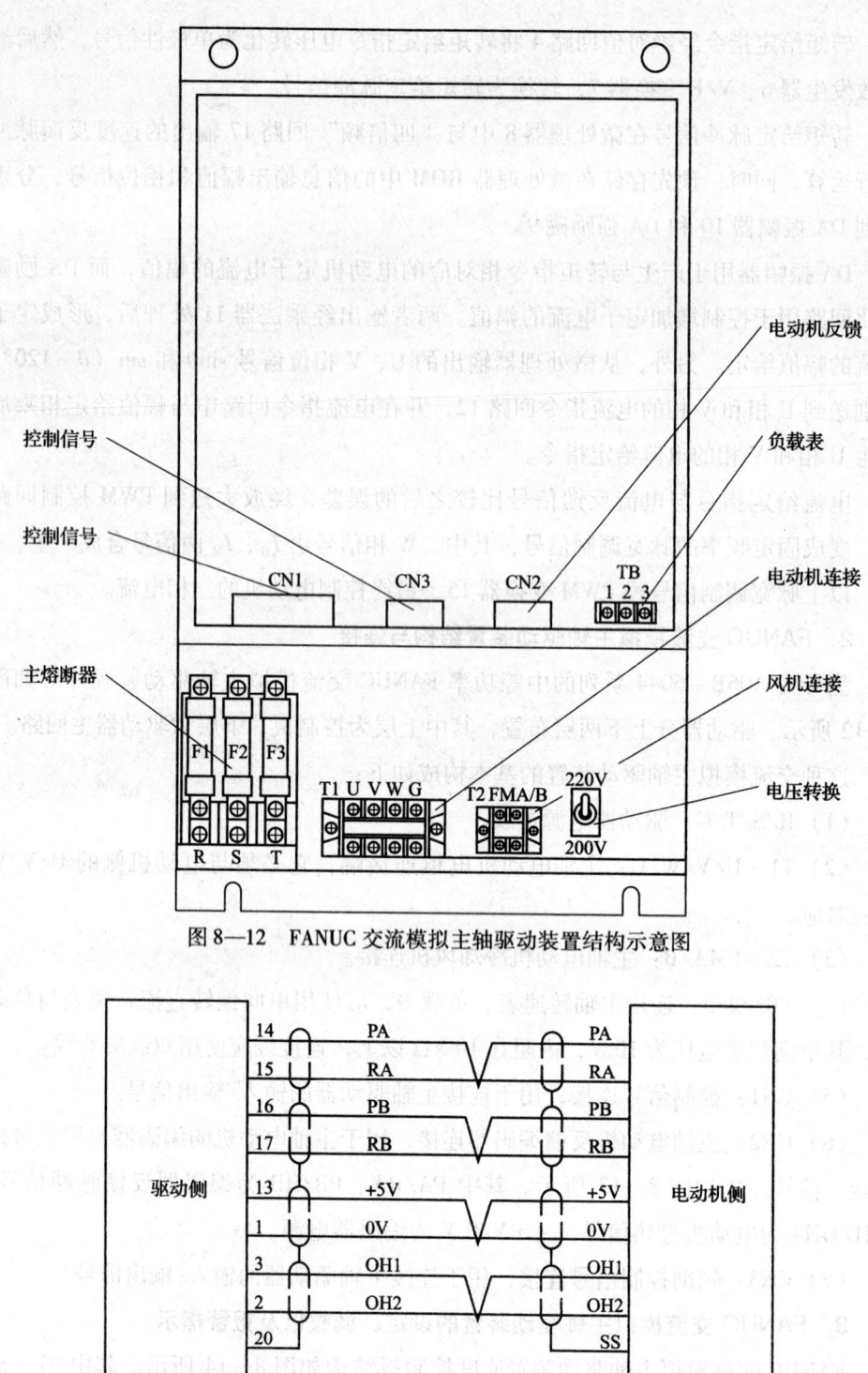

图 8—12 FANUC 交流模拟主轴驱动装置结构示意图

图 8—13 FANUC 交流模拟主轴脉冲编码器连接示意图

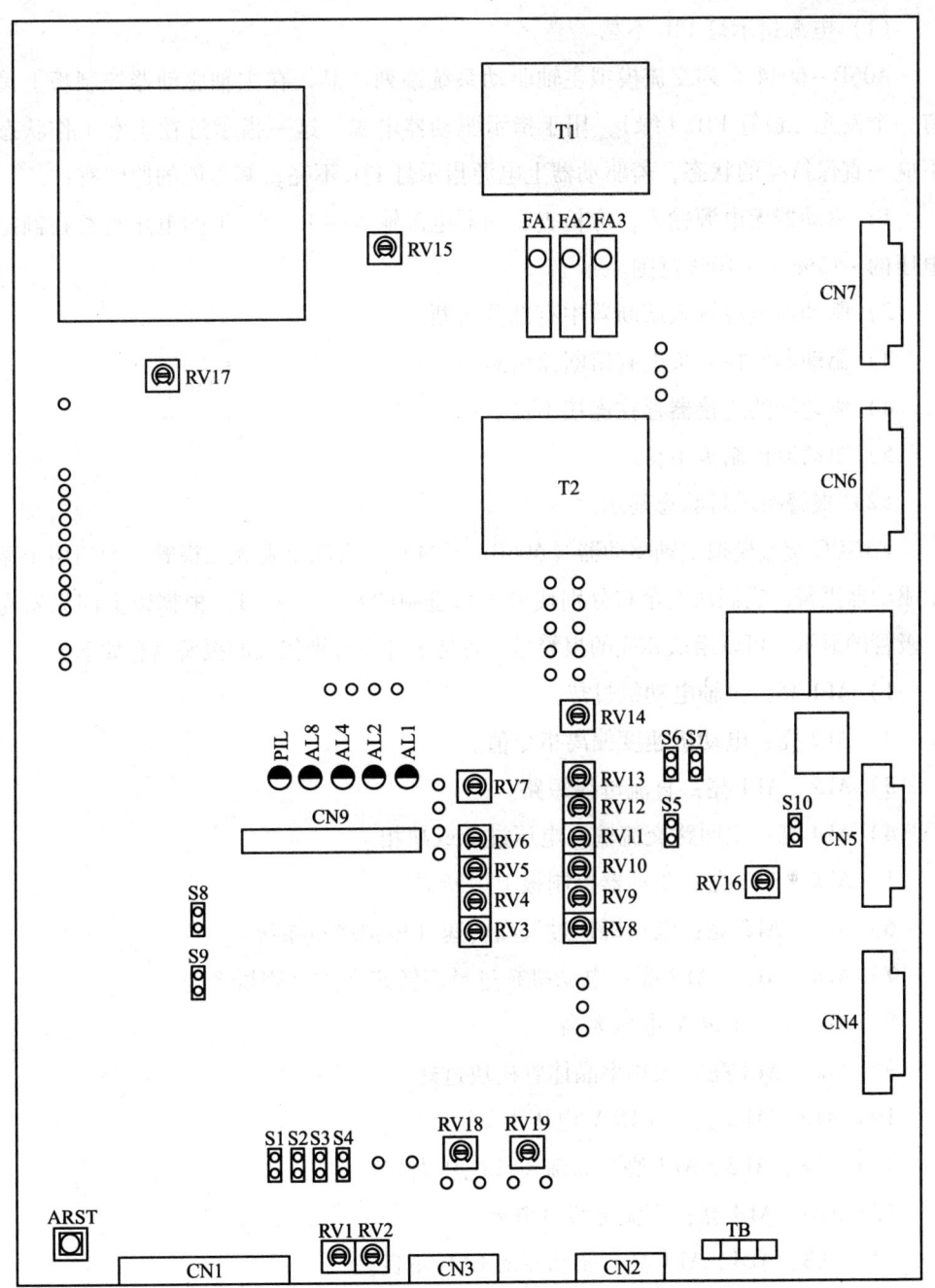

图 8—14 FANUC 交流模拟主轴驱动装置速度控制板结构示意图

测用，如 CH1 用于测试内部主轴转速给定电压。各端口的含义可查看相关用户手册。

FANUC 交流模拟主轴驱动器（A06B - 6044）上设有一个电源指示发光二极管 PIL（绿）和四个报警显示发光二极管（红），用于指示驱动器电源状态与驱动器报警。维修时可以根据指示灯的状态，分析、诊断故障，进行维修工作。

(1) 电源指示灯 PIL 不亮

A06B-6044 系列交流模拟主轴驱动系统系列产品，在主轴驱动器控制板上设有一个发光二极管 PIL（绿），用于指示驱动器电源。这一指示灯在正常工作状态下应一直保持亮的状态，若驱动器上电源指示灯 PIL 不亮，其可能的原因有：

1）驱动器无电源输入，应检查驱动器电源输入端 R、S、T 的电压是否在额定电压的 -15% ~ +10% 范围。

2）驱动器电源输入熔断器中有部分熔断。

3）驱动器的控制板上有熔断器熔断。

4）驱动器的连接器存在连接不良。

5）驱动器控制板不良。

(2) 报警指示灯状态显示

FANUC 交流模拟主轴驱动器（A06B-6044）上有四个发光二极管，专门用于显示驱动器报警，它们从左至右分别代表十六进制的 8、4、2、1。根据以上四只发光二极管的显示，可以组成相应的报警号。各指示灯亮分别代表的报警信息如下：

1）AL1 亮：主轴电动机过热。

2）AL2 亮：电动机速度偏离指令值。

3）AL2、AL1 亮：直流母线短路。

4）AL4 亮：主回路交流输入电压过低或缺相。

5）AL4、AL1 亮：驱动器控制板上熔断器熔断。

6）AL4、AL2 亮：电动机超过最高转速（模拟测量系统）。

7）AL4、AL1，AL2 亮：电动机超过最高转速（数字测量系统）。

8）AL8 亮：+24 V 电压太高。

9）AL8、AL1 亮：大功率晶体管模块过热。

10）AL8、AL2 亮：+15 V 电压太低。

11）AL8、AL2、AL1 亮：直流母线电压太高。

12）AL8、AL4 亮：直流母线过电流。

13）AL8、AL4、AL1 亮：驱动器的 CPU 不良。

14）AL8、AL4、AL2 亮：驱动器上的 ROM 不良。

15）AL8、AL4、AL2、AL1 亮：附加选择板报警。

4. FANIUC 交流模拟主轴驱动装置常见故障诊断与维修

(1) 运行过程中的噪声、振动

若主轴电动机在加/减速过程中出现不正常的噪声与振动，则应进行以下检查：

1）检查再生回路的 F5、F6 熔断器是否熔断，晶体管模块 TM7 和 TM8 的 c、e 极之间是否短路。

2）确认反馈回路电压 TSA（CH20 端）和 ER（CH28 端）信号是否有异常，如有异常应进行第 4）步检查，否则执行第 3）步。

3）在电动机旋转过程中立即拔下 CN2 插头，并观察电动机是否有异常噪声。如有，说明机床机械部分存在故障；否则是主轴驱动单元控制部分不良。

4）检查振动周期是否与速度有关，如无关应进行第 5）步检查；如有关，可能的原因有：主轴电动机与主轴之间的齿轮比不合适；主轴电动机的脉冲编码器不良；主轴电动机存在不良；主轴机械传动系统存在不良。

5）确认脉冲编码器的反馈测量端（CH7）的波形"占空比"是否为 1∶1，如是，则可能是控制板不良或机械有故障；否则可能是电位器 RV18、RV19 调整不当或是脉冲编码器故障。

（2）电动机不转或旋转异常

当出现主电动机不转或旋转异常的现象，应根据以下步骤进行分析检查：

1）如果有报警指示灯亮，则按报警号做相应的处理。

2）检查 CH1 端的 VCMD 指令是否正常，如果正常，执行第 3）步；如果不正常，应检查 CNC 的速度给定 S 模拟量输出。若 CNC 的 S 模拟量输出正常，可能是驱动器 S 模拟量接收回路不良；若 CNC 无 S 模拟量输出，则应检查 CNC 及 CNC 与驱动器的连接。

3）确认是否有"定向准停"信号存在。如无，执行第 4）步；如有，则撤销"定向准停"信号。

4）在测量端 CH13 上检查 VCMD 指令是否正确，如正确，则可能是速度调节器控制回路不良或伺服驱动器故障；如不正确，可能的原因有：无正、反转指令信号（SFR，SRV）输入；驱动器设定端 S2 设定不正确；速度调节器调整不良；主轴"定向准停"控制用的磁传感器安装不良。

三、SIEMENS 交流主轴驱动装置

1. SIEMENS 650 系列交流主轴驱动装置工作原理

SIEMENS 650 系列交流主轴驱动装置是 SIEMENS 公司 20 世纪 80 年代末开发的产品，与 1PH5/6 系列三相感应式主轴电动机配套，可组成完整的数控机床的主轴驱动系统，实现自动变速；通过附加选择，还可以实现主轴"定向准停"控制和 C 轴控制功能。

(1) 整流回路

图 8—15 所示为 SIEMENS 650 系列主轴驱动装置的工作原理框图。在数控机床上，驱动器主回路一般都直接与三相 380 V、50/60 Hz 电源相连接。直流母线的整流回路由六只晶闸管组成了三相全控桥式整流电路，通过对晶闸管导通角的控制，既可以使直流回路工作在整流方式，以向直流母线供电，也可以工作于逆变方式，实现再生制动，使得能量回馈到电网。

(2) 逆变主回路

逆变主回路采用了六只功率晶体管（带续流二极管），通过控制电路对磁场矢量的运算与控制，可输出具有精确的频率、幅值和相位的三相正弦波脉宽调制（SPWM）电压，使主电动机获得所需的转矩电流和励磁电流。输出的三相 SPWM 电压的幅值范围为 0～430 V，驱动器输出频率控制在 0～300 Hz 范围内。

在电动机制动时，能量通过逆变主回路的功率晶体管与六只续流二极管对直流母线的耦合电容进行充电，当电容上的电压（即直流母线电压）超过 600 V 时，通过控制整流主回路晶闸管导通角，使整流回路工作在逆变状态，电能回馈电网。

六只逆变晶体管有独立的驱动电路，通过对功率管 U_{ce} 和 U_{be} 的控制，可有效防止过载并对电动机绕组短路进行保护。

(3) 控制回路

驱动器的控制回路以控制模块为核心。来自 CNC 的主轴转速给定电压经过必要的处理后作为给定输入，速度给定电压与来自电动机测速发电机的速度反馈电压经过 A/D 转换后，在控制模块中进行数字化的 PI 调节运算，得到电流给定指令。电流给定指令与来自电动机主回路的实际电流反馈经过磁场矢量的运算与处理，产生具有精确的频率、幅值和相位的三相正弦波脉宽调制（SPWM）信号。SPWM 信号经过逆变驱动环节与功率驱动环节的放大，产生逆变主回路的功率晶体管的控制信号。以上全部处理与运算均由安装在 CPU 模块中的两只 16 位 CPU（80186）以及相应的控制电路完成。

2. SIEMENS 650 系列交流主轴驱动装置结构与连接

SIEMENS 交流模拟主轴大功率驱动装置 6504～6508 系列交流主轴驱动器的结构如图 8—16 所示。驱动器主要由以下模块构成。

(1) 控制模块 N1

控制模块是驱动器调节与控制的核心组件，用于对驱动器的数字化处理、调节与控制，产生 PWM 调制信号。该模块主要包括两只 CPU（80186）及必要的控制软件（五片 EPROM）。

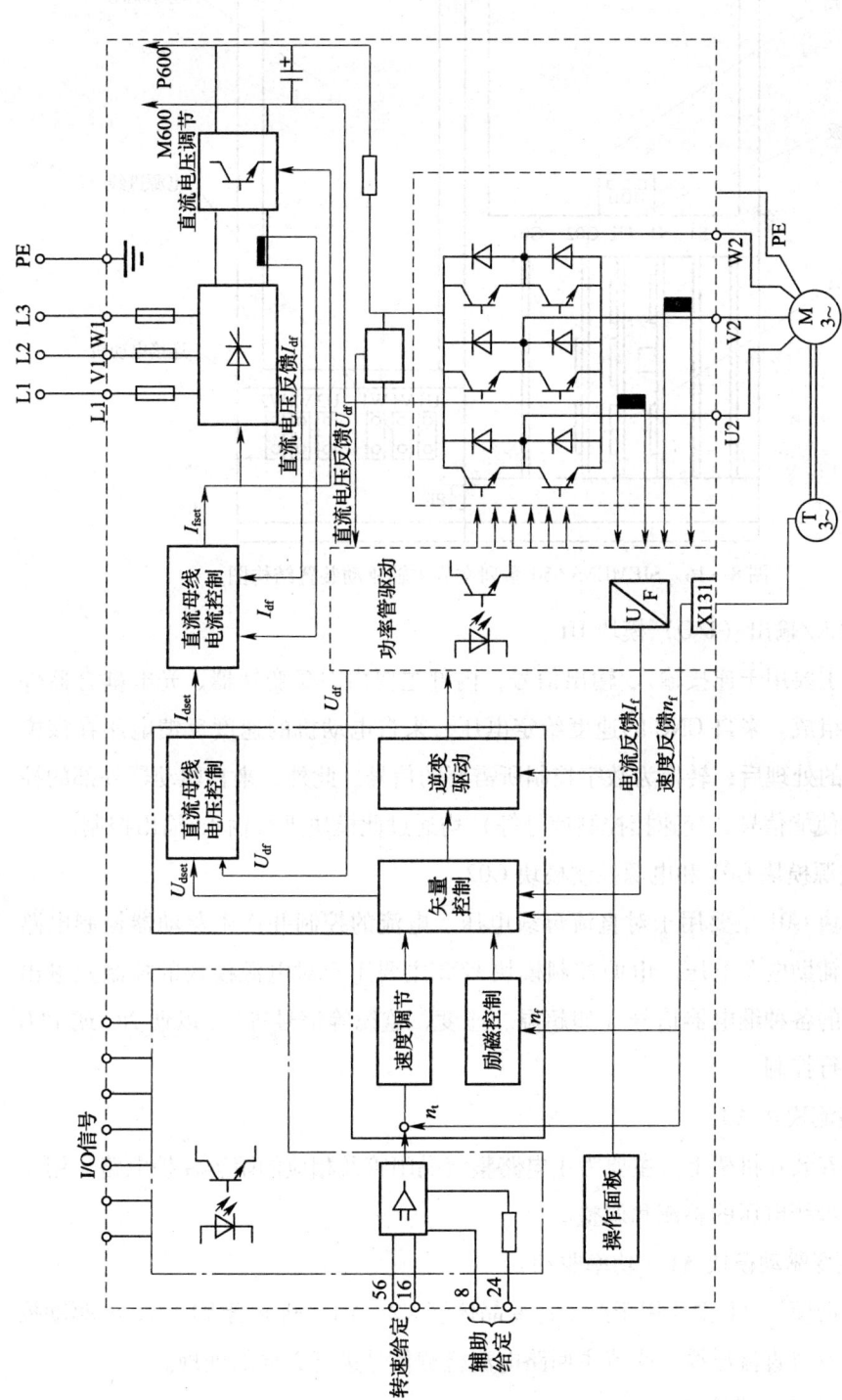

图 8—15 SIEMENS 650 系列交流主轴驱动装置工作原理框图

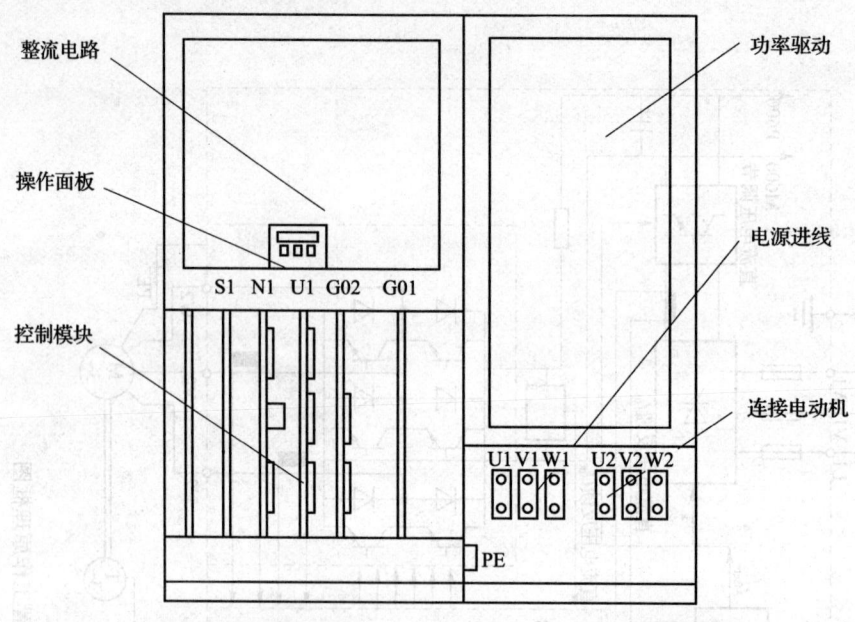

图 8—16 SIEMENS 650 系列交流主轴驱动装置结构图

(2) 输入/输出 (I/O) 模块 U1

该模块主要用于连接输入/输出信号,内部主要由 U/f 变换器、光电耦合器件等接口器件组成。来自 CNC 的速度给定电压、来自电动机的速度反馈电压在该模块进行必要的处理后,转换为数字控制所需要的信号。此外,来自驱动器外部的控制信号(如使能信号、变速挡控制信号等)均通过此模块进行输入/输出控制。

(3) 电源模块 G01 和电源控制模块 G02

电源模块 G01 主要用于对直流母线电压、电流的控制并产生驱动器控制电路所需的各种辅助电源电压。电源控制模块 G02 主要用于对电源模块的控制及输出驱动器内部的各种继电器信号(如超温、速度、监视等信号等),以便 NC 或 PLC 对驱动器进行控制。

(4) 整流模块 A0

该模块安装在机架上,主要为主电路整流晶闸管及相应的阻容保护电路,用于驱动器直流母线电压的整流和调整。

(5) 逆变驱动模块 A1(功率驱动)

逆变驱动模块 A1 主要用于产生逆变晶体管 V2～V4、斩波管 V1～V5 的驱动控制信号,以及对直流母线、交流主回路电流检测信号进行必要的处理。

(6) 功能选件模块 S1

该模块根据机床实际需要配备,功能选件可以是 C 轴控制模块 A73、主轴"定向准停"模块 A74、主轴"定向准停"与 C 轴控制模块 A75 等。

SIEMENS 650 系列交流模拟主轴驱动装置与外部设备（CNC、主轴电动机）的连接如图 8—17 所示，具体接线端子如图 8—18 所示。

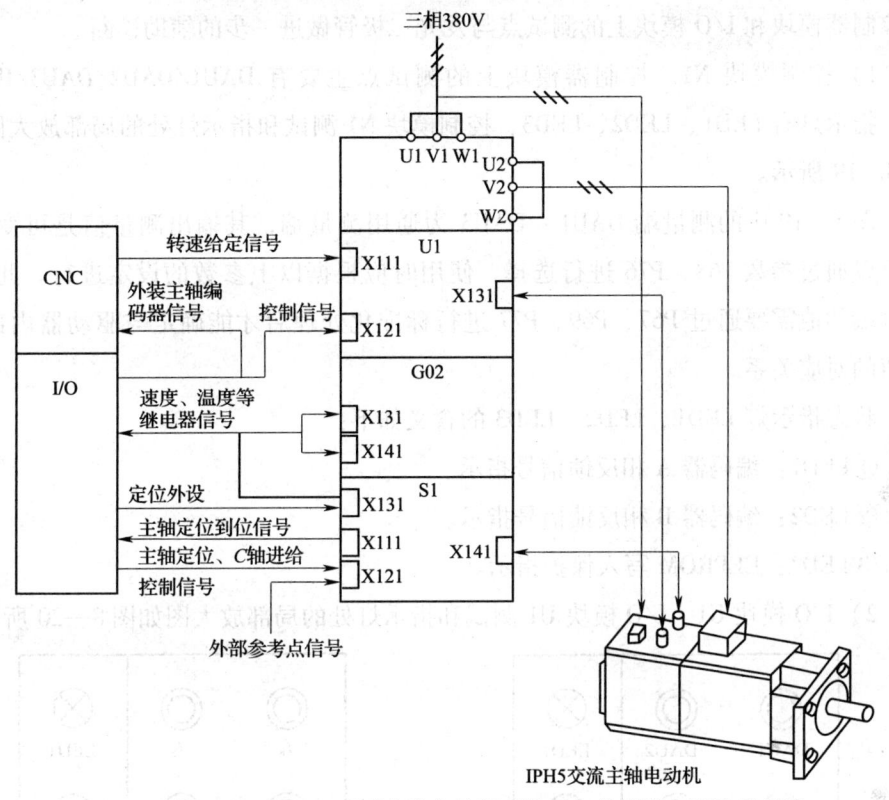

图 8—17 SIEMENS 650 系列交流主轴驱动装置与外部设备连接示意图

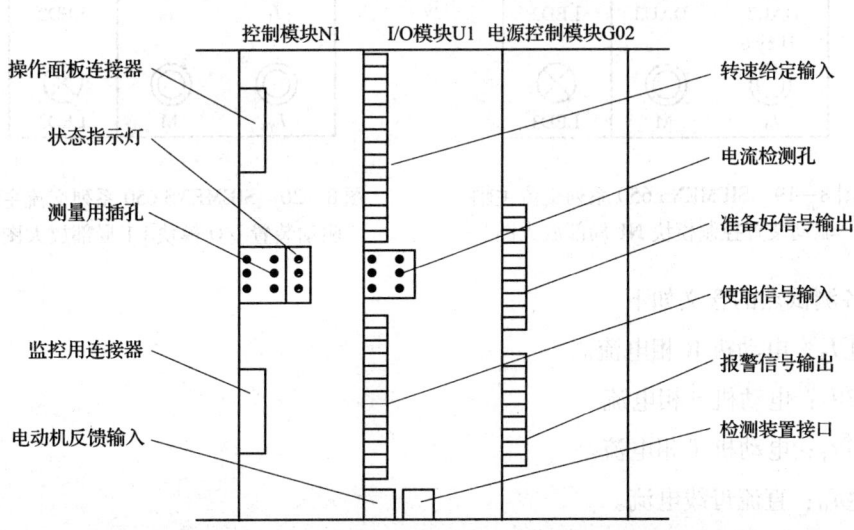

图 8—18 SIEMENS 650 系列交流主轴驱动装置与外部设备接线端子图

3. SIEMENS 650 系列交流主轴驱动装置故障诊断与维修

(1) 根据测试点或指示灯指示的故障诊断与维修

SIEMENS 650 系列主轴驱动器除了出现在显示器上的故障信息外,还可通过采用控制器模块和 I/O 模块上的测试点与发光二极管做进一步的辅助诊断。

1) 控制模块 N1。控制器模块上的测试点主要有 DAU1/DAU2/DAU3/ID/M 等,指示灯有 LED1、LED2、LED3,控制模块 N1 测试和指示灯处的局部放大图如图 8—19 所示。

图 8—19 中的测量端 DAU1~DAU3 为通用测量端,其输出测量值是可变的,并可以通过参数 P68、P76 进行选择,使用时应根据以上参数的设定进行。此外,测量端的值需要通过 P67、P69、P77 进行标准化处理后才能确定与驱动器内部实际值的对应关系。

状态指示灯 LED1、LED2、LED3 的含义如下:

①LED1:编码器 A 相反馈信号指示。

②LED2:编码器 B 相反馈信号指示。

③LED3:EEPROM 写入保护指示。

2) I/O 模块 U1。I/O 模块 U1 测试和指示灯处的局部放大图如图 8—20 所示。

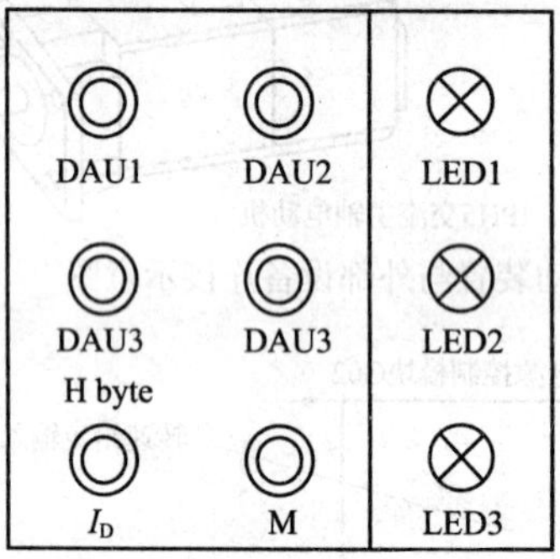

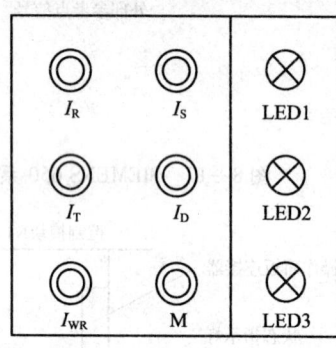

图 8—19 SIEMENS 650 系列交流主轴驱动装置控制模块 N1 局部放大图

图 8—20 SIEMENS 650 系列交流主轴驱动装置 I/O 模块 U1 局部放大图

各测试点的含义如下。

①I_R:电动机 R 相电流。

②I_S:电动机 S 相电流。

③I_T:电动机 T 相电流。

④I_D:直流母线电流。

⑤I_{WR}:电动机总电流。

⑥M：参考地。

3）大功率晶体管的诊断。驱动器参数 P70 可用来进行晶体管故障辅助诊断，当 P70 显示 0000H 以外的参数值时，表明驱动器是由于功率模块 A1 不良、电源模块 G01/G02 不良或是由于 I/O 模块不良等引起的故障。

（2）常见故障诊断与维修

常见故障诊断与维修分以下几种情况。

1）开机时显示器无任何显示。SIEMENS 650 系列交流主轴驱动系统发生故障时，通常可以通过驱动器面板上的数码管显示器显示故障代码，根据故障代码即可判断故障原因。若接通电源后显示器上所有数码管均不亮，可能的原因有：

①主电路进线断路器跳闸。

②主回路进线电源至少有两相以上存在缺相。

③驱动器至少有两个以上的输入熔断器熔断。

④驱动模块 A1 中的熔断器熔断。

⑤显示模块 H1 和控制器模块 N1 之间连接故障。

⑥辅助控制电压中的 5 V 电源故障。

⑦控制模块 N1 故障。

2）开机时显示器显示 888888。若接通电源时，数码管上所有数码位均显示 8，即显示状态为 888888，可能的原因有：

①控制器模块 N1 故障。

②控制模块 N1 上的 EPROM 安装不良或软件出错。

③I/O 模块中的"复位"信号为"I"。

（3）驱动器报警

对于数码管显示的报警信号，可以按以下内容检查故障原因。

驱动器报警：当驱动器发出报警信号时，该报警信号是通过报警代码显示的，不同的报警代码代表不同的报警原因和故障部位，具体如下。

1）F-01：电源故障。

2）F-02：相序不正确。

3）F-11：转速控制器输出最大，但无实际转速反馈。

4）F-12：驱动器过电流。

5）F-14：电动机过热。

6）F-15：驱动器过热。

7）F-19：温度传感器不良。

8）F-40：驱动器内部故障。
9）F-41：直流母线过电压。
10）F-42：直流母线过电流。
11）F-48：+24 V 电压过载。
12）F-51：直流母线过电压。
13）F-52：直流母线欠压。
14）F-53：直流母线充电故障。
15）F-54：电网频率不正确。
16）F-55：设定值错误。
17）F-56：电网频率计数故障。
18）F-57：频率检测故障。
19）F-61：超过电动机最高频率。
20）F-71：控制模块 EEPROM 低字节与总和校验错误。
21）F-72：控制模块 EEPROM 高字节与总和校验错误。
22）F-73：控制模块 EEPROM 低字节与总和校验错误。
23）F-74：控制模块 EEPROM 高字节与总和校验错误。
24）F-75：EEPROM 总和校验错误。
25）F-77：无初始脉冲。
26）F-78：I/O 程序执行超时。
27）F-81：直流母线电压过高。
28）F-82：主回路进线过电流。
29）F-P1：不能达到位置设定值。
30）F-P2：缺少零脉冲。

四、交流主轴驱动系统维修实例

[例8—4] 变频器故障。

故障现象：配置某系统的数控车床，使用安川变频器作为主轴驱动装置，当输入指令 SXX M03 后，主轴旋转，但转速不能改变。

分析与处理过程：由于该机床主轴采用的是变频器调速，在自动方式下运行时，主轴转速是通过系统输出的模拟电压控制的。利用万用表测量变频器的模拟电压输入，发现在不同转速下模拟电压有变化，说明 CNC 工作正常。

进一步检查主轴的方向输入信号正确，因此初步判定故障原因是变频器的参数设定不当或外部信号不正确。检查变频器参数设定，发现参数设定正确；检查外部控制信号，发现在主轴正转时，变频器的多级固定速度控制输入信号中有一个被固定为"1"，断开此信号后，主轴恢复正常。

[例 8—5]　螺纹乱牙故障。

故障现象：配置某系统的数控车床，在 G32 车螺纹时，出现起始段螺纹乱牙的故障。

分析与处理过程：数控车床加工螺纹，其实质是主轴的角位移与 Z 轴进给之间进行的插补，乱牙是由于主轴与 Z 轴进给不能实现同步引起的。

由于该机床使用的是变频器作为主轴调速装置，主轴速度为开环控制，在不同的负载下，主轴的启动时间不同，且启动时的主轴速度不稳，转速也有相应的变化，导致了主轴与 Z 轴进给不能实现同步。

解决以上故障的方法有如下两种：

（1）通过在主轴旋转指令（M03）后、螺纹加工指令（G32）前增加 G04 延时指令，保证在主轴速度稳定后，再开始螺纹加工。

（2）更改螺纹加工程序的起始点，使其离开工件一段距离，保证在主轴速度稳定后，再真正接触工件，开始螺纹加工。

通过采用以上方法中的任何一种都可以解决该例故障，实现正常的螺纹加工。

[例 8—6]　编码器故障。

故障现象：采用某系统的立式加工中心，配套 SIEMENS 6SC6502 主轴驱动器在调试时出现主轴定位点不稳定的故障。

分析与处理过程：维修时通过多次定位进行反复试验，确认本故障的实际故障现象及原因分析如下：

（1）实际故障现象

1）该机床可以在任意时刻进行主轴定位，定位动作正确。

2）只要机床不关机，不论进行多少次定位，其定位点总是保持不变。

3）机床关机后，再次开机执行主轴定位，定位位置与关机前不同；在完成定位后，只要不开机，以后每次定位总是保持在该位置不变。

4）每次关机后，重新定位，其定位点都不同，主轴可以在任意位置定位。

（2）故障原因

主轴定位的过程是将主轴停止在编码器"零位脉冲"，故障是"零位脉冲"不固定引起的。引起以上故障的原因如下：

1）编码器固定不良，在旋转过程中编码器与主轴的相对位置在不断变化。

2) 编码器不良,无"零位脉冲"输出或"零位脉冲"受到干扰。

3) 编码器连接错误。

根据以上可能的原因,逐一检查,排除编码器固定不良、编码器不良的原因。进一步检查编码器的连接,发现该编码器内部的"零位脉冲"U_{a0}与$-U_{a0}$引出线接反,重新连接后,故障排除。

[例 8—7] 主轴高速出现异常振动的故障。

故障现象:配置某系统的数控车床,当主轴高速(3 000 r/min 以上)旋转时,机床出现异常振动。

分析与处理过程:数控机床的振动与机械系统的设计、安装、调整以及机械系统的固有频率、主轴驱动系统的固有频率等因素有关,其原因通常比较复杂。

在本机床上,由于故障前交流主轴驱动系统工作正常,可以在高速下旋转;且在超过 3 000 r/min 时,主轴在任意转速下振动均不存在,可以排除机械共振的因素。

检查机床机械传动系统的安装与连接,未发现异常,且在脱开主轴驱动系统与机床主轴的连接后,在控制面板上观察主轴转速、转矩或负载电流值显示,发现其中有较大的变化,因此初步可以判定故障在主轴驱动系统的电气部分。

仔细检查机床的主轴驱动系统连接,最终发现该机床主轴驱动器的接地线连接不良,将接地线重新连接后,机床恢复正常。

[例 8—8] 机床剧烈抖动,驱动器显示 AL-04 报警的维修。

故障现象:一台配套 FANUC 6 系统的立式加工中心,在加工过程中,机床出现剧烈抖动,交流主轴驱动器显示 AL-04 报警。

分析与处理过程:FANUC 交流主轴驱动系统 AL-04 报警的含义为:交流输入电路中的 F1、F2、F3 熔断器熔断。故障可能的原因有:

(1) 交流电源输出阻抗过高。

(2) 逆变晶体管模块不良。

(3) 整流二极管(或晶闸管)模块不良。

(4) 浪涌吸收器或电容器不良。

针对上述故障原因,逐一进行检查。检查交流输入电源,在交流主轴驱动器的输入电源,测得 R、S 相输入电压为 220 V,但 T 相的交流输入电压仅为 120 V,表明驱动器的三相输入电源存在问题。

进一步检查主轴变压器的三相输出,发现变压器输入、输出,机床电源输入均同样存在不平衡,从而说明故障原因不在机床本身。

检查车间开关柜上的三相熔断器，发现有一相阻抗为数百欧姆。将其拆开检查，发现该熔断器接线螺钉松动，从而造成三相输入电源不平衡。重新连接后，机床恢复正常。

[例 8—9] SIEMENS 6SC650 出现 F42 报警的维修。

故障现象：某采用 SIEMENS 810M 的立式加工中心，配套 SIEMENS 6SC6502 主轴驱动器，在机床到达用户的第一次调试时，出现主轴驱动器 F42 报警。

分析与处理过程：SIEMENS 6SC6502 主轴驱动器出现 F42 报警的含义是"直流母线过电流报警"，报警可能的原因有：

(1) 驱动器过载。

(2) A0 故障（仅 6SC6502 和 6503）。

(3) 互感器 U11 有故障。

(4) 斩波管 V1、V5 故障。

(5) 晶体管故障。

(6) 直流母线中有短路。

(7) 功率晶体管（V1～V8）不良。

(8) U1 模块故障。

(9) 参数设定不正确（P176 过大）。

(10) N1 模块故障。

由于机床为第一次开机，不可能产生驱动器过载，且机床出厂前工作正常，因此可以基本排除模块、元器件不良的可能性，即 A0 故障、U1 模块故障、N1 模块故障、互感器 U11 故障、斩波管（V1、V5）故障、功率晶体管（V1～V8）不良的可能性较小。检查驱动器参数设定正确。

根据 SIEMENS 6SC6 502 系统的结构特点与以往的维修经验，当驱动器发生 F42 报警时，故障一般是在斩波管 V1、V5 后的电路中发生短路。

根据以上分析，打开驱动器，重点检查斩波管 V1、V5 后的电路，最终发现该驱动器内部的变压器 T1 在运输过程中铆钉脱落，引起了直流母线短路，驱动器产生报警。重新固定变压器 T1，并进行仔细检查后，驱动器故障排除。

本章思考题

1. 数控机床对主轴驱动系统的要求有哪些？
2. 数控机床主轴伺服系统无报警信息的故障形式有哪些？如何诊断？

3. 数控机床主轴伺服系统有报警信息的故障形式有哪些？如何诊断？
4. 简述直流主轴的驱动原理。
5. 分析 FANUC S 系列直流主轴驱动装置工作原理及结构。
6. 分析 FANUC 交流模拟主轴驱动装置工作原理及结构。
7. 分析 SIEMENS 650 系列交流主轴驱动装置工作原理及结构。

第九章 可编程序控制器（PLC）的故障诊断与维修

可编程序控制器（PLC）是处于数控装置和"机床侧"之间的桥梁，这里的"机床侧"包括机床机械本体，气动、液压、冷却和润滑等装置，机床操作面板、机床强电驱动系统和排屑器等辅助装置。

第一节 可编程序控制器概述

数控机床的数控系统不仅要对各进给轴的运动进行控制，还要对许多辅助动作进行控制，如主轴的启动、停止和转速的变化，刀库按程序要求实现换刀，液压、润滑、冷却、排屑装置、工件的装夹及行程极限保护、过载保护等许多开关量的控制等。由于机床上控制对象很多，各种运动或动作相互之间有很多互锁关系或严格的逻辑关系，早期的机床采用继电器逻辑控制电路控制，电路复杂，其可靠性很低。现在，这些辅助动作控制均由可编程序控制器来完成。

一、可编程序控制器的结构

数控机床使用的可编程序控制器为两种：一种是设在数控装置内的可编程序控制器，称为内装式可编程序控制器；另一种在数控装置外面的（输入/输出信号、接口技术规范、输入/输出点数、程序存储容量以及运算和控制功能等均能满足数控机床控制要求）可编程序控制器，称为独立式可编程序控制器。

可编程序控制器硬件构成如图9—1所示。通用的可编程序控制器，主要由中央处理单元CPU、存储器、输入/输出模块以及供电电源组成，各部分通过总线连接。由于可编程序控制器实现的任务主要是动作速度要求不特别快的顺序控制，因此不需使用高速微处理器。

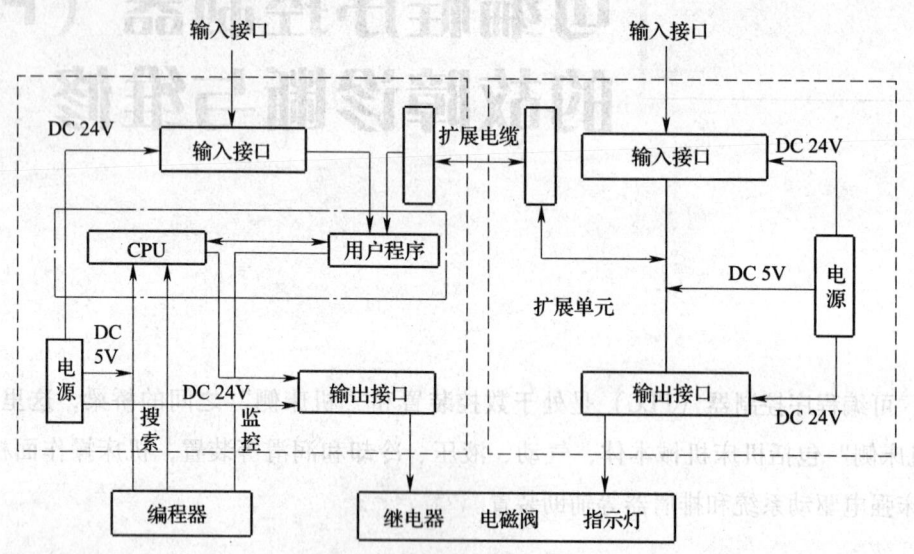

图9—1 可编程序控制器结构

可编程序控制器的CPU与微机的CPU一样，是可编程序控制器的核心。它按可编程序控制器中系统程序赋予的功能，接收并储存从编程器输入的用户程序和数据，用扫描方式查询现场输入装置的各种信号状态和数据，并存入输入过程状态寄存器或数据寄存器中。在诊断电源及可编程序控制器内部电路工作状态和编程过程中的语法无错误后，可编程序控制器进入运行。从存储器中逐条读取用户程序，经过命令解释后，按指令规定的任务产生相应的控制信号，去启/闭有关的控制电路，分时、分渠道地去执行数据的存取、传送、组合、比较和变换等功能，完成用户程序中规定的逻辑或算术运算等任务。在控制单元内还可设有标志、计时、计数等组件地址，它们直接与运算器交换数据信息，根据运算结果更新有关标志位的状态和输出状态寄存器的内容，再由输出状态寄存器的位状态和数据寄存器的有关内容实现输出控制、数据通信等功能。

内装式可编程序控制器的CPU有两种用法：一种是可编程序控制器装置与数控装置共用一个CPU，相对价格低，但其功能受到一定限制；另一种是专用的CPU，控制处理速度快，并能增加控制功能。为了进一步提高可编程序控制器的功能，近年来采用多CPU控制，如一个CPU分管逻辑运算与专用的功能指令，另一个 CPU 管理输入/输出模块，甚至还采用单独的 CPU 作为故障处理和诊断，以增加可编程序控制器的工作速度及功能。

可编程序控制器的输入/输出模块是可编程序控制器与数控装置的输入/输出接口和其他外部设备的连接部件。可编程序控制器的输入/输出模块可以直接连到执行件上，它将外部过程信号转换成控制器内部的信号电平，或将内部信号电平与外部执行机构所需电平匹配。由于所控对象不同，其接收的输入信号电压和控制的输出信号电压也各异，如有直流 24 V、交流 110 V 或 220 V，因此，可编程序控制器提供了各种操作电平、驱动能力以及各种功能的输入/输出模块供用户选用，如输入/输出电平转换、串/并行转换、数据传送、数据转换、A/D 转换、D/A 转换以及其他的功能控制模块。在输入/输出模块中，采用了光电隔离、消抖动回路、多级滤波器等措施，并与外界绝缘，具有抗噪声和抗干扰性能。输入/输出模块都配有发光二极管指示运行状态。当一台可编程序控制器输入/输出点数不能满足需要时还可以扩展。

可编程序控制器通过编程器将用户程序送入可编程序控制器，因此编程器是可编程序控制器的主要辅件。编程器用于用户程序的编制、调试、监视、修改和编辑，并最后将程序固化在 EPROM 中。编程器还可通过通信接口与可编程序控制器的 CPU 联系，用键盘去调用和显示可编程序控制器的一切内部状态或参数。

二、梯形图与用梯形图诊断故障

FANUC 数控系统使用的是内装式可编程机床控制器（PMC）。由图 9—2 可见，梯形图编制的是强电气柜控制信号的执行顺序及互锁。这些信号有 C、F、X 和 Y。X 是机床到 PMC 的输入信号，是机床操作板上使机床运行的按钮、开关，如自动加工启动、暂停、急停等信号；Y 是 PMC 到机床的输出信号，是指令机床的电控元件动作的继电器、电磁阀，如使主轴正转、反转、停止，切削液打开或关闭等信号；G 是从 PMC 到 CNC 的信号，是机床操作者要求 CNC 执行什么动作，如要求 CNC 处于自动加工、编辑、MDI、进给暂停等状态；F 是 CNC 到 PMC 的信号，是 CNC 处理操作者编辑的加工程序后指令机床实现的动作，是 Y 信号的指令，如 M 代码或 T 代码的译码信号，指令主轴正反转、切削液的开关或刀具交换等。还有一些 F 信号是 CNC 对 PMC 输入的 G 信号的响应，表明 CNC 所处的状态，如处于进给、进给暂停、报警状态等。

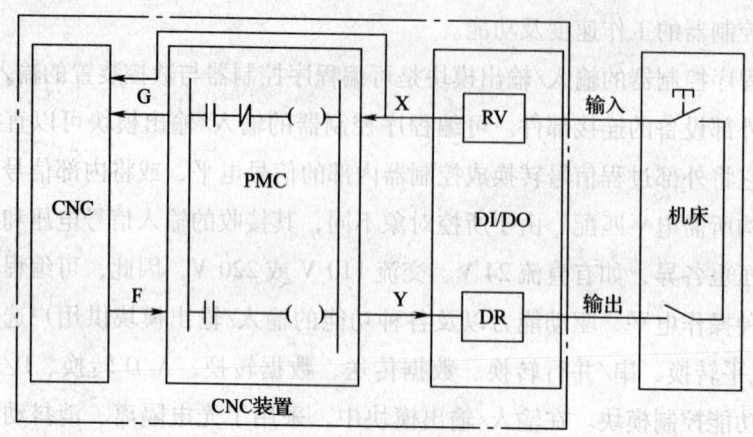

图9—2　梯形图信号传送

G信号和F信号是CNC系统根据机床的实际操作事先设计好的，信号地址已在PMC中确定（见随机PMC信号表）。

用梯形图诊断故障就是根据操作者施行的机床操作或是CNC执行的加工程序指令检查PMC的输入/输出信号状态，由此判断接线或是强电气柜的继电器、阀、开关及按钮等的故障。在梯形图上，如果某一信号动作（置1），如图中相应地址的图标显得非常明亮。一个网格动作时，该网格就非常明亮。假如实际操作按下某一按钮时，发现梯形图中该信号的图标不明亮，则应检查该信号的接线及按钮本身，或检查有关信号的顺序，即可找出故障的所在。至于G和F信号，由于其地址和功能是CNC内部已经确定好的，所以无须怀疑其动作的正与误。

如图9—3所示，梯形图中R××××，×是PMC内的存储单元，称为内部继电器，由PMC写1或置0。手动按下主轴正转按钮X1.3，则M03（R1.3）=1，主轴应正向转动。如果若按下X1.3时主轴并未正转，则应检查R1.3是否为1，为1时图中的R1.3图标显得比较亮。若不是，则需要检查接线是否断，否则应更换按钮。图中的其他部分：DEC是BCD数据的译码指令，M03、M04、M05、RST均为梯形图内部处理的点，梯形图程序逻辑是在机床出厂前调试好的，所以维修时无须怀疑其正误。也就是说，现场维修只需根据梯形图检查机床的开关、按钮、电磁阀、继电器等硬件以及接线。用梯形图诊断机床故障非常明晰、简单，是维修中最常用的方法。当然，使用梯形图的前提是必须熟悉X、Y、G、F的意义及地址号，必须熟悉梯形图指令。

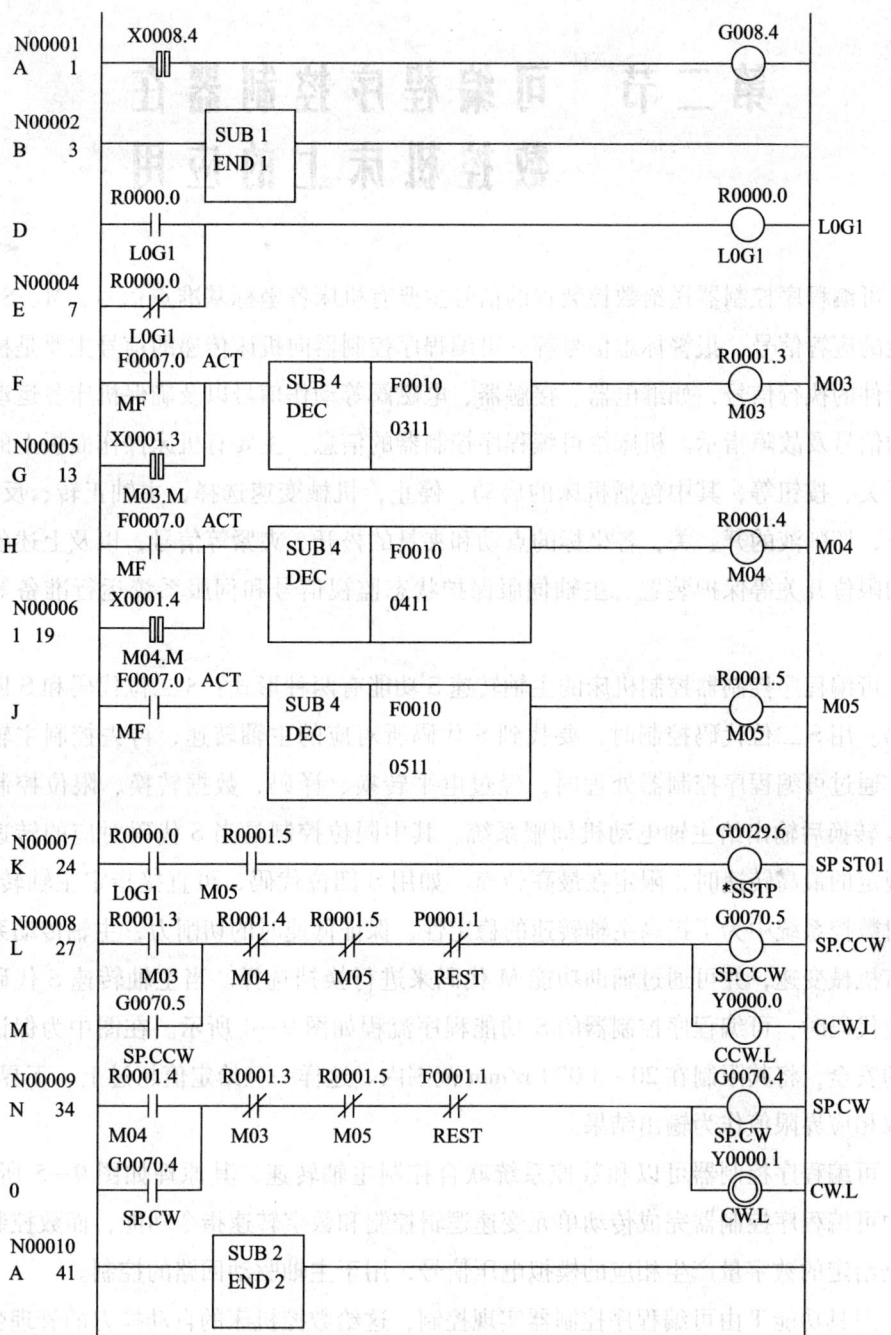

图9—3 用梯形图诊断故障

第二节 可编程序控制器在数控机床上的应用

可编程序控制器送给数控装置的信号主要有机床各坐标基准点信号，M、S、T功能的应答信号，报警标志信号等。可编程序控制器向机床传递的信号主要是机床执行件的执行信号，如继电器、接触器、电磁阀等动作信号以及确保机床各运动状态的信号及故障指示。机床给可编程序控制器的信息，主要有机床操作面板上的各个开关、按钮等，其中包括机床的启动、停止，机械变速选择，主轴正转、反转、停止，切削液的开、关，各坐标的点动和夹具的松开、夹紧等信号，以及上述各部件的限位开关等保护装置、主轴伺服保护状态监视信号和伺服系统运行准备等信号。

可编程序控制器控制机床的主轴转速 S 功能有两种形式：S 二位代码和 S 四位代码。用 S 二位代码控制时，要找到 S 代码所对应的主轴转速，再去控制主轴转速。通过可编程序控制器处理时，经过电平转换、译码、数据转换、限位控制和 D/A 转换后输出给主轴电动机伺服系统。其中限位控制是当 S 代码对应的转速大于规定的最高转速时，限定在最高转速。如用 S 四位代码，可直接指定主轴转速。有时数控系统中为了提高主轴转速的稳定性，保证低速时的切削力，主轴传动系统中有机械变速，并可通过辅助功能 M 代码来进行换挡选择。当主轴转速 S 代码为四位代码时，可编程序控制器的 S 功能程序流程如图 9—4 所示。在图中为保证速度的安全，将其限制在 20～3 000 r/min 范围内。这样一旦给定值超过上、下界限，则取相应界限值作为输出结果。

可编程序控制器可以和数控系统联合控制主轴转速，其原理如图 9—5 所示。其中可编程序控制器完成传动单元变速逻辑控制和数字转速指令功能，而数控装置根据给定的数字量产生相应的模拟电压信号，用于主轴驱动回路的控制。

刀具功能 T 由可编程序控制器实现控制，这给数控机床的自动换刀的管理带来了很大的方便。如根据刀具编码的找刀的 T 功能处理过程是：数控装置送出 T 代码指令给可编程序控制器，可编程序控制器经过译码，在数据表内检索，找到 T 代码指定的新刀号所在的数据表的表地址，并与现行刀号进行比较。如不符合，则将刀库回转指令发送给刀库控制系统，直到刀库定位到新刀号位置时，刀库停止回转，并准备换刀。

可编程序控制器完成 M 功能是广泛的，根据不同的 M 代码，可控制主轴的正、反转及停止，主轴齿轮箱的变速，切削液的开、关，以及自动换刀装置的机械手取刀、归刀等运动。

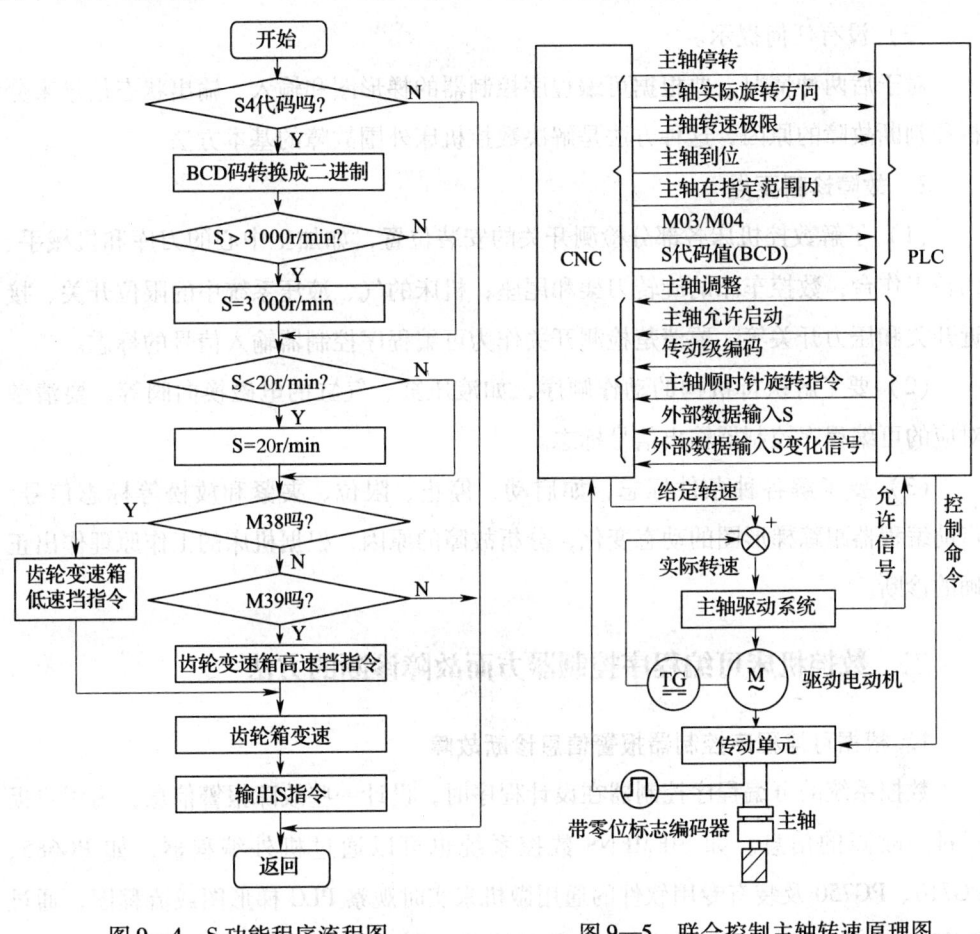

图 9—4　S 功能程序流程图　　　　图 9—5　联合控制主轴转速原理图

第三节　可编程序控制器故障的表现形式

一、可编程序控制器故障诊断

1. 故障表现形式

数控机床的可编程序控制器自身故障率很低，而有关可编程序控制器方面的故障多数出在输入、输出电路。当数控机床的故障涉及可编程序控制器方面时，一般有三种表现形式：

（1）CNC 故障报警。

（2）有 CNC 故障显示，但不反映故障的真正原因。

（3）没有任何提示。

对于后两种情况，要根据可编程序控制器的梯形图和输入、输出状态信息来分析和判断故障的原因，这种方法是解决数控机床外围故障的基本方法。

2．故障诊断要点

（1）了解数控机床各部分检测开关的安装位置，如加工中心的刀库和机械手、回转工作台；数控车床的旋转刀架和尾座；机床的气、液压系统中的限位开关、接近开关和压力开关等，要清楚检测开关作为可编程序控制器输入信号的标志。

（2）要了解执行机构的动作顺序，如液压缸、气缸的电磁换向阀等，要清楚对应的可编程序控制器输出信号标志。

（3）要了解各种条件标志，如启动、停止、限位、夹紧和放松等标志信号。借助编程器跟踪梯形图的动态变化，分析故障的原因，根据机床的工作原理作出正确的诊断。

二、数控机床可编程序控制器方面故障诊断的方法

1．根据可编程序控制器报警信息诊断故障

数控系统的可编程序控制器在设计程序时，设计一些故障报警信息，为用户提供排除故障的信息。如 SIEMENS 数控系统也可以通过机外编程器，如 PG685、PG710、PG750 及装有专用软件的通用微机来实时观察 PLC 梯形图或流程图，通过 RS232C 和 CNC 通信，进行数据发送和接收。机外编程的操作系统有 S5 – DOS、S5 – DOS/SMATIC、STEP5 编程软件包。

对于 FANUC 系统，可以直接利用 CNC 系统上的 DGNOS PAPRM 功能跟踪梯形图的运行，可以利用 P – E 或 P – G 编程器装置和 FAPTLAD 编程语言进行 PLC 编程。对于 FANUC 10、11、12 和 15 系统，也可通过数控系统的 MDI/CRT 直接进行 PLC 编程和梯形图跟踪。

对于 MITSUBISHI 公司的 MELDAS 50 系列数控系统，可以通过 MDI/CRT 进行梯形图跟踪及 PLC 梯形图设计，编程方法与 MITSUBISHI 公司的 FX 系列 PLC 控制器相同。

2. 根据动作顺序诊断故障

数控机床上刀库及托盘等装置的自动交换动作，都是按严格的顺序来进行的。因此，观察这些装置的动作过程，比较故障时和正常时的情况，就能发现疑点，判断出故障的原因。

3. 根据控制对象的工作原理诊断故障

数控机床的可编程序控制器程序是按照控制对象的工作原理设计的，通过对控制对象工作原理的分析，结合可编程序控制器的输入、输出状态进行故障诊断。

4. 根据可编程序控制器的输入、输出状态诊断故障

在数控机床中，输入、输出信号的传递，一般要通过可编程序控制器的 I/O 接口来实现，因此一些故障会在可编程序控制器的 I/O 接口通道上反映出来。数控机床的这个特点为故障诊断提供了方便。如果不是数控系统硬件故障，可以不必查看梯形图和有关电路图，通过查询可编程序控制器的 I/O 接口状态，就可以找出故障原因。因此，要熟悉控制对象的可编程序控制器的 I/O 通常状态和故障状态。

5. 通过可编程序控制器梯形图诊断故障

根据可编程序控制器的梯形图来分析和诊断故障，是解决数控机床外围故障的基本方法。用这种方法诊断机床故障，首先应该查清机床的工作原理、动作顺序和联锁关系，然后利用数控系统的自诊断功能或通过机外编程器，根据可编程序控制器梯形图查看相关的输入、输出及标志位的状态，以确定故障原因。

6. 动态跟踪梯形图诊断故障

有些可编程序控制器发生故障时，查看输入、输出及标志状态均为正常，此时必须通过可编程序控制器动态跟踪，实时跟踪输入、输出及标志状态的瞬间变化，根据可编程序控制器动作原理作出诊断。

三、数控机床常见 PLC 故障诊断实例

1. 数控车床电动刀架 PLC 故障诊断

[例 9—1] 一台配备 FANUC 0T 系统的数控车床，图 9—6 所示为其刀架 PLC 控制信号。

故障现象：刀架产生奇偶报警，奇数刀位能定位，而偶数刀位不能定位。

故障分析：该机床电动刀架的刀位检测采用角度光电编码器，刀架位置编码有五根信号线，它们对应 PLC 的输入信号为 X06.0、X06.1、X06.2、X06.3 和 X06.6，前四位采用二进制 8421 编码，后边的一位 X06.6 是奇偶校验位。在刀架转位过程中，这五个信号根据刀架的变化而进行不同的组合，从而输出刀架的位置信号。

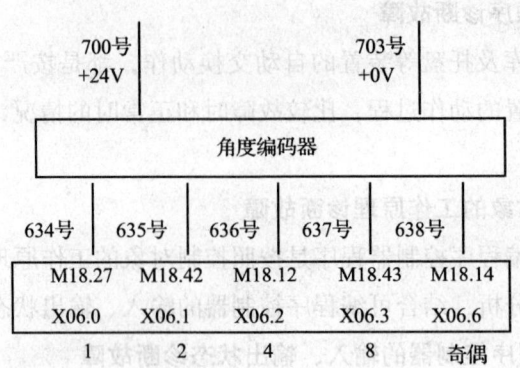

图9—6 刀架PLC控制信号

(1) 方法一：用万用表测量判断故障

1）测量电源电压。首先判断元器件电源电压是否正常，但根据奇数位刀能定位，而偶数位刀不能定位故障现象，说明角度光电编码器的电源工作电压正常。但应检查电源电压是否过低，若电压低可引起光电编码器中发光二极管发光效率降低，造成没有信号输出。

2）测量信号线。对于经常移动的信号电缆线需检查电缆线接触情况，用万用表电阻挡测量编码器的五根信号线是否断线，结果正常。

3）测量输入接口信号电压。通过手动方式让刀架旋转，用万用表电压挡分别测量638、637、636、635和634号对"输入接口地"的电压，结果发现634号线信号电压不变化，而其余四根信号线在刀架旋转时均发生变化，说明该故障是编码器没有输出信号，说明刀具位置编码器内部有故障。

(2) 方法二：观察PLC的I/O状态分析判断故障

1）根据机床操作说明，进入显示I/O状态界面，显示角度光电编码器输入信号的状态。

2）让刀架旋转到奇数位，观察记录X06.0、X06.1、X06.2、X06.3和X06.6的I/O状态；让刀架旋转到偶数位，观察记录X06.0、X06.1、X06.2、X06.3和X06.6的I/O状态。

3）对比分析I/O状态，发现X06.0的状态恒为"1"，其余的信号根据刀架的旋转而产生"1"或"0"变化。

4）再用万用表电阻挡测量634号信号线，判断接口至编码器之间是否断线，若没有断线，需要进一步判断是角度编码器故障还是I/O接口电路故障。

5）断电后，在I/O接口侧将634、635信号线互换，然后通电让刀架旋转，观察记录 X06.0、X06.1 的 I/O 状态。发现 X06.1 的状态恒为"1",而 X06.0 的信号根据刀架的旋转而产生"1"或"0"变化。说明故障的原因在角度编码器。

(3) 方法三:通过对比正常和故障时的输入/输出状态,分析判断故障

1) 根据机床操作说明,进入显示 I/O 状态界面,显示角度光电编码器输入信号的状态。

2) 让刀架旋转到偶数位,观察记录 X06.0、X06.1、X06.2、X06.3 和 X06.6 的 I/O 状态。

3) 与正常状态对比分析,发现正常和故障时 X06.0 状态不一致,说明故障与 634 号信号输入错误有关。

4) 再用交换法确认故障在角度编码器。

故障处理:修理角度编码器内部电路或更换相同型号的刀具角度编码器。注意在拆卸和安装编码器时一定要保持原始的位置,否则需要重新设定刀位。

通过上述例题分析得知,如果不是数控系统硬件故障,可以不必查看梯形图进行逻辑分析,通过查询 PLC 的 I/O 接口状态,即可找出故障原因,前提是要熟悉控制对象的 I/O 状态。

2. 数控车床液压尾架套筒 PLC 故障诊断

[例9—2] 一台配备 FANUC 0T 系统的数控车床,其尾架套筒的 PLC 输入开关如图 9—7 所示。

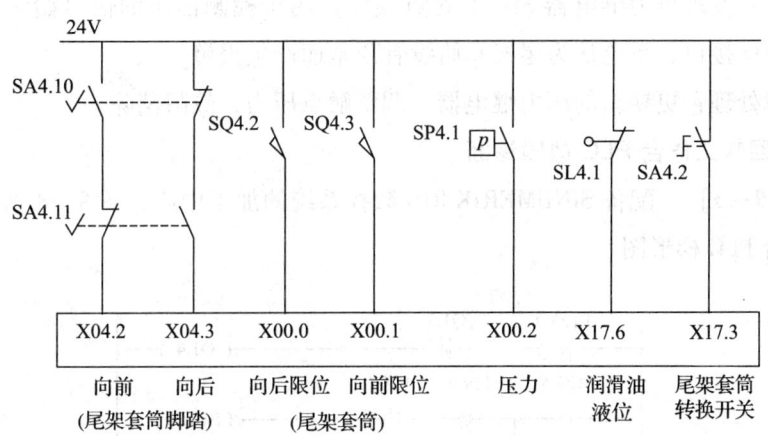

图 9—7 尾架套筒的 PLC 输入开关

故障现象:当尾架套筒脚踏开关接通后,在套筒顶尖顶紧工件过程中,系统报警,机床停机。

故障分析:

(1) 分析输入信号。根据图9—7查阅机床技术资料，分析PLC输入开关情况。脚踏向前开关SA4.10输入到X04.2，脚踏向后开关SA4.11输入到X04.3，尾架套筒向后限位开关SQ4.2输入到X00.0，尾架套筒向前限位开关SQ4.3输入到X00.1，压力继电器SP4.1常开触点输入到X00.2，润滑油液位开关SL4.1常开触点输入到X17.6，尾架筒脚踏转换开关SA4.2输入到X17.3。

(2) 分析工作原理。当压下向前脚踏开关SA4.10时，X04.2有信号输入，通过PLC逻辑控制输出，使电磁阀通电，液压油经减压阀、节流阀和单向阀进入尾架套筒液压缸，使套筒向前移动顶紧工件，同时液压缸压力上升使压力继电器SP4.1常开触点接通，X00.2有信号输入。当松开脚踏开关，电磁换向阀失电停止供油。由于单向阀的作用，液压缸的油压得到保持，该油压使压力继电器常开触点接通，X00.2始终有信号输入，机床进入下一步加工工序。开关输入SQ4.3起限位保护作用。

(3) 具体的检查方法及步骤。通常检查机械动作频繁的开关元件，重点检查的是脚踏转换开关、压力继电器触点情况。第一，用万用表测量输入元件，观察触点接触情况。第二，检查元器件连接线是否断线。第三，用万用表测量X04.2、X00.1、X00.2、X17.6对"接口地"的电压，检查输入信号。第四，根据电气控制原理图测量输出接口电压，检查输出信号。第五，测量控制电磁阀的电压，检查控制元件及执行元件。

经检查发现压力继电器SP4.1触点损坏，用于检测油压的信号始终没有输入PLC的I/O接口，系统认为尾架套筒没有顶紧而产生报警。

故障处理：更换新的压力继电器，调整触点压力，故障消除。

3. 回转工作台PLC故障诊断

[**例9—3**] 配备SINUMERIK 810数控系统的加工中心，图9—8所示为其分度工作台PLC梯形图。

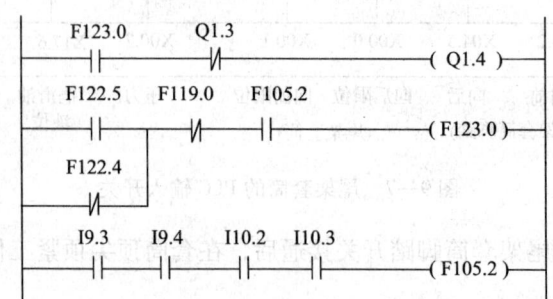

图9—8 分度工作台PLC梯形图

故障现象：分度工作台不能分度且无报警。

故障分析：

（1）分析输入/输出信号。SIEMENS 系统用 I 表示外围设备有信号输入到 PLC，用 Q 表示 PLC 有信号输出到外围设备，用 F 表示标志用以存储中间结果。在图 9—8 所示的 PLC 梯形图中，I9.3、I9.4、I10.2 和 I10.3 为四个接近开关的检测信号，检测分度工作台的齿条和齿轮是否啮合；Q1.4 为输出信号，控制电磁阀，由液压缸驱动分度齿条与分度工作台齿轮啮合完成旋转分度动作。

（2）分析工作原理。从梯形图中可以看出，从四个接近开关输入到 Q1.4 输出之间有 F123.0 和 F105.2 标志字节。判断故障是 Q1.4 无信号输出，所以应逐一检查影响 Q1.4 输出的因素。

（3）具体的检查方法。查看数控系统的 PLC 输入/输出及标志位的状态，发现 Q1.4、F123.0、F105.2、I10.2 状态均为 "0"，而 I9.3、I9.4 和 I10.3 为 "1"。根据梯形图分析 I10.2 为 "0"，引起 F105.2、F123.0 为 "0"，导致 Q1.4 信号没有输出，电磁阀不会动作，说明输入到 I10.2 接近开关的检测信号错误，检查接近开关发现损坏。

故障处理：更换新的接近开关元件，并调整到适当的间隙。

[例 9—4] 某卧式加工中心，图 9—9 所示为其回转工作台 PLC 梯形图。

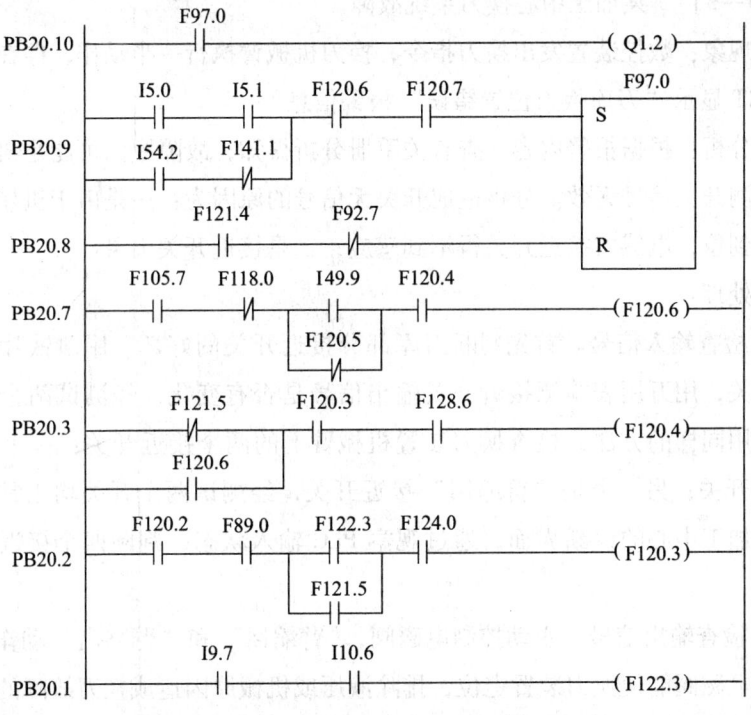

图 9—9 回转工作台梯形图

故障现象：出现回转工作台不旋转的故障。

故障分析：

（1）分析输入/输出信号。I9.7、I10.6 是两个工位分度头起始位置的检测信号，Q1.2 输出控制气动电磁阀，F122.3 是分度到位标志位。

（2）分析工作原理。PLC 输出 Q1.2 电磁阀得电，工作台首先抬起，然后旋转。根据工艺的要求，当两个工位的分度头都在起始位置时，回转工作台才能旋转。

（3）具体的检查方法。从 PLC 的 PB20.10 中观察，由于 F97.0 未闭合，导致 Q1.2 无输出，电磁阀不得电。继续观察 PB20.9，发现 F120.6 未闭合导致 F97.0 未闭合。向下检查 PB20.7，F120.4 未闭合引起 F120.6 未闭合。继续跟踪 PB20.3，F120.3 未闭合引起 F120.4 未闭合。向下检查 F20.2，F122.3 未闭合引起 F120.3 未闭合。观察 PB21.4，发现 I9.7，I10.6 状态总是相反，故 F122.3 总是"0"。判断故障是两个工位分度头不同步引起。

故障处理：检查两个工位分度头的机械装置是否错位，检查检测开关 I9.7、I10.6 是否发生偏移。

4. 加工中心机械手 PLC 故障诊断

[例 9—5] 某加工中心换刀系统故障。

故障现象：数控装置发出换刀指令，换刀机械臂执行一半动作，停在行程中间位置，CRT 显示"刀库换刀位置错误"报警信息。

故障分析：根据报警内容，查有关手册分析得知，故障原因可能是机械臂位置或刀库检测开关信号无效。分析造成开关无信号的原因为：一是由于机械的因素造成动作不到位，电感式接近开关得不到感应；二是接近开关失灵。

故障处理：

（1）检查输入信号。首先判断刀库部分接近开关的好坏，用薄铁片接近电感式接近开关，用万用表检测接近开关输出信号是否有变化，经测试两个开关均正常。然后用同样的方法，检查换刀装置机械臂上的两个接近开关：一个是"臂移出"接近开关；另一个是"臂缩回"接近开关，经测试两个开关均正常。当然也可以进入加工中心的诊断界面，通过观察 PLC 输入状态，判断四个接近开关的好坏。

（2）检查输出信号。手动控制电磁阀，"臂缩回"和"臂移出"动作正常。这说明手控电磁阀能使换刀装置定位，排除液压或机械原因造成换刀故障的可能性。

（3）分析原因。由以上可知 PLC 输入信号正常，输出动作执行无误，问题在于 PLC 内部程序有误或操作不当。经操作观察，两次换刀动作的间隔小于 PLC 所规定的要求，从而造成 PLC 执行程序错误引起故障。

[例 9—6] 某立式加工中心自动换刀控制故障。

故障现象：机械手平移至主轴侧，且完全到达规定位置，机械手不执行下一步拔刀动作。

故障分析：

（1）分析自动换刀工作原理。自动换刀的顺序为：机械手左移（左臂接近刀库并抓住将要交换的刀具）—机械手下降（从刀库中拔出交换的新刀具）—机械手右移（机械手回到原位）—机械手上升（右臂准备从主轴上拔出旧刀）—机械手右移（右臂接近主轴并抓住主轴中的旧刀具）—主轴液压缸下降（主轴松开旧刀具）—机械手下降（右臂从主轴上拔出旧刀具）—机械手旋转 180°（左右臂位置交换，使新旧两刀具交换）—机械手上升（机械手右臂装新刀具）—主轴液压缸上升（主轴锁紧新刀具）—机械手左移（机械手回到原位）—刀库转动（找出旧刀具安装位置）—机械手左移（机械手左臂把旧刀具送回刀库）—机械手右移（机械手回到原位）—刀库转动到下一待换刀具位停止并等待换刀指令。

（2）了解输入/输出信号及电气元器件安装位置。输入信号有：机械手左位、原位、右位三个检测信号，左右臂交换到位检测信号，主轴上的刀具松开与夹紧检测信号，机械手上升与下降检测信号。输出信号有：主轴上的刀具松开与夹紧电磁阀控制信号，机械手左右移位电磁阀控制信号，左右臂交换电磁阀控制信号，机械手上升与下降电磁阀控制信号。

（3）分析原因。根据机械手平移到位后不执行拔刀动作的故障现象，结合自动换刀动作顺序分析，引起故障原因有：第一，机械手向右移动达到实际位置，而检测到位信号没有输入到 PLC，主轴上松刀电磁阀不能得到控制信号，主轴仍夹紧刀具。第二，检测主轴上刀具松开的接近开关无信号，机械手下降电磁阀不能得到控制信号，机械手不会下降。第三，电磁阀或液压缸有故障。

经检查发现，检测主轴上刀具松开的接近开关无信号，进一步检查，发现感应间隙过大，导致接近开关无信号输出。

故障处理：调整间隙，紧固接近开关。

[例 9—7] 自动换刀时链式刀库运转不到位。

故障现象：该加工中心配置 FANUC 6M 数控系统，刀库装刀量为 60 把。当数控机床执行自动换刀程序时，刀库开始运转，但是所需要换的刀具没有传动到位，刀库停止运转。数控系统报警信息显示换刀时间超出规定值。

故障分析：

（1）检查 PLC 输入/输出情况。进入 MDI 方式，输入刀库顺时针旋转和逆时针旋转动作指令，观察显示 PLC 输入/输出接口状态的发光二极管，结果二极管发光，表明 PLC 输入/输出状态正常。

（2）检查刀库控制元件。观察显示电磁阀工作状态的发光二极管，结果二极管发光，表明电磁阀线圈得电，说明电气控制正常。

（3）检查液压系统。经检查油路畅通、无堵塞，液压阀没有问题，液压系统的压力也正常。

（4）检查执行元件。刀库采用液压马达驱动，经检查也没有发现问题。

（5）分析其他原因。检查机械方面，刀库各传动零部件均无明显的损伤痕迹。由于工件较复杂，加工面多，所用刀具达 60 多把，而且刀具的质量都很大，且忽略了刀具在刀库上的分布情况，重的刀具没有均匀分布，而是集中于一段，造成刀库的链带局部受力而变形。因此判断是刀库负荷过重造成的故障。

故障处理：把刀库链带的可调部分调松一些，故障消除。

5. 与伺服轴有关的 PLC 故障诊断

[例 9—8] Z 轴不动，无报警显示。

故障现象：一台加工中心开机通电显示正常，但 Z 轴不能运动，也没有任何报警显示。

故障检查：根据 Z 轴不能运动的故障现象，分析与 Z 轴进给驱动有关的 PLC 程序，查找有关的条件，逐步找出故障的原因。

（1）分析判断故障部位。通过 PLC 接口信号的状态检查分析得知，引起 Z 轴不能移动的原因只能是转台或者刀库的某一信号断开。

（2）检查与 Z 轴有关的 PLC 输出。分析输出部分梯形图，得到 Z 轴不能移动的原因是 Z 轴没有进给释放信号。

（3）检查与释放信号有关的逻辑关系。与释放信号有关的输入有六路，第一路信号反映刀具工作状态，第二路为 Z 轴使能信号与起始位置检测开关串联信号，第三路信号反映刀具交换时主轴运转状态，第四路和第五路是刀具交换时的 Z 轴位置信号，第六路是刀库调整状态信号。

（4）寻找故障原因。根据故障现象，重点检查反映起始位置的检测开关信号。经检查后发现，液压缸行程不到位，使起始位置检测开关处于临界状态，不能输出正确信号。

故障处理：放出液压缸缸体内存油，将液压缸复位，机床恢复正常。

本章思考题

1. 可编程序控制器在数控机床上的作用及结构有哪些?
2. 可编程序控制器故障的表现形式有哪些?
3. 通过怎样的方法进行数控机床可编程序控制器方面故障的诊断?

第十章
数控机床辅助控制装置的故障诊断与检修

第一节 液压系统的故障与维修

液压传动系统在数控机床中占有很重要的位置，加工中心的刀具自动交换系统（ATC）、托盘自动交换系统、主轴箱的平衡、主轴箱齿轮的变挡以及回转工作台的夹紧等一般都采用液压系统来实现。

机床液压设备是由机械、液压、电气及仪表等组成的统一体，分析系统的故障之前必须弄清楚整个液压系统的传动原理、结构特点，然后根据故障现象进行分析、判断，确定区域、部位以至于某个元件。液压系统的工作总是由压力、流量、液流方向来实现的，可按照这些特征找出故障的原因并及时给予排除。造成故障的主要原因一般有三种情况：一是设计不完善或不合理；二是操作安装有误，使零件、部件运转不正常；三是使用、维护、保养不当。前一种故障必须充分分析研究后进行改装、完善，后两种故障可以用修理及调整的方法解决。

一、液压系统常见故障的特征

设备调试阶段的故障率较高，存在问题较为复杂，其特征是设计、制造、安装以及管理等问题交织在一起。除机械、电气问题外，一般液压系统常见故障有：

(1) 接头连接处泄漏。
(2) 运动速度不稳定。
(3) 阀芯卡死或运动不灵活，造成执行机构动作失灵。
(4) 阻尼小孔被堵，造成系统压力不稳定或压力调不上去。
(5) 阀类元件漏装弹簧或密封件，或管道接错而使动作混乱。
(6) 设计、选择不当，使系统发热，或动作不协调，位置精度达不到要求。
(7) 液压件加工质量差，或安装质量差，造成阀类动作不灵活。
(8) 长期工作，密封件老化，以及易损元件磨损等，造成系统中内外泄漏量增加，系统效率明显下降。

二、液压元件常见故障及排除

1. 液压泵故障

液压泵主要有齿轮泵、叶片泵等，下面以齿轮泵为例介绍故障及其排除。齿轮泵最常见的故障是泵体与齿轮的磨损、泵体的裂纹和机械损伤。出现以上情况一般必须大修或更换零件。

在机器运行过程中，齿轮泵常见的故障有：噪声严重及压力波动；输油量不足；液压泵不正常或有咬死现象。

(1) 噪声严重及压力波动可能原因及排除方法

1) 泵的过滤器被污物阻塞不能起滤油作用。用干净的清洗油清洗滤油器去除污物。

2) 油位不足，吸油位置太高，吸油管露出油面。加油到油标位，降低吸油位置。

3) 泵体与泵盖的两侧没有加纸垫；泵体与泵盖不垂直密封；旋转时吸入空气。泵体与泵盖间加入纸垫；泵体用金刚砂在平板上研磨，使泵体与泵盖垂直度误差不超过 0.005 mm，紧固泵体与泵盖的连接，不得有泄漏现象。

4) 泵的主动轴与电动机联轴器不同心，有扭曲摩擦。调整泵与电动机联轴器的同心度，使其误差不超过 0.2 mm。

5) 泵齿轮的啮合精度不够。对研齿轮达到齿轮啮合精度。

6) 泵轴的油封骨架脱落，泵体不密封。更换合格泵轴油封。

(2) 输油不足的可能原因及排除方法

1) 轴向间隙与顶隙过大。由于齿轮泵的齿轮两侧端面在旋转过程中与轴承座圈产生相对运动会造成磨损，轴向间隙和顶隙过大时必须更换零件。

2) 泵体裂纹与气孔泄漏现象。泵体出现裂纹时需要更换泵体，泵体与泵盖间加入纸垫，紧固各连接处螺钉。

3) 油液黏度太高或油温过高。用 20 号机械油选用适合的温度，一般 20 号全损耗系统用油适合在 10～50℃ 的环境温度工作，如果三班工作，应装冷却装置。

4) 电动机反转。纠正电动机旋转方向。

5) 过滤器有污物，管道不畅通。清除污物，更换油液，保持油液清洁。

6) 压力阀失灵。修理或更换压力阀。

(3) 液压泵运转不正常或有咬死现象的可能原因及排除方法

1) 泵轴向间隙及顶隙过小。轴向间隙、顶隙过小则应更换零件，调整轴向间隙或顶隙。

2) 滚针转动不灵活。更换滚针轴承。

3) 盖板和轴的同心度不好。更换盖板，使其与轴同心。

4) 压力阀失灵。检查压力阀弹簧是否失灵，阀体小孔是否被污物堵塞，滑阀和阀体是否失灵。更换弹簧，清除阀体小孔污物或换滑阀。

5) 泵和电动机间联轴器同心度不够。调整泵轴与电动机联轴器同心度，使其误差不超过 0.20 mm。

6) 泵中有杂质。可能在装配时有铁屑遗留，或油液中吸入杂质。用细铜丝网过滤全系统用油，去除污物。

2. 整体多路阀常见故障的可能原因及排除方法

(1) 工作压力不足

1) 溢流阀调定压力偏低。调整溢流阀压力。

2) 溢流阀的滑阀卡死。拆开清洗，重新组装。

3) 调压弹簧损坏。更换新弹簧。

4) 系统管路压力损失太大。更换管路，或在许用压力范围内调整溢流阀压力。

(2) 工作油量不足

1) 系统供油不足。检查油源。

2) 阀内泄漏量大，作如下处理。如油温过高，黏度下降，则应采取降低油温措施；如油液选择不当，则应更换油液；如滑阀与阀体配合间隙过大，则应更换新产品。

(3) 复位失灵

复位弹簧损坏与变形，更换新弹簧。

（4）外泄漏

1）Y形圈损坏，更换产品。

2）油口安装法兰面密封不良。检查相应部位的紧固和密封。

3）各结合面紧固螺钉、调压螺钉背帽松动或堵塞，紧固相应部件。

3. 电磁换向阀常见故障的可能原因和排除方法

（1）滑阀动作不灵活

1）滑阀被拉坏。拆开清洗，或修整滑阀与阀孔的毛刺及拉坏表面。

2）阀体变形。调整安装螺钉的压紧力，安装转矩不得大于规定值。

3）复位弹簧折断。更换弹簧。

（2）电磁线圈烧损

1）线圈绝缘不良。更换电磁铁。

2）电压太低。使用电压应在额定电压的90%以上。

3）工作压力和流量超过规定值。调整工作压力，或采用性能更高的阀。

4）回油压力过高。检查背压，应在规定值16 MPa以下。

4. 液压缸故障及排除方法

（1）外部漏油

1）活塞杆碰伤拉毛。用极细的砂纸或油石修磨，不能修的，更换新件。

2）防尘密封圈被挤出和反唇。拆开检查，重新更新。

3）活塞和活塞杆上的密封件磨损与损伤。更换新密封件。

4）液压缸安装定心不良，使活塞杆伸出困难。拆下来检查安装位置是否符合要求。

（2）活塞杆爬行和蠕动

1）液压缸内进入空气或油中有气泡。松开接头，将空气排出。

2）液压缸的安装位置偏移。在安装时必须检查，使之与主机运动方向平行。

3）活塞杆全长和局部弯曲。活塞杆全长校正直线度误差应小于等于0.03 mm/100 mm或更换活塞。

4）缸内锈蚀或拉伤。去除锈蚀和毛刺，严重时更换缸筒。

三、常用液压回路故障维修

[例10—1] 供油回路的故障维修。

故障现象：供油回路不输出压力油。

分析及处理过程：以一种常见的供油装置回路为例，如图10—1所示。液压泵为限压式变量叶片泵，换向阀为三位四通M型电磁换向阀。启动液压系统，调节溢流阀，压力表指针不动作，说明无压力；启动电磁阀，使其置于右位或左位，液压缸均不动作。电磁换向阀置于中位时，系统没有液压油回油箱。检测溢流阀和液压缸，其工作性能参数均正常。液压系统没有压力油输出，显然液压泵没有吸进液压油，其原因可能是：液压泵的转向不对；吸油滤油器严重堵塞或容量过小；油液的黏度过高或温度过低；吸油管路严重漏气；滤油器没有全部浸入油液的液面以下或油箱液面过低；叶片在转子槽中卡死；液压泵至油箱液面高度大于500 mm等。经检查，泵的转向正确，滤

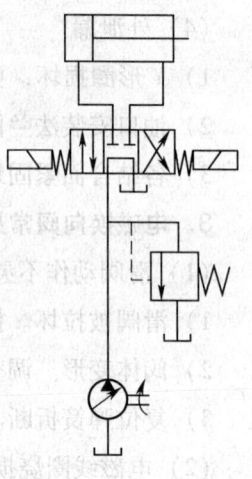

图10—1 变量泵供油装置回路

油器工作正常，油液的黏度、温度合适，泵运转时无异常噪声，说明没有过量空气进入系统，泵的安装位置也符合要求。将液压泵解体，检查泵内各运动副，叶片在转子槽中滑动灵活，但发现可移动的定子环卡死于零位附近。变量叶片泵的输出流量与定子相对转子的偏心距成正比。定子卡死于零位，即偏心距为零，因此泵的输出流量为零。叶片泵与其他液压泵一样都是容积泵，吸油过程是依靠吸油腔的容积逐渐增大，形成部分真空，液压油箱中液压油在大气压力的作用下，沿着管路进入泵的吸入腔，若吸入腔不能形成足够的真空（管路漏气，泵内密封破坏），或大气压力和吸入腔压力差值低于吸油管路压力损失（过滤器堵塞，管路内径小，油液黏度高），或泵内部吸油腔与排油腔互通（叶片卡死于转子槽内，转子体与配油盘脱开）等因素存在，液压泵都不能完成正常的吸油过程。液压泵压油过程是依靠密封工作腔的容积逐渐减小，油液被挤压在密封的容积中，压力升高，由排油口输送到液压系统中。由此可见，变量叶片泵密封的工作腔逐渐增大（吸油过程），密封的工作腔逐渐减小（压油过程），完全是由于定子和转子存在偏心距而形成的。当其偏心距为零时，密封的工作腔容积不变化，所以不能完成吸油、压油过程，因此上述回路中无液压油输入，系统也就不能工作。

故障原因查明，相应排除方法就好操作了。排除步骤是：将叶片泵解体，清洗并正确装配，重新调整泵的上支承盖和下支承盖螺钉，使定子、转子和泵体的水平中心线互相重合，使定子在泵体内调整灵活，并无较大的上下窜动，从而避免定子卡死而不能调整的故障。

[例10—2] 压力控制回路的故障维修。

故障现象：压力控制回路中溢流不正常。

分析及处理过程：溢流阀主阀芯卡住。如图10—2所示的压力控制回路中，液压泵为定量泵，采用三位四通换向阀，中位机能为Y型。所以，液压缸停止工作运行时，系统不卸荷，液压泵输出的压力油全部由溢流阀回油箱。系统中的溢流阀通常为先导式溢流阀，这种溢流阀的结构为三级同心式。三处同轴度要求较高，但这种溢流阀用在高压大流量系统中，调压溢流性能较好。将系统中换向阀置于中位，调整溢流阀的压力时发现，当压力值调在10 MPa以下时，溢流阀工作正常；而当压力调整到高于10 MPa任一压力值时，系统会发出像吹笛一样的尖叫声，此时可看到压力表指针剧烈振动，并发现噪声来自溢流阀。其原因是在三级同轴高压溢流阀中，主阀芯与阀体、阀盖

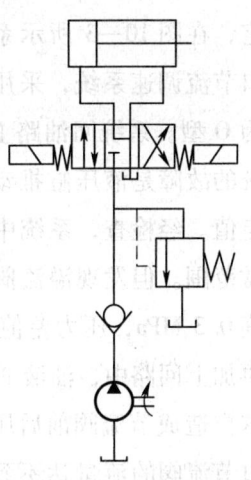

图10—2 定量泵压力控制回路

有两处滑动配合，如果阀体和阀盖装配后的内孔同轴度超出规定要求，主阀芯就不能灵活地动作，而是贴在内孔的某一侧呈不正常运动。当压力调整到一定值时，就必然激起主阀芯振动。这种振动不是主阀芯在工作运动中出现的常规振动，而是主阀芯卡在某一位置（此时因主阀芯同时承受着液压卡紧力）而激起的高频振动。这种高频振动必将引起弹簧、特别是调压弹簧的强烈振动，并出现共振噪声。另外，由于高压油不通过正常的溢流口溢流，而是通过被卡住的溢流口和内泄油道溢流回油箱，这股高压油流将发出高频率的流体噪声。而这种振动和噪声是在系统特定的运行条件下激发出来的，这就是为什么在压力低于10 MPa时不发生尖叫声的原因。

经过分析之后，排除故障就有方向了。首先可以调整阀盖，因为阀盖与阀体配合处有调整余地；装配时，调整同轴度，使主阀芯能灵活运动，无卡紧现象，然后按装配工艺要求，依照一定的顺序用定转矩扳手拧紧，使拧紧力矩基本相同。当阀盖孔有偏心时，应进行修磨，消除偏心。主阀芯与阀体配合滑动面若有污物，应清洗干净，目的就是保证主阀芯滑动灵活的工作状态，避免产生振动和噪声。另外，主阀芯上的阻尼孔，在主阀芯振动时有阻尼作用，当工作油液黏度降低，或温度过高时，阻尼作用将相应减小。因此，选用合适黏度的油液和控制系统温升过高也有利于减振降噪。

[例10—3] 速度控制回路的故障维修。

故障现象：速度控制回路中速度不稳定。

分析及处理过程：节流阀前后压差小引起速度不稳定，在图10—3所示系统中，液压泵为定量泵，属于进口节流调速系统，采用三位四通电动换向阀，中位机能为O型。系统回油路上设置单向阀以起背压阀作用。系统的故障是液压缸推动负载运动时，运动速度达不到调定值。经检查，系统中各元件工作正常，油液温度属正常范围。但发现溢流阀的调节压力只比液压缸工作压力高0.3 MPa，压力差值偏小，即溢流阀的调节压力较低，再加上回路中，油液通过换向阀的压力损失为0.2 MPa，这样造成节流阀前后压差值低于0.2～0.3 MPa，致使通过节流阀的流量达不到设计要求的数值，于是液压缸的运动速度就不可能达到调定值。

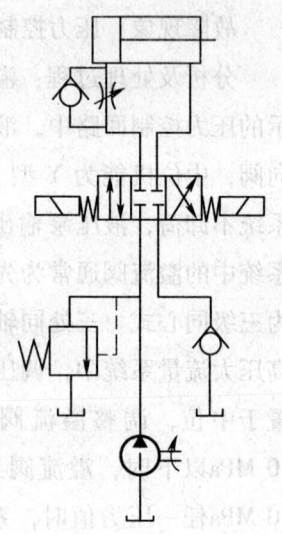

图10—3　进口节流调速回路示意图

提高溢流阀的调节压力，使节流阀的前后压差达到合理压力值后，故障消除。

[例10—4]　方向控制回路的故障维修。

故障现象：方向控制回路中滑阀没有完全回位。

分析及处理过程：在方向控制回路中，换向阀的滑阀因回位阻力增大而没有完全回位是最常见的故障，将造成液压缸回程速度变慢。排除故障时首先应更换合格的弹簧；如果是由于滑阀精度差，而使径向卡紧，应对滑阀进行修磨或重新配制。一般阀芯的圆度和锥度允差为0.003～0.005 mm，最好使阀芯有微量的锥度，并使它的大端在低压腔一边，这样可以自动减小偏心量，从而减小摩擦力，减小或避免径向卡紧力。引起卡紧的原因还可能有：脏物进入滑阀缝隙中而使阀芯移动困难；间隙配合过小，以致当油温升高时阀芯膨胀而卡死；电磁铁推杆的密封圈处阻力过大，以及安装紧固电动阀时使阀孔变形等。

[例10—5]　阀换向滞后引起的故障维修。

故障现象：在图10—4a所示系统中，液压泵为定量泵，三位四通换向阀中位机能为Y型。系统为进口节流调速。液压缸快进、快退时，二位二通阀接通。系统故障是液压缸在开始完成快退动作时，首先出现向工件方向前冲，然后再完成快退动作。此种现象影响加工精度，严重时还可能损坏工件和刀具。

分析及处理过程：从系统中可以看出：在执行快退动作时，三位四通电动换向阀和二位二通换向阀必须同时换向。由于三位四通换向阀换向时间的滞后，即在二位二通换向阀接通的一瞬间，有部分压力油进入液压缸工作腔，使液压缸出现前冲。当三位四通换向阀换向终了时，压力油才全部进入液压缸的有杆腔，无杆腔的油液才经二位二通阀回油箱。

改进后的系统如图 10—4b 所示。在二位二通换向阀和节流阀上并联一个单向阀，液压缸快退时，无杆腔油液经单向阀回油箱，二位二通阀仍处于关闭状态，这样就避免了液压缸前冲的故障。

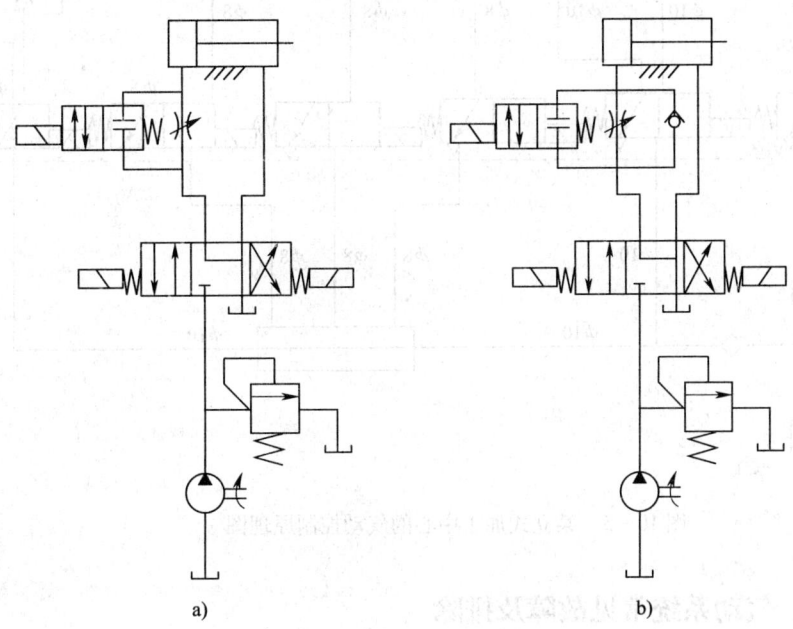

图 10—4　液压系统原理图
a）改进前　b）改进后

第二节　气动系统的故障与维修

气动系统工作原理与液压系统工作原理类似。由于气动装置的气源容易获得，且结构简单，工作介质不污染环境，工作速度快，动作频率高，因此在数控机床上也得到广泛应用，通常用来完成频繁起动的辅助工作。如机床防护门的自动开关，主轴锥孔的吹气，自动吹屑清理定位基准面等。部分小型加工中心依靠气液转换装置实现机械手的动作和主轴松刀。图 10—5 所示为某立式加工中心的气动控制原理图。

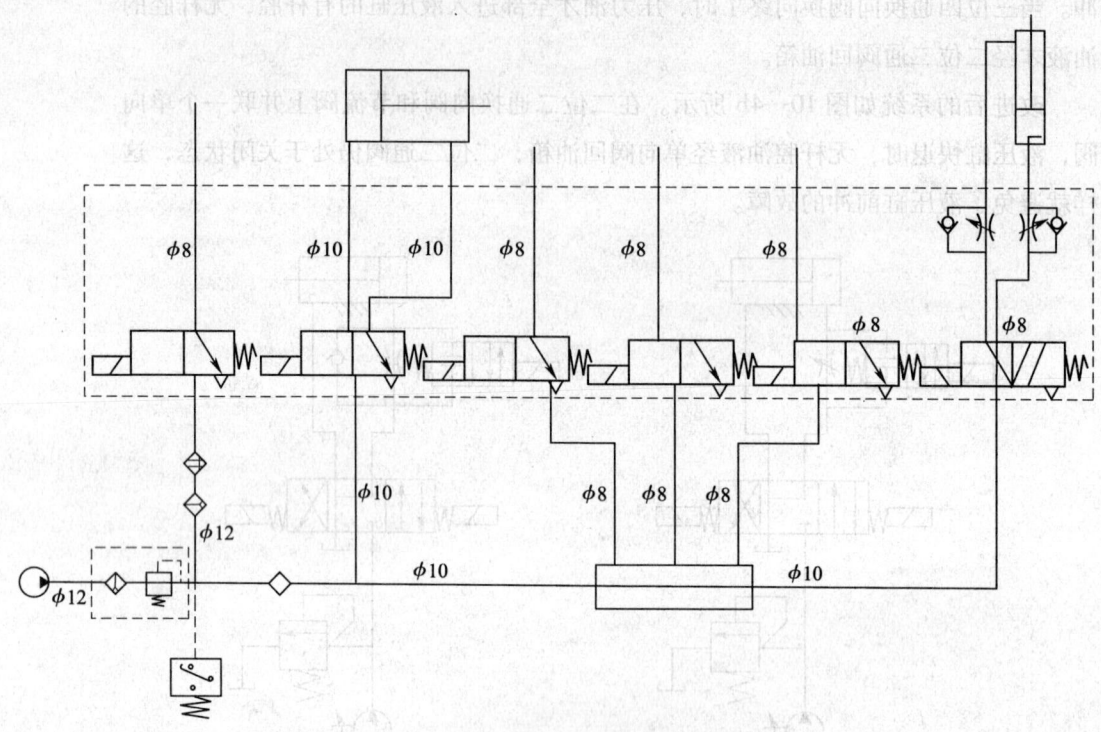

图 10—5 某立式加工中心的气动控制原理图

一、气动系统常见故障及排除

1. 气动系统维护的要点

（1）保证供给洁净的压缩空气

压缩空气中通常都含有水分、油分和粉尘等杂质。水分会使管道、阀和气缸腐蚀；油分会使橡胶、塑料和密封材料变质；粉尘可造成阀体动作失灵。选用合适的过滤器，可以清除压缩空气中的杂质，使用过滤器时应及时排除积存的液体，否则当积存液体接近挡水板时，气流仍可将积存物卷起。

（2）保证空气中含有适量的润滑油

大多数气动执行元件和控制元件都要求适度的润滑。如果润滑不良将会发生以下故障：

1）由于摩擦阻力增大而造成气缸推力不足，阀芯动作失灵；

2）由于密封材料的磨损而造成空气泄漏；

3）由于生锈造成元件的损伤及动作失灵。

润滑的方法一般采用油雾器进行喷雾润滑，油雾器一般安装在过滤器和减压阀之后。油雾器的供油量一般不宜过多，通常每 10 m³ 的自由空气供 1 mL 的油量（即 40~50 滴油）。检查润滑是否良好的一个方法是：找一张清洁的白纸放在换向阀的排气口附近，如果阀在工作 3~4 个循环后，白纸上只有很轻的斑点时，则表明润滑是良好的。

（3）保持气动系统的密封性

漏气不仅增加了能量的消耗，也会导致供气压力的下降，甚至造成气动元件工作失常。严重的漏气在气动系统停止运行时，由漏气引起的响声很容易发现；轻微的漏气则利用仪表，或用涂抹肥皂水的办法进行检查。

（4）保证气动元件中运动零件的灵敏性

从空气压缩机排出的压缩空气，包含有粒度为 0.01~0.08 μm 的压缩机油微粒，在排气温度为 12~220℃ 的高温下，这些油粒会迅速氧化，氧化后油粒颜色变深，黏性增大，并逐步由液态固化成油泥。这种微米级以下的颗粒，一般过滤器无法滤除。当它们进入换向阀后便附着在阀芯上，使阀的灵敏度逐步降低，甚至出现动作失灵。为了清除油泥，保证灵敏度，可在气动系统的过滤器后，安装油雾分离器，将油泥分离出来。此外，定期清洗阀也可以保证阀的灵敏度。

（5）保证气动装置具有合适的工作压力和运动速度

调节工作压力时，压力表应当工作可靠，读数准确。减压阀与节流阀调节好后，必须紧固调压阀盖或锁紧螺母，防止松动。

2. 气动系统的点检与定检

（1）管路系统点检。主要内容是对冷凝水和润滑油的管理。冷凝水的排放，一般应当在气动装置运行之前进行。但是当夜间温度低于 0℃ 时，为防止冷凝水冻结，气动装置运行结束后，应开启放水阀门排放冷凝水。补充润滑油时，要检查油雾器中油的质量和滴油量是否符合要求。此外，点检还应包括检查供气压力是否正常，有无漏气现象等。

（2）气动元件的定检。主要内容是彻底处理系统的漏气现象。例如更换密封元件，处理管接头或连接螺钉松动等，定期检验测量仪表、安全阀和压力继电器等。具体可参见表 10—1。

二、气动系统故障维修实例

[例 10—6] 刀柄和主轴的故障维修。

故障现象：TH5840 立式加工中心换刀时，主轴锥孔吹气，把含有铁锈的水分子吹出，并附着在主轴锥孔和刀柄上。刀柄和主轴接触不良。

表10—1　　　　　　　　　　　气动元件的定检

元件名称	点检内容
气缸	1）活塞杆与端面之间是否漏气 2）活塞杆是否划伤、变形 3）管接头、配管是否划伤、损坏 4）气缸动作时有无异常噪声 5）缓冲效果是否合乎要求
电磁阀	1）电磁阀外壳温度是否过高 2）电磁阀动作时，工作是否正常 3）气缸行程到末端时，通过检查阀的排气口是否有漏气来确定电磁阀是否漏气 4）紧固螺栓及管接头是否松动 5）电压是否正常，电线有否损伤 6）通过检查排气口是否被油润湿，或排气是否会在白纸上留下油雾斑点来判断润滑是否正常
油雾器	1）油杯内油量是否足够，润滑油是否变色、混浊，油杯底部是否沉积有灰尘和水 2）滴油量是否合适
调压阀	1）压力表读数是否在规定范围内 2）调压阀盖或锁紧螺母是否锁紧 3）有无漏气
过滤器	1）储水杯中是否积存冷凝水 2）滤芯是否应该清洗或更换 3）冷凝水排放阀动作是否可靠
安全阀及压力继电器	1）在调定压力下动作是否可靠 2）校验合格后，是否有铅封或锁紧 3）电线是否损伤，绝缘是否可靠

分析及处理过程：TH5840立式加工中心气动控制原理如图10—5所示。故障产生的原因是压缩空气中含有水分。如采用空气干燥机，使用干燥后的压缩空气问题即可解决。若受条件限制，没有空气干燥机，也可在主轴锥孔吹气的管路上进行两次分水过滤，设置自动放水装置，并对气路中相关零件进行防锈处理，故障即可排除。

[例10—7]　松刀动作缓慢的故障维修。

故障现象：TH5840立式加工中心换刀时，主轴松刀动作缓慢。

分析及处理过程：根据图10—5所示的气动控制原理图进行分析，主轴松刀动作缓慢的原因有：

(1) 气动系统压力太低或流量不足；

(2) 机床主轴拉刀系统有故障，如碟型弹簧破损等；

(3) 主轴松刀气缸有故障。

根据分析，首先检查气动系统的压力，压力表显示气压为 0.6 MPa，压力正常。将机床操作转为手动，手动控制主轴松刀，发现系统压力下降明显，气缸的活塞杆缓慢伸出，故判定气缸内部漏气。拆下气缸，打开端盖，压出活塞和活塞环，发现密封环破损，气缸内壁拉毛。更换新的气缸后，故障排除。

[例 10—8] 变速无法实现的故障维修。

故障现象：TH5 840 立式加工中心换挡变速时，变速气缸不动作，无法变速。

分析及处理过程：根据图 10—5 所示的气动控制原理图进行分析，变速气缸不动作的原因有：

(1) 气动系统压力太低或流量不足；

(2) 气动换向阀未得电或换向阀有故障；

(3) 变速气缸有故障。

根据分析，首先检查气动系统的压力，压力表显示气压为 0.6 MPa，压力正常。检查换向阀电磁铁已带电，用手动换向阀，变速气缸动作，故判定气动换向阀有故障。拆下气动换向阀，检查发现有污物卡住阀芯。进行清洗后，重新装好，故障排除。

本章思考题

1. 液压系统常见故障有哪些？
2. 液压系统与气动系统各有什么样的特点？
3. 气动系统维护有哪些注意事项？

第二部分 数控机床电气维修工(高级)

第十一章 机床数控系统参数

数控系统的参数是一台数控机床的灵魂，正确地了解和设置数控系统参数，是数控机床可以充分发挥其功能和作用的前提条件，也是操作维修人员在分析和解决数控机床故障时快速有效的方法。本章主要介绍数控系统参数的重要性、分类及功能，并通过实例说明数控机床系统参数在故障诊断中的应用。

第一节 概 述

现在大多数的数控机床生产厂家自己不生产数控系统，他们都是从数控装置生产厂家购进数控系统安装在自己的机床上，但也有一少部分的机床厂根据自己产品的需要，研制和生产自己的数控系统。

数控装置生产厂家生产数控系统的时候，很少会为某个机床厂生产单独的数控系统，他们生产的数控系统要适合各个机床厂的需求，而不同的机床厂对数控系统的要求是不同的，有的甚至有很大的区别，例如，有的要求三轴插补，有的要求三轴联动，有的要求三轴插补、四轴联动，有的要求五轴联动等。但他们的共同点就是都要靠计算机来控制，所以数控装置生产厂家所生产的数控系统为了满足不同用户的要求，就必须要有足够的柔性空间，在这个柔性空间里，只需对机床的参数进行相应的设置和修改，即可以满足不同用户的要求。

一、数控机床参数的分类

数控机床参数的种类很多,根据不同的角度有很多种不同的分类方法,最常用的分类方法有:根据参数设定权限的不同分类、根据参数表示形式的不同分类和根据参数功能的不同分类。

1. 根据参数设定权限的不同分类

根据参数设定权限的不同分类,可以分为三个等级:数控装置制造厂家设定、机床制造厂家设定和最终用户设定。

第一等级为数控装置生产厂家设定的参数。这类参数是保密的,因为两轴、三轴、五轴联动系统的数控机床,其价格相差很大,一台数控机床可以几轴联动都取决于这些参数。

第二等级为机床生产厂家设定的参数。如正、反向间隙、螺距的补偿、机床的参考点的设定等,这些参数是机床制造厂将购进数控系统与自己生产的机床结合在一起,经过调试,根据自身数控机床的特点而决定的参数。

第三等级为最终用户设定的参数。如某一个轴的加/减速时间、跟随误差大小、积分时间常数和比例放大系数的设定等。这些参数是机床用户根据自身的情况和加工要求来设置的。

2. 根据参数表示形式的不同分类

根据参数表示形式的不同分类,可以分为:状态型、比率型、真实值型等。

状态型参数是指每项参数的 8 位二进制数位中,每一位都表示了一种独立的状态或者是某种功能的有无。例如,FANUC 0 - TD 系统的 1 号参数项中的各位,所表示的就是状态型参数。

比率型参数是指某项参数设置的某几位所表示的数值都是某种参量的比例系数。例如,FANUC 0 - TD 系统的 512、513、514 号参数项中,每项的 8 位所表示就是比率型参数。

真实值型参数是指某项参数的设定值可以直接表示系统某个参数的真实值。这类参数的设定范围一般是规定好的,用户在使用时一定要注意其所表示的范围,以免所设定参数的值超出范围值。例如,FANUC 0 - TD 系统的 522、523、524、525 号参数项中,每项的 8 位所表示的就是真实值型参数。

3. 根据参数功能的不同分类

根据参数功能的不同分类,可以分为:系统参数、通道参数、坐标轴参数、轴补偿参数、PMC 系统参数、PMC 用户参数和 DNC 参数。

二、掌握数控机床参数的重要性

了解和掌握数控装置参数的含义是非常重要的。一方面,了解和掌握了参数,就会给使用和更好地发挥机床性能带来很大的帮助;另一方面,在维修中,很多软件的问题是出在参数上,了解和掌握参数,便于维修很多软件的故障。

三、备份参数、装入参数与批量调试

1. 参数的备份

机床的制造精度和维修后的精度恢复也需要通过参数来调整。由于数控系统参数全部丢失而引起的机床瘫痪,称为"死机"。"死机"固然可怕,若掌握了解决的方法和预防措施,问题就容易解决。

数控机床的参数非常重要,一旦丢失会造成"死机",严重影响生产。若请厂家来人处理时间很长,费用高,损失大。如果能及时快速处理,恢复生产,就可以将损失降至最低限度。要做到及时处理,就要认真做好以下预防工作。

(1) 随机文件附有参数表,一定要交设备部门妥善保管,要注明机床编号,因为使用同一型号的机床有些关键参数也会有所不同。

(2) 有 DNC 通信软件的用户,可以将每台机床的各种参数输至计算机备份,并标明该机床的编号和有关参数的类型。

(3) 对于长期停用的机床,应每周开机 2~3 次,每次 2 小时以上。严格按机床维护说明书的要求和方法更换电池,应选用高性能、高容量的电池。

(4) 在机床出现 P/S 报警时,需专职维修人员在场处理,严禁非专职人员随便修改参数。

通过以上各项措施可以预防数控机床参数丢失,若一时不慎而丢失参数,请及时与机床厂家联系,再结合维护说明将备份参数输入机床,即可恢复正常运行。

2. 参数的传输

同样,以 FANUC 数控系统为例。

(1) 功能参数的输出

1) 将方式开关设定为 EDIT 位置。

2) 按 PARAMETER 键,选择显示参数界面。

3) 将外部接收设备设定在 STAND – BY(准备)状态。

4) 先按住 EOB 键不放开,再按 OUT – PUT 键。

(2) 功能参数的输入

1）将方式开关设定为 EDIT 位置。
2）按 PARAMETER 键，选择显示参数界面。
3）将"PWE"=1。
4）按 INPUT 键。
5）按传输器开始键。
6）传输完毕后，将"PWE"=0。
7）关闭系统电源，重新开机即可。

3. 批量调试

当有多台相同的设备需要调试时，可以利用系统的备份参数与装入参数功能实现批量调试，具体步骤如下。

（1）调试完一台设备。
（2）在参数子菜单中输入权限。
（3）在参数子菜单中选择备份参数。
（4）选择备份到 A：盘（或其他外部存储设备）。
（5）输入备份参数文件名。
（6）在待调试设备的参数子菜单中输入权限。
（7）选择输入参数。
（8）选择从 A：盘（或其他外部存储设备）输入。
（9）选择在步骤（5）中输入的备份参数文件名。

第二节　常见数控系统的参数

目前在我国使用的数控系统中，主要使用两家外国公司进口的产品：日本的 FANUC 和德国的 SIEMENS。它们的产品系列都比较庞大，但提供的有关资料比较少，有很多新的产品，各种产品的参数完全不同。这里主要介绍 FANUC 6M 系统和 SIEMENS 810 系统两种型号的数控系统。

弄清了有关参数的基本概念，即使以后再遇到新的数控装置，也能比较快地熟悉它，掌握它，尤其要注意了解那些与维修有关的参数。实践证明，对这些参数的掌握有利于较快地维修好机床。

一、FANUC 数控装置的参数

6 系列是 FANUC 公司早期的代表性产品之一，在 20 世纪 70 年代末、80 年代初期的数控机床中得到了广泛应用，虽然现在已经不再生产，但在很多较早的数控机床中还是经常看到。FANUC 公司在 1979 年研制出的 6 系列数控系统，主要包括 6M 和 6T 两种型号，它是具备一般功能和部分高级功能的中档 CNC 系统，6M 适合于数控铣床和加工中心，6T 适合于数控车床。与过去的机型比较，使用了大容量磁泡存储器，专用于大规模集成电路，元件总数减少了 30%。它还备有用户自己制作的特有变量型子程序的用户宏程序。

- FS6 与 SIEMENS6 系统结构基本相同，除伺服电动机、PLC 采用 SIEMENS 公司产品外，其余部分完全相同。
- 硬件采用大板结构，上面插有电源模块、存储器板等小板，CPU 采用 8086。该 CNC 系列多为微处理器控制系统，其主 CPU、PMC 及图形显示的 CPU 均为 8086。
- 伺服驱动系统采用 FANUC 直流驱动系统，通过脉冲编码器进行位置检测，构成半闭环位置控制系统。
- 系统一般带有独立安装的电气柜，电气柜内安装了系统的主要部件（如 CNC 装置、伺服驱动、输入单元、电源单元）。
- 主轴驱动系统采用 FANUC 交流主轴驱动装置，该单元为分开安装式，一般安装在强电柜内。
- 系统软件为固定式专用软件。

我国 20 世纪 80 年代进口的数控机床，大量配套采用 FS6 系统，直到目前还有较多配套 FS6 系统的机床在使用中，这些设备大多进入故障多发期，因此，它是数控机床维修中的常见系统之一。

下面通过对 FANUC 6M 数控装置参数的介绍来了解 FANUC 公司有关参数的一些规定。

1. 系统功能参数

（1）基本功能参数。FANUC 公司在提供给用户数控系统的时候，有很多的功能参数是事先设定好的，如下面的这些参数，只要将它们设定为"1"即可。

1）用一个手摇脉冲发生器控制。

2）中文显示。

3）刀具偏置数 32 个。

4) 三轴联动。

5) 主轴定向。

6) 宏程序 A。

7) 时钟功能。

8) 手动倍率。

(2) 选购功能参数。这些参数所控制的功能，用户不能直接获得，需要通过选购付费才能得到。

FANUC 数控系统的选购功能参数又分为两类：第一类是需要有硬件配合的功能，如第四轴控制，需要在主板上有第四轴控制 IC；刚性攻螺纹，需要主轴上有位置检测器等。第二类是不需要有硬件配合的功能，如螺距误差补偿功能、极坐标指令和刀具半径补偿等。

2. 参数显示步骤

按 MDI 或 CRT 单元的 PARAM 键，参数显示在荧光屏画面上。

有以下两种方法来改变画面的内容：

方法一：按 PAGE↓键，显示向下变化；按 PAGE↑键，显示向前回翻。

方法二：按 N 键，参数号用 DATA 键输入，然后按 INPUT 键，相应的参数号被显示出来（N 是字母键区内的字母键，DATA 键就是 0~9 键区的键）。

3. 参数的设定步骤

这里主要介绍手动设定方法，这也是维修人员最常用的方法。当然还可以采用纸带与软盘等方法进行参数的快速设定，这些方法可参看随机提供的说明书。

(1) 压住紧急开关，打开系统电源（以下步骤请保持紧急开关在压住状态，不可松开）。

(2) 把控制板上的 MODE 开关设定到 MDI 方式。

(3) 利用上述两种方法之一显示参数。

(4) 将"PWE"=1。

(5) 按 N 键→输入参数号→按 INPUT 键。

(6) 输入数据→按 INPUT 键结束设定，确认设定是否正确。

(7) 重复步骤 (5)、(6) 直到所有参数输入完成。

(8) 将"PWE"=0（这时屏幕上会出现"100"号报警，必须关机后才能取消）。

(9) 关闭系统电源，重新开机即可。

4. 参数表

（1）参数号码一览表。参数号码见表 11—1。

表 11—1　　　　　　　　　　参数号码一览表

参数号	内　容
0000～0005	固定参数
0006～0011	各种参数
0012	返回参考点的方式和方向
0013	主轴和位置编码器之间的齿轮比，旋变/感应同步器的相位移
0014～0017	DMR，参数计数器容量
0018	间隙补偿脉冲频率，输入单位，插补单位
0019	MF、SF、TF、BF 和 FIN 时间宽度
0020	返回参考点的功能有无
0021	与 S4 有关，与外部减速有关
0022	与固定循环有关的各种参数
0023	外部原点补偿的 10 倍，1 倍
0024，0026	各种参数
0025	与用户宏程序插入功能有关的参数
0027～0030	指令 CMR 的设定
0031～0034	VCMD 最小嵌位置
0035～0036	无缓冲 M 代码
0037	主轴齿轮换挡时主轴电动机的转速
0038	主轴准停时的转数
0039～0042	螺距误差补偿原点
0043～0052	调用户宏程序的 M 代码
0053	使用户宏程序有效中断的 M 代码
0054	使用户宏程序无效中断的 M 代码
0057～0059	工作时间
0060	分度工作台的最小分度值
0061	F1 位进给时，手摇脉冲发生器，每刻度进给速度的变化量
0062	主轴速度到达信号确认用的计时器
0063	与第五轴有关的参数
0064	各轴定标功能的有无
0065～0066	F1 进给的进给速度上限值

续表

参数号	内 容
0067	G73 后退量
0068	G83 切削起始点
0069	在刀具补偿中，用接近90°锐角的移动量，忽略限度的设定
0070～0073	到位宽度
0074～0077	停止时的位置偏移极限值
0078～0081	移动时的位置偏移极限值
0082～0085	栅格偏移量
0086～0089	伺服环增益值
0090	环增益
0091	点动进给速度
0092～0095	快速移动速度
0096～0099	线性加/减速时间常数
0100～0103	手动进给加/减速时间常数
0105	切削进给加/减速时间常数
0106	切削进给上限进给速度
0107	外部减速进给速度
0108	切削进给加/减速下限进给速度
0109～0112	手动进给加/减速下限进给速度
0113	快速倍率的最小进给速度（F0）
0114	返回参考点的低进给速度
0115～0118	间隙补偿值
0119	主轴偏移补偿值（S4 位模拟输出）
0124～0127	漂移补偿值
0128～0131	相对偏移量（旋变/感应同步器）
0132	低速齿轮时的主轴最高转数
0133	高速齿轮时的主轴最高转数
0134	高速齿轮旋转时，主轴转数的下限值
0135	主轴电动机输出值的下限值
0136	主轴电动机输出值的上限值
0140	主轴速度增益调整（S4 位模拟输出）
0141～0142	工作时间预置
0143～0157	行程限位的设定

续表

参数号	内　容
0159~0162	第二参考点的设定
0163~0166	螺距误差补偿间隔的设定
0167	Z轴行程极限（仅负向）
0168	把部分程序锁定的密码
0171~0179	F1位进给速度
0300~0304	固定参数
0305	单方向进位的逼近方向，是否与第五轴平行（NC/TC）
0306~0308	各种类的参数
0309	刀具组（刀具寿命管理）自动坐标系的设定是有效还是无效
0310~0313	I/O装置的波转率
0314~0315	各种参数
0316	与旋转变压器/感应同步器有关
0317	对应#号的代码（用户宏程序）
0318	与用户宏程序有关
0139	与用户宏程序有关
0320~0322	调用户宏程序的M代码
0323~0332	调用户宏程序的G代码
0333~0335	与自动拐角超调有关的参数
0336~0339	单向定位的接近距离
0340	输入设备的选择
0341	输出设备的选择
0342	跳步切削的低速进给速度
0343~0347	恒表面速度控制期间的最低主轴速度
0355~0356	自动拐角超调的调速距离
0357~0360	外部工作原点的偏移量
0361~0364	GR1~GR4的主轴最高转数
0367~0370	第三参考点的设定
0371~0374	第四参考点的设定
0375~0378	公制输入时自动坐标系设定值
0379~0382	英制输入时自动坐标系设定值
0383~0386	第一工作原点偏移量
0387—0390	第二工作原点偏移量

续表

参数号	内 容
0391～0394	第三工作原点偏移量
0395～0398	第四工作原点偏移量
0399～0402	第五工作原点偏移量
0403～0406	第六工作原点偏移量
0410～0448	与第五轴有关的参数
1000～1127	X 轴螺距误差的补偿值
2000～2127	Y 轴螺距误差的补偿值
3000～3127	Z 轴螺距误差的补偿值
4000～4127	第四轴螺距误差的补偿值
5000～5127	第五轴螺距误差的补偿值

(2) 参数功能一览表。与伺服有关的参数见表 11—2。

表 11—2　　　　　　　　　　与伺服有关的参数表

参数号	内 容
006	伺服停信号有效或无效
007	自动漂移补偿值是否执行
009	到位检查是否执行
013	相位偏移量是否自动调整
014～017	检测倍率的设定（DMR）
026	PRDY 输出前，如果 VRDY 接通，是否产生伺服报警信号
027～030	指令倍率设定（CMR）
031～034	进给指令的最低箝位置的设定
070～073	到位的宽度
074～077	停止时位置偏差的极限值
078～081	运动期间位置偏差量的极限值
082～085	栅格偏移量
086～089	伺服环增益的倍率的设定
090	伺服环增益的设定
124～127	漂移补偿量
128～131	伺服相位漂移量（自动设定）
316	DSCE 反馈的频率检查执行与否，位置检测系统是旋转变压器还是感应同步器或者是脉冲编码器

与主轴功能有关的参数见表11—3。

表11—3 与主轴功能有关的参数表

参数号	内 容
006	主轴速度达到信号"SAR"检查
009	固定循环中M代码不输出,但"SSP"和"SRV"输出
010	S4位输出(模拟输出)信号
011	主轴停止输入信号(*SSTP),使用接点A还是接点B的切换
021	在12位输出A或S4位模拟输出A中,齿轮选择读取信号"SF"输出与否
037	主轴齿轮改变时,主轴电动机转速
038	主轴准停时,主轴速度
062	检查主轴速度达到信号的延迟计时
119	主轴速度偏差补偿值(用于S4位模拟输出A/B)
132	用低速齿轮时的最大主轴速度(用于12位输出A,S4位模拟输出A)
133	对于高速齿轮时的最大主轴速度(用于12位输出A,S4位模拟输出A)
134	对于低速齿轮的主轴速度的下限值设定(用于12位输出A,S4位模拟输出A)
135	主轴电机输出值的下限(用于12位输出A/B,S4位模拟输出A/B)
136	主轴电机输出值的下限(用于12位输出A/B,S4位模拟输出A/B)
140	S4位模拟输出A/B的增益的设定
306	当执行超过主轴电动机输出上限的S指令时,出现报警(在12位输出A,S4位模拟输出A)
307	齿轮变化读信号"SF"输出与否(12位输出B或S4位模拟输出B)
361~364	对1、2、3、4的主轴最大速度的设定(12位输出B或S4位模拟输出B)

与参考点返回功能有关的参数见表11—4。

表11—4 与返回参考点有关的参数表

参数号	内 容
010	在没有执行返回参考点的情况下,手动快进是否有效
011	在参考点返回时,减速信号(*DECX,*DECY,*DECZ,*DEC4)是"1"或是"0"
012	返回参考点的方式与方向
014~017410	各轴参数计数器容量的设定
020	返回参考点的功能是否提供
082~085421	各轴栅格偏移量的设定
114	返回参考点的低进给速率的设定
159~162435	各轴从第一参考点到第二参考点的距离
376~370438	各轴从第三参考点到第一参考点的距离
371~374439	各轴从第四参考点到第一参考点的距离

与刀具补偿有关的参数见表 11—5。

表 11—5　　　　　　　　与刀具补偿有关的参数表

参数号	内　容
010	用 G43、G44 指令的偏置是从下一个程序段开始有效还是从下面的 D、H 代码开始
010	在偏置指令（G45～G48）中使用 D 代码还是 H 代码
011	在程序保护键闭合时，MDI 设定操作是否有效
011	在刀具补偿 C 中，是启动还是删去 A 型或 B 型
011	刀具补偿矢量是不是由 I、J 及 K 确定
022	G43、G44 规定的补偿量是否由 Reset 删除
069	在刀具补偿中，刀具沿接近 90°锐角移动时，可忽略的小移动量的限制
307	除 Z 轴外是否使用 G43、G44

与间隙补偿有关的参数见表 11—6。

表 11—6　　　　　　　　与间隙补偿有关的参数表

参数号	内　容
012	接通电源时，初始间隙方向
018	间隙补偿脉冲频率（一般设定为 256 kHz）
115～118432	各轴间隙量的设定

与固定循环有关的参数见表 11—7。

表 11—7　　　　　　　　与固定循环有关的参数表

参数号	内　容
009	固定循环中输出 M 代码还是 SSP、SRV 信号
009	固定循环中 FMS 信号发出一次还是两次
009	由 01 组 G 代码设定 X 和 Y 轴移动是快移
009	是否由复位或原点按钮改变初始电平
021	固定循环中方法 A 或方法 B 的设定（G74，G84）
022	固定循环中各种参数的设定
067	高速深孔钻循环的后退量（G73）
068	G83 方式在切削前从快移到切削进给的进给率改变的距离的设定

与用户宏程序有关的参数见表 11—8。

表 11—8　　　　　　　　与用户宏程序有关的参数表

参数号	内　容
025	用户宏程序中断参数
043～052	调用户宏程序的 M 代码最多设定 10 个
053	使用户宏程序中断有效的 M 代码
054	使用户宏程序中断无效的 M 代码
306	是否用 T 代码调用户宏程序
308	用户宏程序各种参数的设定
317	对应 "#" 的代码的存储
318	用户宏程序的各种参数的设定
319	用户宏程序的各种参数的设定
320～322	调用户程序的 M 代码最多设定 3 个
323～332	调用户程序的 G 代码最多设定 10 个

与螺距误差补偿有关的参数见表 11—9。

表 11—9　　　　　　　　与螺距误差补偿有关的参数表

参数号	内　容
024	螺距误差补偿倍率的设定
039～042416	各轴螺距误差补偿的原点设定
163～166436	各轴螺距误差补偿的间隔设定
1000～1127 2000～2127 3000～3127 4000～4127 5000～5127	各轴螺距误差的补偿量的设定

与 F1 位进给功能有关的参数见表 11—10。

表 11—10　　　　　　　　与 F1 位进给功能有关的参数表

参数号	内　容
061	手摇脉冲发生器一个刻度相当进给速度的变化量
065	F1 到 F4 的发生器
066	F5 到 F9 上限值
171～179	F1 到 F9 进给率的初始值

与恒表面速度控制有关的参数见表 11—11。

表 11—11　　　　　　　　与恒表面速度有关的参数表

参数号	内容
315	最低主轴速度的箝位值的设定是对所有齿轮公用，还是各齿轮单独的选择；在快速移动程序段中，表面速度的计算是基于程序段的终点，还是刀具的现在位置；执行表面恒速控制的选择
343~346	恒表面速度方式（G96）中的各齿轮的最低主轴速度
347	恒表面速度方式（G96）中最低主轴速度

5. FANUC 系统的报警号

FANUC 系统的报警号的大致范围：

（1）000~170 号报警：程序和操作的原因发生的报警。

（2）210~253 号报警：与行程开关有关的报警。

（3）400~457 号报警：与伺服系统有关的报警。

（4）600~607 号报警：连接单元的报警，MDI/CRT 或 FANUC 可编程序控制器。

（5）700~703 号报警：控制元件或马达过热报警。

（6）900~999 号报警：存储器报警（出现这种情况，必须更换线路板）。

二、SIEMENS 数控装置的参数

SIEMENS 810 系列数控系统，是 SIEMENS 公司 20 世纪 80 年代中期开发的 CNC、PLC 一体型控制系统，它适合于数控车床、数控铣床和数控磨床的控制，系统结构简单、体积小、可靠性高，在 20 世纪 80 年代末、90 年代初的数控机床上使用较广。

- SIEMENS 810 系列为 9 英寸单色显示，系统电源为 24 V。
- 810 系列最大可控制六轴（其中允许有两个作为主轴控制），三轴联动。
- 系统由电源、显示器、CPU 板、存储器（MEM/EPROM/RAM）板、I/O 板、接口板、显示控制板、位控板、机箱等硬件组成。硬件较多采用了 LSI（大规模集成电路）和专用集成电路。
- 主 CPU 采用 80186。
- PLC 最大 128 点输入/64 点输出，用户程序容量 12KB，PLC 采用 STEP5 语言编程。

1. 机床数据的存储与更换

手动存储或更换机床数据时，可按照以下操作顺序进行：

（1）按"<"键。

（2）口令字 Pass Word "…"。

（3）软键"DIAGNOUS"。

（4）按">"键。

（5）软键"NC MD"。

（6）GENERAL AXIAL SPINDLE MACHINE。

DATA	DATA	DATA	DATA
一般数据	轴数据	主轴数据	机床数据

2. 机床数据（MD）

0～157：一般数据　　　　　　　5060～5966：传输值

1080～118*：通道专用值　　　　5200～5210：主轴专用位

200*～396*：坐标轴专用值　　　540*～550*：通道专用位

4000～4590：主轴专用值　　　　560*～576*：轴专用位

5000～5052：一般数据位　　　　6000～6249：主轴螺距误差补偿位

3. 机床 PLC 数据（MD）

0～8：一般系统数据　　　　　　2000～2005：一般系统位

1000～1007：PLC 用户数据　　　3000～3003：PLC 用户数据位

4. 机床数据生效条件

（1）结构专用数据（如 MD200*，4000，156…）：电源接通后生效。

（2）轴专用数据（如 MD204*，240*…）：复位后生效。

（3）主轴专用数据（如 MD5201，1…）：NC 启动后生效。

（4）显示专用数据（如 MD5007，7…）：立即生效。

5. SIEMENS 810 报警号

SIEMENS 810 的报警信息有数千条，而每一条都有报警名称、结果、说明及排除方法。报警分成以下七个报警组（五个 NC 报警组，两个 PLC 报警组）。

（1）NC 报警组。电源接通报警，V24 报警，RESET 报警（轴专用），RESET 报警（通用），ERASE 报警。

（2）PLC 报警组。PLC 故障信息，PLC 操作信息（PLC 故障信息和操作信息存储在 CPU 的 RAM 中)。

报警号与对应解除报警的方法见表 11—12。

表 11—12　　　　　　　　报警号与解除报警的方法表

报警号	报警组	解除报警方法
1～15 40～99	接通电源报警	接通控制装置
16～39	V24（RS232）报警	(1) 调入包括"数据输入/输出"软件菜单 (2) 按软键"数据输入/输出" (3) 按软键"停止"
100*～196*	RESET 报警/轴专用	按 RESET 键
132*	RESET 报警/轴	开/关控制装置（接通控制装置）
2000～2999	RESET 报警/通用	按 RESET 键
3000～3055	RESET 报警可清除	按应答键
6100～6063	PLC 用户报警/PLC 故障报警	按应答键
7000～7063	PLC 操作信息	这些信息自动由 PLC 程序复位

第三节　数控机床参数在故障诊断中的应用

无论哪个数控装置厂家生产的数控系统都会有大量的参数，机床运行一段时间后，需要对其中的某些参数进行适当的调整，而这些调整很可能会影响到机床的各种性能。另外，各种外部因素如数控系统后备电池失效、操作者的误操作、电网瞬间停电等也会导致数控系统一些参数的丢失和改变，从而影响到机床的正常工作。机床的操作人员和维修技术人员如果能够清楚准确地了解这些参数的含义和作用，就会对数控机床的故障诊断和维修带来很大的方便，从而提高机床的使用率。

下面以实践中遇到的几个实例，来说明参数设置在数控机床故障诊断中的应用。

一、参数设定错误引起的故障维修

[例 11—1]　　故障现象：某配置 FANUC 0TD 数控系统的二手数控车床，配有

FANUC α 系列数字伺服，开机后，系统显示 ALM417、427 报警。

分析与诊断：FANUC 0TD 系统出现 ALM 417、427 报警的含义是"数字伺服参数设定错误"。

由于机床为二手设备，调试时发现系统的电池已经遗失，因此，系统的参数都在不同程度上存在错误。进一步检查系统主板，发现主板上的报警指示灯 L1、L2 亮，驱动器显示"-"，表明驱动器未准备好。

根据系统报警 ALM417、427 可以确定，引起报警的原因可能有：

(1) 电动机型号参数 8 * 20 设定错误。
(2) 电动机的转向参数 8 * 22 设定错误。
(3) 速度反馈脉冲参数 8 * 23 设定错误。
(4) 位置反馈脉冲参数 8 * 24 设定错误。
(5) 位置反馈脉冲分辨率 PRM037 bit7 设定错误等。

通过数字伺服设定页面，在正确设定以上参数以及系统的 PRM900~919 参数后，再通过数字伺服的初始化操作，报警消失，主板上的报警指示灯 L1、L2 灭，驱动器显示"0"，表明驱动器已经准备好，本故障排除。

[例 11—2] 故障现象：一台配置 FANUC 0TD 数控系统、αC 伺服驱动的二手数控车床，开机后系统显示 ALM401 报警。

分析与诊断：FANUC 0TD 系统出现 ALM401 报警的原因是驱动器未准备好，DRDY 信号未接通。

检查驱动器状态，发现七段数码管显示为"-"，表明驱动器未准备好。由于机床为二手设备，停机时间已较长，并经过了多次转手，因此系统参数丢失的可能性较大。

维修时，通过检查机床上使用的电动机型号、编码器类型、丝杠螺距与减速比等相关参数后，重新对数字伺服系统进行了初始化处理后，启动机床，驱动器显示"0"，CNC 报警消失，通过操作试验，机床 X、Z 轴可以正常工作，机床恢复正常。

二、系统参数错误引起跟随误差报警的故障维修

[例 11—3] 故障现象：一台配置 FANUC 6ME 数控系统的加工中心，在开机后 CRT 显示 ALM401、410、411、420、421、430、431 报警。

分析与诊断：

(1) FANUC 6M 系统 CRT 上显示 ALM401 报警的含义是"驱动器未准备好"。
(2) ALM410、420、430 报警的含义是"X 轴、Y 轴和 Z 轴停止时的位置偏差

过大"，引起报警的原因可能有：位置偏差值设定错误，输入电源电压太低；伺服电动机不良，电动机的动力线和反馈线连接故障，速度控制单元故障以及系统主板的位置控制部分故障等。

（3）ALM411 报警的含义是"运动时 X 轴跟随误差超过允许值"。

（4）ALM421 报警的含义是"运动时 Y 轴跟随误差超过允许值"。

（5）ALM431 报警的含义是"运动时 Z 轴跟随误差超过允许值"。

初步判定故障发生在速度控制单元的公共部分。

检查伺服驱动器电源、速度控制单元辅助电源等公共部分，未发现伺服驱动系统存在不良。考虑到在一般情况下，同时发生 X 轴、Y 轴、Z 轴伺服驱动器损坏的可能性较小，因此维修时检查了伺服系统的参数设定。经检查发现，该机床的部分参数存在不同程度上的错误。在故障原因不明的情况下，根据机床出厂数据，首先对参数进行了恢复，重新开机后故障清除，机床恢复正常工作。为了保证加工精度，又对机床的间隙、螺距等参数进行了重新测量与补偿，机床的精度得到了恢复，机床工作完全正常。

本故障的真正原因不明，初步判断属于偶然性干扰引发的存储器数据混乱。

[例 11—4]　故障现象：一台配置 FANUC 6ME 数控系统的加工中心，X 轴在运动时速度不稳，由运动到停止的过程中，在停止位置出现较大幅度的振荡，有时不能完成定位，必须关机后才能重新工作。

分析与诊断：仔细观察机床的振动情况，发现 X 轴振荡频率较低，且无异常声音。从振荡现象上看，故障现象与闭环系统参数设定有关，如系统增益设定过高、积分时间常数设定过大等。

检查系统的参数设定、伺服驱动器的增益、积分时间电位器调节等均在合适的范围且与故障前的调整完全一致，因此可以初步判断 X 轴的振荡与参数的设定与调节无关。

为了进一步验证，维修时在记录了原调整值的前提下，将以上参数进行了重新调节与试验，发现故障依然存在，证明判断的正确性。

在以上处理的基础上，将参数与调整值重新恢复到原设定后，对伺服电动机与测量系统进行检查。首先清理测速发电机和伺服电动机的换向器表面，并用数字万用表检查测速发电机绕组情况。检查发现，该伺服电动机的测速发电机转子与电动机轴之间的连接存在松动，粘接部分已经脱开。经重新连接后，开机试验，故障现象消失，机床恢复正常工作。

本题的故障虽然不是由于参数的错误而引起的，但机床的系统参数在分析和诊断故障的过程中起到了关键的作用。

三、工作坐标系坐标显示设定的故障维修

[例11—5] 故障现象：一台配置 FANUC 0i 数控系统的数控铣床，在机床对刀的时候，操作人员在工件坐标系画面内设定输入 X0，并按下测量键后，发现工件坐标系 X 坐标无任何变化，并不像所预料的立即显示为零。虽然在机床执行程序后，发现工件坐标系的坐标显示与程序指令位置是一致的，对实际工作并无影响，但操作者总觉得不习惯，不放心。

分析与诊断：经了解，操作者是在一次未取消刀具半径补偿的情况下，进行对刀操作而发现上述问题的。根据上述现象，应该不会是其他硬件方面的问题。查参数手册上与坐标有关的参数，并将 NO. 1207.5（此参数 AWK 为工件原点补正值改变时采取的动作。AWK＝0 为第一次自动操作执行，绝对坐标值才改变；AWK＝1 为绝对坐标值立即改变）设定为 1 后，问题得以解决，机床恢复正常运行。

四、机床原点位置的调整

[例11—6] 故障现象：一台配置 FANUC 0i 数控系统的数控铣床，在调整了减速挡块后，有时出现回零位置不一致的现象。

分析与诊断：经观察，发现机床在返回参考点过程中有减速，也有制动到零的过程，但停止位置常常前移或后移一个丝杠螺距，即相当于编码器一转的机床位移量的偏差。

出现这种情况可能是栅格信号产生的时刻离减速信号从断到通太近，由于传动误差等原因，使得栅格信号刚好错过，只好等待下一个信号到来时再停止，从而造成停止位置前移或后移一个丝杠螺距。

在这种情况下，可重新改变减速挡块位置或修改参数，使栅格信号产生的时刻离减速信号从断到通的时刻远一点，避免该问题发生。通过修改参数 NO. 1850（栅格偏移量）很快将问题解决，机床恢复正常运行。

五、主轴准停位置调整的故障维修

[例11—7] 故障现象：一台配置 FANUC 18i 数控系统的立式加工中心，在换刀过程中出现问题，故障表现为当刀库移向主轴时与主轴上的刀柄发生碰撞，然后停止，不能完成换刀过程。

分析与诊断：该加工中心刀库为鼓轮式刀库，无机械手换刀。正常的换刀过程

如下：当机床接到换刀指令后，主轴上升至换刀位置并准停，刀库在气缸的驱动下水平向前平移至主轴位置，找到刀库鼓轮上某空缺刀位并插入主轴上刀柄凹槽处，鼓轮上的夹刀弹簧将刀柄夹紧，刀具松开，主轴向上运动，完成拔刀过程；刀具拔出后，刀库回转选刀，找到选定的刀位后，主轴向下移动，将选中的刀具装入主轴锥孔，鼓轮上的夹刀弹簧将所选刀具的刀柄夹紧，完成刀具装夹；刀库水平后移返回原位，换刀完成。

观察该机床刀库与刀柄碰撞部位，发现主轴上刀柄的键槽与刀库刀座上的键方位不一致，存在一个角度偏差，导致碰撞发生。由于刀库上的键是对准主轴中心的，可推断，刀座上的键与刀柄键槽不能正常配合是由于主轴定向停止位置偏离了正常位置所致。主轴未拆卸过，估计是主轴传动带磨损导致主轴定位位置发生变化。因此，需要对主轴定位位置进行修调，以恢复到正常位置。

FANUC 18i 提供了方便的参数调节功能，可通过调整参数 NO.4031 和 NO.4077 中任何一个（NO.4031 为位置编码器定向停止位置，NO.4077 为定向停止位置偏离量），使定向位置恢复到原来的正常位置，从而使该机床的换刀故障得以排除。

六、实际移动量与理论值不符的故障维修

[例11—8] 故障现象：某配备 FANUC 0T 数控系统的数控车床，用户在加工某工件的过程中，发现 X、Z 轴的实际移动尺寸与理论值不符。

分析与诊断：由于本机床 X、Z 轴工作正常，故障仅是移动的实际值与理论值不符，因此可以判定机床系统、驱动器等部件均无故障，引起问题的原因在于机械传动系统参数与控制系统的参数匹配不当。

机械传动系统与控制系统匹配的参数在不同的系统中有所不同，通常有电子齿轮比、指令倍乘系数、检测倍乘系数、编码器脉冲数、丝杠螺距等。以上参数必须统一设定，才能保证系统的指令值与实际移动值相符。

在本机床中，通过检查系统设定参数发现，X 轴与 Z 轴伺服电动机的编码器脉冲数与系统设定不一致。在机床上，X 轴与 Z 轴的电动机型号相同，但内装式编码器分别为每转 2 000 脉冲和 2 500 脉冲，而系统的设定值正好与此相反。

据了解，故障原因是用户在进行机床大修时，曾经拆下 X 轴和 Z 轴伺服电动机进行清理，但安装时未注意到编码器的区别，从而引起了以上问题。将 X、Z 两轴的电动机进行交换后，机床恢复正常工作。

通过上面的例子可以看出，数控机床的参数设定在机床维修中占有重要的地

位，得到广泛的应用。值得注意的是，如果要更改参数，必须要对该参数有详细的了解，知道该参数的变更会产生怎样的结果，受哪个参数的制约以及对其他参数有无影响，并做下记录，以便对不同参数所产生的结果进行对比，选择其中最佳者设定到对应的参数表中。在不知道参数的意义前最好不要修改参数，以免发生意外。尤其重要的是，在修改参数前，应该做好参数备份。

本章思考题

1. 一般来说，数控机床参数如何分类？
2. 如何做好数控机床的备份参数、输入参数与批量调试工作？
3. 某配备 FANUC 0T 数控系统的数控车床，用户在加工某工件的过程中，发现 X、Z 轴的实际移动距离与理论值不符。试诊断其原因。

# 第十二章
系统诊断信息

现代数控系统具有较强的自诊断能力。通过系统自诊断，一方面了解系统的工作状态；另一方面，当系统发生故障时，能在屏幕上显示报警提示信息。数控维修人员或操作人员根据报警提示信息，可以了解故障发生的原因，以便采取对应的措施。

第一节　诊断操作区域

系统诊断信息包括故障报警信息、操作信息、报警历史记录、驱动系统的状态信息及 PLC 状态检测信息。在主菜单下按水平软键【诊断】，便可进入"诊断"操作区域，诊断操作区域界面如图 12—1 所示。

【报警】软键显示当前的报警信息，包括报警号、报警内容、报警时间、清除方法等。

【信息】软键主要显示 PLC 的操作信息，由机床制造商配置，如按时间顺序记录机床已经完成的动作，通过查看记录信息，便知道机床已经进行了哪些操作。

【报警记录】软键显示报警历史记录，包括仍存在的报警和已经复位消除的报警。MMC103 或 PCU50 有此功能，报警缓冲器默认存储 150 条报警信息。

【服务显示】软键可以显示进给轴和主轴的状态信息、驱动系统的状态信息、安全集成信息等，通过这些信息实时了解驱动系统的运行情况。

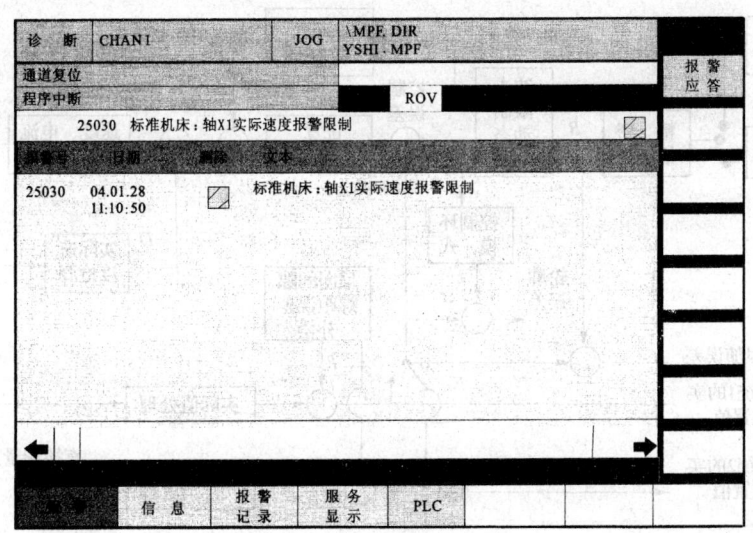

图 12—1　诊断操作区域界面

按【PLC】软键可以查看机床 PLC 的状态，检查 PLC 各种接口信号的情况，包括内部数据接口信号、I/O 信号、计数器、定时器及状态标志位等。

第二节　轴调整信息

轴调整信息包括进给轴调整信息和主轴调整信息，在"诊断"操作区域中，按【服务显示】软键，再按【轴调整】软键，就进入进给轴/主轴状态监测界面，在界面中可以看到有关进给轴/主轴的控制信息。

一、轴控制信息

1. 设定值与实际值

系统的指令信号称为设定值或设定点，是系统控制器计算出的理论值。如图 12—2 所示，A 点是主轴转速设定值，B 点是位置设定值，C 点是速度设定值。

（1）主轴转速当前设定值

显示当前有效主轴转速的设定值，是经过主轴转速倍率修调选择开关调整后的值。

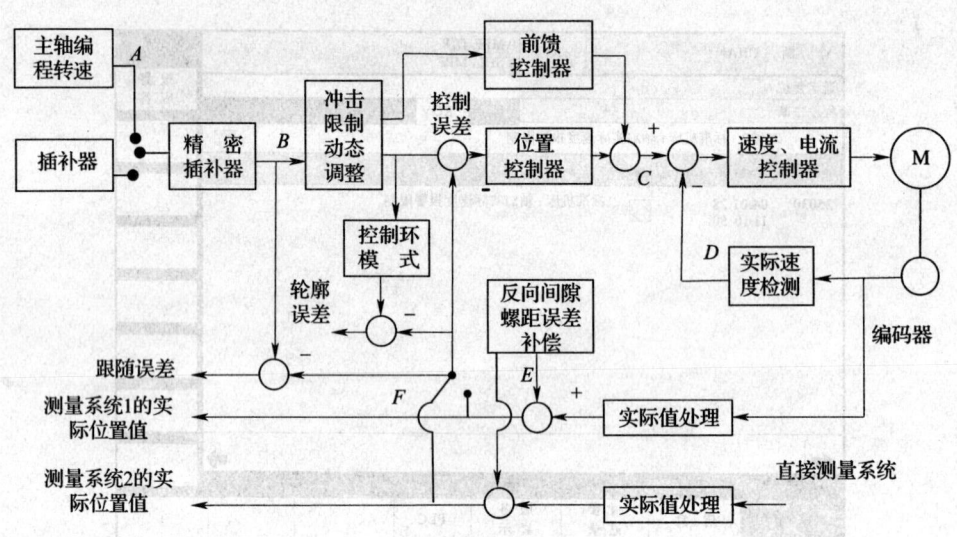

图 12—2 位置及速度闭环控制

(2) 主轴转速编程设定值

由用户程序设定的主轴转速,如输入"S500",则显示 500 r/min。

(3) 位置设定值

由插补器输出到位置控制器的位置设定值。

(4) 速度设定值

速度设定值来自位置控制器和前馈控制器,输入到速度控制器作为速度控制信号。100%表示最大速度设定值,对于配置 611D 数字驱动的系统,是指设置的最大速度。

(5) 倍率修调

显示进给轴或主轴倍率修调开关的位置。

(6) 速度实际值

根据编码器提供的脉冲信号,由 NC 计算并显示的速度与最高速度的百分比。100%表示最高速度,对于 611D 数字驱动的系统,电机的最高速度在机床数据 MD1401 中设置。

2. 测量系统

810D/840D 系统有两路实际值测量系统,测量系统 1 和测量系统 2,通过设置机床数据选择并激活它们。从图 12—2 中可以看出,测量系统 1、2 输出的实际位置值包括了螺距误差补偿和反向间隙补偿。

(1) 有效测量系统

表示已经生效的测量系统，显示1表示测量系统1生效，显示2表示测量系统2生效。

(2) 测量系统1或2的实际位置值

在机床坐标系中显示的位置，是由测量系统1或2测量到的进给轴实际位置，包括了反向间隙补偿和螺距误差补偿，但不包括零点偏置和刀具偏置。

(3) 测量系统1或2的绝对补偿值

显示测量系统1或2的绝对补偿值，它是当前坐标位置的反向间隙补偿和螺距误差补偿的累加结果。

(4) 垂度和温度补偿

显示的补偿值是当前坐标位置的垂度补偿与温度补偿之和。

3. 控制误差

轴的控制误差，反映了系统设定值与测量系统实际值之间的偏差，根据设定值输入信号的不同，主要分为跟随误差、控制误差及轮廓误差，从图12—2中可以看到这些误差的区别。

(1) 跟随误差

跟随误差与系统插补器输出和实际测量值有关，是插补器输出的位置设定值与测量系统1或2检测的实际位置值之差。

(2) 控制误差

位置控制器输入的位置设定值与测量系统1或2的实际位置值之差。

(3) 轮廓误差

根据位置设定值，通过控制模型预先计算的实际位置值，与测量系统1或2的实际位置值之差，就是当前的轮廓误差。轮廓误差与跟随误差密切相关，受跟随误差的影响，在加工过程中速度的改变或负载的变化都会影响轮廓误差。

(4) 伺服增益计算值

伺服增益表明了速度设定值与跟随误差的关系，是一个实时变化量，伺服因子 K_V 由下式获得：

$$K_V = \frac{速度}{跟随误差}$$

二、轴状态信息

轴状态信息表明了轴当前所处的工作状态，主要包括以下内容。

1. 主轴当前挡位

显示主轴当前实际挡位。如果把主轴分配给一个进给轴，则仅显示数值。

2. 调节器工作方式

显示调节器当前的工作方式代码：0 代表位置控制，1 代表速度控制，2 代表保持，3 代表停止，4 代表跟踪，5 代表减速。

3. 返回参考点状态

用 0 和 1 表示系统返回参考点的状态：0 表示测量系统 1 或 2 没有返回参考点，1 表示已经完成返回参考点。

4. 固定点停止

当"到达固定点停止"接口信号（DB31.DBX62.5～DB61.DBX62.5）有效时，表明进给轴已经满足了"固定点停止"条件。

第三节 驱动调整信息

驱动调整信息包括进给驱动调整信息和主轴驱动调整信息。在"诊断"操作区域中，按【服务显示】软键，再按【驱动调整】软键，就进入驱动状态监测界面，显示进给驱动和主轴驱动的一些信息。

一、驱动控制信号

1. 驱动使能（端子 64/63）

显示 611D 电源模块上的端子 64/63 的状态：驱动使能为 1，驱动没有使能为 0。

2. 脉冲使能（端子 63/48）

显示 611D 电源模块上的端子 63/48 的状态：脉冲使能为 1，脉冲没有使能为 0。

3. 驱动模块脉冲使能（端子 663/SI）

显示表明了驱动模块上的端子 663/SI 的状态：驱动模块脉冲使能为 1，驱动模块脉冲没有使能为 0。

4. PLC 脉冲使能

表明驱动模块上来自 PLC 的脉冲使能是否生效：显示依据 DB31.DBX21.7～

DB61. DBX21.7 的状态，驱动模块 PLC 脉冲使能没有生效为 0，驱动模块 PLC 脉冲使能已经生效为 1。

5. 速度调节器使能

表明了速度调节器是否已经通过 NC 使能：显示 1 为速度调节器使能关闭（OFF），显示 0 为速度调节器使能打开（ON）。

6. 斜坡函数发生器快速停止

显示驱动系统的斜坡函数发生器快速停止状态：斜坡函数发生器快速停止没有被激活显示为 1，斜坡函数发生器快速停止被激活显示为 0。

7. 直流母线状态（ON/OFF）

显示直流母线电压下限警告信息：显示 1 表明直流母线电压低于给出的下限值，显示 0 表明直流母线电压高于给出的下限值。下限值在 MD1604（DC 连接电压下限）中设置。

8. 使能脉冲生效

该信息根据"脉冲使能"接口信号 DB31. DBX93.7 ~ DB61. DBX93.7 显示，表明驱动模块脉冲使能是否已经生效。显示 0 说明驱动模块脉冲没有使能，进给轴/主轴不能运动；显示 1 说明驱动模块脉冲已经使能，进给轴/主轴可以运动。

9. 驱动准备就绪

根据"驱动准备"接口信号 DB31. DBX93.5 ~ DB61. DBX93.5，显示当前驱动的状态，驱动没有准备就绪显示 0，驱动准备就绪显示 1。

二、驱动状态信息

1. 启动阶段

显示所选择的驱动系统当前启动阶段的状态，用三位数字表示，左边两位数字是系统内部代码，右边第 1 位数字代表驱动系统当前启动阶段的状态。当前状态用 1~5 表示，0 代表软件正在装入驱动模块；1 代表驱动模块的基本初始化完成；2 或 3 表示初始化机床数据；4 表示同步；5 表示循环操作。

2. CRC 错误

显示系统检测的 NC 与驱动之间硬件的通信错误，如果显示的是不为 0 的其他值，请与西门子公司联系。

3. 直流母线电压（V）

显示当前驱动组内直流母线电压，正常值应为 600 V 或 625 V。

4. 速度设定值（r/min）

速度设定值包括位置调节器的输出和速度前馈控制器的输出，而又未经过滤波器的总设定值，显示参考机床数据 MD1706（速度设定值）的设置。

5. 实际速度值（r/min）

实际速度值显示的是未经过滤波器的实际速度值，显示参考机床数据 MD1707（实际速度值）的设置。

6. 平滑后实际电流（%）

平滑后实际电流值是通过一个 PT1 滤波器，平滑力矩发生器电流的实际值，110% 是功率模块的最大电流。显示参考机床数据 MD1708（平滑实际电流值）的设置。

7. 电动机温度（℃）

显示通过温度传感器检测到的电动机温度，显示参考机床数据 MD1702（电动机温度）的设置。

8. 速度设定值滤波器 1

速度设定值平滑功能状态显示：0 表示没有激活速度设定值平滑功能；1 表示通过 PLC 用接口信号"速度设定值平滑"激活速度设定值平滑功能，把速度设定值滤波器 1 设置为低通滤波器。显示参考接口信号 DB31. DBX20.3 ~ DB61. DBX20.3（速度设定值平滑有效）。

9. 第二转矩限制

激活的转矩限制：激活转矩限制 1 显示 0，激活转矩限制 2 显示 1。显示参考接口信号 DB31. DBX92.2 ~ DB61. DBX92.2（转矩限制 2 有效）。

10. 积分器无效

这个显示表明了速度调节器的积分器是否有效：显示 0 表示速度调节器的积分器有效，速度调节器作为一个 PI 调节器；显示 1 表示通过接口信号 DB31. DBX21.6 ~ DB61. DBX21.6（速度调节器的积分无效），由 PLC 请求停止速度调节器的积分功能，使速度调节器从 PI 调节器变成 P 调节器。显示参考接口信号 DB31. DBX93.6 ~ DB61. DBX93.6（速度调节器的积分禁止）。

11. 设定模式

显示 611D 驱动系统的工作模式：0 表示驱动系统正常工作方式，1 表示驱动系统设置方式。显示参考接口信号 DB31. DBX92.0 ~ DB61. DBX92.0（设定模式有效）。

12. 停止轴

显示611D驱动系统的工作方式：0表示进给轴/主轴处在正常工作方式；1表示进给轴/主轴在停止位置，也就是所有编码器的监视功能和判断都无效，拆除编码器也不报警。

13. 设定值参数设置（驱动）

显示611D驱动系统八个驱动参数中被PLC激活的某个参数，显示参考接口信号DB31.DBX21.0 ~ DB61.DBX21.0、DB31.DBX21.1 ~ DB61.DBX21.1、DB31.DBX21.2 ~ DB61.DBX21.2（驱动系统参数设置选择A、B、C）。

14. 实际值参数设置（驱动）

显示当前已经被激活的611D驱动系统八个驱动参数中的某个参数，显示参考接口信号 DB31.DBX93.0 ~ DB61.DBX93.0、DB31.DBX93.1 ~ DB61.DBX93.1、DB31.DBX93.2 ~ DB61.DBX93.2（激活参数设置选择A、B、C）。

15. 驱动工作方式

显示当前驱动是作为主轴驱动还是进给驱动。

16. 设置电动机联结（星形/三角形）

显示当前需由PLC激活的那组电动机设置数据，显示参考接口信号DB31.DBX21.3 ~ DB61.BX21.3、DB31.DBX21.4 ~ DB61.DBX21.4（电动机选择）。00表示星形联结，01表示三角形联结。

17. 实际电动机联结（星形/三角形）

显示当前激活的电动机设置数据，显示参考接口信号 DB31.DBX93.3 ~ DB61.DBX93.3、DB31.DBX93.4 ~ DB61.DBX93.4。00表示星形联结，01表示三角形联结。

18. 测量系统1或2实际位置值

显示机床坐标系中，由测量系统1或2测量的实际位置值，不包括零点偏置和刀具偏置。

19. 散热器监控

由驱动系统输出报警信号，0表示散热器温度监视没有响应，1表示散热器温度监视已经响应。显示参考接口信号 DB31.DBX94.1 ~ DB61.DBX94.1（散热温度报警）。

20. 电动机温度报警

由驱动系统输出报警信号，0表示电动机温度低于报警阈门值，1表示电动机温度超过了报警阈门值。报警阈门值在机床数据MD1602（最高电动机温度）中设置。显示参考接口信号 DB31.DBX94.0 ~ DB61.DBX94.0（电动机温度警告）。

21. 斜坡上升结束

驱动系统的状态显示：0 表示在定义一个新的速度设定值后，斜坡上升仍然没有结束；1 表示在定义一个新的速度设定值后，实际速度值已经抵达速度公差带。速度公差带在机床数据 MD1426 中设置。显示参考接口信号 DB31.DBX94.2 ~ DB61.DBX94.2（斜坡上升结束）。

22. 转矩设定值比设定的阀门值低

驱动系统的状态显示：0 表示在稳态条件下，此时斜坡上升结束，转矩设定值大于阀门值；1 表示在稳态条件下，转矩设定值小于阀门值。转矩阀门值在机床数据 MD1428 中设置。显示参考接口信号 DB31.DBX94.3 ~ DB61.DBX94.3。

23. 速度实际值低于设定的最小值

驱动系统的状态显示：0 表示速度实际值大于设定的最小值，1 表示速度实际值小于设定的最小值。速度最小值在机床数据 MD418 中设置。显示参考接口信号 DB31.DBX94.4 ~ DB61.DBX94.4。

24. 速度实际值低于设定的阀门值

驱动系统的状态显示：0 表示速度实际值大于设定的阀门值，1 表示速度实际值小于设定的阀门值（最大值）。速度阀门值在机床数据 MD1417 中设置。显示参考接口信号 DB31.DBX94.5 ~ DB61.DBX94.5。

25. 速度实际值等于设定值

驱动系统的状态显示：0 表示在定义一个新的速度设定值后，速度实际值超出了速度公差带；1 表示在定义一个新的速度设定值后，速度实际值在速度公差带内。速度公差带在机床数据 MD1426 中设置。显示参考接口信号 DB31.DBX94.6 ~ DB61.DBX94.6。

第四节　常见自诊断报警信息

根据数控机床的诊断报警信息，解决系统发生的故障，是数控机床维修过程中最常用和最基本的维修方法，也是数控机床维修人员必须掌握的基本方法。810D/840D 系统的报警信息，按照故障报警的类型可把它们分为四类，即系统 NCK 报警、PLC 报警、MMC 报警和 611D 报警，见表 12—1。

表 12—1　　　　　810D/840D 系统报警信息分类一览表

序号	故障报警类别		报警号
1	NCK 报警	一般报警	0 ~ 9999
		通道报警	10000 ~ 19999
		进给轴/主轴报警	20000 ~ 29999
		功能报警	30000 ~ 39999
		循环报警（SIEMENS）	60000 ~ 64999
		循环报警（用户）	65000 ~ 69999
		编译循环及 OEM 报警	70000 ~ 79999
2	PLC 报警	一般报警	400000 ~ 499999
		通道报警	500000 ~ 599999
		进给轴/主轴报警	600000 ~ 699999
		用户报警	700000 ~ 799999
		定时器/图表报警	800000 ~ 899999
3	MMC 报警	基本系统	100000 ~ 100999
		诊断	101000 ~ 101999
		维修	102000 ~ 102999
		机床	103000 ~ 103999
		参数	104000 ~ 104999
		编程	105000 ~ 105999
		备用	106000 ~ 106999
		OEM	107000 ~ 107999
		MMC100 信息	110000 ~ 110999
		MMC102/103 信息	120000 ~ 120999
4	611D 报警		300000 ~ 399999

一、NCK 报警

NCK 报警是数控系统的故障报警，包括一般报警、通道报警、进给轴/主轴报警、循环报警及功能报警等。NCK 报警中，一部分报警是由于操作人员或编程人员的操作不当引起的，只要更正错误的操作方法，修改带有错误的程序即可解除报警。另一部分是由于系统本身引起的，可以通过复位、断电再启动或者重新恢复出厂设置来消除故障，如果在采取了有效措施后故障仍然存在，则必须更换硬件，重新设置系统。

1. 一般报警

NCK 一般报警多发生在数控系统的调试阶段，大部分与设计或调试人员的错误操作有关。出现此类报警后，可以通过复位、修改错误的机床设置或重新启动系统来消除，也可以恢复系统的出厂设置来消除。如果采取了一系列措施，如重新启动系统或恢复系统的出厂设置后，故障还没有被消除，说明系统的硬件或软件出了问题，则必须由西门子公司处理，特别是 100～1160 号报警。有一部分故障报警用户是可以解决的，如电池报警、机床急停报警、NC 卡报警等。表 12—2 列出了使用过程中常见的 NCK 一般报警信息。

表 12—2　　　　　　　　　常见 NCK 一般报警信息

报警号	原　　因	检查及处理
2100	NCK 电池电压降到 2.7～2.9 V	应在 6 周内更换电池
2101	工作期间 NCK 电池电压降到 2.4～2.6 V	立即更换电池，否则断电将丢失数据
2102	NCK 电池电压降到 2.4 V 以下	全部机床数据丢失，立即更换电池，重输数据
2110	NCK 温度达到了 60℃±2.5℃	采取通风冷却措施，降低 NCK 温度
2120	NCK 风扇转速低于 7 500 r/min	必须更换风扇
2130	5/24V 编码器或 15V D/A 转换器电源故障	检查工作电源检查电缆是否接触不良、断路或短路
2140	维修开关在清除 SRAM 中内容时的位置	将维修开关复位为 0
3000	机床处于急停状态	检查与机床急停有关的接口信号
4060	MD 缓冲器电压故障或安装机床数据之前没有进行初始化	自动装入标准机床数据后，再将 MD 装入系统中
4070	在编程与数据存储时，有些值的输入与输出使用了不同的物理单位	更正错误数据，重新加载，并做一次断电复位
4075	执行 TOA 文件或从零律程序写入数据时，试图更改比当前存取权限更高保护级的数据	输入正确的口令或使钥匙开关处在正确位置
4230	执行零件程序时，不允许修改机床数据	在零件程序执行之前，修改数据
4400	机床数据的修改使得缓冲器中的数据重组，将造成数据丢失	手动将更换的 MD 重新设置为以前的数值，避免存储器中数据重组
5000	存储器空间太小，无法进行 NCK 与 MMC 之间的数据通信	重复操作，用 CANCEL 清除报警

续表

报警号	原因	检查及处理
6020	机床数据的修改，导致了存储器数据区进行了重新划分	重新装入备份的机床数据
6500	NC 的文件系统已满，无法执行程序	删除或卸载无用文件，如暂时不用的零件程序
6510	存储的文件数量达到最大允许值	删除或卸载文件。修改机床数据，增加文件数量
6520	运行记录文件数量已经达到最大允许值	减少运行记录。修改机床数据，增加文件数量
6530	某个目录下的文件数量达到极限值	删除或卸载目录下暂时不用的文件
6540	目录数量已经达到极限值	删除或卸载不常用目录
6550	子目录数量已经达到极限值	删除或卸载某目录下的不常用子目录
6560	将不正确的数据格式写入 NCK 文件中	检查存入文件格式
6570	NCK 的 DRAM 文件已满，无法执行任务	可用"从外部执行"处理过程
6600	NC 卡存储器已满	删除 NC 卡上的数据
6610	NC 卡上打开的文件太多	关闭暂时不用的文件
6620	NC 卡格式错误	更换正确格式的 NC 卡
6630	NC 卡硬件故障	更换 NC 卡
6640	NC 卡未插入	重新插入 NC 卡
6650	NC 卡上的写保护生效	取消写保护

（1）电池报警

810D/840D 系统为电池报警提供了三个报警信息，当电池电压低到 2.7~2.9 V 时，发生 2100 号报警，此时机床数据及用户数据还没有丢失，应在 6 周内更换电池。电池电压再降低，低到 2.4~2.6 V，则发生 2101 号报警，若在机床运行期间发生 2101 号报警时，应该立即更换电池，否则一旦断电，机床数据和用户数据将全部丢失。如果不及时更换电池，就会发生 2102 号报警，此时说明机床数据或用户数据已经全部丢失，必须重新输入机床数据和用户数据。

（2）机床急停报警

机床急停报警是机床使用过程中常发生的一般报警现象，急停报警号为 3000。急停报警并非全部都是由系统故障引起的，例如，完成某项操作，为了安全起见，操作者自行按下了急停按钮所产生的报警；机床运动碰到了急停挡块，如限位开关；或者机床发生了紧急情况，需要按下急停按钮，均可看做故障引起的急停报警。发生急停报警后，一般应做如下检查。

1）检查机床上的急停按钮是否未抬起复位，仍处于急停状态。

2）检查机床的运动部件是否碰到了限位开关，如进给轴的硬限位开关等。

3）检查输入电压，DC 24V 电压是否正常，排除因电源电压的原因使继电器或接触器不能正常动作造成的机床急停。

4）检查伺服驱动模块、电源模块、进给电动机、主轴电动机、刀架电动机及其他电动机是否存在过载现象，从而导致急停报警。

5）检查与急停有关的接口信号：DB10.DBX56.1（急停信号）、DB10.DBX56.2（急停应答）、DB10.DBX106.1（急停有效）。

3001 号为内部报警，不需要专门的解决方法，只需按复位键使系统复位即可消除报警。

（3）机床配置数据报警

这些报警发生在机床的调试阶段，一般是机床配置数据设置错误引起的，如有关机床轴的定义错误、硬件配置不匹配、在机床设置中使用了无效的标识符、各种控制循环时间超过或低于设定值、刀具监控管理数据设置不当等。解决此类故障报警，一般只需在修改机床数据后复位系统或用报警清除键删除报警，无需其他操作。

（4）存储器报警

一般在存储器的容量不能满足要求时产生报警信息，即装载的零件程序、系统文件及文件目录的数量超过了规定的上限。810D/840D 系统提供的 NC 存储器的容量是有限的，因此系统对文件的数量、文件目录的数量及每个目录中文件的数量都有严格规定，系统一旦检测出超出了某项限制，就会发出相应的报警信息。解决存储器报警的方法比较简单，只要删除不常用的零件程序或目录即可。

（5）有关 NC 卡报警

810D/840D 系统都配备了 NC 卡插槽，用户可方便地使用 PCMCIA 存储卡，进行机床的调试及用户零件程序的存储与传输，因而 NC 卡在机床制造厂和最终用户现场得到了广泛应用。使用 NC 卡产生报警多是因损坏或使用不当造成的，只要认真阅读 NC 卡的使用说明书，按照 810D/840D 系统相关技术手册的要求操作，一般不会发生 NC 卡报警。

2. 通道报警

通道报警通常是工艺人员或操作人员不熟悉 810D/840D 系统及机床的操作造

成的,如在编制新程序中采用了系统不支持的程序格式、试验新工艺使用了系统不支持的功能等。表 12—3 给出了系统工作过程中常见的通道报警信息,绝大部分是由于编程错误、操作不当引起的报警。通道报警解决起来相对比较简单,只要按报警提示修改零件加工程序或者进行正确的操作即可,不需要对数控系统的硬件或软件进行维修。常见的通道报警有以下几种。

表 12—3　　　　　　　　　　常见的通道报警信息

报警号	原因	检查及处理
10200	启动 NC 时系统存在报警	先清除报警再启动 NC
10203	没有返回参考点就启动 NC 程序	执行返回参考点操作
10601	多个含 G33 的螺纹切削程序段连续运行时,在程序段终点有零速	(1) 取消程序中 G09 的应用 (2) 将"移动前或移动后输出辅助功能"改为"移动时输出辅助功能",修改 MD11110
10602	达到螺纹切削速度极限	降低主轴速度
10610	用 POSA/SPOSA 指令,且未到达目标位置	检查并修改零件程序
10620	位置到达软件限位开关	(1) 检查预设置/编程的零点偏置 (2) 取消移动叠加或避免叠加,修改零件程序
10621	进给轴已经停在软件限位处	(1) 检查机床数据 MD36100、MD36110 软限位的设置 (2) 检查第二软限位是否生效,见接口信号 DB31.DBX12.2～DB61.DBX12.2,DB31.DBX12.3～DB61.DBX12.3 (3) 修改第二软限位机床数据 MD36120、MD36130
10630	编程超出了工作区域极限	(1) 检查并修改零件程序 (2) 修改工作区域限制设置数据 SD43420、SD43430
10631	进给轴到达了工作区域极限	(1) 检查工作区域限制设置数据 SD43420、SD43430 (2) 手动操作退出限制工作区
10720	编程轨迹超出了当前有效的软件限位开关	(1) 检查零点偏置 (2) 检查并修改零件程序 (3) 修改机床数据 MD36100、MD36110

续表

报警号	原 因	检查及处理
10730	加工程序预处理时，编程的轨迹超出了工作区域极限	（1）检查程序位置数据是否正确 （2）检查零点偏置 （3）用 G25、G26 修改工作区域极限或用机床数据修改工作区域极限 （4）设置 SD43410 使工作区域限制失效
10750	使用刀尖半径补偿的刀具没有定义	必须在 G41/G41 调用之前，定义一个刀具
10753	在非直线程序段中激活刀尖半径补偿	在 G00、G01 程序段中使用 G41/G42
10754	在非直线程序段中撤销刀尖半径补偿	在 G00、G01 程序段中使用 G40 撤销 G41/G42
10757	刀尖半径补偿有效时，不能改变补偿平面	改变补偿平面必须用 G40 撤销刀尖半径补偿
10758	刀尖半径补偿值太大，不适合编程轨迹半径	使用小刀具或减小刀尖半径
10762	刀尖半径补偿有效时，两个移动程序段之间的空程序段太多	修改程序和机床数据，检查 SBL2 是否生效
10764	刀尖半径补偿有效时，补偿轨迹不连续	修改零件程序
10860	程序段中未编辑进给速度	给出进给速度
10900	恒线速 G96 生效，但 S 地址下没有速度值	（1）修改零件程序，在 S 地址下给出恒线速度值 （2）用 G97 解除 G96
12050	NC 地址的名称在系统中没有被定义	修改零件程序
12060	同组中的 G 指令在同一程序段中被重复使用	（1）修改零件程序，同组的 G 指令在一程序段中只能使用一次 （2）增加程序段
12150	数据类型与所需要的运算不兼容	修改所用变量定义
12450	程序段号重新被定义	修改程序段号
12470	在程序段中编辑了一个未定义的 G 功能	用【程序修改】软键修改程序
12540	程序段太长或太复杂	用【程序修改】软键修改程序
12560	超过了数据类型的允许值范围	用【程序修改】软键修改程序
14000	M02、M30 程序结束符错误	检查结束符是否被省略或不在程序段最后
14013	调用子程序时，传送的 P 值被编程为零或负数	修改 P 值，使之在 1~9999 之间

续表

报警号	原 因	检查及处理
14080	在有条件或无条件跳转中，没有找到跳转目标	修改零件程序
14200	在极坐标中，给关键字 RP 定义的极半径为负	修改零件程序，RP 应为大于 0 的值
14210	在极坐标中，给关键字 AP 定义的角度超过范围	修改零件程序，AP 的范围应为 -360°~360°
14750	程序段中编程的辅助功能太多	把辅助功能分成多个程序段处理
14800	编程的进给速度小于或等于零	修改零件程序，进给速度应为正值
14840	编程的恒定切削速度超出了规定范围	修改零件程序，减小 S 值
15190	存储器没有足够的空间用于子程序调用	修改机床数据 MD28010、MD28040 和 MD18210
15330	程序段号错误	程序段号只能是正的整数值
15460	程序段中编程的地址与模态 G 功能冲突	修改所显示的程序段中编程的地址，与 G 功能一致
15800	用于 CONTPROR 的开始条件不正确	用 G40 取消多项式、样条插补或刀具半径补偿
16110	暂停主轴时，不是速度控制方式	使用 M3、M4 指令使主轴工作在速度控制方式
16500	在程序中，编制了负的倒角或倒圆半径	修改零件程序
16700	在螺纹加工 G33 中，编程单位错误	（1）在螺纹加工 G33 中只能使用 G94 或 G95 进行类型编程 （2）在 G33 之后（G63 之前，用 G01 取消螺纹切削功能）
16710	程序中编程主轴功能，但没主轴转速和方向	按提示修改零件程序，给出 M03 或 M04
16720	在有 G33 或 G331 的程序段中没有编程螺距	修改零件程序，使 X→I，Y→J，Z→K
16740	在螺纹加工程序中，没有编程进给轴	确定几何轴和插补参数
16760	在进行刚性攻螺纹（G331 或 G332）时，没有编程主轴转速 S	编程主轴转速 S
16763	主轴转速 S 指令使用了零或负值	修改零件程序，主轴转速 S 指令应大于 0
16770	进行主轴定位时，测量系统出现故障	检查反馈测量元件，如编码器
16904	操作方式不能在当前状态下启动或继续	检查程序状态或通道状态

续表

报警号	原因	检查及处理
16907	此动作只能在停止状态下执行	检查程序状态或通道状态
16908	此动作只在复位状态或程序结束状态下执行	检查程序状态或通道状态
16912	此动作只在复位状态下执行	复位或等待处理结束
16922	超出了程序最大嵌套深度	应检查并减小程序的嵌套深度
16931	异步子程序的嵌套深度超过了最大值	修改零件程序
17070	无法对写保护变量进行修改	检查零件程序
17160	没有选择刀具,但却要用系统变量存取当前刀具偏置数据	在调用系统变量之前,在 NC 程序中激活刀具偏置或编制刀具偏置程序
17180	在程序段中,使用了未定义的刀补号(D号)	修改零件程序
17190	在程序段中,使用了未定义的刀具号(T号)	修改零件程序
17200	试图删除正处于加工状态的刀具数据	停止对刀具存储器访问
17220	零件程序中指定的刀具不存在	修改零件程序
17620	固定点接近(G75)编程轴包含在变换轴中	从程序中清除 G75 或预先用 TRAFOOF 解除变换
17630	参考点接近(G74)编程轴包含在变换轴中	从程序中清除 G74 或预先用 TRAFOOF 解除变换

（1）NC 启动的报警

发生此类报警时 NC 无法启动,在查明故障原因、解决故障问题后,一般按复位键可清除报警信息,再按程序启动键程序继续执行。

（2）通道操作报警

发生此类报警时 NC 停止或无法启动,在查明故障原因、解决故障问题后,一般按复位键再按报警清除键可清除报警信息。

（3）螺纹切削报警

修改零件程序,用复位键或报警清除键清除报警信息,重新启动零件程序。

（4）软件限位及工作区域限制报警

根据系统报警提示信息,分析产生报警的原因,如手轮的覆盖、零点偏置的设置、软限位数据的设置等,采取相应的纠正措施,最后用复位键清除报警信息。

(5) 程序错误报警

这类报警大多与零件程序错误有关，根据报警的提示信息修改零件程序，无须进一步操作，按复位键或按报警清除键清除报警即可。常见的程序错误有以下几种。

1) 零件程序中出现了系统不支持的功能。
2) 零件程序的格式不符合要求。
3) 零件程序中有非法字符存在。
4) 零件程序中缺少必要的语句。
5) 零件程序中存在计算错误。

3. 进给轴/主轴报警

进给轴/主轴报警也是数控机床常见的报警，涵盖了系统的多类故障信息，与通道报警不同的是，此类报警处理起来比较困难。产生故障的原因涉及系统的硬件、软件及机床数据的设置等，基本上与操作人员的操作无关。当返回参考点的速度、位置设定有误或者减速挡块信号发生了异常，就会产生返回参考点报警。当编码器测量信号发生异常，如信号不稳定、无测量信号等，就会产生编码器监控报警。进给轴/主轴报警还包括速度监控报警、补偿设置错误报警，有关轴的设置错误报警，以及 NCK 链接报警等。系统工作过程中常见进给轴/主轴报警见表 12—4。

表 12—4　　　　　　　常见进给轴/主轴报警

报警号	原因	检查及处理
20000	在执行参考点功能后，没有找到减速挡块	（1）机床数据 MD34030（寻找减速挡块最大距离）中的值太小 （2）挡块信号未输入到 PLC，检查电缆及插头 （3）参考点开关未动作
20001	没有减速挡块信号	（1）降低寻找减速挡块速度 MD34020 （2）检查接口信号 DB31.DBX12.7～DB61.DBX12.7（延迟返回参考点） （3）检查硬件连接是否短路或断路
20002	找不到参考点，零点脉冲信号不在规定的区间内	（1）检查挡块与零点脉冲信号之间的距离 （2）增加机床数据 MD34060 中的设定值，但对于 HEIDENHAIN 光栅尺不要选择大于两个参考标记之间的距离

续表

报警号	原因	检查及处理
20003	在带有参考标记的测量系统中，两标记之间的距离大于机床数据 MD34300 的两倍	检查距离编码的参考标记位移 MD34300 中的设定值，HEIDENHAIN 光栅尺为 20.000 mm
20004	在光栅测量系统中，在规定的检索距离内找不到两个参考标记	检查两个参考标记之间的最大位移 MD34060 中的设定值，HEIDENHAIN 光栅尺为 20.000 mm
20005	返回参考点被中止	(1) 检查挡块信号 DB31.DBX2.1~DB61.DBX2.1 (2) 测量系统转换信号 DB31.DBX1.5~DB61.DBX1.5、DB31.DBX1.6~DB61.DBX1.6 (3) 进给方向键信号 DB31.DBX8.6~DB61.DBX8.6、DB31.DBX8.7~DB61.DBX8.7 (4) 进给倍率修调不为零
20006	没有达到寻找零点脉冲信号的速度	(1) 减小寻找零点脉冲信号的速度 MD34040 (2) 增大速度公差 MD35150
20070	编程的终点位置超出了软限位开关	(1) 修改零件程序，改变坐标值 (2) 增大软限位机床数据 MD36100、MD36110 中的设定值 (3) 用 PLC 程序激活第 2 软限位，设置机床数据 MD36130、MD36140
21612	轴运动期间，VDI 信号"驱动使能"被复位	检查接口信号 DB31.DBX2.1~DB61.DBX2.1
21614	到达硬限位开关	(1) 检查硬限位接口信号 DB31.DBX12.0~DB61.DBX12.0、DB31.DBX12.1~DB61.DBX12.1 (2) 在硬限位之前设置软限位 (3) 手动操作离开硬限位开关
22062	达不到零点脉冲信号的搜索速度（主轴）	(1) 配置较低的零点脉冲信号搜索速度 MD34040 (2) 检查实际速度允许范围 MD35150 (3) 设置不同的参考方式 MD34200 = 7
22064	零点脉冲信号的搜索速度太大（主轴）	(1) 配置较低的零点脉冲信号搜索速度 MD34040 (2) 检查编码器的频率设置 MD36300 (3) 设置不同的参考方式 MD34200 = 7

续表

报警号	原 因	检查及处理
22100	主轴的实际速度大于设置的最大转速	（1）检查驱动系统的设置与优化数据 （2）增加 MD35100（最大转速）和 MD35150（转速公差带）
22101	超过了编码器的极限频率	（1）检查编码器是否为有效状态：DB31.DBX1.5～DB61.DBX1.5、DB31.DBX1.6～DB61.DBX1.6 （2）编码器的最高频率设置 MD36300 （3）检查最大主轴转速设置 MD35130 （4）利用 G26 S…限制主轴速度
22270	用于螺纹切削的主轴转速太高	修改零件程序，减速
25000	编码器的硬件故障	（1）检查电缆接头和编码器信号，若编码器有故障则更换 （2）检查当前有效测量系统1，选择信号 DB31.DBX1.5～DB61.DBX1.5/DB31.DBX1.6～DB61.DBX1.6
25010	位置控制器使用的编码器带有干扰信号	检查测量系统
25020	编码器零点脉冲信号监控，在两个零点脉冲信号之间是否总是发出相同的脉冲数，若不同则报警	（1）检查传输电缆、编码器 （2）检查有无电磁干扰信号 （3）检查编码器电源电压 （4）若有必要则更换编码器 （5）用 MD36310 关闭零点脉冲信号监控
25030	实际速度报警，实际速度大于 MD36200（速度监控阈值）规定的值	（1）检查速度设定值电缆（总线） （2）实际值与位置的控制方向 （3）如果轴运动不受控应改变位置控制方向 （4）增加 MD36200 的设定值
25040	零速监控，跟随误差大于零速公差带，即跟随误差大于 MD36030 的设定值	（1）增加零速公差 MD36030 设定值 （2）对位置环进行优化 （3）提高增益 MD32200 设定值 （4）增加箝位压力

续表

报警号	原因	检查及处理
25050	轮廓监控，轮廓误差大于轮廓监控公差带，即轮廓误差大于 MD36400 的设定值	(1) 增加轮廓监控公差带 MD36400 设定值 (2) 对位置环和速度环进行优化 (3) 减小伺服增益 MD32200 设定值 (4) 减小加速度 MD32300 设定值 (5) 检查机械部分
25060	速度设定值点限制，指令速度大于最大速度设定值，即速度设定值大于 MD36210 中的数值	(1) 检查速度的实际值是否受到机械部件运动的影响 (2) 检查速度设定值电缆（总线） (3) 修改最大速度 MD36210 和设定值监控延迟时间 MD36220
25070	轴的漂移太大	通过关闭自动补偿，调节偏移补偿，直到位置滞后为零，然后再恢复自动补偿以便平衡动态漂移变化
25080	轴的位置监控，跟随误差大于精确精准停设定值，即跟随误差大于 MD36010 的设定值	(1) 适当增加精确准停限制 MD36000、MD36010 (2) 增加精准停时间 MD36020 (3) 优化速度、位置控制器，提高伺服增益 MD32200
26000	轴的夹紧监控，跟随误差大于夹紧监控公差带，即跟随误差大于 MD36050 的设定值	(1) 确定与设置点的位置误差 (2) 增大夹紧监控公差 MD36050 (3) 提高机械夹紧（夹紧压力）
26003	丝杠螺距设置不正确	检查机床数据 MD31030，设置的螺距应与实际一致

4．循环报警

系统为用户提供了标准循环程序，如钻孔循环、铣削循环、车削循环、螺纹切削循环等，用户通过设置相关循环参数就可以方便地调用这些循环程序。如果系统在执行循环程序中检测到参数设置错误，就会在控制屏幕的对话行中显示报警信息，表明循环程序的执行出现故障。常见循环报警信息见表12—5。

表 12—5　　　　　　　　　　常见循环报警信息

报警号	原因	检查及处理
61000	没有激活刀具补偿	在调用循环之前必须编程进行补偿
61001	螺纹参数定义不正确	检查定义的螺纹尺寸参数和螺距信息
61002	加工类型定义错误	修改加工方式参数变量所赋的值
61003	程序中没有进给速度或给定进给速度不正确	修改零件程序
61006	刀具半径太大	选择小些的刀具
61007	刀具半径太小	选择大些的刀具
61009	在循环调用之前编程的刀具号不存在	修改零件程序，选择正确的刀具号
61010	最终精加工余量太大	减小精加工余量
61011	生效的比例缩放因子在这个循环中不合适	修改零件程序
61012	在一个平面里设置了不同的比例因子	只能在一个平面内设置一种比例因子
61101	参考平面定义错误	修改零件程序，定义正确的参考平面
61102	没有编程主轴旋转方向	修改程序，定义 SDIR 参数
61103	给出的钻孔个数等于 0	钻孔的数量必须大于 0
61104	槽的位置和形状参数定义错误	根据具体提示，修改零件程序
61105	对于选择的加工轮廓，使用的刀具半径太大	应减小刀具半径或改变加工轮廓
61106	NUM 或 INDA 错误，圆参数不在一个整圆上	修改零件程序
61107	相对于总钻孔深度，第一次钻孔深度定义错误	根据具体提示，修改零件程序
61108	定义的半径和切入深度参数不正确	修改错误参数_ RAD1 和_ DP
61109	定义的_ CDIR 参数不正确	修改铣削方向错误的参数
61110	最终加工余量大于进刀深度	应减小加工余量或增大进刀深度
61111	编程的进刀宽度大于有效的刀具直径	修改程序，减小进刀宽度
61112	当前有效刀具半径设置成了负值	必须把刀具半径设置为正值
61113	设置的倒角半径参数_ CRAD 太大	减小此参数
61114	程序段中定义的 G41/G42 加工方向错误	修改程序中的 G41/G42
61115	定义的轮廓接近或返回方式错误	检查参数_ AS1 或_ AS2
61116	接近或返回移动量等于 0	检查参数_ LP1 或_ LP2，设置有效参数
61117	当前生效的刀具其半径为负或等于 0	刀具半径应为正值
61118	定义铣削表面的长度或宽度为 0	检查参数_ LENG 或_ WID
61119	螺纹定义有错	检查螺纹几何尺寸
61120	螺纹类型错误或没有定义	必须输入内、外螺纹类型

续表

报警号	原 因	检查及处理
61122	设置的安全距离小于或等于0	必须修改为大于0的值
61124	进刀宽度没有被编程	修改零件程序
61200	机床锁住了刀具参数	解除保护
61213	给出的圆弧半径太小	修改对应参数
61215	编程的空白尺寸错误	修改零件程序
61601	最终零件直径太小	按直径定义的范围进行修改
61602	定义的刀具宽度错误	定义的刀具宽度大于零件凹槽的宽度
61603	定义的凹槽形状不正确	匹配凹槽上编程的半径或斜度与凹槽宽度
61604	生效的刀具不符合编程轮廓	修改零件程序,改变刀具
61605	轮廓定义错误	修改与轮廓定义有关的参数
61606	轮廓预处理错误	检查零件程序
61607	编程的起点设置错误	修改程序中编程的起点值
61608	编程的刀尖位置(方向)错误	修改刀尖位置(方向)
61609	形状定义错误	修改形状定义
61610	没有编程进刀深度	修改零件程序,定义进刀深度
61611	没有发现交叉点	修改零件程序
61612	螺纹不能重切	检查零件程序
62100	没有钻孔循环生效	激活钻孔循环

二、PLC 报警

1. 一般报警

系统监控程序对其内部的 PLC 进行实时监控,一旦发现 PLC 工作状态、内部连接及程序运行出现错误,就产生 PLC 一般报警。多数报警发生在 PLC 程序的设计和调试阶段,如 PLC 操作数错误、定义了错误的程序块等,修改 PLC 程序就可消除报警。也有少数涉及硬件问题,如缺少 I/O 模块、模块连接故障、模块损坏等。

2. 用户报警

数控系统在出厂时,提供了一些标准的 PLC 程序块,但这些程序并不能满足一般机床的设计要求,数控机床制造商需要根据每台机床的实际情况及所需要的功能，对 PLC 标准程序进行增加和修改。PLC 用户报警就是机床制造商根据机床控制需要，自己编写的报警信息，如刀架未到位报警、刀架未夹紧报警、液压系统启动故障等。西门子公司为 PLC 用户报警提供的报警号在 700000～799999 之间，在 PLC 信息数据块 DB2 中，定义了 PLC 用户报警区域 DB2. DBB180～DB2. DBB379。表 12—6 是某数控车床定义的 PLC 用户报警信息，多与 PLC 接口信号有关，根据提示很容易找到故障点。

表 12—6　　　　某数控车床定义的 PLC 用户报警信息

报警号	原因	检查及处理
510100	自动换刀出错	根据 PLC 程序检查换刀过程
510101	编程刀具号未到位	检查实际刀位接口信号
510109	刀具正在换刀	状态监测，无须处理
510110	刀架未夹紧	检查刀架夹紧信号，分析换刀状态
510116	X 轴超过急停极限	检查 X 轴硬限位信号 I33.0
510117	Z 轴超过急停极限	检查 Z 轴硬限位信号 I33.7
510118	Z 轴尾架限位	检查尾架限位信号 I33.5
600100	机床急停	检查急停信号 I33.3
600101	驱动未就绪	检查驱动未就绪信号 I33.1
600102	驱动系统电源模块故障	检查使能信号 I33.2
600103	电源模块 I^2/t 报警	检查电源模块报警输出 I32.3
700001	主轴润滑故障	检查主轴润滑检测开关 I35.0
700002	进给系统润滑油位低	检查进给系统润滑油位开关 I33.7
700003	输入刀具代码错误	修改程序
700032	刀架电动机过热	检查电机温度信号 I34.7
700033	X 轴、Z 轴未返回参考点，请先返回参考点	返回参考点
700034	卡盘防护门已打开，不能启动主轴	关闭卡盘防护门，检查门限开关 I32.4
700035	主轴正在从 B 挡换到 A 挡	状态监测，无须处理
700036	主轴正在从 A 挡换到 B 挡	状态监测，无须处理
700037	刀架控制电动机过载	检查 QF2621 接触器及过载信号 I36.0
700038	主轴风机电动机过载	检查 QF2121 接触器及过载信号 I36.1
700039	主轴液压泵电动机过载	检查 QF1121 接触器及过载信号 I36.2
700100	冷却泵电动机过载	检查 QF1621 接触器及过载信号 I36.4
700101	排屑器电动机过载	检查 QF2921 接触器及过载信号 I36.5

三、驱动系统报警

系统监控软件对驱动系统的工作情况进行实时监控，一旦发生异常情况便立即产生报警信息，且驱动和 NC 立即停止。驱动系统的报警信息几乎涵盖了它所涉及的全部内容，常见的有以下几种。

（1）驱动系统的相关参数设置错误引起的故障报警。解决这类故障只需修改机床数据即可，不需要对硬件进行检查。

（2）驱动系统电源故障。属系统硬件故障，在无法进行维修的情况下，只能更换驱动系统的电源。

（3）驱动总线故障。检查驱动总线的连接，包括驱动总线电缆有无短路、断路或接触不良。

（4）驱动数据文件错误。先删除旧的驱动数据文件，重新安装新的驱动数据文件。

（5）驱动电流/电压的监控报警。首先应检查相关电流/电压机床数据的设置，在确定无误的情况下，检查系统的控制电路。

（6）电动机温度监控报警。当电动机温度超过一定值后，就会产生电动机超温报警。

（7）驱动系统的位置、速度、电流循环时间监控报警。此类故障只需修改对应的机床数据即可。

（8）驱动系统、电动机、测量系统间的匹配报警。它们之间的参数设置不匹配，或者是设定值与实际值不匹配，都会发生此类报警信息。

（9）驱动系统硬件故障。驱动系统硬件故障包括电源模块故障、驱动模块故障、电动机故障及测量装置故障等，这类故障解决比较困难，在无法对故障部件进行维修的情况下，只能更换相应的硬件。

（10）接触不良引起的故障。驱动模块与电动机之间或驱动模块与编码器之间的连接电缆，若存在接触不良，也可能引起故障报警。

表 12—7 给出了驱动系统工作过程中常见的报警信息，有关驱动系统参数设置错误产生的报警信息没有列出。

表 12—7　　　　　　　　　　常见驱动系统报警信息

报警号	原因	检查及处理
300000	驱动启动时 DCM（NCU 模块 ASIC 控制总线）未发出信号	多数为硬件故障，更换 NCU 模块

续表

报警号	原　因	检查及处理
300200	驱动总线硬件故障或辅助硬件故障	（1）检查驱动总线端子 （2）检查驱动总线与驱动模块之间的所有连接电缆是否断路或短路 （3）辅助硬件故障
300400	驱动系统错误	（1）内部软件错误可通过硬件复位解决，或再次启动系统 （2）可根据故障代码与西门子公司联系
300402	驱动接口中的故障	（1）内部系统软件错误可通过硬件复位解决 （2）增加 MD10140 驱动子任务运行时间设定值，减小 MD10150 设定值 （3）若故障依旧，可根据故障代码与西门子公司联系
300403	驱动版本号与驱动软件及机床数据不匹配	驱动软件（FDD/MSD）的版本必须与驱动机床数据版本匹配，更换驱动软件后，旧版本的 MD 不能再使用
300500	某轴的驱动系统发生故障，显示故障代码	（1）重新预置驱动数据 （2）NC 复位 （3）根据故障代码，查找故障原因，与西门子公司联系寻求支持
300501	某轴驱动系统的滤波电流大于或等于 MD1107（晶体管限制电流）的 1.2 倍	（1）检查电动机数据，电动机代码是否正确 （2）强电控制电路故障 （3）实际电流检测是否有误 （4）增大晶体管限制电流 MD1107 （5）增大电流检测时间常数 MD1254 中的值 （6）若有必要更换 611D 驱动模块
300502	某轴驱动的相电流大于或等于 MD1107（晶体管限制电流）的 1.05 倍	除要检查各调节器的数据外，其余解决方法同上
300503	某轴驱动的相电流 S 大于或等于 MD1107（晶体管限制电流）的 1.05 倍	检查处理方法同上

续表

报警号	原因	检查及处理
300504	某轴驱动的电动机编码器信号错误或信号太弱	(1) 检查编码器及其连接 (2) 驱动模块故障 (3) 检查电动机及其屏蔽连接 (4) 若有必要更换611D控制模块、电动机或编码器
300508	电动机测量系统的零点脉冲信号出现问题	(1) 检查编码器及其连接 (2) 驱动模块硬件故障,则更换 (3) 检查驱动模块前板上的屏蔽连接 (4) 如果使用BERO开关,检查BERO信号 (5) 对于齿轮编码器,检查齿轮与编码器之间的距离 (6) 若有必要更换611D控制模块、电动机或编码器
300510	电流零平衡期间实际电流值超出最大允许值	检查实际电流测量中的错误,若有必要更换611D控制模块
300515	驱动系统强电部分温度过高	(1) 可能是环境温度太高,安装温度超标,增加空气流通散热 (2) 脉冲频率过大 (3) 驱动模块及风扇故障等 (4) 修改零件程序,避免大的加/减速操作
300607	某轴驱动的电流调节器处于极限状态	(1) 检查电动机的连接及保护 (2) 直流母线电压是否正确,连接是否可靠 (3) 611D强电部分或驱动模块 (4) 是否激活U_{ce}监控线路,通过开关电源复位
300608	某轴驱动的速度调节器处于极限状态	(1) 检查电动机的连接、电动机电阻及保护 (2) 编码器的分辨率、连接和屏蔽 (3) 检查电动机和编码器是否可靠接地 (4) 检查直流母线电压是否正确,连接是否可靠 (5) 是否激活U_{ce}监控线路,通过开关电源复位 (6) 若有必要则更换611D强电部分或驱动模块
300609	某轴实际速度值超出了编码器测量的上限	(1) 检查电动机使用的编码器的连接及屏蔽情况 (2) 编码器是否正确,是否与机床数据匹配 (3) 若有必要则更换电动机、编码器或驱动模块

续表

报警号	原 因	检查及处理
300610	某轴驱动的位置信号不能识别	(1) 增加 MD1019 设置 (2) 检查电动机的连接及保护 (3) 直流母线电压及连接 (4) 是否激活 U_{ce} 监控线路，通过开关电源复位 (5) 若有必要则更换 611D 强电部分或控制模块
300612	某轴驱动的转子位置识别时的电流大于 1.5 倍 MD1107 值或大于 MD1104 中的值	减小 MD1019 值
300613	某轴驱动的电动机温度太高，超出了机床数据 MD1607 中所规定的温度	(1) 检查电动机数据，设置不正确将引起电流过大 (2) 检查温度传感器 (3) 检查电动机编码器电缆 (4) 电动机风扇故障 (5) 电动机过载 (6) 电动机频繁加减速 (7) 转矩限制 MD1230 或功率限制 MD1235 设置太高 (8) 电动机内部故障，编码器故障 (9) 使用高性能电动机 (10) 若 611D 模块发生故障，则更换
300614	某轴驱动的电动机长时间超温，即温度超过 MD1602 的规定，时间超过 MD1603 的规定	检查同上

本章思考题

1. 轴调整信息包括哪些内容？
2. 轴状态信息包括哪些内容？
3. 轴驱动调整信息包括哪些内容？
4. 说明 810D/840D 数控系统发生 NCK 报警的原因、特点及内容。

第十三章
机床数据设置与调整

机床数据的设置与调整在维修过程中经常用到,调整的数据涉及多个方面,如驱动数据、监控数据、补偿数据、返回参考点数据、进给轴速度数据、主轴控制数据等。本章以 SINUMERIK 810D/840D 系统为例,主要介绍机床数据的设置与调整方法,驱动数据设置,驱动系统数据优化和系统监控数据调整等。

第一节 机床数据设置与调整方法

机床数据一般在数控机床出厂时都已经设置和调整完成,符合出厂基本条件,在用户现场安装调试时又进行了修改。机床工作一段时间后,某些性能发生了变化,或者是使用者有特殊要求,就需要对一些机床数据进行调整。维修人员并不是对所有机床数据都能进行修改,系统对不同类别的机床数据按类分成了不同保护级,只有正确地输入保护口令字,才能修改相应的机床数据。

一、机床数据保护级

修改机床数据必须输入对应的口令字,新的机床数据才能被系统接受。810D/840D 系统根据数据的用途及作用,把修改数据的级别分成了两类八级,见表13—1。前四个级别为一类,需要输入口令字,针对的使用者是机床制造商和维修人员,PLC 控制程序不能读取其级别状态。后四个级别为一类,利用操作面板上针对编程人员和操作者的钥匙开关，改变数据的修改级别，同时对数据接口信号DB10. DBB56 进行置位，PLC 用户程序可以读取 DB10. DBB56 的位状态，以便规范操作人员在一定权限内对机床进行操作。高级别的口令可以解除低级别的口令，也就是说 0 级可以解除 1、2、3 级别的口令，第 4 级可以解除 5、6、7 级别的口令。就机床数据调整而言，只涉及四个级别的口令，即系统制造商（SIEMENS）、机床制造商、服务工程师和终端用户维修工程师。作为数控机床维修人员，能够掌握机床制造商或服务工程师调整的数据即可。

表 13—1　　　　　　　　810D/840D 系统的口令及保护级

保护级别	操作	使用对象	操作内容	DB10. DBB56
0	口令	SIEMENS	全部功能、程序和数据	
1	口令	机床制造商	限定功能、程序和数据	
2	口令	启动/服务工程师	指定功能、程序和数据	
3	用户口令	用户：维修工程师	常用功能、程序和数据	
4	钥匙键红色标志	用户：编程或安装工程师	级别低于 0~3，由机床制造商和用户定义	DB10. DBX56.7
5	钥匙键位置 2 绿色标志	用户：熟练操作者	级别低于 0~4，由用户定义	DB10. DBX56.6
6	钥匙键位置 1 黑色标志	用户：较熟练操作者	级别低于 0~5，程序选择，刀具管理，零点偏置	DB10. DBX56.5
7	钥匙键位置 0	用户：一般操作者	不能选择或编辑程序，仅能操作机床控制面板	DB10. DBX56.4

系统对每个机床数据的写/读保护级别，是以 i/j 形式给出的，在机床数据手册中可以查到数据的写/读级别。例如，MD10000 具有 2/7 保护级，保护级 2 是用于写数据，根据设置的口令，只有系统制造商（SIEMENS）、机床制造商及服务工程师才能进行修改；保护级 7 是用于读数据，该数据的读取级别最低，无须口令，且钥匙在任何位置都可读取该数据。

二、设置和调整方法

1. 设置和调整方法

设置和调整 810D/840D 系统的机床数据，可以通过机床操作面板，在"启动"操作区域中进行。进入"启动"屏幕后，在下方可以看到"当前的存取级别"的提示，通过口令或钥匙键改变当前的存取级别。一般情况下，在用户现场需要调整的是有关轴运动数据、补偿数据、精度数据和监控数据等。输入保护2级口令，即服务工程师级别，就可以修改这些机床数据。机床制造商设置的数据是系统的配置数据，这些数据一般不允许改动，否则可能造成系统不能正常工作。机床数据的设置与调整操作步骤如下。

（1）按【启动】软键，进入"启动"操作区域屏幕。

（2）按【设定口令】软键，根据修改机床数据的级别输入相应的口令，然后确认。

（3）按【机床数据】软键，进入机床数据屏幕，在水平菜单上将显示【通用数据搜索】、【通道数据搜索】、【轴数据搜索】、【驱动配置】、【FDD 数据】、【MSD 数据】及【显示数据】，选择要修改的数据类型，按对应的软键。

（4）利用光标键或系统的搜索功能定位要修改的机床数据。

（5）键入新的机床数据，根据数据的生效方式进行相应操作，使新的机床数据生效。

（6）机床数据修改完毕，按【删除口令】软键，清除设置的口令。

810D/840D 系统为驱动机床数据、通用机床数据、通道专用机床数据和轴专用机床数据设置了显示过滤器，可以将显示在操作面板上的机床数据限制在感兴趣的数据上。如果用户需要显示或修改某类机床数据，就必须激活该类数据的显示过滤器，否则数据将不会显示在屏幕上。有关显示和关闭数据类型的代码见表13—2。

表13—2　　　　　　　　　显示和关闭数据类型的代码

驱动机床数据		通用机床数据		通道专用机床数据		轴专用机床数据	
代码	显示/关闭数据类型	代码	显示/关闭数据类型	代码	显示/关闭数据类型	代码	显示，关闭数据类型
D01	调节器数据	N01	配置/比例	C01	配置数据	A01	配置数据
D02	监控/极限	N02	存储器配置	C02	存储器配置	A02	测量系统
D03	信息数据	N03	PLC 数据	C03	基本设置	A03	机床几何轴
D04	状态数据	N04	驱动器控制	C04	辅助功能	A04	速率/加速度
D05	电动机功率	N05	状态/诊断	C05	速率数据	A05	监控/限制
D06	测量系统	N06	监控/极限	C06	监控/限制	A06	主轴数据
D07	安全集成	N07	辅助功能	C07	转换数据	A07	控制器数据
D08	标准机床	N08	修调/补偿	C08	修调/补偿	A08	状态数据
EXP	专家模式	N09	工艺功能	C09	工艺功能	A09	修调/补偿

续表

驱动机床数据		通用机床数据		通道专用机床数据		轴专用机床数据	
代码	显示/关闭数据类型	代码	显示/关闭数据类型	代码	显示/关闭数据类型	代码	显示，关闭数据类型
		N10	I/O 配置	C10	标准数据	A10	工艺功能
		N11	标准数据	C11	NC ISO 语言	A11	标准数据
		N12	NC ISO 术语	EXP	专家模式	A12	NC ISO 语言
						EXP	专家模式

2. 数据类型

机床数据的调整必须符合规定的数值类型，如果输入的数值类型错误，机床数据将不会生效，并且会产生报警信息。机床数据的数值类型见表 13—3。

表 13—3　　　　　　　　机床数据的数值类型

序号	名称	说明	范围
1	BOOLEAN	布尔型，机床数据位	0 或 1
2	BYTE	单字节整数值	$-128 \sim 127$
3	DOUBLE	双精度实数值	$4.19 \times 10^{-307} \sim 1.67 \times 10^{308}$
4	DWORD	双字整数值	$-2.147 \times 10^9 \sim 2.147 \times 10^9$
5	DWORD	十六进制数	00000000 ~ FFFFFFFF
6	STRING	字符串	最多 16 个字符
7	UNSIGNED WORD	整数值	0 ~ 65 536
8	SIGNED WORD	整数值	$-32\ 768 \sim 32\ 767$
9	UNSIGNED DWORD	整数值	0 ~ 4 294 967 300
10	SIGNED DWORD	整数值	$-2\ 147\ 483\ 650 \sim 2\ 147\ 483\ 649$
11	WORD	十六进制数	0000 ~ FFFF
12	FLOAT DWORD	实数值	$8.43 \times 10^{-37} \sim 3.37 \times 10^{38}$

3. 生效方式

机床数据修改后，必须进行下一步操作才能使修改的机床数据生效。每个数据的生效方式，以字符的形式显示在该数据行的最右边，字符所代表的意义如下。

po：重新通电（POWER ON）或按 NCU 模块上的"RESET"键生效。

cf：新配置（NEW_ CONF），用 MMC 上的【MD 生效】软键激活，再复位生效。

re：复位（RESET）生效，按机床控制面板上的"RESET"键生效。

so：立即（IMMEDIATELY）生效，输入值后无需其他操作便立即生效。

三、机床数据分类

810D/840D 系统把机床数据按照用途不同详细划分为九类，各类所对应的数据编号范围见表 13—4。表格中列出的机床数据并不是都能修改，有一些是用于数控维修人员了解机床的功能或性能，在数据调整中能够起到一定的帮助作用。

表 13—4　　　　　　　　　　机床数据按用途分类表

序号	数据类型		范围
1	驱动器机床数据（$MD_）		1 000 ~ 1 799
2	操作面板机床数据（$MM_）		9 000 ~ 9 999
3	通用机床数据（$MN_）	系统设定数据	10 000 ~ 11 999
		修调开关设定数据	12 000 ~ 12 999
		中央驱动器数据	13 000 ~ 17 999
		系统专用存储器设定	18 000 ~ 18 999
4	通道类机床数据（$MC_）	基本通道数据	20 000 ~ 21 399
		数字化功能数据	21 400 ~ 21 499
		研磨功能数据	21 500 ~ 21 599
		通道辅助功能数据	22 000 ~ 24 010
		通道中转换定义数据	24 100 ~ 24 999
		单冲和步冲数据	26 000 ~ 27 900
		通道专用存储器设定	28 000 ~ 28 999
5	轴类机床数据（$MA_）	轴配置数据	30 000 ~ 30 800
		编码器匹配数据	31 000 ~ 31 600
		闭环控制数据	32 000 ~ 33 100
		返回参考点数据	34 000 ~ 34 990
		主轴数据	35 000 ~ 35 590
		监控功能数据	36 000 ~ 36 750
		安全集成数据	36 900 ~ 36 999
		移动到固定停止数据	37 000 ~ 37 610
		轴专用存储器设定	38 000 ~ 38 010
6	设定数据	通用类设定数据（$SN_）	41 000 ~ 41 999
		通道类设定数据（$SC_）	42 000 ~ 42 999
		轴类设定数据（$SA_）	43 000 ~ 43 999
7	编译循环通用机床数据		51 000 ~ 61 999
8	编译循环通道类机床数据		62 000 ~ 62 999
9	编译循环轴类机床数据		63 000 ~ 63 999

第二节　常用机床数据设置与调整

正确的机床数据设置是数控机床正常运行必不可少的前提条件，数控系统维修也必须保证系统设置数据的完整无误。制造商根据机床的结构特点和系统控制要求，对机床数据进行了优化，数控机床在出厂时向用户提供了最终机床数据设置表。810D/840D 系统的机床数据较多，全面了解并熟悉所有的数据是很困难的，也是不现实的，但作为数控机床维修人员，有必要清楚地了解一些常用数据的意义和用途，否则将无法对机床数据进行调整。

从维修应用角度看，可把机床数据分为功能性数据和动态数据两大类。功能性数据决定了数控机床的配置和功能，这类数据是数控机床制造商为机床专门设计的，不允许用户进行调整或修改，如机床控制轴的定义、刀具定义、系统配置选择，如果数据设定错误将会导致系统功能的丧失或系统不能工作。动态数据决定了机床的动态性能，它与机床的结构和工作情况有关，如监控数据、系统补偿数据、轴的优化数据、安全设置数据等。这类数据中的部分数据，用户根据机床的使用情况，当机床的工作状态发生变化时，为了改善数控机床的工作性能，在出厂数据的基础上，维修人员做适当调整是必要的。动态数据调整有误，并不像功能性数据那样会造成系统不能工作，但却会影响机床的动态性能或位置控制精度，降低零件的加工质量。

一、操作面板机床数据

操作面板常用机床数据见表 13—5，操作或维修人员可以调整的数据如下。

（1）屏幕的显示方式，如显示语言的种类、显示分辨率及屏保时间等。

（2）刀具参数的写/读保护级。

（3）R 参数的更改保护级。

（4）用户变量的写/读保护级。

（5）零件程序编辑与循环程序的保护级。

（6）其他设置数据的保护级。

表 13—5　　　　　　　　　　　　　操作面板常用机床数据

数据	数据标志	含义	标准	类型
9000	LCD_CONTRAST	显示对比度	7	BYTE
9003	FIRST_LANGUAGE	显示语言	1	BYTE
9004	DISPLAY_RESOLUTION	显示分辨率	3	BYTE
9006	DISPLAY_BLACK_TIME	屏幕保护时间	0	BYTE
9008	KEYBOARD_TYPE	键盘型号	0	BYTE
9010	SPIND_DISPLAY_RESOLUTION	主轴显示分辨率	3	BYTE
9011	DISPLAY_RESOLUTION_INCH	英制显示分辨率	4	BYTE
9020	TECHNOLOGY	NC 编程与模拟技术	0	BYTE
9033	MA_DISPL_INV_DIR_SPIND_M3	显示主轴旋转方向	0X0000	LONG
9180	USER_CLASS_READ_TCARR	刀架偏置只读保护级	7	BYTE
9181	USER_CLASS_WRITE_TCARR	刀架偏置可写保护级	7	BYTE
9182	USER_CLASS_INCH_METRIC	公英制转换存储级	7	BYTE
9200	USER_CLASS_READ_TOA	刀具偏置读保护级	7	BYTE
9201	USER_CLASS_WRITE_TOA_GEO	刀具几何数据写保护级	7	BYTE
9202	USER_CLASS_WRITE_TOA_WEAR	刀具磨损数据写保护级	7	BYTE
9204	USER_CLASS_WRITE_TOA_SC	改变刀具总偏置保护级	7	BYTE
9205	USER_CLASS_WRITE_TOA_EC	改变刀具设定偏置保护级	7	BYTE
9210	USER_CLASS_WRITE_ZOA	零偏置设置写保护级	7	BYTE
9211	USER_CLASS_READ_GUD_LUD	读用户变量保护级	7	BYTE
9212	USER_CLASS_WRITE_GUD_LUD	写用户变量保护级	7	BYTE
9213	USER_CLASS_OVERSTORE_HIGH	存储器扩展保护级	7	BYTE
9214	USER_CLASS_WRITE_PRG_CONDIT	程序控制保护级	7	BYTE
9215	USER_CLASS_WRITE_SEA	设置数据写保护级	7	BYTE
9216	USER_CLASS_READ_PROGRAM	读程序保护级	7	BYTE
9217	USER_CLASS_WRITE_PROGRAM	改变程序控制保护级	7	BYTE
9218	USER_CLASS_SELECT_PROGRAM	程序选择保护级	7	BYTE
9219	USER_CLASS_TEACH_IN	示教保护级	7	BYTE
9220	USER_CLASS_PRESET	预设置保护级	7	BYTE
9221	USER_CLASS_CLEAR_RPA	删除 R 变量保护级	7	BYTE
9222	USER_CLASS_WRITE_RPA	写 R 变量保护级	7	BYTE
9223	USER_CLASS_SET_V24	RS232 接口配置保护级	7	BYTE

续表

数据	数据标志	含义	标准	类型
9224	USER_CLASS_READ_IN	数据读入保护级	7	BYTE
9225	USER_CLASS_READ_CST	标准循环保护级	7	BYTE
9226	USER_CLASS_READ_CUS	用户循环保护级	7	BYTE
9227	USER_CLASS_SHOW_SBL2	跳转单程序段2保护级	7	BYTE

二、通用机床数据

通用机床数据用于机床的一般设置，包括机床控制轴数、系统的监控及响应时间、刀具管理的一般数据等，表13—6给出了常用的通用机床数据。这类数据是机床本身配置的数据，调整某些机床数据可能导致数据存储区的再分配，使机床数据遭到破坏，如有关刀具数量的设置，因此只做一般了解，维修人员无须修改。

表13—6　　　　　　　　　　通用机床数据

数据号	数据标志	含义	标准值	类型
10000	AXCOFN_MACHAX_NAME_TAB [n]	定义机床坐标轴名	…	STRING
10010	ASSIGN_CHAN_TO_MODE_GROUP [n]	方式组中有效通道	…	DWORD
10050	SYSCLOCK_CYCLE_TIME	系统时钟循环时间	…	DOUBLE
10061	POSCTRLL_CYCLE_TIME	位置循环时间	…	DOUBLE
10062	POSCTRL_CYCLE_DELAY	位置循环延迟	0.000 7	DOUBLE
10100	PLC_CYCLE_TIMEOUT	最大PLC循环时间	0.1	DOUBLE
10110	PLC_CYCLE_TIM_AVERAGE	最大PLC响应时间	0.05	DOUBLE
10120	PLC_RUNNING_TIMEOUT	PLC通电监控时间	50	DOUBLE
10190	TOOL_CHANGE_TIME	模拟换刀时间	0.0	DOUBLE
10192	GEAR_CHANGE_WAIT_TIME	齿轮更换时间	10	DOUBLE
10240	SCALING_SYSTEM_IS_METRIC	国际单位制基本系统	L	BOOLEAN
10700	PREPROCESSING_LEVEL	编程预处理级	L	BYTE
10704	DRYRUN_MASK	激活空运转进给率	0	BYTE
10713	M_NO_FCT_STOPRE [n]	用M代码激活预处理停止	-1	DWORD
10715	M_NO_FCT_CYCLE [n]	调用刀具更改循环的M号	-1	DWORD
10716	M_NO_FCT_CYCLE_NAME [n]	M功能的刀具更换循环名		STRING
10717	T_NO_FCT_CYCLE_NAME [n]	T功能的刀具更换循环名		STRING
10718	M_NO_FCT_CYCLE_PAR	用参数替代M功能	-1	DWORD

续表

数据号	数据标志	含义	标准值	类型
10720	OPERTING_MODE_DEFAULT	默认工作方式设置	7	BYTE
10731	JOG_MODE_KEYS_EDGETRIGGRD	JOG 键的功能	…	…
11100	AUXFU_MAXNUM_GROUP_ASSING	辅助组中分配的辅助功能数	1	DWORD
11110	AUXFU_GROUP_SPEC［n］	定义辅助功能组	1	BYTE
11210	UPLOAD_MD_CHANGES_ONLY	只备份修改的机床数据	0XFF	BYTE
18080	MM_TOOL_MANAGEMENT_MASK	刀具管理存储器保留	0X0	DWORD
18082	MM_NUM_TOOL	NCK 可管理的刀具数量	30	DWORD
18084	MM_NUM_MAGAZINE	NCK 可管理的刀库数量	3	DWORD
18086	MM_NUM_MAGAZINE_LOCATION	NCK 管理的刀库位置数量	30	DWORD
18088	MM_NUM_TOOL_CARRIER	最大可定义的刀架数量	0	DWORD
18105	MM_MAX_CUTTING_EDGE_NO	D 号的最大值	9	DWORD
18106	MM_MAX_CUTTING_EDGE_PERTOOL	每把刀 D 号的最大数量	9	DWORD
18160	MM_NUM_USER_MACROS	宏的数量	10	DWORD

三、通道机床数据

通道机床数据对通道内的所有轴有效。通道数据定义了某通道内的机床配置情况，如通道内轴的名称、辅助功能，以及一些默认设置等。与通用机床数据一样，对这类机床数据只做一般了解，维修人员无须修改。常用基本通道数据见表 13—7。

表 13—7　　　　　　　　　　基本通道数据

数据号	数据标志	含义	标准值	数据类型
20000	CHAN_NAME	通道名称（通道1、通道2……）	…	STRING
20050	AXCONF_GEOAX_ASSIGN_TAB［n］	定义通道内的几何轴	…	STRING
20060	AXCONF_GEOAX_NAME_TAB［n］	通道中几何轴名	X，Y，Z	STRING
20070	AXCONF_MACHAX_USED［n］	通道中有效的机床轴号	1～5	STRING
20080	AXCONF_CHANAX_NAME_TAB［n］	通道中通道轴名称	X，Y…	STRING
20094	SOIND_RIGID_TAPPING_M_NR	转换到控制轴模式的 M 功能	70	DWORD
20110	RESET_MODE_MASK	通电或复位后系统基本设置	0X0	DWORD
20112	START_MODE_MASK	程序启动后系统基本设置	0X400	DWORD
20150	GCODE_RESET_VALUES［n］	G 组的初始设置	0	BYTE

续表

数据号	数据标志	含义	标准值	数据类型
22000	AUXFU_ASSIGN_GROUP [n]	辅助功能组	1	BYTE
22010	AUXFU_ASSIGN_TYPE [n]	辅助功能类型		STRING
22020	AUXFU_ASSIGN_EXTENSION	辅助功能扩展	0	BYTE
22030	AUXFU_ASSIGN_VALUE [n]	辅助功能值	0	DWORD
22550	TOOL_CHANGE_MODE	M功能的新刀具补偿	0	BYTE
22560	TOOL_CHANGE_M_CODE	刀具交换的M功能代码	6	DWORD
22562	TOOL_CHANGE_ERROR_MODE	对刀具交换出错的响应		DWORD
27860	PROESSTIMER_MODE	激活程序运行时间计时器	0X00	BYTE
27880	PART_COUNTER	激活零件计数器	0X0	DWORD
27882	PATR_COUNT_ER_MCOMD [n]	用户定义的M指令计算零件	2, 2, 2	BYTE
28050	MM_NUMR_PARAM	通道专用R参数	100	DWORD
28080	MM_NUM_USER_FRAMES	可设定框架数	5	DWORD
28082	MM_SYSTEM_FRAME_MASK	系统框架数	0X21	DWORD

四、轴类机床数据

轴类机床数据是对机床进给轴/主轴的设置，维修人员应当熟悉其中一些数据的意义和用途，以便在需要的时候调整它们。这类数据也是系统维修调整的重点。在维修过程中涉及的主要调整数据有：更换驱动模块后，重新调整进给轴/主轴的硬件配置数据；维修或更换测量元件后，对相应的机床数据进行调整；主轴的运行数据，如主轴定位控制、主轴最大或最小转速、主轴各挡转速、主轴摆动等；有关进给轴的速度数据；位置及速度监控数据，如设置各种控制公差带；有关参考点设置数据，参考点位置、返回参考点速度及方式等；系统补偿功能及补偿数据设置，如反向间隙补偿、螺距误差补偿、摩擦补偿、垂度补偿、温度补偿等；第一、第二软限位设置；伺服增益因子设置；其他有关进给轴/主轴的设置数据，如固定点设置。

1．轴配置机床数据

常用轴配置机床数据见表13—8。系统配置完成后，这类数据一般不允许调整，仅作为一般了解。

表 13—8　　　　　　　　　　　　　　　轴配置机床数据

数据号	数据标志	含义	标准值	数据类型
30110	CTRLOUT_MODULE_NR [n]	定义轴设定值输出接口地址	1	BYTE
30130	CTRLOUT_TYPE [n]	设定值输出类型	0	BYTE
30220	ENC_MODULE_NR [n]	位置反馈端口地址	1	BYTE
30240	ENC_TYPE [n]	实际值编码器类型	0	BYTE
30250	ACT_POS_ABS [n]	断电时绝对编码器位置	0.0	DOUBLE
30260	ABS_INC_RATIO [n]	绝对与增量分辨率的比率	4	DWORD
30300	IS_ROT_AX [n]	旋转轴/主轴	0	BOOLEAN
30310	ROT_IS_MODULO	旋转轴/主轴模数转化	0	BOOLEAN
30320	DISPLAY_IS_MODULO	旋转轴模数360°显示	0	BOOLEAN
30330	MODULO_RANGE	模数范围大小	360.0	DOUBLE
30340	MODULO_RANGE_START	模数范围的起始位置	0.0	DOUBLE
30600	FIX_POINT_POS	带 G75 的轴固定值位置	0.0	DOUBLE
30800	WORKAREA_CHECK_TYPE	检查工作区域界限类型	0	BOOLEAN

2. 编码器匹配数据

常用编码器匹配数据见表 13—9。除更换不同型号的编码器后需要修改外，该类数据不需要进行调整。

表 13—9　　　　　　　　　　　　　　　编码器常用数据

数据号	数据标志	含义	标准值	数据类型
31000	ENC_IS_LINEAR [n]	直接测量系统（光栅尺）	0	BOOLEAN
31010	ENC_GRID_POINT_DIST	电子尺的分割点	0.01	DOUBLE
31020	ENC_RESOL [n]	编码器每转的脉冲数	2 048	DWORD
31030	LEADSCREW_PITCH	丝杠螺距（mm）	10.0	DOUBLE
31040	ENC_IS_DIRECT [n]	编码器直接安装在车床上	0	BOOLEAN
31050	DRIVE_AX_RATIO_DENOM [n]	变速箱分母	1	DWORD
31060	DRIVE_AX_RATIO_NUMERA [n]	变速箱分子	1	DWORD
31070	DRIVE_ENC_RATIO_DENOM [n]	编码器变速箱分母	1	DWORD
31080	DRIVE_ENC_RATIO_NUMERA [n]	编码器变速箱分子	1	DWORD

3. 闭环控制机床数据

闭环控制机床数据见表 13—10。这类机床数据可根据机床的工作情况进行调整，如伺服增益因子、轴最大加速度、轴最大速度、点动速度等。

表 13—10　　　　　　　　　闭环控制机床数据

数据号	数据标志	含义	标准值	数据类型
32000	MAX_AX_VELO	最大轴速度	10 000.0	DOUBLE
32010	JOG_VELO_RAPID	在点动方式下的快移速度	10 000.0	DOUBLE
32020	JOG_VELO	点动轴速度	2 000.0	DOUBLE
32040	JOG_REV_VELO_REPID	带进给修调点动旋转进给率	2.5	DOUBLE
32050	JOG_REV_VELO	点动旋转进给率	0.5	DOUBLE
32060	POS_AX_VELO	设置定位轴初始速率	10 000.0	DOUBLE
32070	CORR_VELO	手轮修调轴速率（%）	50.0	DOUBLE
32074	FRAME_OR_CORRPOS_NOTALLOWED	旋转轴固定进给率	0	DWORD
32080	HANDWH_MAX_INCR_SIZE	手轮最大增量限制	0.0	DOUBLE
82084	HANDWH_STOP_COND	手轮的 VDI 信号控制	0XFF	DOUBLE
32090	HANDWH_VELO_OVERLAY_FACTOR	JOG 速率对手轮速率的比率	0.5	DOUBLE
32100	AX_MOTION_DR	轴移动方向（无控制）	1	DWORD
32110	ENC_FEEDBACK_POL	实际位置反馈极性符号	1	DWORD
32200	POSCTRL_GAIN [n]	伺服增益因子（位置环）	1	DOUBLE
32250	RATED_OUTVAL [n]	额定输出电压	80.0	DOUBLE
32260	RATED_VELO [n]	额定电机速度	3 000	DOUBLE
32300	MAX_AX_ACCEL	轴最大加速度	1	DOUBLE
32400	AX_JERK_ENABLE	轴突变限制有效	0	BOOLEAN
32440	LOOKAH_FREQUENCY	前馈平滑频率	10.0	DOUBLE
32940	POSCTRL_OUT_FILTER_TIME	位置低通滤波器时间常数	0.0	DOUBLE
32950	POSCTRL_DAMPING	伺服回路阻尼	0.0	DOUBLE
32960	POSCTRL_ZERO_ZONE [n]	位置调节器零速区	0.0	DOUBLE
32990	POSCTRL_DEAVL_DELAY_INFO [n]	实际位置延迟	0.0	DOUBLE
33000	FIPO_TYPE	精细插补器类型	2	BYTE

4. 有关系统补偿的机床数据

有关补偿的机床数据见表 13—11，包括反向间隙补偿、螺距误差补偿、前馈补偿、摩擦补偿、垂度补偿及温度补偿等。

表 13—11　　　　　　　　　有关补偿的机床数据

数据号	数据标志	含义	标准值	数据类型
32450	BACKLASH［n］	丝杠反向间隙补偿	0.0	DOUBLE
32452	BACKLASH_FACTOR	间隙补偿加权因子	1.0	DOUBLE
32490	FRICT_COMP_MODE［n］	摩擦补偿类型	1	BYTE
32500	FRICT_COMP_ENAMLE	摩擦补偿有效	0	BOOLEAN
32510	FRICT_COMP_ADAPT_ENAMLE［n］	自适应摩擦补偿有效	0	BOOLEAN
32520	FRICT_COMP_CONST_MAX［n］	最大摩擦补偿值	0.0	DOUBLE
32530	FRICT_COMP_CONST_MIN［n］	最小摩擦补偿值	0.0	DOUBLE
32540	FRICT_COMP_TIME［n］	摩擦补偿时间常数	0.015	DOUBLE
32610	VELO_FFW_WEIGHT［n］	速度前馈控制系数	1.0	DOUBLE
32620	FFHMODE	前馈控制类型	1	BYTE
32630	FFW_ACTIVATION_MODE	由程序激活前馈控制	1	BYTE
32700	ENC_COMP_ENABLE［n］	插补补偿有效	0	BOOLEAN
32710	CEC_ENABLE	垂度补偿有效	0	BOOLEAN
32720	CEC_MAX_SUM	垂度补偿的最大值	1.0	DOUBLE
32750	TEMP_COMP_TYPE	温度补偿类型	0	BOOLEAN

5. 有关参考点的机床数据

参考点设置常用机床数据见表 13—12。

表 13—12　　　　　　　　　参考点设置常用机床数据

数据号	数据标志	含义	标准值	数据类型
34000	REFP_CAM_IS_ACTIV	坐标轴有返回参考点挡块开关	1	BOOLEAN
34010	REFP_CAM_DIR_IS_MINUS	负向返回参考点	0	BOOLEAN
34020	REFP_VELO_SEARCH_CAM	返回参考点速率	5 000.0	DOUBLE
34030	REFP_MAX_CAM_DIST	到挡块开关的最大位移	10 000.0	DOUBLE
34040	REFP_VELO_SEARCH_MARKER［n］	搜索参考点标记的速率	300.0	DOUBLE
34050	REFP_SEARCH_MARKER REVERSE［n］	反向到参考点挡块开关	0	BOOLEAN
34060	REFP_MAX_MARKER_DIST［n］	到参考标记的最大位移	20.0	DOUBLE
34070	REFP_VELO_POS	参考点定位速率	10 000.0	DOUBLE
34080	REFP_MOVE－DIST［n］	参考点位移	－2	DOUBLE
34090	REFP_MOVE_DIST_CORR［n］	参考点偏置位移对编码器偏置	0	DOUBLE

续表

数据号	数据标志	含义	标准值	数据类型
34092	REFP_CAM_SHIFT [n]	等距离零标记增量系统的电子挡块偏置	0	DOUBLE
34093	REFP_CAM_MARKER_DIST [n]	电子挡块与零标记间的距离	0	DOUBLE
34100	REFP_SET_POS [n]	参考点的设定位置值	0	DOUBLE
34110	REFP_CYCLE_NR	返回参考点轴的次序	1	DWORD
34200	ENC_REFP_MODE	返回参考点方式	1	BYTE
34210	ENC_REFP_STATE [n]	编码器状态	0	BYTE
34230	ENC_SERIAL_NUMBER [n]	编码器序列号	0	DWORD

6．主轴机床数据

常用主轴机床数据见表13—13，包括主轴转速、主轴换挡及主轴控制方式等。

表13-13   主轴机床数据

数据号	数据标志	含义	标准值	数据类型
35000	SPIND_ASSIGN_TO_MACHAX	指定主轴为机床轴	0	BYTE
35010	GEAR_STEP_CHANGE_ENABLE	主轴齿轮级变化有效	0	DWORD
35020	SPIND_DEFAULT_MODE	主轴的初始模式设置	0	BYTE
35035	SPIND_FUNCTION_MASK	主轴功能	0X100	DWORD
35040	SPIND_ACTIVE_AFTER_RESET	主轴复位后自动恢复	0	BOOLEAN
35100	SPIND-VELO_LIMIT	最大主轴速度	10 000	DOUBLE
35110	GEAR_STEP-MAX-VELO [n]	主轴各挡最高转速	500	DOUBLE
35120	GEAR_STEP_MIN_VELO [n]	主轴各挡最低转速	50	DOUBLE
35130	GEAR_STEP_MAX_VELO_LIMIT [n]	主轴各挡最高转速限制	500	DOUBLE
35140	GEAR_STEP_MIN_VELO_LIMIT [n]	主轴各挡最低转速限制	50	DOUBLE
35150	GEAR_DES_VELO_TOL	主轴速度公差	0.1	DOUBLE
35160	SHND_EXTERN_VELO_LIMIT	PLC上主轴速度限制	1 000.0	DOUBLE
35200	GEAR_STEP_SPEEDCTRL_ACCEL [n]	速度控制模式下各挡加速度	30	DOUBLE
35210	GEAR_STEP_POSCTRL_ACCEL [n]	位置控制模式下各挡加速度	30	DOUBLE
35220	ACCEL_REDUCTION_SPEED_POINT	降低加速度的速度限制	1.0	DOUBLE
35230	ACCEL_REDUCTION_FACTOR	降低加速度因子	0.0	DOUBLE
35240	ACCEL_TYPE_DRIVE	加速度类型	0	BOOLEAN
35242	ACCEL_REDUTION_TYPE	加速度降低类型	0	BYTE

续表

数据号	数据标志	含义	标准值	数据类型
35300	SPIND_POSCTRL_VELO	主轴位置控制速度	500	DOUBLE
35310	SPIND_POSIT_DELAY_TIME [n]	主轴定位延迟时间	0.05	DOUBLE
35350	SPIND_POSITIONNING_DIR	主轴定位转动方向	3	BYTE
35400	SPIND_OSCILL_DES_VELO	摆动速度（r/min）	500	DOUBLE
35410	SPIND_OSCILL_ACCEL	摆动过程中的加速度	16	DOUBLE
35430	SPIND_OSCILL_START_DIR	摆动过程中的起始方向	0	BYTE
35440	SPIND_OSCILL_TIME_CW	M3方向的摆动时间	1.0	DOUBLE
35450	SPIND_OSCILL_TIME_CCW	M4方向的摆动时间	0.5	DOUBLE
35500	SPIND_ON_SPEED_AT_IPO_START	主轴速度到达后激活进给	1	BYTE
35510	SPIND_STOPSPEED_AT_IPO_START	主轴停止后才能激活进给	0	BOOLEAN
35590	PARAM_SET_CHANGE_ENABLE	参数改变有效	0	BYTE

7．常用监控机床数据

常用监控机床数据见表13—14。这类数据影响轴的定位特性，设置不当容易产生报警。这类机床数据在维修过程中经常需要调整，特别是软限位机床数据。

表13—14　　　　常用监控机床数据

数据号	数据标志	意义	标准值	数据类型
36000	STOP_LIMIT_COARSE	精确粗准停	0.04	DOUBLE
36010	STOP_LIMIT_FINE	精确精准停	0.01	DOUBLE
36012	STOP_LIMIT_FACTOR [n]	精确准停和零速因子	1.0	DOUBLE
36020	POSITTIONNIG_TIME	精确停延时时间	1.0	DOUBLE
36030	STANDSTIULPOS_TOL	零速位置公差	0.2	DOUBLE
36040	STANDSTILL_DELAY_TIME	零速度控制延时	0.4	DOUBLE
36050	CLAMP_POS_TOL	夹紧公差	0.5	DOUBLE
36060	STANDSTILL_VELO_TOL	静止速度允差	5.0	DOUBLE
36100	POS_LIMIT_MINUS	第一软限位开关负向	…	DOUBLE
36110	POS_LIMIT_PLUS	第一软限位开关正向	…	DOUBLE
36120	POS_LIMIT_MINUS2	第二软限位开关负向	…	DOUBLE
36130	POS_LIMIT_PLUS2	第二软限位开关正向	…	DOUBLE
36200	AX_VELO_LIMIT [n]	速度监控门槛值	11 500	DOUBLE
36210	CTRLOUT_LIMIT [n]	最大速度设定值限制（%）	110	DOUBLE

续表

数据号	数据标志	意义	标准值	数据类型
36220	CTRLOUT_LIMIT_TIME [n]	速度设定值监控延迟时间	0.0	DOUBLE
36300	ENC_FERG_LIMIT [n]	编码器极限频率	300 000	DOUBLE
36400	CONTOUR_TOL [n]	轮廓监控公差带	1.0	DOUBLE
36500	ENC_CHANGE_TOL	位置实际值转换最大公差	0.1	DOUBLE
36510	ENC_DIFF_TOL	测量系统的同步公差	0.0	DOUBLE
38000	MM_ENC_COMP_MAX_POINTS [n]	插补补偿的最大点数	0	DWORD
38010	MM_QEC_MAX_POINTS [n]	象限误差补偿的最大点数	0	DWORD

五、机床设定数据

机床设定数据与前面所列举的数据不同，这类数据用户可以根据机床的情况进行修改，其中一些还可利用零件程序或在操作面板上的参数操作区域直接设置。表13—15 给出了常用机床设定数据。常需调整的数据如下。

表 13—15　　　　　　　　　　　常用机床设定数据

数据号	数据标志	意义	标准值	数据类型
40010	JOG_VAR_INCR_SIZE	JOG 可变增量大小	0.0	DOUBLE
41050	JOG_CONT_MODE_LEVELTRIGGRO	JOG 连续：JOG 方式/连续	1	BOOLEAN
41100	JOG_REV_IS_ACTIVE	JOG 模式：旋转进给/进给率	0	BOOLEAN
41110	JOG_SET_VELO	JOG 中的轴速率	0.0	DOUBLE
41120	JOG_REV_SET_VELO	JOG 方式的轴旋转进给率	0.0	DOUBLE
41130	JOG_ROT_AX_SET_VELO	JOG 方式的轴旋转速率	0.0	DOUBLE
41200	JOG_SPIND_SET_VELO	JOG 方式下的主轴速度	0.0	DOUBLE
41300	CEC_TABLE_ENABLE	补偿表有效	0	BOOLEAN
41310	CEC_TABLE_WEIGHT	补偿表系数	1.0	DOUBLE
42000	THREAD_STARR_ANGLE	螺纹的起始角	0	DOUBLE
42010	THREAD_RAMP_DISP	攻螺纹时坐标轴的加速度性能	1.1	DOUBLE
42100	DRY_RUN_FEED	空运转进给速率	5 000.0	DOUBLE
42101	DRY_RUN_FED_MODE	空运转速度模式	0	BYTE
42110	DEFAULT_FEED	默认进给率	0	DOUBLE
42140	DEFAULT_SCALE_FACTOR_P	地址 P 下的默认比例系数	1	DWORD
42150	DEFAULT_SCALE_FACTOR_R	地址 P 下的默认旋转系数	0.0	DOUBLE

续表

数据号	数据标志	意义	标准值	数据类型
42160	EXTERN_FIXED_FEEDRATE	F1~F9 的固定进给率	0.0	DOUBLE
42400	PUNCH_DWELLTIME	单脉冲/步冲的暂停时间	1.0	DOUBLE
42402	NIBPUNCH_PRE_START_TIME	G603 的延时	0.02	DOUBLE
42440	FRAME_OFFSET_INCR_PROG	框架增量编程的零偏置移动	1	BOOLEAN
42442	TOOL_OFFSET_INCR_PROG	刀具增量编程的零偏置移动	1.0	BOOLEAN
42450	CONTPREC	轮廓精度	0.1	DOUBLE
42460	MINFEED	CPRECON 最小进给速率	1.0	DOUBLE
42465	SMOOTH_CONTUR_TOL	平滑时的最大轮廓公差	0.05	DOUBLE
42480	STOP_CUTCOM_STOPRE	刀具半径补偿和预处理停止的报警响应	1	BOOLEAN
42490	CUTCOM_G40_STOPRE	预处理停止时的 TRC 退回性能	0	BOOLEAN
42494	CUTCOM_ACT_DEACT_CTRL	刀具半径补偿的接近/退回性能	2222	DWORD
42500	SD_MAX_PATH_ACCEL	最大路径加速度	10 000	DOUBLE
42600	JOG_FEED_PER_REV_SOURCE	JOG 中的控制旋转进给率	0.0	DOUBLE
42800	SPIND_ASNGN_TAB	主轴变频器	0	BYTE
42900	MIRROR_TOOL_LENGTH	镜像加工的刀具长度符号变化	0	BOOLEAN
42910	MIRROR_TOOL_WEAR	镜像加工的刀具磨损符号变化	0	BOOLEAN
42930	WEAR_SIGN	磨损符号	0	BOOLEAN
42960	TOOL_TEMP_COMP	刀具温度补偿	0.0	DOUBLE
43120	DEFAULT_SCALE_FACTOR_AXIS	坐标轴默认比例系数 G51	1	DWORD
43200	SPIND_S	由 VDI 启动的主轴速度	0.0	DOUBLE
43202	SPIND_CONSTCUT_S	由 VDI 启动的主轴恒定速度	0.0	DOUBLE
43210	SPIND_MIN_VELO_G25	可编程主轴速度限制 G25	0	DOUBLE
43220	SPIND_MAX_VELO_G26	可编程主轴速度限制 G26	1 000	DOUBLE
43230	SPIND_MAX_VELO_LIMS	主轴速度限制 G96	100	DOUBLE
43240	M19_SPOS	用 M19 定位主轴的位置	0.0	DOUBLE
43250	M19_SPOSMODE	用 M19 定位主轴位置逼近	0	DWORD
43300	ASNGN_FEED_PER_REV_SOURCE	定位轴/主轴的旋转进给率	0	DWORD
43340	EXTERN_REF_POSITION_G30_1	G301 的参考点位置	0	DOUBLE
43400	WORKAREA_PLUS_ENABLE	正向工作区域限制有效	0	BOOLEAN

续表

数据号	数据标志	意义	标准值	数据类型
43410	WORKAREA_MINUS_ENABLE	负向工作区域限制有效	0	BOOLEAN
43420	WORKAREA_LIMIT_PLUS	工作区域限制正	108	DOUBLE
43430	WORKAREA_HMIT_MINUS	工作区域限制负	-108	DOUBLE
43500	FIXED_STOP_SWITCH	选择移动到固定停止	0	BYTE
43510	FIXED_STOP_TORGUE	固定停止夹紧转矩	5.0	DOUBLE
43520	FIXED_STOP_WINDOW	固定停止监视窗口	1.0	DOUBLE
43700	OSCILL_REVERSE_POS1	摆动反转点1	0.0	DOUBLE
43710	OSCILL_REVERSE_POS2	摆动反转点2	0.0	DOUBLE
43720	OSCILL_DWELL_TIME1	摆动反转点保持时间1	0.0	DOUBLE
43730	OSCILL_DWELL_TIME2	摆动反转点保持时间2	0.0	DOUBLE
43740	OSCILL_VELO	摆动轴进给速度	0.0	DOUBLE
43760	OSCILL_END_POS	摆动结束位置	0.0	DOUBLE
43770	OSCILL_CTRL_MASK	摆动顺序控制	0	DWORD
43780	OSCILL_IS_ACTIVE	摆动动作有效	0	BOOLEAN
43900	TEMP_COMP_ABS_VALUE	与位置无关的温度补偿值	0.0	DOUBLE
43910	TEMP_COMP_SLOPE	与位置相关的温度补偿系数	0.0	DOUBLE
43920	TEMP_COMP_REF_POSITION	与位置相关的温度补偿的参考位置	0.0	DOUBLE

（1）有关手动操作方式下进给轴/主轴数据，如进给轴/主轴点动速度。

（2）空运转进给速度及方式。

（3）可编程工作区域限制。

（4）可编程主轴速度限制。

（5）有关轴的摆动数据。

（6）与温度补偿有关的数据。

第三节 驱动系统数据设置

810D/840D系统为全数字式控制系统，不存在像模拟控制系统那样需要多个电位器调整某些控制参数，仅需要修改相应的机床数据即可。因此，驱动系统的设置与调整的重点，就是通过对驱动数据的设置，达到优化驱动系统的目的。驱动系统需要调整的数据是它的闭环控制数据，这些数据中彼此之间相互关联的也较多，一般情况下不能随意改动，因为不良的数据设置将会影响控制性能，降低系统的动态响应。在定义了电动机的型号及驱动模块后，与之相关的数据自动装入，系统会根据这些数据自动计算出其他的匹配数据。但是，有一些控制数据系统并不能自动设置，需要根据机床的特点进行设置与优化处理。

一、驱动系统闭环控制

611D 驱动模块的核心是驱动系统的数字闭环控制单元，闭环控制回路包括电流环、速度环和位置环，如图 13—1 所示。位置环是整个驱动系统的重要控制回路，是驱动闭环控制回路的外环，其次为速度环，电流环在速度环的内部。位置环包括位置调节器、速度调节器、电流调节器、交流驱动器及前馈补偿器，采用的反馈测量元件是光栅尺或脉冲编码器。位置环控制坐标轴进给或主轴旋转，使坐标轴的直线位移、主轴的角位移或转速跟随指令变化。前馈补偿器的作用是减小位置跟随误差，使跟随误差有效降低甚至为零。

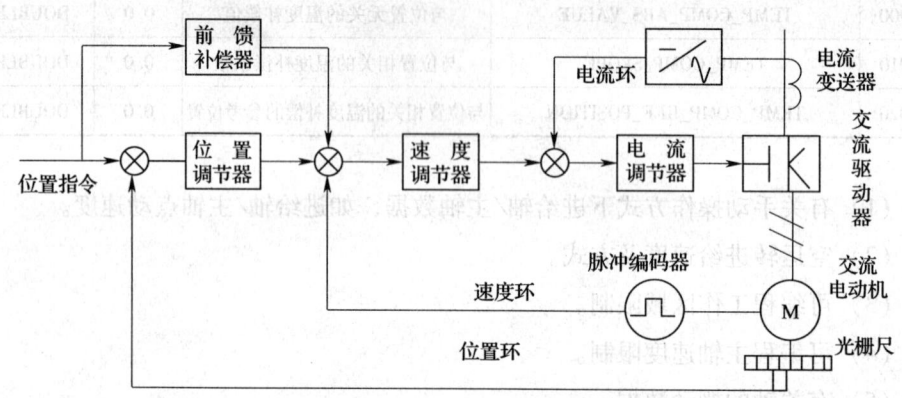

图 13—1　611D 驱动系统的闭环控制模块

速度环的重要环节是速度调节器，它控制交流电机的转动速度，以达到指令速度要求。速度调节器的输入来自位置调节器的控制信号，它的输出作为电流调节器的输入，通常采用脉冲编码器作为速度环的反馈元件。速度调节器多采用比例—积分调节器，即 PI 调节器，能够获得满意的静态和动态调速特性，也能合理地解决速度调节环节中系统的稳定性与精度之间的矛盾。

电流环的主要作用是把输入到电流调节器的电流信号转化为交流电动机的输

出功率，达到控制进给轴和主轴的目的。引入电流反馈环节可以改善交流驱动器的电气特性，提高驱动器的动态性能，增强系统的稳定性。电流环的重要环节是电流调节器，其作用是为了减小系统在大电流下的开环放大倍数，加快电流环的响应速度，缩短系统启动时间，并减小低速轻载时电流的断续对系统稳定性的影响。

二、电流环数据设置

驱动系统的电流控制环如图 13—2 所示。电流环包括电流设定值滤波器、电流调节器及功率驱动器。电流设定值滤波器由四个低通滤波器或带阻滤波器组成，主要作用是抑制机床的振动。机床数据 MD1200 决定哪个滤波器被激活生效，机床数据 MD1201 决定该滤波器功能是低通滤波器还是带阻滤波器。MD1201 设置为 0 是低通滤波器，设置为 1 是带阻滤波器。使用低通滤波器需要设置滤波器的频宽和阻尼系数，频宽必须大于速度环的频宽。带阻滤波器具有局部特性，对某特定频率范围内的信号有滤波作用，有利于抑制机床的共振频率。带阻滤波器需要设置中心频率、频宽和陷波深度。表 13—16 给出了各电流设定值滤波器的机床数据。

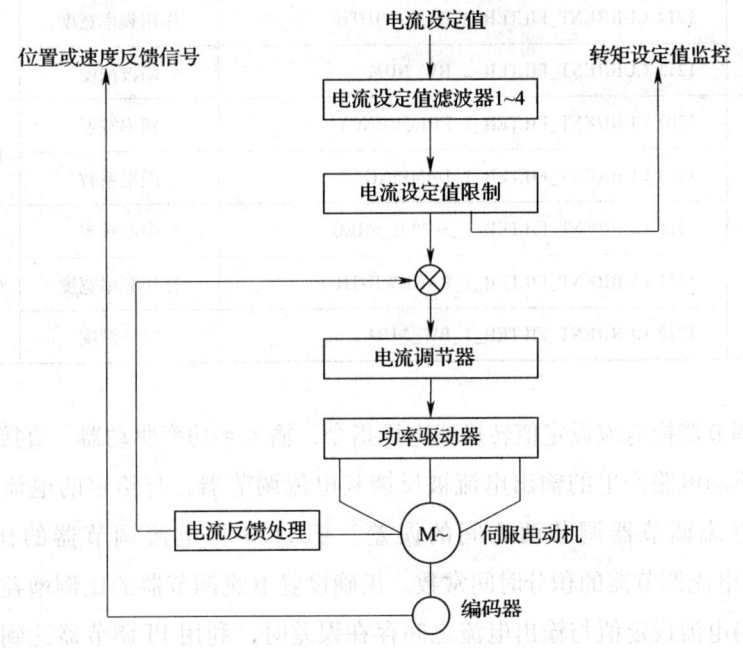

图 13—2　驱动系统的电流控制环

表 13—16　　电流设定值滤波器的机床数据

组别	机床数据	意义	类型
滤波器 4	1208 CURRENT_FILTER_4_FREQUENCY	频率宽度	低通滤波器
	1209 CURRENT_FILTER_4_DAMPING	阻尼系数	
	1219 CURRENT_FILTER_4_SUPPR_FREQ	中心频率	带阻滤波器
	1220 CURRENT_FILTER_4_BANDWIDTH	作用频率宽度	
	1221 CURRENT_FILTER_4_BW_NUM	陷波深度	
滤波器 3	1206 CURRENT_FILTER_3_FREQUENCY	频率宽度	低通滤波器
	1207 CURRENT_FILTER_3_DAMPING	阻尼系数	
	1216 CURRENT_FILTER_3_SUPPR_FREQ	中心频率	带阻滤波器
	1217 CURRENT_FILTER_3_BANDWIDTH	作用频率宽度	
	1218 CURRENT_FILTER_3_BW_NUM	陷波深度	
滤波器 2	1204 CURRENT_FILTER_2_FREQUENCY	频率宽度	低通滤波器
	1205 CURRENT_FILTER_2_DAMPING	阻尼系数	
	1213 CURRENT_FILTER_2_SUPPR_FREQ	中心频率	带阻滤波器
	1214 CURRENT_FILTER_2_BANDWIDTH	作用频率宽度	
	1215 CURRENT_FILTER_2_BW_NUM	陷波深度	
滤波器 1	1202 CURRENT_FILTER_1_FREQUENCY	频率宽度	低通滤波器
	1203 CURRENT_FILTER_1_DAMPING	阻尼系数	
	1210 CURRENT_FILTER_1_SUPPR_FREQ	中心频率	带阻滤波器
	1211 CURRENT_FILTER_1_BANDWIDTH	作用频率宽度	
	1212 CURRENT_FILTER_1_BW_NUM	陷波深度	

电流调节器把电流设定值转换成电压指令，输入到功率驱动器，直接驱动电动机工作。驱动电路产生的输出电流被反馈到电流调节器，与给定的电流指令做比较，并由电流调节器调节两者间的误差。MD1120 为电流调节器的比例增益，MD1121 为电流调节器的积分时间常数。正确设置电流调节器的比例增益和积分时间常数，当电流设定值与输出电流之间存在误差时，利用 PI 调节器达到消除误差的目的。若把电流调节器的积分时间设置为 0，相当于关闭它的积分功能。

电流环有两个重要的时间数据，MD1000 是驱动系统电流环计算周期，以 840D

系统为例，标准计算周期为 125 μs，最快可达 62.5 μs。对于多轴控制系统，各轴的计算周期的设置必须一致。MD1101 为电流回路的计算延迟时间，所谓电流回路的计算延迟时间，是指电流环中的电流指令转换为电压指令所需的计算时间，此数据在输入驱动类型的时候，默认值会自动装入。MD1101 数据的作用包含在电流环中，其设定值必须小于电流环的整个计算周期。

三、速度环数据设置

位置调节器输入给速度环的指令速度与反馈的实际速度比较，可以求出速度误差。速度控制环的主要目的，是利用速度误差信号求出转矩信号和电流信号，控制伺服电动机运动，最终消除速度误差。速度环包括速度设定值滤波器、速度调节器、转矩调节器及转矩—电流转换器等。速度环的主要环节是速度调节器，通过速度调节器把速度指令信号转换为转矩信号，再通过转矩—电流转换器转换为电流指令信号，进入电流环。速度环包含有多个环节，如图 13—3 所示。

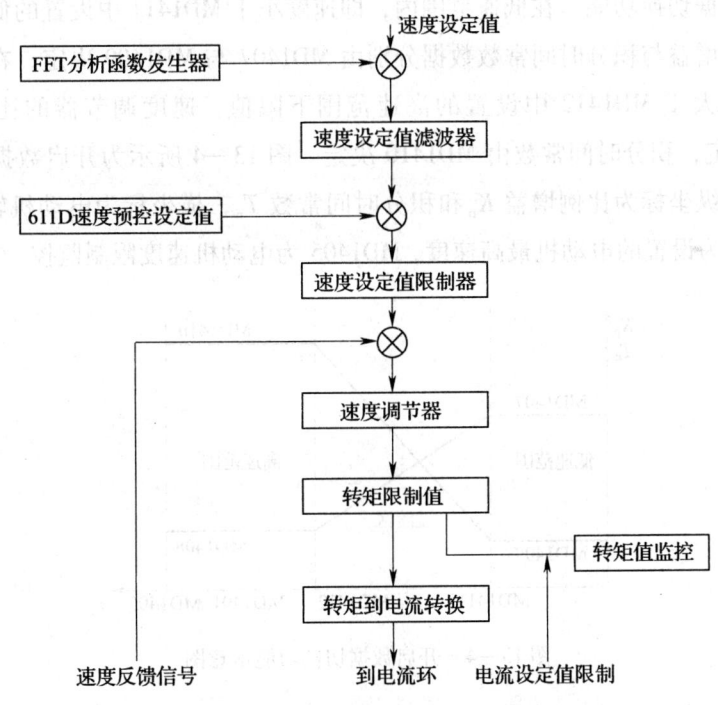

图 13—3 驱动系统的速度控制环

速度设定值滤波器和速度设定值限制器的作用，是对来自位置调节器的速度指令进行预处理。速度设定值滤波器是一阶低通滤波器，主要目的是平滑速度指令，去掉干扰噪声。由于速度反馈中有干扰信号，或者由微分造成速度指令的不连续，都需要速度设定值滤波器将速度指令平滑。滤波器输出的速度指令经由速度设定值限制器处理，最终可得到速度环的速度指令。

速度调节器是 PI 调节器，必须为它设置合适的比例增益与积分时间常数，以便调节速度指令与实际速度输出之间的误差。在确定驱动系统的硬件后，相关数据的默认值或系统计算值自动装入，但是这些值是在无负载的情况下得出的。由于机床在实际工作过程中，驱动系统会与负载连接，速度调节器的相关数据的设定，也就必须根据实际情况进行优化，以便使伺服系统达到最佳控制效果。在机床数据 MD1407 中设置比例增益，在机床数据 MD1409 中设置积分时间常数。

机床数据 MD1413 主要决定是否开启速度调节器的数据切换功能。所谓数据切换功能，是指速度调节器的数据，可以随着不同的速度范围自动选择不同的控制数据。由于驱动系统在不同的速度范围内有不同的特性，建议开启数据切换功能。MD1413 设置为 0，代表关闭数据切换功能，则不管速度在哪个范围内，速度调节器的比例增益和积分时间常数分别由 MD1407 和 MD1409 决定。MD1413 设置为 1，代表开启数据切换功能，在低速范围内，即速度小于 MD1411 中设置的低速范围上限值，比例增益与积分时间常数数据分别由 MD1407 与 MD1409 决定；在高速范围内，即速度大于 MD1412 中设置的高速范围下限值，速度调节器的比例增益由 MD1408 决定，积分时间常数由 MD1410 决定。图 13—4 所示为开启数据切换功能的示意图，纵坐标为比例增益 K_p 和积分时间常数 T_n，横坐标为电动机转速 n。图中 MD1401 为设置的电动机最高速度，MD1405 为电动机速度限制监控。

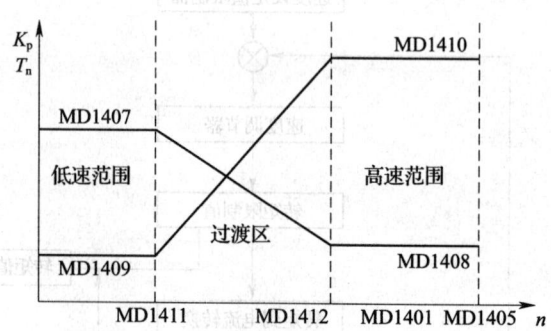

图 13—4 开启数据切换功能示意图

在低速 MD1411 与高速 MD1412 之间存在一个过渡区，它的比例增益 K_p 与积分时间常数 T_n 则由低速范围的设定值 MD1407 和 MD1409 与高速范围的设定值 MD1408 和 MD1410，利用线性内插的方式求得。常用速度环控制数据见表 13—17。

表 13—17　　　　　　　　　常用速度环控制数据

组别	机床数据	意义
自适应数据	1413 SPEEDCTRL_ADAPT_ENABLE	选择自适应的速度调节器
	1411 SPEEDCTRL_ADAPT_SPEED_1	适应速度1，低速上限
	1412 SPEEDCTRL_ADAPT_SPEED_2	适应速度2，高速下限
速度设定值滤波器	1500 NUM_SPEED_FILTERS	速度设定值滤波器
	1502 SPEED_FILTERS_1_TIME	速度设定值滤波器1的时间常数
	1503 SPEED_FILTERS_2_TIME	速度设定值滤波器2的时间常数
速度设定值限制	1405 MOTOR_SPEED_LIMIT	电动机速度限制监控
	1420 MOTOR_MAX_SPEED_SETUP	设置的最大速度
速度调节器的积分时间常数	1409 SPEEDCTRL_INTEGRATOR_TIME_1	速度调节器积分时间常数1
	1410 SPEEDCTRL_INTEGRATOR_TIME_2	速度调节器积分时间常数2
速度调节器的比例增益	1407 SPEEDCTRL_GAIN_1 [n]	速度调节器比例增益常数1
	1408 SPEEDCTRL_GAIN_2 [n]	速度调节器比例增益常数2
积分反馈	1421 SPEEDCTRL_INTEGRATOR_FEEDBK [n]	时间常数积分反馈
转矩设定值限制	1725 MAXIMAL_TORQUE_FROM_NC	最大转矩设定
	1230 TORQUE_LIMIT_1	转矩限制1
	1233 TORQUE_LIMIT_GENERATOR	重新产生限制转矩
	1235 POWER_LIMIT_1	功率限制1
	1237 POWER_LIMIT_GENERATOR	重新产生功率限制
	1145 STAL_TORQUT_REDUCTION（MSD）	停止转矩降低系数
	1239 TORQUE_LIMIT_FOR_SETUP	设置时的转矩限制

四、位置环数据设置

位置环内包含速度环和电流环，在速度环和电流环设置完成后，位置环的设置变得相对简单，只需完成位置调节器的设置即可。位置调节器是一个比例调节器，虽然只有伺服增益因子 MD32200 一个数据，但它的作用不容忽视，与系统的控制性能直接相关，主要影响系统的跟随误差。在进给速度一定时，跟随误差与伺服增益因子成反比，应尽可能使用较大的伺服增益因子，但是，太大的伺服增益因子又会导致系统的不稳定或造成系统超调。要达到提高增益的目的，除了速度环与电流环的动态响应要快外，结构的刚度、共振的消除、位置环的周期时间都有影响。为了减小位置环的控制误差，可以利用系统提供的各种补偿功能。

第四节 驱动系统数据优化

一、驱动系统动态特性

数控机床是典型的机电一体化设备,力学性能和电气性能相互影响。驱动系统直接驱动进给电动机,由进给电动机带动滚珠丝杠,把进给电动机的旋转运动转化为直线运动。在理想状态下,传动链上的所有机械部件都是刚性的,不存在传动误差,使得进给电动机的位置和速度的变化与工作台的实际位置和速度的变化呈线性关系。但实际上传动链存在各种误差,如反向间隙、滚珠丝杠的弹性变形和它的螺距误差,以及工作台的弹性变形等,使得进给电动机的转动位置和速度与工作台的实际位置和速度的变化关系呈非线性,特别是当进给电动机以不同的速度运动时,加速度的频率变化,更加重了这种非线性关系,最终的结果是系统控制误差增大,零件的加工精度降低。由于加速度频率的变化,导致机床机械运动特性的改变,常称为机床的动态响应。每台数控机床都有它的固有频率,且并不相同,就是同种型号的数控机床,虽然结构和材料相同,由于制造工艺的不同也有差异,这些就反映了驱动系统存在着不同的动态特性。了解和掌握数控机床的动态特性,有利于对它的动态特性进行优化,使驱动系统达到尽可能高的动态响应。提高驱动系统的动态特性,维修调试人员所能做的工作,就是通过调整驱动系统数据,达到与机械传动系统之间的最佳匹配。

由于位置控制环数据较少,只有一个伺服增益因子需要调整,因而驱动系统的优化主要针对速度控制环中的速度调节器和电流控制环中的电流调节器,寻找调节器的最佳比例增益和积分时间常数,改善它的动态性能。在对驱动系统进行优化时,一般先进行速度控制环的优化,再进行电流控制环的优化,最后还要进行位置环的数据优化。可以利用西门子公司提供的自动优化工具软件,也可以凭借经验人工进行优化,最好的方法是两者结合。810D/840D 系统具有自动优化功能,由驱动系统在负载状态下自动测试和分析调节器的频率特性,确定调节器的比例增益和积分时间常数。如果自动优化的结果不够理想,达不到机床最佳控制效果,就需要进行手工优化过程。由于有了自动优化的基础,手工优化能够更准确地确定调节器的比例增益和积分时间常数。最后还要根据测量的结果设定各种滤波器控制数据,以消除驱动系统的共振点。

二、速度控制环优化

速度控制环的优化主要是速度调节器的优化。速度调节器主要优化比例增益与积分时间常数两个数据，先确定比例增益，再优化积分时间常数。如果把速度调节器的积分时间常数（MD1409）调整到 500 ms，积分环节实际上处于无效状态，这时 PI 速度调节器转化为 P 调节器。为了确定比例增益的初值，可从一个较小的值开始，逐渐增大比例增益，直到机床发生共振，可听到伺服电动机发出啸叫声，将这时的比例增益乘以 0.5，作为首次测量的初值。

驱动系统速度调节器的优化过程可以利用傅里叶分析，以波特图的形式将幅频特性和相频特性显示出来，其目的就是通过优化得到的数据，使驱动系统的频率特性的幅值在 0 dB 处保持尽可能宽的范围。图 13—5 所示为一个速度调节器频率特性的傅里叶分析例子，该速度调节器没有连接到机床系统。由图中可以看出，在低频区域，幅值保持在 0 dB，相位角为 0°；随着频率的提高，相位角向着 -180°方向移动；当相位角超过 -180°后，波特图中的曲线突变，曲线在 -180°~ +180°之间波动，系统出现不稳定。

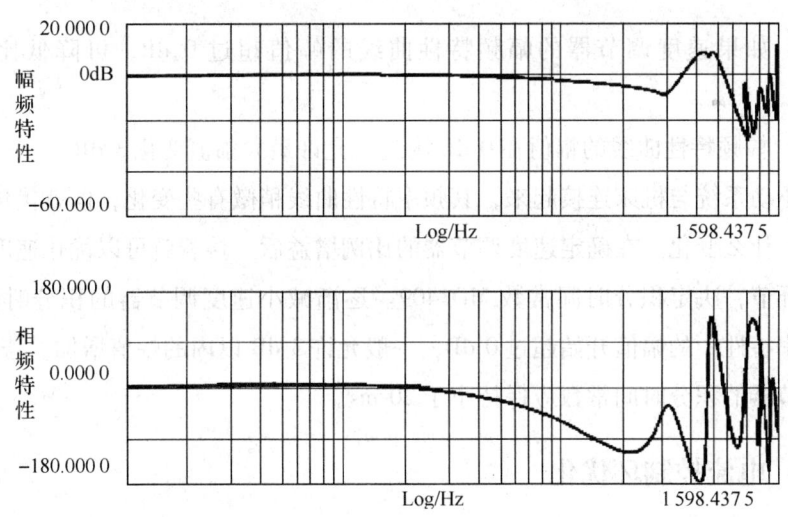

图 13—5 速度调节器频率特性的傅里叶分析

根据傅里叶曲线可以快速优化速度调节器的比例增益，增大或减小比例增益，幅频和相频对数曲线都将发生变化。在改变比例增益时，观察调节器的幅频特性曲线的变化趋势，使曲线的幅值在 0 dB 位置达到最宽的频率范围，优化调整方法如下。

(1) 如果速度调节器的幅频特性曲线的幅值不超过 0 dB, 可提高比例增益 MD1407, 频宽也增加, 响应特性得到改善, 如图 13—6 所示。当比例增益增大到一定数值后, 幅频特性曲线中的幅值会极度变化, 频宽变窄, 系统的动态特性降低。

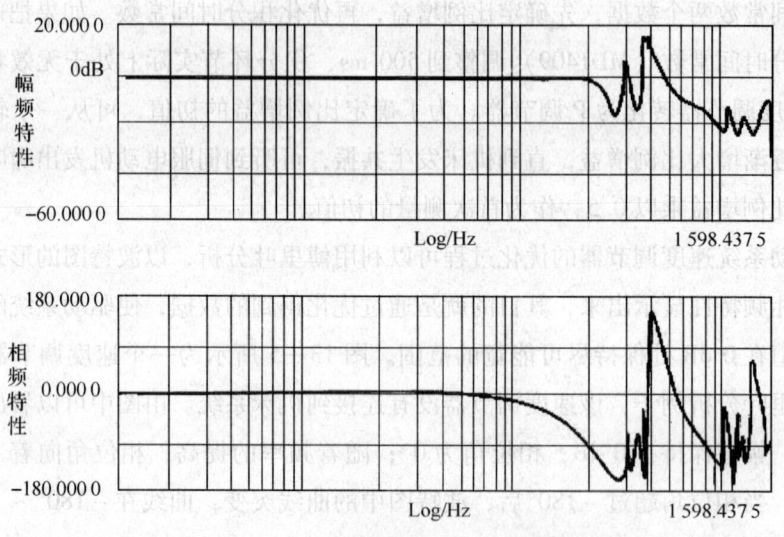

图 13—6　速度调节器增益增大后的频率特性

(2) 如果速度调节器的幅频特性曲线的幅值超过 0 dB, 可降低比例增益 MD1407。

(3) 幅频特性曲线的幅值在 0 dB 附近, 允许最大幅值变化 3 dB。

把驱动系统与机床连接起来, 其频率特性曲线稍微有些变化, 但就优化过程而言, 没有什么变化。在确定速度调节器的比例增益后, 接着就可以优化速度调节器的积分环节, 决定积分时间常数 MD1409。逐渐减小速度调节器的积分时间常数, 直到频率特性中的幅值开始超过 0 dB, 一般允许 3 dB 以内的幅值增加。若有可能, 速度调节器的积分时间常数应保持小于 20 ms。

三、电流控制环优化

电流调节器的优化基本与速度调节器相同, 优化调节器比例增益和积分时间常数的最终目标, 也是使它的频率特性的幅值在 0 dB 处保持尽可能宽的范围, 可以参照速度调节器的优化方法, 优化电流调节器。电流控制环优化的另一个重要内容, 就是寻找各个电流滤波器的频率设定值。电流滤波器由带阻滤波器和低通滤波器组成, 用来衰减速度调节器中的共振频率, 即用来衰减超出运行范围的共振点。

带阻滤波器用于消除电流调节器在某一固定频率点，幅频特性曲线中幅值超出 0 dB 线的尖波，因为这种尖波可能导致驱动链中出现明显的啸叫噪声。带阻滤波器的幅频及相频特性曲线如图 13—7 所示，中心频率为 1 kHz，频宽为 500 Hz，陷波深度为 −57 dB。这里的频宽是指幅频特性曲线在中心频率两边下降 3 dB 时的频率宽度。

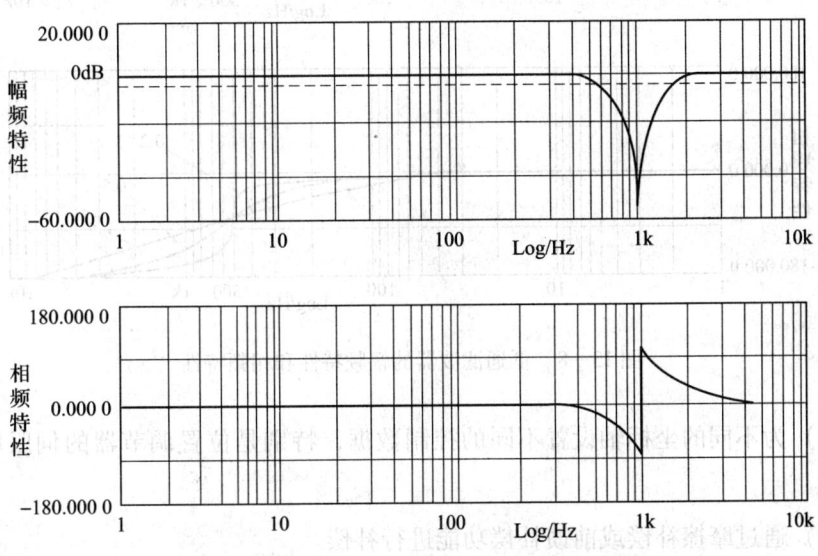

图 13—7　带阻滤波器的幅频特性和相频特性

如果尖波出现时的频率点并不固定，而是随着不同的条件漂移，最好的解决方法是使用低通滤波器，滤掉可能产生尖波的频率。低通滤波器的幅频及相频特性曲线如图 13—8 所示，图中给出了阻尼系数为 0.2、0.5、1 时的三条滤波曲线，频宽为 500 Hz。

四、位置控制环优化

由于数控机床各个坐标轴具有不同的机械特性和不同的跟随特性，各个坐标轴就会有不同的跟随误差，其结果导致联动坐标轴合成的轨迹发生畸变。例如，数控车床在加工圆球时，由于 X 轴与 Z 轴的跟随误差不同，使得合成的轨迹本应是圆，实际结果变成了椭圆。减小跟随误差可以从以下几方面考虑。

（1）尽可能减小各坐标轴之间机械特性的差异，使其有基本相同的动态响应。

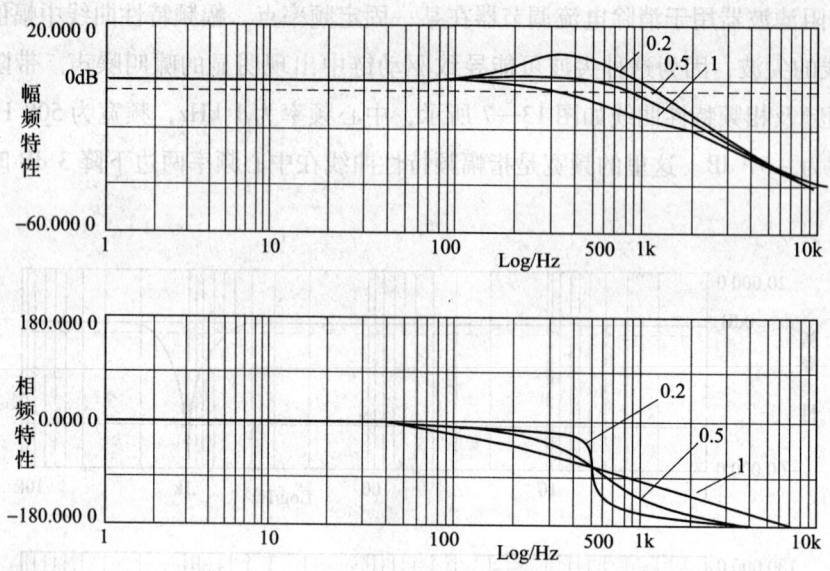

图 13—8 低通滤波器的幅频特性和相频特性

（2）为不同的坐标轴设置不同的控制数据，特别是位置调节器的伺服增益因子。

（3）通过摩擦补偿或前馈补偿功能进行补偿。

位置控制环的优化主要是位置调节器的优化。位置调节器的优化仅对控制数据设置而言，影响位置调节器的主要控制数据是其伺服增益因子，因为系统的跟随误差与该因子有着密切关系。调整位置调节器伺服增益因子的前提条件是速度调节器有较高的比例增益，因此速度调节器的优化是位置调节器特性调整的基础。如果不首先对速度调节器进行优化，而直接对位置调节器特性进行调整，就不可能达到较好的调整效果。

调整伺服增益因子的目标是使系统跟随误差达到最小。增大位置调节器的伺服增益因子可以减小系统的跟随误差，但是伺服增益因子不能调得太大，否则会导致系统的超调，甚至出现振荡现象。跟随误差不仅与伺服增益因子有关，还与进给速度有关，在伺服增益因子相同的情况下，进给速度越快，位置跟随误差就越大，这就要求在一定速度范围内优化伺服增益因子。如果速度调节器的特性较软，即便增大位置调节器的增益，实际的跟随误差也不会有明显的降低。一般情况下，为了获得较高的轮廓加工精度，应尽可能增大位置调节器的伺服增益因子。位置调节器伺服增益因子在机床数据 MD32200 中设置。

优化位置调节器最简便的方法是观察它的跟随特性,当伺服增益因子改变时,除在操作面板上可以看到跟随误差的变化外,还可以采用测量仪器,测量出系统的速度响应曲线(见图 13—9),从中判断伺服增益因子是否达到最佳。其中,图 13—9a 所示是设置的伺服增益因子过大,出现了超调和振荡;图 13—9b 所示是设置的伺服增益因子太小,跟随性能差,跟随误差大;伺服增益因子正确设置后,其响应曲线如图 13—9c 所示。

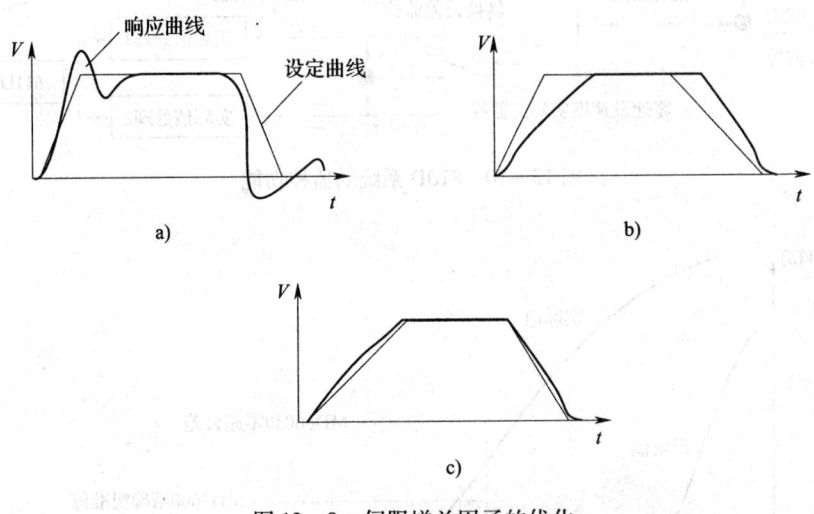

图 13—9 伺服增益因子的优化
a) 伺服增益因子太大 b) 伺服增益因子太小 c) 伺服增益因子设置正确

第五节 系统监控数据调整

810D/840D 系统提供了多种误差监控功能,以便使机床工作在最佳状态。这些监控功能包括轮廓监控、位置监控、零速监控、速度设定值监控、速度实际值监控,以及编码器监控等,图 13—10 给出了 810D 系统的监控功能,图 13—11 给出了位置、零速监控之间的相互关系,纵坐标表示速度 V 和位置 S,横坐标表示时间 T。所有这些监控都与机床数据的设置有关,当出现某种监控报警时,首先调整有关机床数据,再做进一步检查处理。监控报警的发生,将导致相应的坐标轴或主轴快速制动停止,制动的持续时间在机床数据 MD36610 中设置。如果该坐标轴或主轴的运动与其他的插补轴有关,它们也将同时停止。

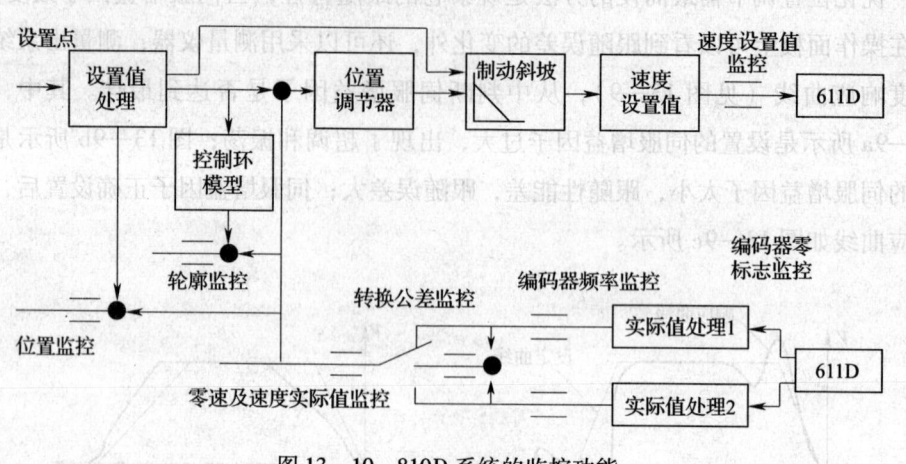

图 13—10　810D 系统的监控功能

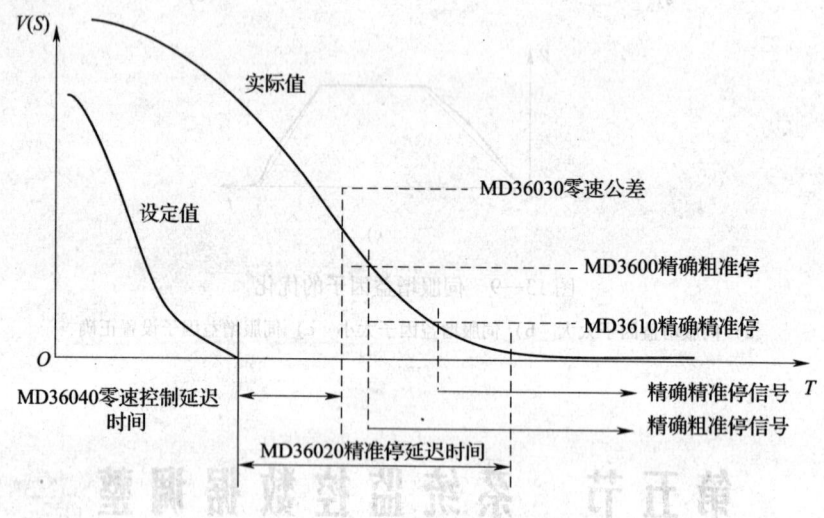

图 13—11　位置、零速监控之间的相互关系

一、轮廓监控

轮廓监控主要监控的是轮廓误差和跟随误差。轮廓误差是位置控制环的计算实际值与测量系统检测到的实际值之间的误差。为了能预计算实际值，系统使用了包括前馈控制在内的一个数学模型，利用该模型来模拟位置控制的动态响应。轮廓误差是由位置控制环的信号失真引起的，包括线性失真和非线性失真。速度和位置调节器的数据没有优化，坐标轴的伺服增益因子设置不当，轮廓改变时坐标轴的不同动态响应，都可能引起线性失真。以数控车床为例，如果两坐标轴的伺服增益因子设置相等，实际值经过延时就以相同的轮廓跟随设定值；如果两坐

标轴的伺服增益因子不相等,实际轮廓与设置轮廓之间就会产生轮廓误差。各轴调节器不同的动态响应也可能导致轮廓误差,特别是在轮廓改变时尤为明显,比如前面提到的由于两坐标轴不同的动态响应,在加工圆轨迹时,使圆轮廓变成了椭圆轮廓。

产生非线性失真的原因很多,电流设定值超过了电流控制环的极限值,速度设定值超过了速度控制环的极限值,位置控制环内、外的反向间隙,滑动导轨引起的摩擦,都有可能引起位置控制环的非线性失真,产生轮廓误差。

跟随误差是插补器输出值与机床实际测量值比较的结果,它的监控就是判断其差值是否大于规定的公差。跟随误差的监控功能在位置控制方式下生效,用于监控直线轴、旋转轴或主轴的位置控制,系统的加/减速过程和恒速过程,连续或不连续的轮廓加工过程。如果跟随误差超过了轮廓监控的公差带,将会发生报警信息。轮廓监控的公差带在机床数据 MD36400 中设置,较大的公差带设置难以响应由于负载的变化引起的速度波动,但较小的公差带又会使系统频繁报警,因此设置合理的轮廓监控公差带十分重要。

在轮廓监控中,如果系统检测出某坐标轴或主轴的跟随误差太大,超过了轮廓公差带设定值,将会发生 25050 号"轮廓监控"报警信息。解决跟随误差报警问题,可以适当增大轮廓监控的公差带,调整伺服增益因子,再次对速度调节器进行优化,检查各轴运行的平稳性,修改与轴运动有关的机床数据,如加速度、最大速度等。若在系统中加入了前馈控制,可检查速度控制前馈等效时间常数和转矩前馈等效时间常数。

二、位置监控

位置监控在运动程序段结束后生效,应用于直线轴、旋转轴和主轴的位置控制,检查某个坐标轴是否在规定的时间内到达了指定位置,如果没有到达,将会发生位置监控报警。监控的时间由系统内部定时器决定,定时时间设置在机床数据 MD36020(精准停延迟时间)中,每个程序段结束时启动定时器,当定时器溢出时,检查跟随误差是否已经下降到低于机床数据 MD36010(精确精准停)规定的范围内。

需要指出的是,坐标轴已经到达了编程的"精确精准停"位置,或者是有不为零的新设定值输出,位置监控功能则是关闭的,由零速监控取代位置监控。若坐标轴在精准停延迟时间内没有抵达"精确精准停"位置,将会发生 25080 号"位置监控"报警信息。对于数字驱动系统,产生位置监控报警的原因主要有以下两方面。

（1）位置调节器的伺服增益因子设置太小，实际值跟不上设定值的变化，引起较大的偏差。应该调整位置调节器的数据，在许可的范围内增大位置调节器的伺服增益因子，匹配动态响应时间常数 MD32910。

（2）没有调整好精确精准停位置监控窗口、精确精准停延迟时间与位置控制伺服增益因子之间的关系。

精确精准停延迟时间，也称位置监控时间，根据位置监控窗口的大小或位置控制伺服增益因子的大小来修改，以达到较好的控制效果。设置的位置监控窗口大，可把位置监控时间缩短；设置的位置监控窗口小，可相对把位置监控时间增长。如果伺服增益因子设置较小，可选择较长的位置监控时间；伺服增益因子设置较大，则必须选择较短的位置监控时间。

位置监控窗口的大小还影响着程序段的改变时间，选择的公差带越小，到达指定位置的时间就越长，说明从一个程序段转换到下一个程序段所用的时间就越长。

三、速度监控

系统的速度监控功能包括零速监控、速度设定值监控和速度实际值监控，应用于直线轴、旋转轴和主轴的位置控制。

1. 零速监控

零速监控就是系统在程序段结束或者位置控制结束时监测轴是否为零速，这里的零速并非是完全静止，是指轴的运动进入了零速公差带。一个运动的程序段结束时，在零速控制延迟时间内，监控坐标轴的跟随误差是否在设置的零速公差内，机床数据 MD36040 中规定了零速控制延迟时间，MD36030 中设置了零速公差。坐标轴到达了"精确精准停"范围内，系统自动地用零速监控取代位置监控，监测坐标轴是否超出了零速公差带。坐标轴抵达"精确精准停"位置，设置在 MD36040 中的零速控制延迟时间到时，虽然零速控制不再生效，但是，只要不执行新的轴移动命令，零速监控功能总是生效的。

在零速监控延迟时间内，坐标轴没有抵达规定的零速公差带，将会发生 25040 号"零速监控"报警。产生零速监控报警的原因主要有两方面：一是位置控制伺服增益因子设置太大，位置控制环出现振荡，需要减小伺服增益因子；二是零速监控窗口设置太小，需要增大零速监控的公差 MD36030。

2. 速度设定值监控

速度设定值监控就是检查速度调节器的输入是否超过了驱动系统的最大速度设

定值，对于模拟驱动系统，最大输入不能超过 10 V；对于数字驱动系统，最大输入不能超过电动机允许的最高转速。速度设定值是指位置调节器的输出，如果前馈控制生效，还包括前馈调节器的输出。最大速度设定值在机床数据 MD36210 中设置，系统一旦检测出速度设定值超过该数据，且速度设定值监控延迟时间到，就会产生 25060 号"设置速度限制"报警。机床数据 MD36220 设置了速度设定值监控延迟时间，该数据规定了在速度设定值监控功能响应之前，速度设定值在极限位置能保持多长时间。值得注意的是，速度设定值限制的应用可能导致位置控制环的非线性，如果某个坐标轴保持在速度设定限制点上，将会引起轮廓误差。

驱动模块或测量系统发生故障，或由于速度、加速度、伺服增益因子等数据设置不当，在轴运动的方向上遇到了障碍物（如刀具碰到了工作台），都有可能引起速度设定值监控报警。

3．速度实际值监控

速度实际值监控是监测"位置测量系统 1"或"位置测量系统 2"提供的速度实际值，是否超过了机床数据 MD36200 中设置的实际速度监控门槛值。速度实际值一旦超过了这个极限值，就会产生 25030 号"实际速度限制"报警信息。产生速度实际值监控报警，应检查速度设定值电缆（总线）及速度实际值测量反馈电路，必要时修改机床数据 MD36200，在许可范围内增大实际速度监控门槛值。

四、编码器监控

系统的编码器监控功能，主要监测编码器的工作频率和零脉冲信号。如果测量系统的频率超过了机床数据 MD36300 中设置的编码器极限频率，将会发生 21610 号"编码器超过了频率"报警，机床与控制系统之间的位置同步将会丢失，也就不可能进行正确的位置控制。坐标轴停止后，必须重新返回参考点，才能执行零件程序。零脉冲信号监控功能需要用机床数据 MD36310 激活，系统自动监测编码器的零脉冲信号。如果零脉冲信号丢失，将产生 25020 号"零标志监控"报警。零脉冲信号丢失的原因，有可能是机床数据 MD36300 设置得太高，或者是编码器电缆损坏，或者是编码器存在故障。

本章思考题

1. 810D/840D 数控系统的机床数据保护级具体是如何规定的，试简单阐述之。
2. 如何进行 810D/840D 机床数据的设置与调整操作？
3. 通用机床数据包含哪些信息？
4. 轴类机床数据包括哪些内容？
5. 轮廓控制的目的及实施途径是什么？
6. 位置监控的原因及实施途径是什么？
7. 速度监控的内容及实施途径是什么？

第十四章 数控机床加工与功能调试

第一节 自动工作方式

自动工作方式 AUTO 又称存储器运行方式，执行存储在存储器中已编辑完成，且已选中生效的零件程序。零件程序输入与编辑完成以后，零件的加工都是在自动方式下进行的，因此自动工作方式是机床重要的工作方式之一。在机床控制面板上按"自动方式"键进入自动工作方式。一般情况下，执行自动方式需满足下列条件：

（1）各个坐标轴已经完成返回参考点操作，建立了机床坐标系。

（2）已经把待执行的零件程序加载到系统中，程序名区显示的程序与程序工作窗口显示的程序一致。

（3）根据需要输入了必要的补偿值，如零点偏置或刀具补偿数据。

（4）根据程序执行的需要，使"程序控制"中对应的选项生效。

（5）当前无任何 NC、PLC 报警信息。

（6）坐标轴、主轴已经控制使能。

（7）根据需要已经启动安全锁定装置。

（8）已经完成零件和刀具的装夹。

（9）机床运行的辅助装置已经准备好，如冷却、排屑器等。

选择和启动零件程序见表 14—1。

表 14—1　　　　　　　　　自动操作说明表

操作顺序		操作键	操作说明
选择自动工作方式		→]	进入自动工作方式
显示程序		OFFSET PARAM	显示出系统中所有的程序
选择程序		← ↑ ↓ →	将光标移动到指定的程序名上
选择待加工零件程序		执行	按此键确认选择的程序，被选择的程序名显示在屏幕区"程序名"下
执行零件程序		◇	按下此键后，机床启动，开始加工零件，程序执行完后自动停止
中断程序	暂停程序	▽	用"程序中止"键暂停程序，可以用"程序启动"键使程序从中断处恢复运行
	复位程序	//	用"复位"键中断程序，程序复位。当按"程序启动"键时，程序从头执行

第二节　零件程序的编辑

零件程序的编辑包括建立一个新程序，选择一个已存在的程序，程序的标记、修改、删除、复制和粘贴等。

一、建立新的零件程序

当手工编制零件程序后,可通过机床操作面板把程序输入到数控系统中。在机床操作面板上打开程序编辑界面,输入新程序的零件名称或目录,创建一个新的零件程序文件。具体操作见表14—2。

表14—2　　　　　　　　　　　程序编辑说明表

操作顺序	操作键	操作说明
进入主菜单	OFFSET PARAM　程序	选择"程序"操作区,显示 NC 中已经存在的程序目录
建立新程序	新程序	按下此键,出现一对话窗口(见图14—1),在此输入新的程序名称。主程序扩展名.MPF 可以自动输入,而子程序扩展名.SPF 必须与文件名一起输入
输入程序名	^A_J　^W_Z	选择响应的按键输入新程序名
编辑新程序	确认	按"确认"键接受输入,生成新程序文件,现在可以对新程序进行编辑
中断编辑	中断	用中断键中断程序的编辑,并关闭窗口

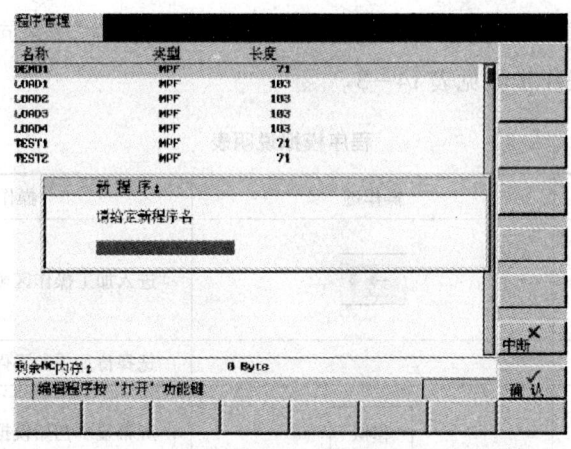

图14—1　新程序输入屏幕格式

二、零件程序的编辑

零件程序不处于执行状态时,可以进行编辑,如图 14—2 所示。在零件程序中进行的任何修改均立即被存储。

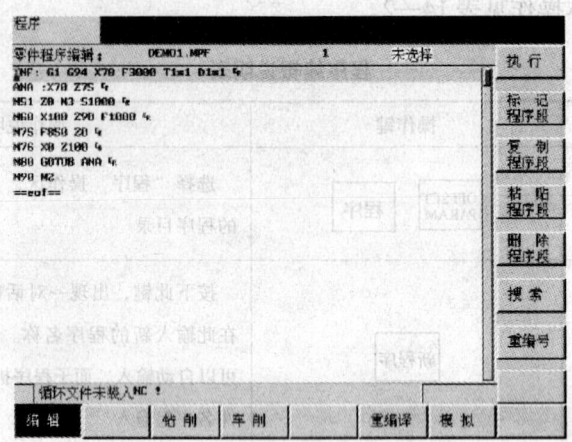

图 14—2　程序编辑器窗口

三、当前零件程序的模拟

程序模拟是指在程序执行之前,运用系统提供的模拟功能,对编制的零件程序进行模拟运行,检验零件程序的正确性,如验证程序有无错误,显示的程序轨迹是否为所希望的轨迹等。对于复杂零件的加工,由于零件程序较长,结构也复杂,复查程序难以发现错误,程序模拟更显示出它的优越性。在模拟过程中可显示刀具的运动轨迹,有无干涉发生,还能观察到零件的加工轮廓。程序模拟在自动工作方式下进行。需要注意的是,模拟的程序应当与前台待执行的程序是同一个程序,否则会有错误提示。操作步骤见表 14—3。

表 14—3　　　　　　　　　　程序模拟说明表

操作顺序	操作键	操作说明
选择自动工作方式	→	进入加工操作区域
选择零件程序		选择待加工的零件程序
选择模拟	模拟	屏幕显示初始模拟状态(见图 14—3)

续表

操作顺序	操作键	操作说明
选择程序控制		程序控制中选定"程序测试有效"。如需提高模拟速度,还可以选择"空运行"
执行	◇	开始模拟所选择的零件程序

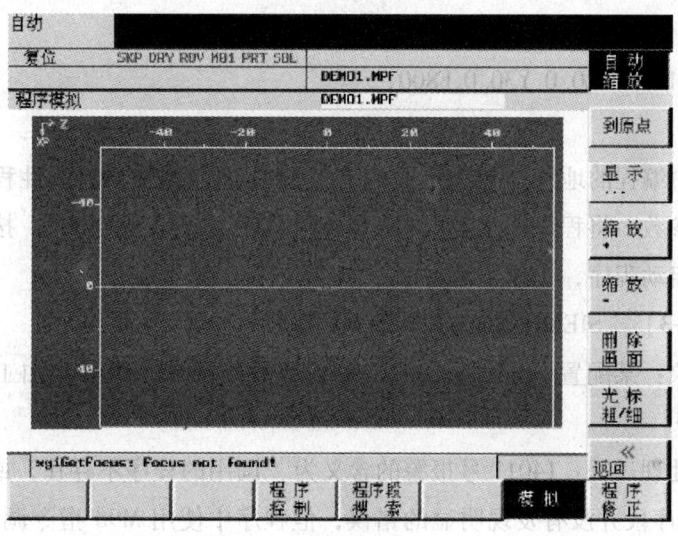

图14—3 模拟初始状态

第三节 数控机床操作与编程故障与维修实例

[例14—1] SIEMENS 802D 12110号报警。

故障现象:某配置SIEMENS 802D系统的数控铣床,执行某零件加工程序时出现12110号报警。

分析及处理过程:报警显示通道1段N50句法不能解释。切换至编辑状态,找到N50句:

N50 G2 X－50 Y－50 CR50 F100;

仔细分析 N50 句，重新计算圆弧半径与圆弧终点是否矛盾，并未发现异常。查阅操作手册，发现圆弧插补的正确格式为："G2（G3）X_Y_CR＝_F_"，将程序修改为："N50 G2 X－50 Y－50 CR＝50 F100"。按复位键消除报警，重新启动程序，工作正常。

[例 14—2]　SIEMENS 802S 12110 号报警。

故障现象：某配置 SIEMENS 802S 系统的数控铣床，执行某加工程序时出现 12110 号报警。

分析及处理过程：经检查发现该零件加工程序段中有如下程序：

……

N110 G01 I10 X20.0 Y30.0 F800;

……

程序段中编程的地址与句法定义的有效的 G 功能相矛盾。线性程序段中不可以编程插补参数，将程序修改为："N110 G01 X20.0 Y30.0 F800"。按复位键消除报警，重新启动程序，工作正常。

[例 14—3]　SIEMENS 802C 14011 号报警。

故障现象：某配置 SIEMENS 802C 系统的数控铣床，执行某加工程序时出现 14011 号报警。

分析及处理过程：14011 号报警的含义为"调用的程序不存在，或者没有供执行"。检查程序段并没有发现明显的错误，但程序中使用 M98 指令调用了子程序，程序如下：

N20 M98 P0010;

于是，检查子程序，但发现找不到该子程序。从正在运行的零件程序中（主程序或子程序）调用所要调用的程序，但是它在 NC 存储器中不存在，因此产生此报警。

消除方法：正确修改零件程序，并做以下检查：

（1）在调用的程序中检查子程序名称是否正确无误。

（2）检查被调用程序的名称是否正确无误。

（3）检查程序是否已经传送到 NC 存储器。

按复位键消除报警，修改程序，重新启动零件程序。

[例 14—4]　SIEMENS 802C 14900 号报警。

故障现象：某配置 SIEMENS 802C 系统的数控铣床，执行某零件加工程序时出现 14900 号报警显示：使用了圆心或终点编程。

分析及处理过程：在用张角编程一个圆弧时不仅编程了一个圆心点，此外还编程了圆弧终点，导致所编程的圆弧超静定而出现报警。故以下程序错误：

N50 G20 X50 Y40 I1 J−10 AR=105；

为避免此类情况的发生，应选择合适的编程变量，以便能从工件图样中方便、正确地获得尺寸。

消除方法：修改零件程序，选择合适的编程变量，删除多余的限制条件，用复位键消除报警，重新启动零件程序。

[例 14—5] FANUC"NO.078 号"报警。

故障现象：某配套 FANUC 0 系统的数控车床，执行某零件加工程序时出现 NO.078 号报警。

分析及处理过程：报警显示找不到地址 P 指定的子程序号，检查零件加工程序，有如下程序：

N20 M98 P0010；

于是，检查 M98 调用的子程序，但找不到该子程序，原来操作人员将程序号输入错误，导致程序找不到所要调用的子程序。修改所调用子程序的程序号，重新启动程序，恢复正常。

本章思考题

1. 满足执行自动方式加工的前提条件有哪些？
2. 程序在编辑状态下有哪些功能，如何操作？

第十五章
典型控制电路及故障维修

数控机床典型 PLC 控制电路,是机床功能控制的主要部分,熟悉这些典型 PLC 控制电路,对于了解数控机床的 PLC 控制过程,及时排除电气故障是十分重要的。数控机床的典型控制一般包括驱动系统使能控制、返回参考点控制、主轴控制、急停控制、机床限位控制、转塔刀架控制、刀具冷却控制、润滑控制及液压系统控制等。

第一节 驱动系统使能控制

一、驱动系统使能控制原理

数控系统在通电后,并不能立即进入程序加工状态,驱动系统也不能动作,只有满足了某些条件,驱动系统才能进入工作状态,这些条件就是驱动使能信号。数控装置上电启动过程结束,且驱动系统接到使能信号并生效后,数控机床进入准备状态,就可以对机床进行操作了。

在 810D/840D 系统中,驱动系统使能信号分为电源模块的使能信号、各轴驱动模块的使能信号及数据接口信号中为每个轴分配的使能信号。可以把这三种使能信号分为外部使能信号和内部使能信号。外部使能信号由 PLC 通过外部电路进行控制,如电源模块的使能信号和各轴驱动模块的使能信号。内部使能信号由 PLC

程序产生,对应系统数据接口 DB31.DBX2.1~DB61.DBX2.1 和 DB31.DBX21.7~DB61.DBX21.7,前者为控制使能接口,后者为脉冲使能接口。系统在通电工作时,使能信号组成了使能工作链。一般情况下,系统在通电时给出脉冲使能信号,使电源模块和驱动模块的控制回路工作,待系统启动完成后,再进行控制使能,使系统处于准备状态。电源模块的控制使能时序如图15—1所示,它的使能对与它连接的所有轴都有效。电源模块使能控制端子的不同情况,确定了驱动系统的不同状态,即自由状态、工作状态和制动状态。

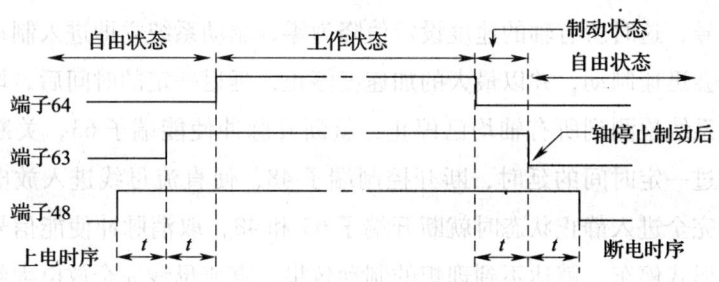

图15—1 电源模块的控制使能时序(上电时序和断电时序)

为了说明驱动使能过程,结合图15—2、图15—3 和图15—4 进行说明。图15—2 是驱动系统使能的典型 PLC 逻辑,图15—3 是外部使能控制电路,图15—4 是电源模块使能控制端子的连接方式。在系统上电过程中,无急停信号 I33.3 的情况下,Q42.6 为 1,通过继电器 KA3 接通电源模块电源控制端子 48,如图15—4 所示,直流母线开始充电。经过 T20 定时器延时后,Q41.2 输出 1,通过继电器 KA1 接通脉冲使能端子 63,使电源模块的脉冲使能生效,驱动模块的控制回路开始工作。再经过 T21 定时器延时后,Q42.3 输出 1,由继电器 KA2 自动接通控制使能端子 64,驱动模块的调节电路开始工作。控制使能接通后,驱动系统进入工作状态,可以执行轴的运动指令。定时器 T20 由电源控制信号 Q42.6 启动,定时器 T21 由脉冲使能信号 Q41.2 启动,定时时间设置应大于 50 ms。

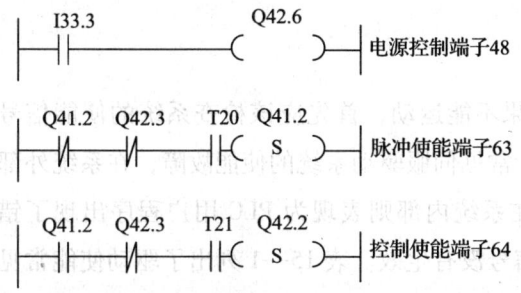

图15—2 驱动系统使能的典型 PLC 逻辑

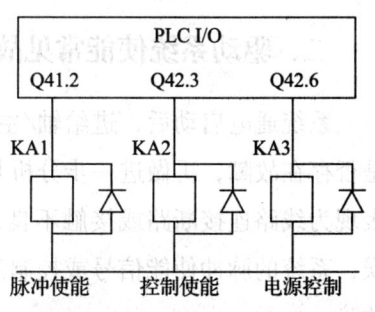

图15—3 外部使能控制电路

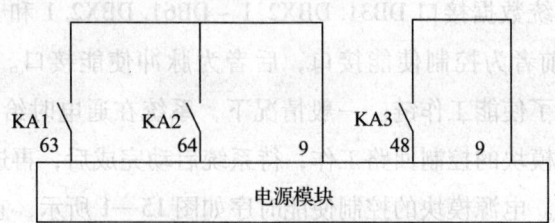

图 15—4　电源模块使能控制端子的连接方式

系统断电时，其控制逻辑与通电时序相反，首先断开控制使能端子 64，取消外部使能信号，这时所有轴的速度设定值降为零，驱动系统立即进入制动状态，主轴和进给轴会迅速制动，并以最大的加速度停止，延迟一定的时间后，取消内部控制使能。当系统检测到所有轴均已停止，就断开脉冲使能端子 63，关断脉冲控制回路，再经过一定时间的延时，断开控制端子 48，使直流母线进入放电状态。如果在轴没有完全进入静止状态时就断开端子 63 和 48，取消脉冲使能信号，轴则以自由运动的形式停车，就达不到理想的制动效果。直流母线完全放电大约需要几分钟，在安装或断开直流母线时，一定要确认直流母线是否完全放电。

驱动系统要求在直流母线放电后才能断开三相电源，否则可能造成驱动系统的硬件故障，因此在机床断电时，必须做到在切断三相电源之前至少等待 50 ms，再断开电源模块控制端子 48。可采用 PLC 的延时输出控制功能，先断开控制端子 48 和端子 9，再切断主电源。数控机床配有急停按钮或系统关闭按钮，在切断主电源前，应先操作这些按钮，使系统自动按规定的时序取消驱动使能。不要盲目地直接切断主电源，否则直流母线能量可能无法释放，从而损坏系统的硬件。

系统内部使能控制逻辑，由操作人员通过机床控制面板上的使能按钮控制。如图 15—5 所示，Q1.7 为机床控制面板上的进给启动使能键所对应的 LED 输出地址，当按进给启动使能键后，Q1.77 为 1，LED 点亮，完成进给轴和主轴内部脉冲使能和控制使能。

二、驱动系统使能常见故障

系统通电启动后，进给轴/主轴如果不能运动，首先应该检查系统的使能信号是否存在故障，再做进一步分析判断。常见伺服驱动系统的使能故障，在系统外部表现为线路连接断路或接触不良，而在系统内部则表现为 PLC 用户程序出现了错误，系统的脉冲使能信号或控制使能信号没有生效。表 15—1 列出了驱动使能常见故障。

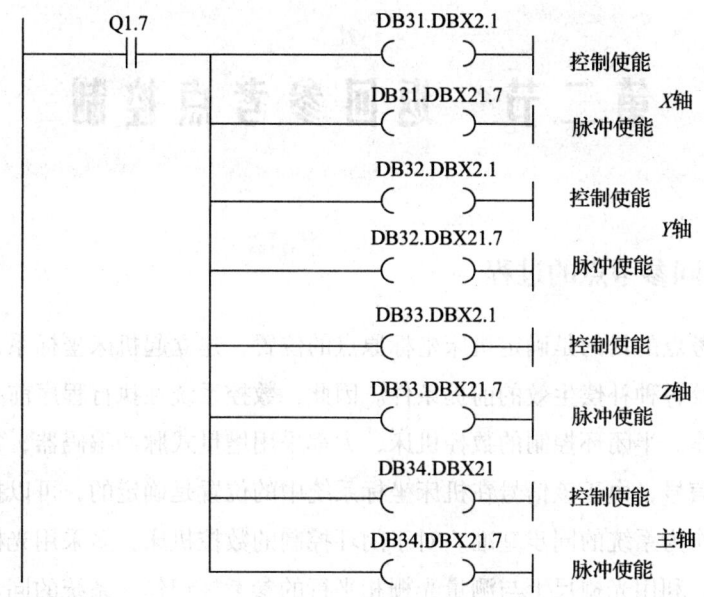

图 15—5　各轴内部使能控制逻辑

表 15—1　　　　　　　　　　驱动使能常见故障

序号	现象	原因	检查及处理
1	电源模块没准备绿色 LED 亮	电源模块没有使能信号	(1) 检查电源控制端子：48 与 9 (2) 检查脉冲使能端子：63 与 9 (3) 检查控制使能端子：64 与 9 (4) 根据检查的情况，维修使能控制电路
2	驱动模块没准备	驱动模块缺少使能信号	(1) 检查驱动模块使能端子：663 与 9 (2) 检查信号连接，维修控制电路
3	进给轴不能移动	在外部使能正常情况下，进给轴没有内部使能信号	(1) 检查进给使能 I/O 信号：I2.3 或 Q1.7 (2) 检查进给使能禁止 I/O 信号：I2.2 或 Q1.6 (3) 检查脉冲使能信号：DB31.DBX21.7 ~ DB61.DBX21.7 (4) 检查控制使能信号：DB31.DBX2.1 ~ DB61.DBX2.1 (5) 根据 PLC 程序，检查信号的逻辑条件
4	主轴没有使能	在外部使能正常情况下，主轴没有内部使能信号	(1) 检查主轴使能 I/O 信号：I2.5 或 Q2.1 (2) 检查主轴使能禁止 I/O 信号：I2.4 或 Q2.0 (3) 检查脉冲使能信号：DB31.DBX21.7 ~ DB61.DBX21.7 (4) 检查控制使能信号：DB31.DBX2.1 ~ DB61.DBX2.1 (5) 根据 PLC 程序，检查信号的逻辑条件

第二节 返回参考点控制

一、返回参考点的过程

返回参考点的目的是确定机床坐标原点的位置,建立起机床坐标系,同时也是软限位开关及各种补偿生效的前提条件。因此,数控系统在执行程序前必须进行返回参考点操作。半闭环控制的数控机床,大都采用增量式脉冲编码器,每转产生一个零点脉冲信号,由于该信号在机床坐标系统中的位置是确定的,可以把某个零点脉冲的位置作为系统的同步基准。对于闭环控制的数控机床,多采用光栅尺作为位置测量元件,利用光栅尺上与测量光栅相平行的参考标记作为系统的同步基准。

1. 增量式旋转测量系统返回参考点

增量式旋转测量系统多采用增量式脉冲编码器作为位置或速度反馈元件,为了具体确定参考点的位置,需要给每个坐标轴安装一个参考点减速挡块。数控机床在开机执行返回参考点操作时,首先要寻找参考点减速挡块,在找到参考点减速挡块后,再寻找离减速挡块最近的一个零点脉冲信号(零点标志)作为该坐标的参考点基准,由系统自动地完成返回参考点。数控系统返回参考点操作,一般分三步完成,即首先使坐标轴移动寻找参考点减速挡块,再寻找与其同步的零点脉冲信号,最后运动到参考点,图 15—6 所示为增量式编码器返回参考点过程。

在机床控制面板上选择返回参考点功能,当按下轴移动键启动后,如果坐标轴位于减速挡块的前面,坐标轴自动地按机床数据 MD34020 设定的返回参考点速度,向机床数据 MD34010 设定方向移动,通常为坐标轴的正方向,寻找参考点减速挡块。如果坐标轴位于减速挡块之上,将不需要执行寻找参考点减速挡块的过程。当找到参考点减速挡块后,坐标轴在减速信号控制下减速,并移动一小段距离后停止,这段距离与设置的返回参考点速度和最大加速度有关。参考点减速挡块的长度,一定要确保大于坐标轴减速移动的这段距离,否则坐标轴减速停止点就可能不在减速挡块上,发生 20001 号报警,即没有参考点减速挡块信号。触点开关接触到减速挡块,便通过"参考点接近延迟"接口信号 DB31. DBX12.7 ~ DB61. DBX12.7 告诉系统,已经找到了参考点减速挡块,第一步工作结束。在寻找参考点减速挡块的过程中,进给倍率修调开关及进给启动/禁止使能按键有效。如果坐标轴移动的

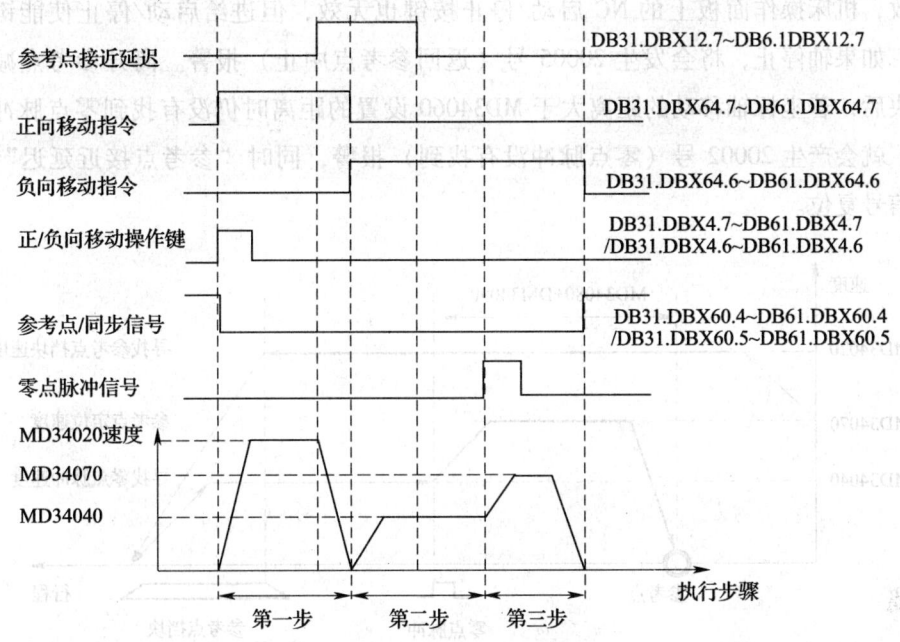

图15—6 增量式编码器返参考点过程

距离大于 MD34030 设置的距离，仍没有找到参考点减速挡块，就会产生 20000 号（参考点挡块没有找到）报警，同时"参考点接近延迟"接口信号复位。

执行完第一步而没有报警，此时坐标轴位于减速挡块之上，接着执行第二步，寻找零点脉冲信号。寻找零点脉冲信号的控制方式取决于机床数据 MD34050 的设置，MD34050 设置为 0，寻找零点脉冲信号以参考点减速挡块信号的下降沿为基准；MD34050 设置为 1，寻找零点脉冲信号以参考点减速挡块信号的上升沿为基准。如果以参考点减速挡块信号的下降沿为基准，坐标轴会从静止状态加速到机床数据 MD34040 设定寻找零点脉冲的速度，向 MD34010 规定的相反方向移动，寻找零点脉冲信号，当离开参考点减速挡块时，即参考点减速挡块信号的下降沿出现，"参考点接近延迟"接口信号复位，系统与脉冲编码器的第一个零点脉冲信号同步，如图 15—7 所示。如果以参考点减速挡块信号的上升沿为基准，坐标轴会从静止状态加速到返回参考点速度，向 MD34010 规定的相反方向移动，当离开参考点减速挡块时，"参考点接近延迟"接口信号复位，坐标轴减速停止，然后再加速到寻找零点脉冲的速度，向相反方向移动，当再次触到参考点减速挡块时，即参考点减速挡块信号的上升沿出现，"参考点接近延迟"接口信号使能，系统与脉冲编码器的第一个零点脉冲信号同步，如图 15—8 所示。无论哪种情况，只要找到了第一个零点脉冲信号，第二步结束。在寻找零点脉冲信号的过程中，进给倍率修调开关无效,机床操作面板上的 NC 启动/停止按键也无效,但进给启动/停止使能键有效,如果轴停止,将会发生 20005 号(返回参考点中止)报警。离开参考点减速挡块后,若坐标轴移动的距离大于 MD34060 设置的距离时仍没有找到零点脉冲信号,就会产生 20002 号(零点脉冲没有找到)报警,同时"参考点接近延迟"接口信号复位。

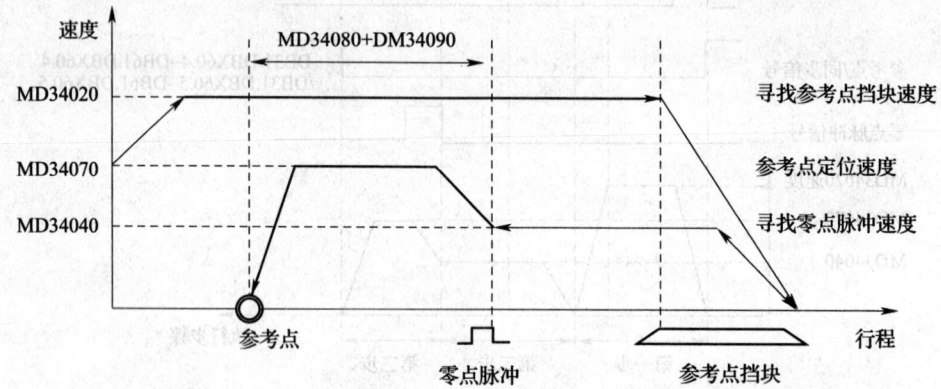

图 15—7 检测减速挡块下降沿返回参考点过程

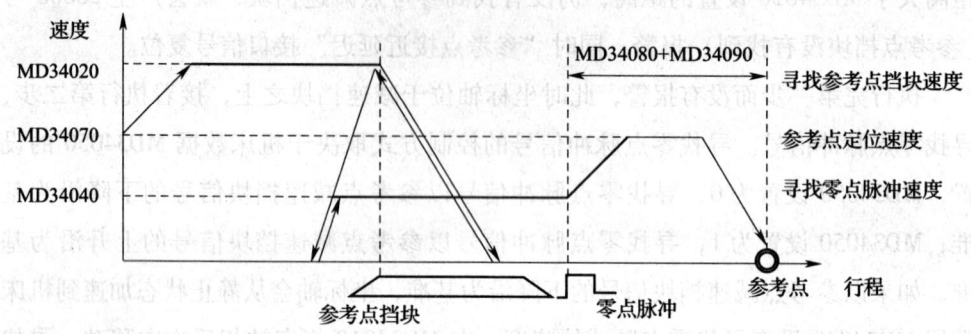

图 15—8 检测减速挡块上升沿返回参考点过程

返回参考点过程的第三步是坐标轴移动到参考点。在成功地寻找到零点脉冲信号而无报警发生后,才能执行第三步。由于在寻找到零点脉冲后,坐标轴加速到机床数据 MD34070 设定的返回参考点定位速度,移动到参考点停止。从零点脉冲上升沿到参考点的移动距离,由机床数据 MD34080 和 MD34090 决定,这段距离就是两数据之和。在坐标轴到达参考点后,通过"参考点值"接口信号 DB31.DBX2.4 ~ DB61.DBX2.4、DB31.DBX2.5 ~ DB61.DBX2.5、DB31.DBX2.6 ~ DB61.DBX2.6、DB31.DBX2.7 ~ DB61.DBX2.7 的选择,把机床数据 MD34100 中的设定值赋给参考点,此时,"参考点/同步"接口信号 DB31.DBX60.4 ~ DB61.DBX60.4、DB31.DBX60.5 ~

DB61.DBX60.5 使能，位置测量系统与控制系统同步有效，整个返回参考点过程结束，机床可以正常工作了。

在实际应用中，参考点减速挡块通常设置在轴的一端，为了设计方便，一般在靠近坐标轴硬限位挡块的位置，这时要求参考点减速挡块与硬限位挡块之间的轴向距离应该小于或等于零，如图 15—9 所示，其目的是保证任何时候机床的坐标轴都不能停留在参考点挡块和硬限位挡块之间。否则数控机床通电后，由于坐标轴的当前位置已经超过了参考点挡块，数控系统在执行返回参考点操作时，找不到参考点挡块而直接碰到硬限位挡块。如果硬限位挡块的长度不够，坐标轴就有可能冲过硬限位挡块，损坏机床的机械部件。

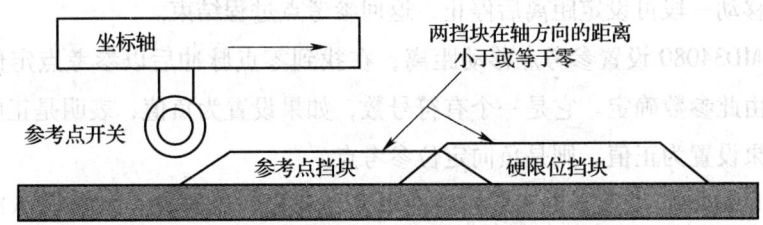

图 15—9　参考点挡块与硬限位挡块的位置关系

采用何种方法返回参考点，寻找减速挡块的速度，寻找零点脉冲的速度，接近参考点的速度，以及参考点的坐标位置都可以在机床数据里设置。下面就返参考点常用的机床数据做简要介绍。

（1）MD34010 定义了返回参考点的方向，设置为 0 时正向返回参考点，设置为 1 时负向返回参考点。由于数控机床坐标轴的正方向通常是远离工件的方向，因此返回参考点的默认设定也为正方向，这也是大部分数控机床所采用的返回参考点方向。

（2）MD34020 定义了寻找参考点减速挡块的速度。执行返回参考点操作，系统首先以此参数设定的速度寻找参考点减速挡块，当寻找到参考点减速挡块后，坐标轴迅速制动停止。设定速度值时，应考虑机床的动态特性，不要设置得过快或过慢。

（3）MD34030 定义了寻找参考点减速挡块的最大距离，这是为了监控寻找参考点减速挡块的过程。只要寻找参考点减速挡块的实际距离超过了设定值，返回参考点的过程将自动停止，并产生 20000 号（参考点挡块没有找到）报警。

（4）MD34040 定义了寻找零点脉冲信号的速度，坐标轴以此速度离开参考点减速挡块，寻找测量系统的第一个零点脉冲信号。设定的这个速度值要低于寻找参考点减速挡块的速度值。

(5) MD34050 定义了参考点减速挡块信号上升沿与下降沿的同步方向。设置为 0 检索参考点减速挡块信号的下降沿，一旦离开参考点减速挡块，接口信号 DB31. DBX12. 7 ~ DB61. DBX12. 7 复位，系统便与第一个零点脉冲信号同步。设置为 1 检索参考点减速挡块信号的上升沿，一旦抵达参考点减速挡块，接口信号 DB31. DBX12. 7 ~ DB61. DBX12. 7 使能，系统便与第一个零点脉冲信号同步。

(6) MD34060 定义了寻找零点脉冲的最大距离，它是为了监控寻找零点脉冲的过程。如果坐标轴移动量超过了这个距离，仍没有找到零点脉冲，返回参考点的过程将自动停止，并产生 20004 号（参考标记错误）报警。

(7) MD34070 定义了参考点定位速度，当系统检测到零点脉冲信号后，以此定位速度移动一段可设定距离后停止，返回参考点过程结束。

(8) MD34080 设置参考点移动距离，在找到零点脉冲后以参考点定位速度移动的距离由此参数确定。它是一个有符号数，如果设置为负值，表明是正向定位参考点；如果设置为正值，则是负向定位参考点。

(9) MD34092 设置了参考点挡块的电子偏移量。系统在寻找零点脉冲信号的过程中，由于参考点减速挡块位置设置不当，就有可能出现两种特殊情况，一种情况是参考点开关断开的位置恰是零点脉冲出现的位置，另一种情况是零点脉冲与参考点挡块正好处于临界位置。前者使数控系统可能检测到与参考点挡块相邻的这个零点脉冲信号，也可能检测不到这个脉冲信号而是检测到下一个零点脉冲信号，这将导致参考点位置误差，此误差与零点脉冲信号出现的周期有关，在数值上正好等于伺服电机转动一周所对应的距离；后者由于数控系统采样的时间间隔，可能导致参考点位置误差。解决问题的最好方法是调整参考点减速挡块的位置，使参考点开关断开的位置离开零点脉冲出现的位置。对于参考点减速挡块或参考点开关不能调整的数控机床，810D/840D 系统提供了一个参考点挡块的电子偏移设置参数，通过调整此参数避开这个临界位置。

(10) MD34100 定义了参考点位置。在坐标轴成功返回参考点后，坐标轴的位置就是参考点相对于机床坐标原点的位置。从参考点到机床原点的距离，设置在机床数据 MD34100 中。若把它设置为零，表明参考点的位置就是机床坐标原点的位置。

2. 带位移编码标记的线性测量系统返回参考点

810D/840D 系统采用的带位移编码标记的线性测量系统，是 HEIDHAIN 光栅尺，这种线性测量系统返回参考点不需要参考点减速挡块，利用光栅尺上相邻的参考标记，就能确定参考点的位置。图 15—10 所示是 HEIDHAIN 光栅尺，从第 1 个参考标记起，相邻奇数参考标记间的距离是 20 mm；从第 2 个参考标记起，相邻偶数参考标记间的距离是 20.2 mm。连续两个参考标记间的距离按一定规律变化，如参考标记 1、2 间的距离是 10.2 mm，参考标记 3、4 间的距离是 10.4 mm，依次类推，其变化量 0.2 mm 设置在机床数据 MD34310 中。系统在执行返回参考点操作时，无论是正向移动还是反向移动，只需移动量跨过两个参考标记，系统根据相邻两个参考标记之间的变化量，就可以确定机床各坐标轴的位置，完成返回参考点操作，建立起机床坐标系统。

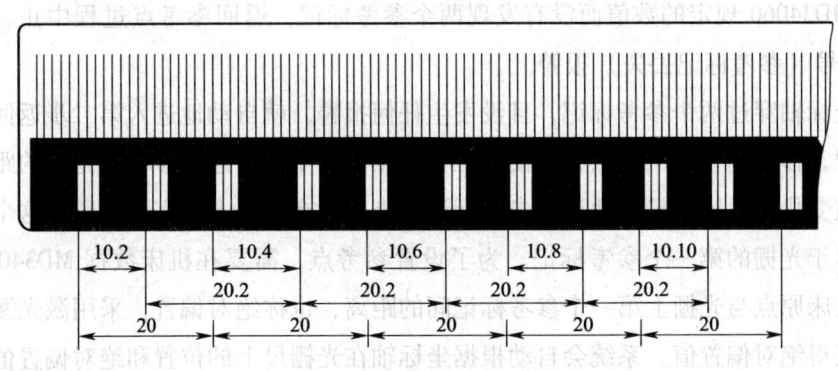

图 15—10　HEIDHAIN 光栅尺

采用光栅尺的闭环控制系统返回参考点的过程分为两步，如图 15—11 所示，第一步是寻找光栅尺上两个相邻参考标记，作为系统的同步信号；第二步是确定参考点，建立机床坐标系。

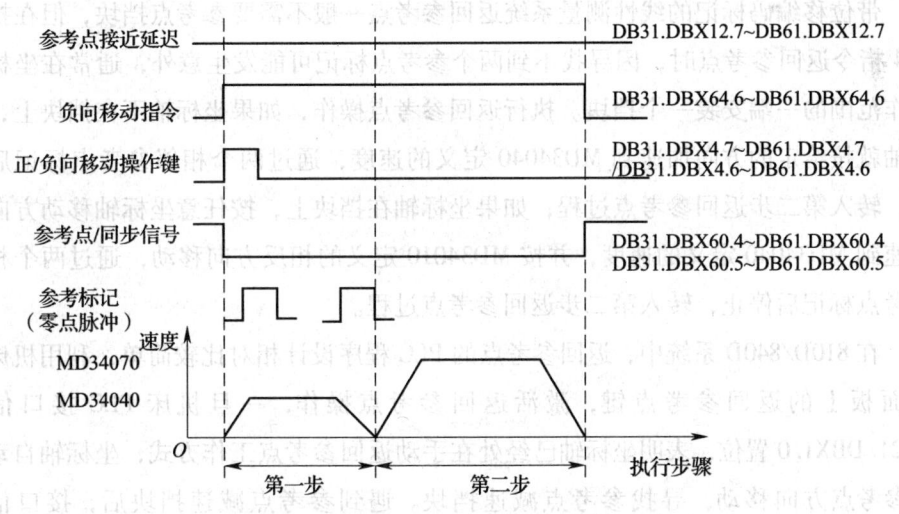

图 15—11　线性测量系统返回参考点过程

在返回参考点操作方式下，按坐标轴移动键（正向或反向），由接口信号 DB31.DBX4.7～DB61.DBX4.7/DB31.DBX4.6～DB61.DBX4.6 启动系统寻找同步参考标记，同时"参考点/同步"接口信号 DB31.DBX60.4～DB61.DBX60.4/DB31.DBX60.5～DB61.DBX60.5 被复位，通道返回参考点信号 DB21.DBX36.2 也被复位。坐标轴移动穿过两个相邻参考标记的过程中，如果移动的距离超过了机床数据 MD34300 的两倍，将会发生错误，系统会以 MD34040 规定的一半速度向相反方向继续寻找两个参考标记。如果检测到的距离仍大于机床数据 MD34300 的两倍，坐标轴将停止移动并产生 20003 号（测量系统错误）报警。坐标轴运动的距离达到了 MD34060 规定的数值而没有发现两个参考标记，返回参考点过程中止，产生 20004 号（参考标记丢失）报警。

  坐标轴穿过两个参考标记，且没发生任何报警，就自动地进入第二步返回参考点过程，移动到一个固定点，以便定位参考点。由于两个连续参考标记间的距离按一定值变化，系统能精确地识别参考标记和坐标轴在光栅上的实际位置，这个位置仅相对于光栅的第一个参考标记。为了设置参考点，需要在机床数据 MD34090 中输入机床原点与光栅上第一个参考标记间的距离，也称绝对偏置，采用激光测量的方法获得绝对偏置值。系统会自动根据坐标轴在光栅尺上的位置和绝对偏置值，确定参考点的值。如果在 MD34330 中设置的是无目标点方式，当穿过两个参考标记后坐标轴停止，同时也就确定了参考点的位置，参考点/同步信号置 1，返回参考点过程结束；如果选择了带目标点方式，坐标轴加速到 MD34070 中设定的速度，移动到 MD34100 设定的位置停止，参考点/同步信号置 1，返回参考点过程结束。

  带位移编码标记的线性测量系统返回参考点一般不需要参考点挡块，但在执行 G74 指令返回参考点时，因寻找不到两个参考点标记可能发生意外，通常在坐标轴工作范围的一端安装一个挡块。执行返回参考点操作，如果坐标轴不在挡块上，坐标轴就按给定的方向加速到 MD34040 定义的速度，通过两个相邻参考点标记后停止，转入第二步返回参考点过程；如果坐标轴在挡块上，按任意坐标轴移动方向键加速到 MD34040 定义的速度，并按 MD34010 定义的相反方向移动，通过两个相邻参考点标记后停止，转入第二步返回参考点过程。

  在 810D/840D 系统中，返回参考点的 PLC 程序设计相对比较简单，利用机床控制面板上的返回参考点键，激活返回参考点操作，一旦机床 PLC 接口信号 DB21.DBX1.0 置位，表明坐标轴已经处在手动返回参考点工作方式，坐标轴自动地向参考点方向移动，寻找参考点减速挡块。遇到参考点减速挡块后，接口信号 DB31.DBX12.7～DB61.DBX12.7 置位，向系统发出指令，自动地完成返回参考点过程。可以通过 PLC 诊断功能，检查系统返回参考点过程中各个接口信号的状态。图 15—12 所示为某数控机床采用增量式脉冲编码器返回参考点的 PLC 控制逻辑。

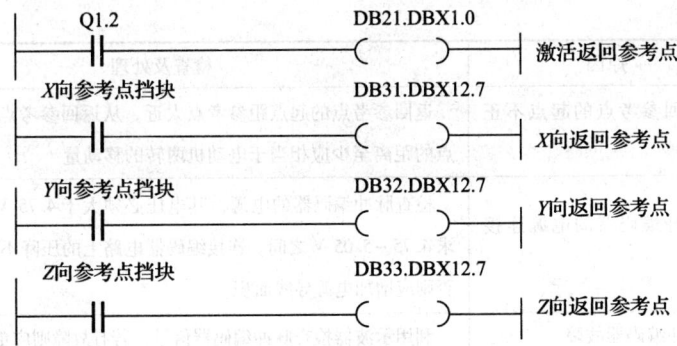

图 15—12　返回参考点的 PLC 控制逻辑

二、返回参考点常见故障

数控机床返回参考点出现故障时，针对具体情况应从以下几方面入手。
（1）检查参考点减速挡块是否松动，参考点开关是否松动或者损坏。
（2）检查反馈测量系统的测量电缆。
（3）检查脉冲编码器电源电压和输出信号。
（4）检查有关参考点机床数据的设置。
（5）检查有关参考点内部数据接口信号及 PLC 接口信号。

坐标轴不能返回参考点或找不到参考点故障的原因及处理措施见表 15—2。坐标轴返回参考点时出现误差故障的原因及采取的措施见表 15—3。

表 15—2　　不能返回参考点或找不到参考点故障的原因及处理措施

序号	原因	检查及处理
1	没有参考点减速挡块信号	（1）检查接口信号 DB31.DBX12.7 ~ DB61.DBX12.7，确认减速信号的正确输入 （2）检查减速挡块及连接电缆，并根据 PLC 程序，检查信号的逻辑条件
2	操作方式选择不正确	诊断 DB21.DBX1.0 的状态，检查操作方式是否处于返回参考点的工作状态
3	返回参考点轴的运动方向选择不正确	根据 CNC 参数 MD34010 设置的返回参考点方向，正确选择轴的运动方向，确认轴方向信号连接是否正确，根据 PLC 程序检查信号逻辑条件

续表

序号	原因	检查及处理
4	返回参考点的起点不正确	返回参考点的起点距参考点太近,从返回参考点的起点到参考点的距离至少应相当于电动机两转的移动量
5	脉冲编码器的电源连接不良	检查脉冲编码器的电源,其电压必须大于 4.75 V,电源电压要求 4.75~5.05 V 之间。连接编码器电路上的压降不能超过 0.2 V,否则应增加电源导线面积
6	脉冲编码器故障	利用示波器检查脉冲编码器信号,若有故障则应更换脉冲编码器
7	减速开关故障	检查减速开关的工作情况,维修或更换减速开关

表 15—3　　返回参考点误差故障的原因及处理措施

序号	原因	检查及处理
1	减速挡块位置发生了变化	检查减速挡块是否松动,固定减速挡块
2	减速开关位置发生了变化	检查减速开关是否松动或损坏,固定减速开关,若有故障则维修或更换
3	零点脉冲信号受到干扰	检查反馈电缆屏蔽线连接是否正确,接地是否良好,布线是否合理。采取必要的措施,减小零点脉冲信号干扰
4	脉冲编码器的电源电压过低或波动	脉冲编码器电源电压必须大于 4.75 V,即在 4.75~5.05 V 之间
5	脉冲编码器信号不良	利用示波器检查编码器信号,确认全部信号输出正常,若有故障则应更换脉冲编码器
6	电缆连接不良	检查电缆连接,确保连接可靠
7	接近参考点速度太快	检查机床数据 MD34070 的设置,减小接近参考点速度

第三节　急停控制

急停用于数控机床安全控制,是数控机床必不可少的安全保护功能。在控制电路设计上,急停按钮必须采用常闭触点连接方式,这样有利于保证急停操作的正确性。假如采用常开触点连接方式，如急停按钮与系统的连线由于某种原因断路，那么即使发生了急停事件，急停信号也不能正确地传输到系统的PLC接口，当然数控系统就不能及时对紧急情况做出处理。而采用常闭触点的连接方式，当信号断线时，急停信号有效，虽然没有发生急停操作，系统默认为发生了急停操作，立即对此进行处理，同时产生急停报警，为维修人员提供了故障信息，同时也提高了数控机床的安全性。

数控机床设置的急停按钮，有的机床不止一个，除机床控制面板外，手持单元和机床侧也安装有急停按钮。设置多个急停按钮的目的，是为了在机床出现紧急情况时快速方便地操作，使运动部件制动，并在最短的时间内停止，防止机床事故的发生。所有的急停按钮信号串联在一起，任何一个按钮按下，都将产生急停动作。

在810D/840D系统中，急停指令是通过PLC传给NC的，一旦NC接收到急停的指令，就自动中断坐标轴和主轴的运动。其他与系统有关的功能是否也被停止执行，取决于PLC控制程序的设计，如冷却液的停止、液压系统的停止等。810D/840D系统的急停控制有时序要求，按下急停按钮后，首先中断零件程序执行，然后坐标轴和主轴以MD36610规定的时间制动。如果设置较短的停止时间，将以最大的制动电流快速制动，有可能导致硬件损坏，因此要求设置合适的制动时间。当急停发生时，方式组准备信号DB11.DBX6.3复位，急停有效信号DB10.DBX106.1置位，产生3000号报警信息，经过MD36620规定的延迟时间，控制使能被取消。

图15—13所示为急停信号复位的时序关系，接口信号DB10.DBX56.1是急停信号，B10.DBX56.2是急停应答信号，DB10.DBX106.1是急停有效信号，DB21.DBX7.7是系统复位信号。急停应答信号在1位置时没有起作用，复位信号在位置2时没有起作用，只有在位置3，急停应答和复位有效时，急停信号才能被复位。

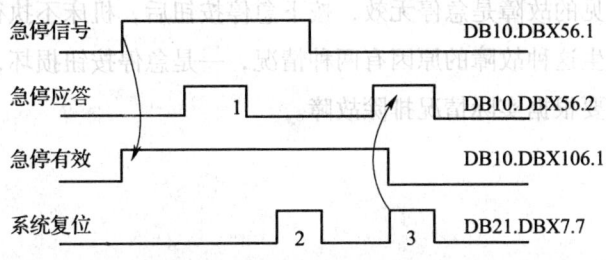

图15—13 急停信号复位的时序关系

由于数控机床控制功能的差异，机床制造商根据机床的具体要求设计急停功能。有些机床制造商要求在机床紧急停止时切断全部控制电源，如数控系统、驱动系统和其他机床控制单元的电源；也有些只需要停止驱动系统的使能和切断部分控制电源。设计数控机床急停功能时，应尽量考虑所有运动部件，使之都与急停有关，且在执行紧急停止时，这些运动部件应在最短的时间内停止。一些系统对急停顺序有要求，并不是按下急停按钮就立即切断电源，特别是不会切断主电源，否则由于运动部件缺少制动电源而可能进入自由状态，反而造成进入停止的时间延长，达不到紧急停止的效果。数控机床的直接断电不符合611D驱动系统的断电时序，还会导致驱动系统的硬件故障。

图15—14所示为数控机床的急停控制逻辑，急停按钮I33.3通过PLC向数控系统发出急停信号，经数控系统或PLC用户程序处理后，通过Q46.1控制其他运动部件按照一定的顺序停止。图中I3.7是复位信号。

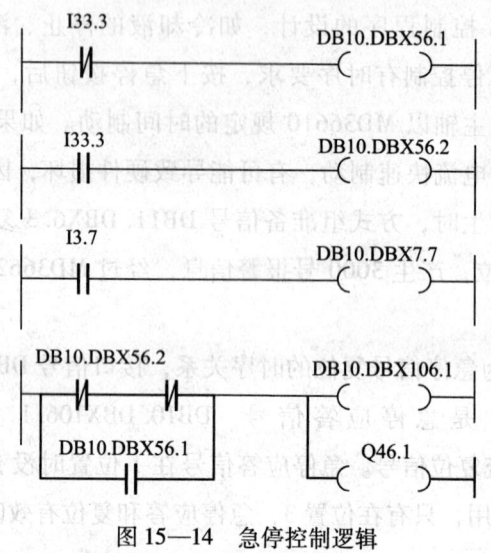

图15—14 急停控制逻辑

系统急停常见的故障是急停无效，按下急停按钮后，机床不执行急停动作，这是很危险的。产生这种故障的原因有两种情况，一是急停按钮损坏，二是急停线路有短路现象，需要根据实际情况排除故障。

第四节　机床的限位

数控机床的限位分为硬限位、软限位和工作区域限制，都属于机床的安全功能，限制进给坐标轴在规定的范围内运动，避免机械事故的发生。

一、硬限位

数控机床的硬件限位简称硬限位，通过外部硬件连接实现，是数控机床的外部安全保护措施，也是坐标轴最后的安全保护屏障。在控制电路设计上，与急停信号设计一样，采用常闭触点连接方式。硬限位是在机床坐标轴的运动由于某种原因超出了规定的范围，及时切断驱动系统的使能信号，是否与急停相关，取决于 PLC 用户程序的设计。在数控机床工作中，由于坐标轴以何种速度碰到硬限位开关是不确定的，硬限位生效后，坐标轴不能立即停止，而是在制动情况下移动一段距离，此距离的长短与坐标轴的运动速度有关，运动速度越高，制动距离越长，这就要求硬限位挡块的长度必须大于减速制动所需要的距离，否则应限制坐标轴的运动速度，或者根据设置的最大速度、最小的制动时间来设计硬限位挡块的长度。

图 15—15 所示为某数控车床的硬限位控制电路，在两坐标轴的正、负方向上安装有硬限位挡块 SQ1、SQ2、SQ3 和 SQ4，这四个硬限位信号连接到 PLC 输入接口 I33.4、I33.5、I33.6 和 I33.7，经 PLC 程序处理后控制驱动系统使能信号或急停信号。由 PLC 应用程序将信号传送到数控系统的信号接口 DB31.DBX12.1～DB61.DBX12.1/DB31.DBX12.0～DB61.DBX12.0。数控系统接收到硬限位信号后，控制坐标轴迅速制动停止，并在系统显示屏上产生 21614 号"超硬限位"报警信息。用户还可以利用接口信号，设计 PLC 报警信息，提示操作者坐标轴在哪个方向碰到了硬限位挡块。制动停止的方式在机床数据 MD36600 中设置，设置为 0 时坐标轴以给定的最大加速度减速停止，设置为 1 时坐标轴快速停止。图 15—16 所示为硬限位 PLC 控制逻辑，I5.3 为解限位信号，可在机床控制面板上操作，当坐标轴在某个方向上超限位时，按下此键使 Q42.3 输出为 1，利用外部控制电路解除硬限位急停信号，然后可手动使超限位坐标轴向相反方向移动，离开硬限位挡块后，超硬限位报警自动解除。

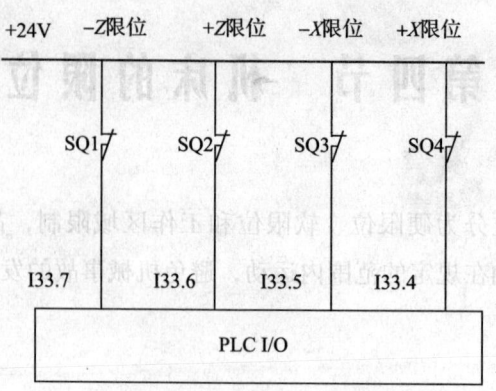

图15—15 硬限位控制电路

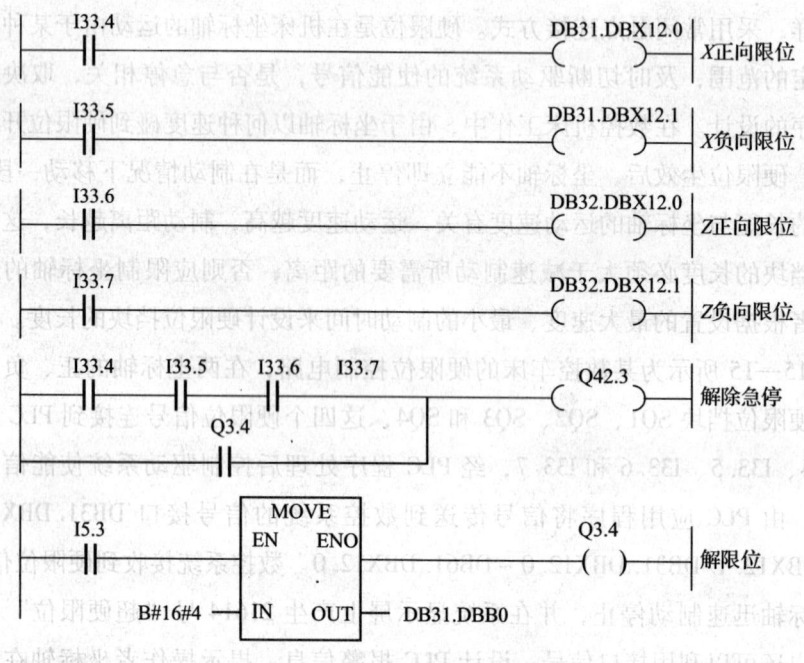

图15—16 硬限位PLC控制逻辑

二、软限位

如果说硬限位是数控系统的外部安全功能，那么软限位就是数控系统的内部安全功能。软限位是靠机床数据设定的，它的基准点就是机床坐标系的原点，在机床坐标系建立之前软限位是无效的。因此，要求机床启动后必须返回参考点，建立机床坐标系，使设置的软限位生效。一旦软限位生效，无论是手动操作还是运行加工程序，数控系统都将实时监控各个坐标轴的移动速度和位置，以便坐标轴能在设置的软限位的位置上停止。在810D/840D系统中提供了两组软限位，第一软限位在机床数据MD36100和MD36110中设置，MD36100在轴的负方向上设置软限位，而MD36110在轴的正方向上设置软限位；第二软限位需要由PLC程序激活，也就是由PLC程序控制第二软限位是否生效。第二软限位在机床坐标轴数据MD36120和MD36130中设置，MD36120在轴的负方向上设置软限位，而MD36130在轴的正方向上设置软限位。

软限位应设在硬限位之前，坐标轴的运动首先要遇到软限位，再碰到硬限位，起到双保险作用。坐标轴一旦超过软限位，手动状态下轴移动停止，自动状态下NC无法启动，同时在屏幕上显示10620、10621或10720号报警信息，提示操作者在哪个方向超过了软限位。解除软限位的方法比较简单，只需利用手动操作将超过软限位的坐标轴向相反方向移动即可。

工作区域限制也可以看做是一种"软限位"，只不过它不仅可以通过机床数据设置，或在机床操作面板上设置，而且还可以通过零件加工程序实现。机床设置数据SD43430设置工作区域最大值，SD43420设置工作区域最小值。如果用加工程序设置工作区域限制，G26设置工作区域最大值，G25设置工作区域最小值，零件加工程序执行完毕，工作区域限制也随即被撤销。如果零件加工程序超出了工作区域限制区域，程序停止执行，同时在屏幕上显示10630、10631或10730号报警信息。硬限位、软限位及工作区域限制三者之间的关系如图15—17所示。

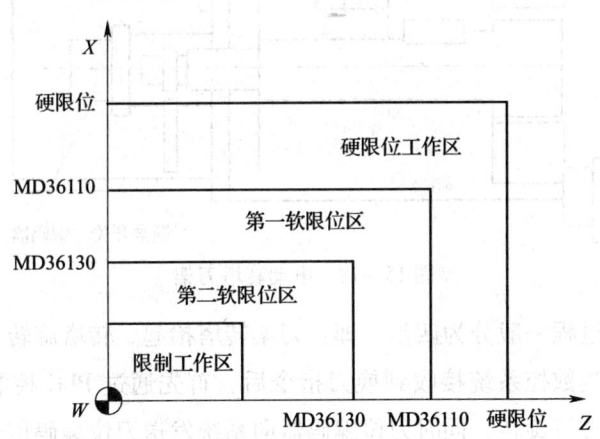

图15—17 硬限位、软限位及工作区域限制三者之间的关系

第五节 转塔刀架控制

一、转塔刀架的工作原理

转塔刀架多用于数控车床,从4工位到12工位有很多种,最常用的是6工位和8工位。按转塔刀架的控制方式分类,有电动刀架、液压刀架和伺服刀架等,电动刀架由PLC通过接触器控制普通电动机驱动换刀,液压刀架由PLC通过电磁阀控制液压马达旋转换刀,伺服刀架由伺服装置通过伺服电动机控制换刀。由于伺服刀架价格昂贵,一般数控车床大都采用的是电动刀架或液压刀架,目前数控车床采用电动刀架较多,现以电动刀架为例说明其工作过程。图15—18所示为某电动刀架的控制结构示意图,从图中可以看出,电气控制部件由电动机、制动电磁铁、预分度电磁铁、分度开关、锁紧开关、编码器和温度开关等组成。

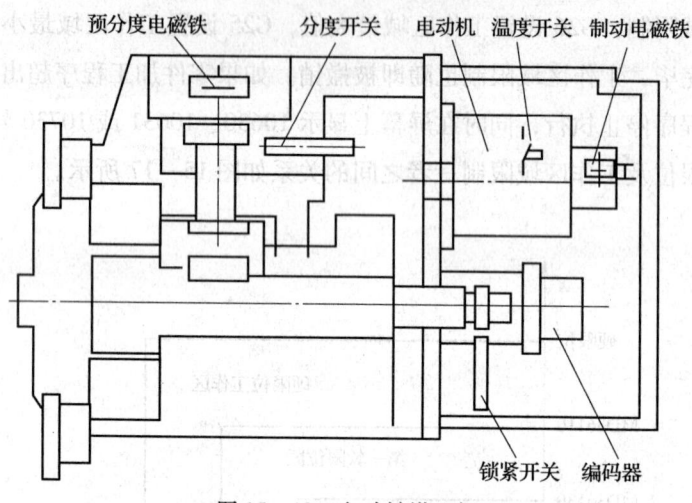

图15—18 电动转塔刀架

刀架的工作过程一般分为四步,即:刀架转塔抬起、转塔旋转、刀位号判别和转塔定位锁紧。当数控系统接收到换刀指令后,首先通过PLC控制电动机使转塔抬起,然后带动转塔旋转,同时刀位编码器向系统发送刀位编码信号,由系统进行刀位判别,当指令刀位与实际刀位相符时,转塔停止转动,执行定位动作,电动机反转锁紧转塔,换刀过程结束。

实际上转塔刀架的换刀过程要复杂得多,各部分的动作都有严格的时序关系,

图15—19所示为某电动转塔刀架换刀时序图，前一部分是从刀位1换到刀位2，后一部分是从刀位2换到刀位8。从刀位1换到刀位2，当PLC应用程序接收到数控系统发出的换刀指令后，首先根据当前的刀具位置确定出就近旋转到目标刀具的方向，刀架制动松开，启动电动机按判定的方向转动，同时检测刀位编码器发出的实际刀位信号和选通信号。当选通信号由1变为0，即选通信号下降沿出现，PLC程序控制预分度电磁铁通电动作，这时PLC程序监控分度开关的上升沿，直到分度插销插入机械停止槽。分度开关信号的上升沿出现，电动机立即停止转动，经延时后控制电动机向相反的方向转动。这时刀架转塔进入锁紧过程，一旦锁紧开关由0变为1，即锁紧开关信号的上升沿出现，电动机停止转动，经延时转塔制动，预分度电磁铁断电释放。整个换刀过程如图15—20所示。

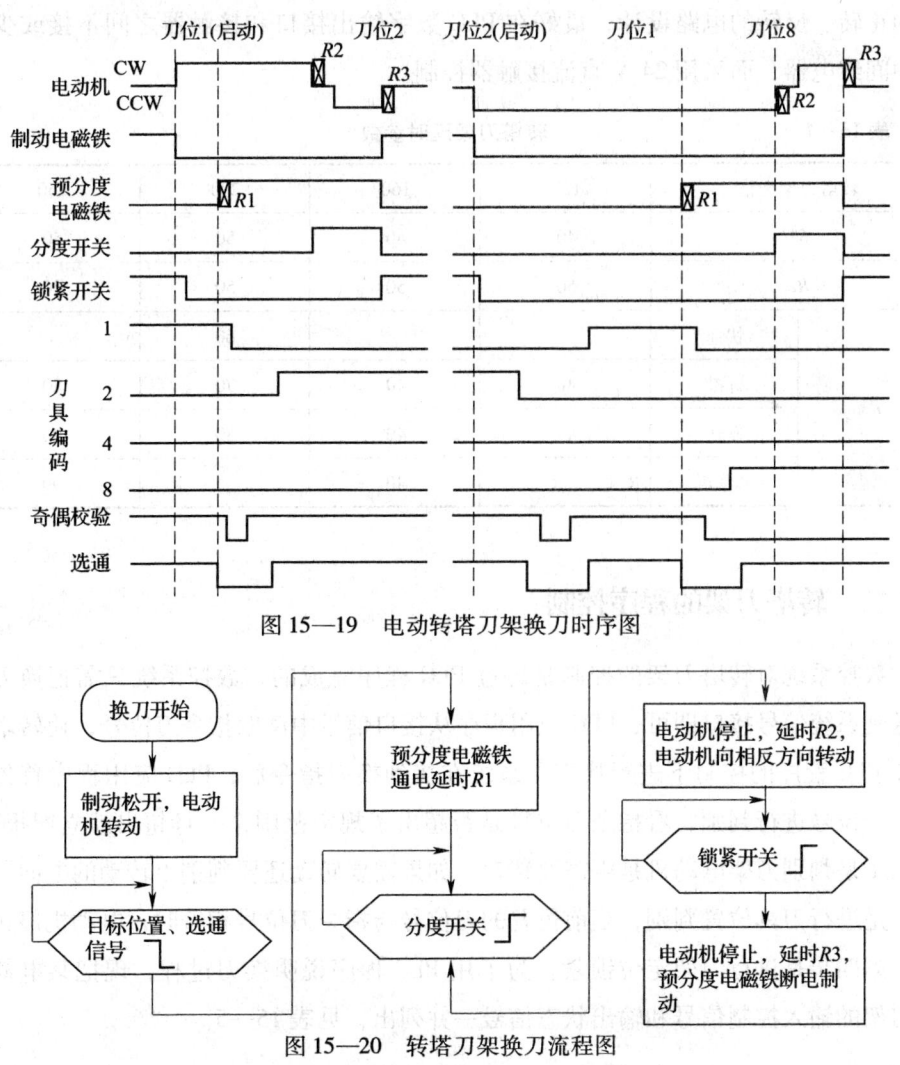

图15—19 电动转塔刀架换刀时序图

图15—20 转塔刀架换刀流程图

有一些转塔刀架时序有所不同,先进行的是指令刀位与实际刀位比较,当指令刀位与实际刀位相符,且选通信号的下降沿出现时,PLC 程序控制预分度电磁铁动作。分度开关信号下降沿出现时,控制电动机向相反的方向旋转,进入刀架锁紧过程。

从图 15—19 中看出,延时时间常数 $R1$、$R2$、$R3$ 影响着整个换刀过程,特别是 $R1$ 和 $R2$,如果电磁铁吸合或刀架电动机反向的时间不能保证控制时序的要求,可能导致刀架不能锁紧。影响这两个时间的因素有 PLC 的扫描周期、继电器或接触器动作的滞后时间。一般转塔刀架制造商根据其特性,给出了这两个时间的参考值,表 15—4 为某电动转塔刀架的 $R1$、$R2$、$R3$ 最大时间值,供设计 PLC 程序时参考。在实际设计刀架控制电路时,应尽量减少控制回路中的滞后环节,如刀架电动机的正转、反转的电路设计,最好在 PLC 数字输出接口和接触器之间不接或少接入中间继电器,而采用 24 V 直流接触器控制。

表 15—4　　　　　　　　　　转塔刀架延时参数　　　　　　　　　　　　　　ms

转塔刀架规格		120	160	200	250
$R1$		40	40	50	50
$R2$		50	50	50	50
$R3$	快速			60	
	标准	40	40	70	80
	慢速	40	40	80	90
	非常慢		40		90

二、转塔刀架的程序控制

数控系统对转塔刀架的控制是通过 PLC 程序完成的,数控系统只需把换刀指令送到系统信号接口即可,PLC 应用程序从接口信号中读取指令刀位号,使转塔刀架在 PLC 程序的控制下进行换刀。系统在接到换刀指令后,PLC 应用程序首先对指令刀位号进行判别,看指令刀位号是否超出了规定范围,一旦超出就立即报警。第二步是判别刀架电动机是否需要转动,如果需要转动还要判别出转动的方向。第三步是进行刀具位置判别,当前位置的刀位号与指令刀位号相符时,电动机停止选刀。第四步是进行刀架定位锁紧。为了用 PLC 程序说明换刀过程,现把某电动转塔刀架的输入控制信号和输出状态信号一并列出,见表 15—5。

表 15—5　　　　　　　　　　转塔刀架的控制信号和状态信号

序号	信号名称		PLC 地址	特性	序号	信号名称	PLC 地址	特性
1	电动机	正转	Q43.1	380 V　50 Hz	7	刀位编码	I34.3	10～30 V
		反转	Q43.2	380 V　50 Hz		22	I34.2	
2	制动电磁铁		Q43.3	24 V DC		21	I34.1	
3	预分度电磁铁		Q43.4	24 V DC		20	I34.0	
4	电动机保护		I34.7	250 V　1.5 A	8	选通信号	I34.4	10～30 V
5	预分度开关信号		I34.6	10～30 V	9	校验信号	I35.1	10～30 V
6	锁紧开关信号		I34.5	10～30 V				

(注：序号7行刀位编码对应23、22、21、20)

1. 刀位号的读取与判别

刀位号的读取包括指令刀位号和实际刀位号的读取。加工程序中的指令刀位号由数控系统自动送入数据接口 DB21.DBW118，PLC 应用程序利用传输指令从接口信号中读取指令刀位号，送到位存储器 MW184 中。从图 15—21 中可以看出，实际刀位号输入到 IW34，经过与 W#16#F 的与运算，屏蔽掉高四位，就可得到刀具实际位置，存入 MW180 位存储器中。

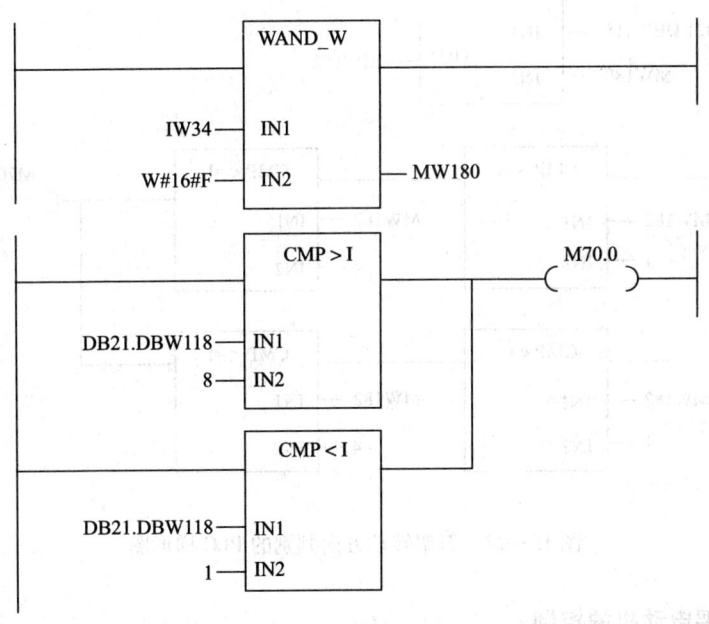

图 15—21　刀位号的读取与判别

刀位号的判别是指给定的指令刀位号,即目标刀位号要符合转塔刀架的刀位数量。若超出了规定范围,说明编制的零件加工程序有错误,则发出报警信息。图15—21 所示为 8 工位转塔刀架的判断程序,当给出的指令刀位号大于 8 或小于 1 时,通过 M170.0 产生报警信息。

2. 刀架电动机的正转和反转的识别

大多数转塔刀架都带有刀位编码器,可以双向就近自动换刀,换刀方向的判别方法很多,这里介绍利用刀位差进行判别。所谓刀位差就是目标刀位号与当前刀位号之差,即

$$D_{差} = D_{目标} - D_{当前}$$

(1) 当 $D_{差}=0$ 时,不换刀。

(2) 当 $D_{差}>0$ 且 $D_{差} \leqslant 4$ 或 $D_{差}<0$ 且 $D_{差} \leqslant -4$ 时,刀架正向就近换刀。

(3) 当 $D_{差}>0$ 且 $D_{差}>4$ 或 $D_{差}<0$ 且 $D_{差}>-4$ 时,刀架反向就近换刀。

当前刀位号在 MW180 中,经过运算的刀位号差存在 MW182 中,根据上述的判别方法,设计的 PLC 梯形图如图 15—22 所示,判别刀架电动机转动的方向,结果存在 M170.1 中,当 M170.1 置 1 时,刀架电动机正转换刀;置 0 时刀架电动机反转换刀。

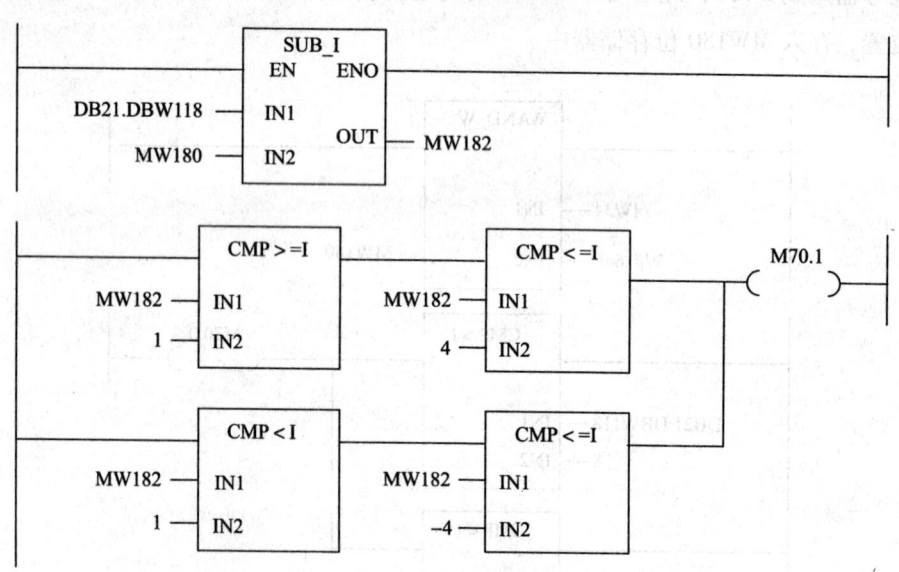

图 15—22 刀架转动方向判别的 PLC 梯形图

3. 刀架电动机的控制

在判别出刀架正反转后,就可以设计电动机的控制了。事实上电动机的控制仅

有M170.1信号的条件是不够的，还要受许多条件的约束，同时还要有时间的监控。图15—23所示为刀架电动机正转换刀控制的原理图，电动机反转与正转的区别在于M170.1的状态相反，还利用了Q43.2的常闭触点，其他与图15—23相同。图中M172.0是自动换刀的条件，即在自动方式下，当前刀具位置不符合目标位置，M172.0置1，如果当前刀具位置就是目标刀具位置，那么就不需要换刀了。Q43.2控制电动机反转，M170.7是自动换刀过程的条件。T66是保持型接通延时定时器，定时时间见表15—4中的$R2$；T67也是保持型接通延时定时器，用于SR触发器的可靠复位；T69是接通延时定时器，用于换刀监控。

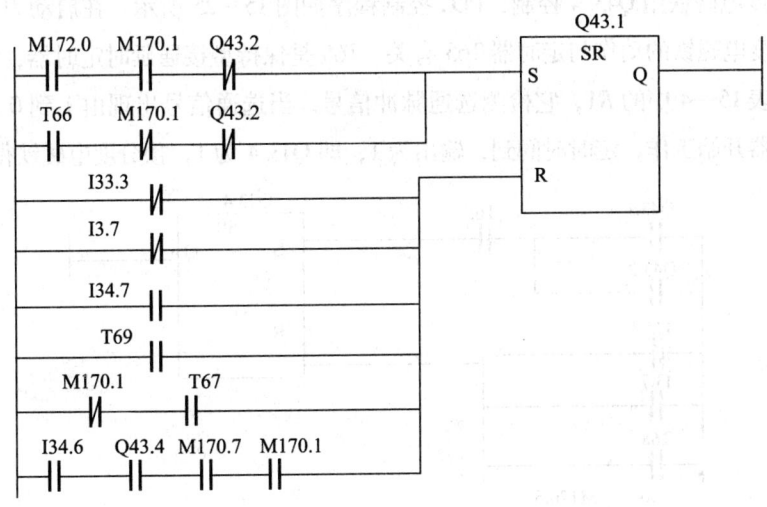

图15—23 刀架电动机正转换刀控制原理图

M172.0、M170.1与Q43.2的常闭触点组成正转换刀条件。T66与M170.1、Q43.2常闭触点组成反转换刀时的反向转动锁紧条件，电动机停止后，经T66延时再进行正转。紧急停止信号I33.3、系统复位信号I3.7、电动机过热信号I34.7都能使换刀过程中止。若在T69规定的时间内未完成换刀，电动机也将停止。

4．刀位判别

电动机在带动刀塔转动的过程中，要进行刀具位置的判别，PLC控制程序如图15—24所示，MW184中存放的是目标刀位号，MW180中存放的是当前位置的刀位号，DB21.DBX61.0是刀具变化的标志。在自动换刀过程中，无论是正转换刀还是反转换刀，只要当前刀位号等于目标刀位号，满足刀位符合的条件，M170.5就置1。

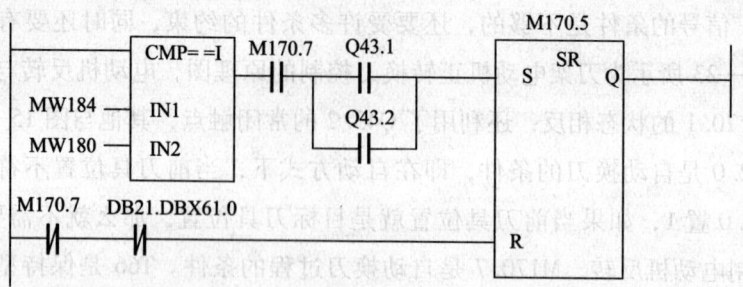

图 15—24 刀具位置判别的 PLC 控制程序

5. 预分度电磁铁和制动电磁铁的控制

预分度电磁铁用 Q43.4 控制，PLC 控制程序如图 15—25 所示。在启动刀架电动机后，预分度电磁铁的动作与定时器 T65 有关。T65 是保持型接通延时定时器，设置的定时时间见表 15—4 中的 $R1$，它检测选通脉冲信号，当选通信号出现由 1 到 0 的下降沿时，定时器开始工作，定时时间到，输出为 1，即 Q43.4 为 1，预分度电磁铁得电吸合。

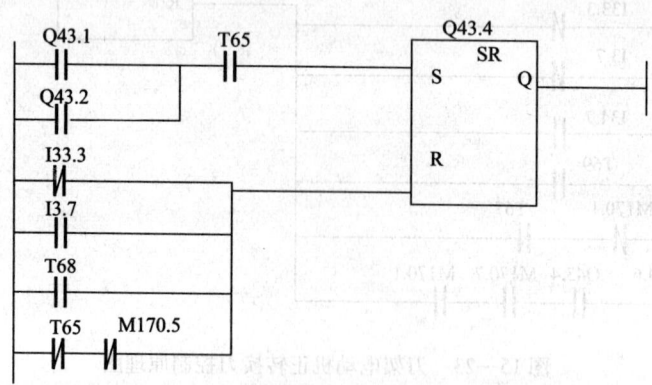

图 15—25 预分度电磁铁的 PLC 控制程序

T68 也是保持型接通延时定时器，定时时间见表 15—4 中的 $R3$，当锁紧开关信号由 0 变为 1 时，定时器开始工作，预分度电磁铁失电断开被复位。

制动电磁铁的控制比较简单，由 Q43.3 控制。电动机启动换刀时，制动松开。当电动机换刀停止，或者是预分度电磁铁吸合，且预分度开关信号、锁紧开关信号都为 1，即出现故障时，刀架制动生效，如图 15—26 所示。

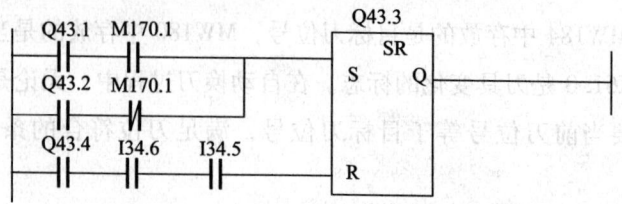

图 15—26 控制电磁铁的 PLC 控制程序

三、转塔刀架的维修

电动刀架常见故障见表 15—6。

表 15—6　　　　　　　　电动刀架常见故障

序号	现象	原因	检查及处理
1	刀架无法启动	(1) 电动机电源没有接通 (2) 没有刀架驱动信号输出 (3) 刀架控制回路中的断路器或接触器故障 (4) 电动机故障，如烧坏、卡死、电源缺相等 (5) 刀架内部传动部件或分度部件卡住 (6) 分度信号总是为 1，分度电磁铁始终有电 (7) 由于意外原因没有锁住转塔，而以错误的方向转动	(1) 检查电动机电源 (2) 通过系统诊断 I/O，查看是否有控制信号输出，根据 PLC 梯形图分析其原因 (3) 维修或更换断路器、接触器 (4) 维修、调整或更换电动机 (5) 卸下电动机，判断刀架内部传动部件是否卡住，并做相应调整 (6) 机械调整，检查插销、电磁铁和弹簧等 (7) 检查分度开关的控制电路，反向转动或再次启动
2	转动超过预选定的刀位	PLC 控制梯形图中，延迟时间设置太长或该时间处于临界点引起电磁铁通电滞后	修改 PLC 控制程序，调整延迟时间
3	锁紧接近开关信号为 1 时，刀架锁不住	(1) 锁紧开关故障，锁紧信号始终为 1 (2) 机械故障引起的转动不到位 (3) 锁紧开关安装调整问题 (4) 锁紧延时时间太长	(1) 检查锁紧开关，如有必要则更换锁紧开关 (2) 检查内部机械 (3) 调整锁紧开关位置 (4) 减少延时时间
4	锁紧开关信号为 0 时，刀架锁不住	(1) 锁紧开关故障 (2) 与锁紧开关相关的机械部件问题	(1) 检查锁紧开关，如有必要则更换锁紧开关 (2) 检查并调整机械部分
5	刀塔转动不分度	(1) 刀位编码器故障 (2) 分度电磁铁电源问题 (3) 分度电磁铁故障 (4) 分度部件卡住	(1) 检查编码器信号是否正确 (2) 检查电磁铁电源电压 (3) 检查电磁铁线圈是否烧坏 (4) 检查分度插销、弹簧

续表

序号	现象	原因	检查及处理
6	刀位不正确	(1) 分度部件卡住 (2) 刀位编码器故障 (3) 电磁铁激励延时时间太长	(1) 检查分度插销、弹簧及电磁铁 (2) 检查编码器信号是否正确 (3) 按规定减少延时时间
7	刀塔转动不平稳，转动时表现为跳动	偏重力矩超过许可值	减小偏重力矩
8	电动机过热	(1) 电动机缺相 (2) 机械部件有卡住现象	(1) 检查电动机电源 (2) 检查机械部件

第六节 刀库换刀控制

一、双向就近找刀控制

图 15—27 所示为一双向就近找刀控制梯形图，图中包括两个部分，即刀库旋转方向判别部分和运动步数计算部分。刀库的容量为 20，其中应用比较指令（COMP）、符合或判别一致性指令（COIN）、传递指令（MOVE）和旋转指令（ROT）等功能指令。

在图 15—27 中，COMP 指令的控制条件（1）的接点 C10 为 1（其线圈总是接通），两条符合 COIN 指令的控制条件（1）的接点 C10 为 0，它们指定处理的数据格式为 2 位 BCD 码，两种指令的控制条件（2）的接点 C10 均为 1，表示两种指令始终处于运动中。地址 F153 为 CNC 装置传送到 PLC 的 T 指令代码，而 D500 为主轴刀号寄存器。

在 T 指令大于 20 时，COMP 指令输出（R624.7）为 1，表示 T 指令出错。在 T 指令等于 0 时，前一条符合指令输出（R613.7）为 1，表示 T 指令出错。两条指令中的控制条件（1）为 0，表示参数（2）的值为常数而不是地址。最后两条 COIN 指令的常数（1）为 1，表示参数（2）中的 F153 为地址。该指令判别 T 指令刀号

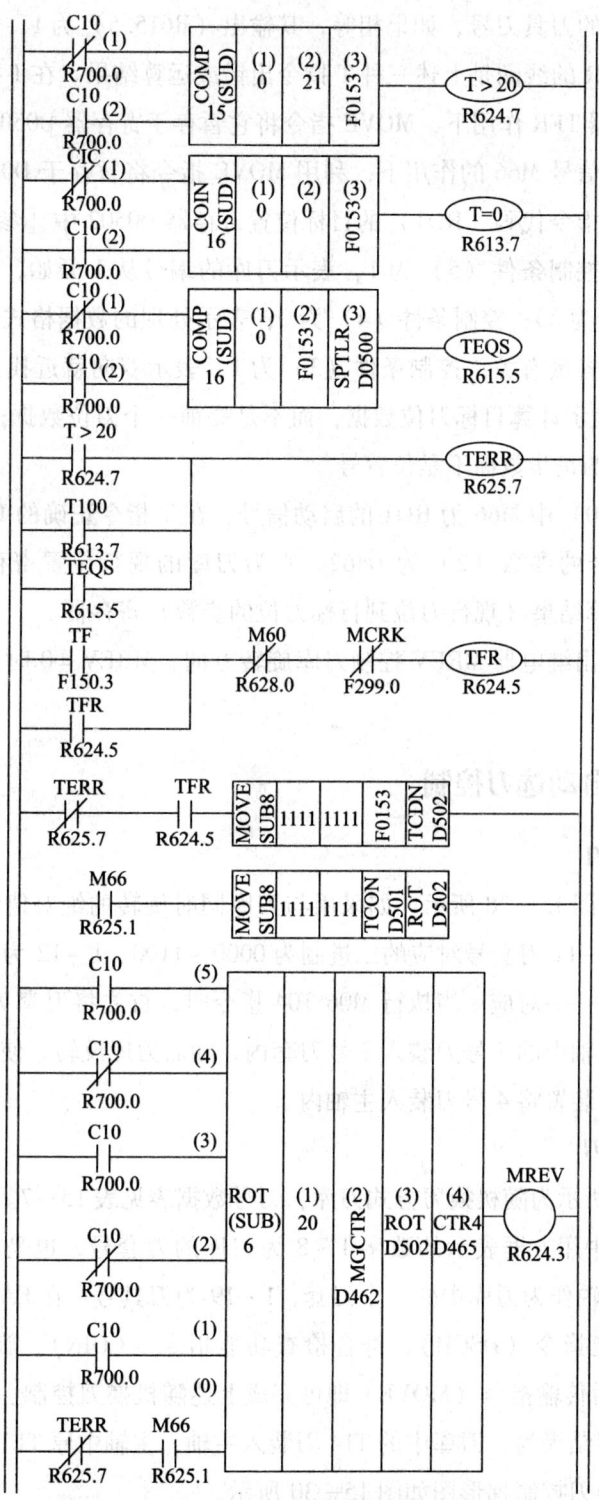

图 15—27 PLC 双向就近找刀控制梯形图

是否等于主轴上的刀具刀号,如果相等,其输出(R615.5)为1,也表示T指令出错。继电器TERR的线圈是上述三种T指令出错或运算结果。在T指令正确和其读信号TF的寄存器TFR作用下,MOVE指令将它暂存于寄存器D0501中。

在刀库启动信号M66的作用下,利用MOVE指令将暂存于D0501中的T指令代码传送到旋转指令代码(ROT)的目标位置寄存器D0502中[参数(3)]。

该旋转指令控制条件(5)为1,表示刀库的编号从1开始,参数(1)等于20表示刀库容量为20;控制条件(4)为0,表示处理的数据格式为2位BCD码,这些数据与刀库容量有关;控制条件(3)为1,表示双向就近找刀方式;控制条件(2)为0,表示计算目标刀位数据,而不是提前一个刀位数据;控制条件(1)为1,表示计算的是步数而不是位置号。

控制条件(0)中M66为ROT的启动信号,在T指令正确的ROT指令进行运算。该ROT指令的参数(2)为D462,它为刀库的现行位置寄存器地址,参数(4)D465为计算结果(现行刀位到目标刀位的步数)寄存器。

旋转方向输出继电器MREV控制刀库旋转方向,MREV=0时正转,反之则反转。

二、刀库自动选刀控制

1. 固定选刀

固定选刀如图15—28所示。如采用与刀库同时旋转的绝对值编码器,则用方框表示的数字1~12刀套号对应的二进制为0000~1100,1~12为刀具编号,刀具编号与刀套编号一一对应。当执行M06 T04指令时,首先将刀套7转至换刀位置,由换刀装置将主轴中的7号刀装入7号刀套内,随后刀库反转,使4号刀套转至换刀位置,由换刀装置将4号刀装入主轴内。

2. 随机换刀

图15—29所示为随机换刀方式刀库,刀号数据表见表15—7。

图15—29中用方框表示的数字1~8为刀库的刀套号,也是数据表序号,表15—7中是将主轴作为刀库中的一个刀套,1~19为刀具号。在FANUC PLC中,应用数据检索功能指令(DSCH)、符合检查功能指令(COIN)、旋转指令(ROT)和逻辑"与"后传输指令(MOVE)即可完成上述随机换刀控制。若执行M06 T14换刀指令。换刀结果为:刀库中的T14刀装入主轴,主轴中原T12刀插入刀库6号刀套内。随机换刀控制梯形图如图15—30所示。

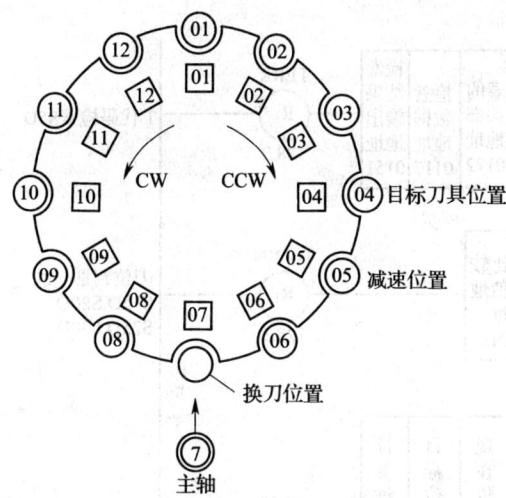 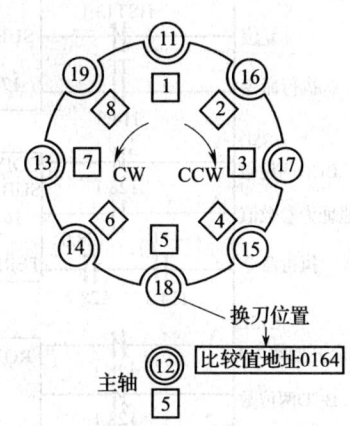

图 15—28 数控机床固定选刀控制　　图 15—29 数控机床随机换刀刀库

表 15—7　　　　　　　　　　刀号数据表

数据表地址	数据表序号（刀套号）（2 位 BCD 码）	刀具号（2 位 BCD 码）
0172	0（00000000）	12（00010010）
0173	1（00000001）	11（00010001）
0174	2（00000010）	16（00010110）
0175	3（00000011）	17（00010111）
0176	4（00000100）	15（00010101）
0177	5（00000101）	18（00011000）
0178	6（00000110）	14（00010100）
0179	7（00000111）	13（00010011）
0180	8（00001000）	19（00011001）

图 15—30 中换刀位置（刀库现在位置）的地址为 0164，在 COIN 功能指令中作为比较值地址，该地址内的数据为在换刀位置的刀套号（数据表序号），其值由外部计数装置根据刀库旋转方向进行加 1 或减 1 计数。图中所示的当前刀套号为 5，该值以 2 位 BCD 码的形式（00000101）存入 0164 地址中。

在 DSCH 功能指令中，参数 1 为数据表容量，本例刀库内有 9 把刀，建立的刀号数据表有 9 个数，故本参数设定值为 0009；参数 2 为数据表的头部地址，本参数为 0172；参数 3 为检索数据地址，其作用就是将 T 指令中的 14 号从数据表中检索出来，并将 14 号刀以 2 位 BCD 码的形式（00010100）存入 0117 地址单元中，故

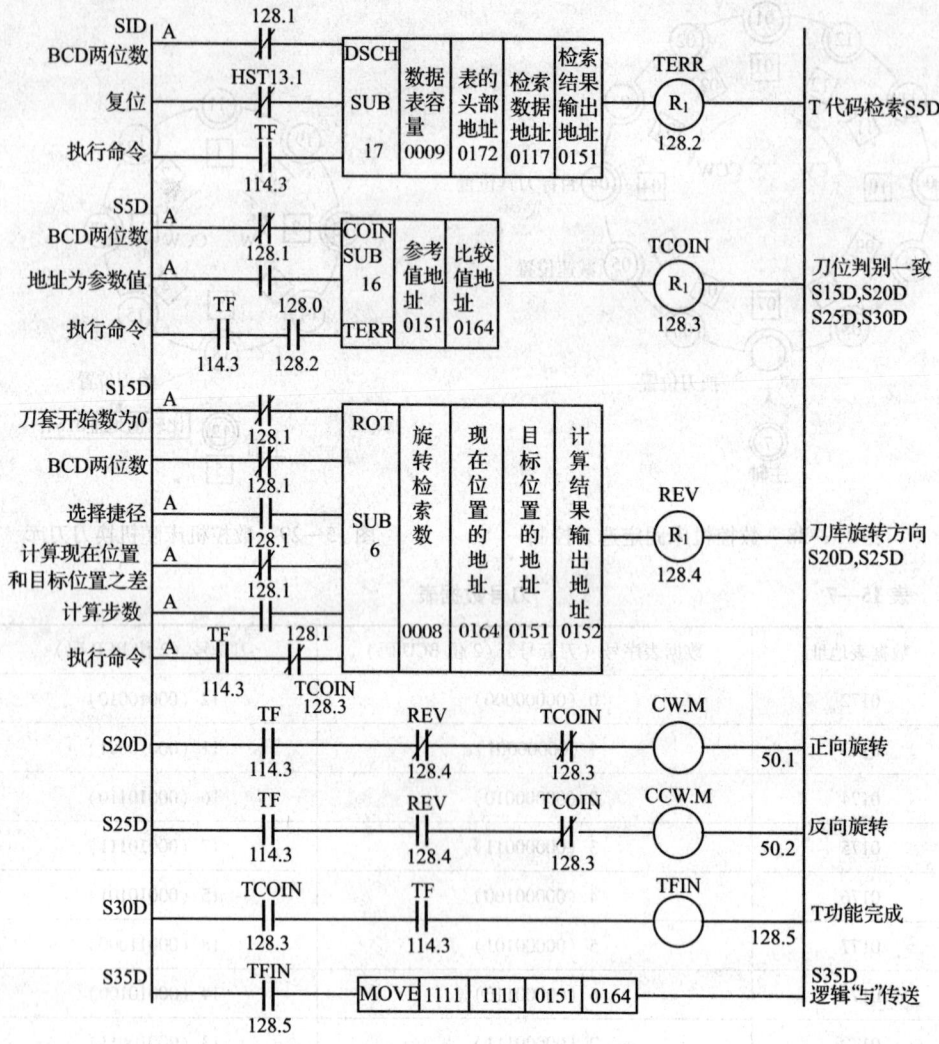

图 15—30 数控机床随机换刀控制梯形图

本参数为 0117；参数 4 为检索结果输出地址，其作用就是将 14 号刀所在数据表中的序号 6 以 2 位 BCD 码的形式（00000101）存入到 0151 地址单元中，故本参数为 0151。

通电后，常闭触点 A（128.1）断开，故 DSCH 功能指令按 2 位 BCD 码处理检索数据。当 CNC 读到 T14 指令代码信号时，将此信息送入 PLC。TF（114.3）闭合，开始 T 代码检索；将 14 号刀号存入 0117 地址，数据表序号 6 存入 0151，同时 TEER（128.2）置 1。

在 COIN 功能指令中，由控制条件可知，参数 1 和参数 2 分别为参考值地址 0151 和比较值地址 0164，并按 2 位 BCD 形式进行处理，其中 0151 存放的是指令刀号 14，而 0164 存放的是当前刀套数据表序号 6。

当 TERR 由 DSCH 指令置 1 后，COIN 指令即开始执行，因为地址 0151 与 0164 内数据不一致，则输出 TCOIN（128.3）为 0，作为刀库旋转 ROT 功能指令的启动条件。

在 ROT 功能指令中，计算刀套的目标位置与现在位置之间相差的步数或位置号，并把它置入计算结果地址，可以实现由最短路径将刀库旋转至预期位置。参数 1 为旋转检索数，即旋转定位点数，对本例，该参数为 8；参数 2 为现在位置的地址，因当前刀套号 5 存在 0164 地址内，故参数 2 为 0164；参数 3 为目标位置地址，因指令要求 T14 号刀具的刀套号 6 存在 0151 地址内，故参数 3 为 0151；参数 4 为计算结果输出地址，本例选定为 0152。

当刀具判别指令执行后，TCOIN（128.3）输出为 0，其常闭触点闭合，TF（114.3）此时仍为 1，故 ROT 指令开始执行。根据 ROT 控制条件的设定，计算出刀库现在位置与目标位置相差步数为 1，将此数据存入 0152 地址，并选择出最短旋转捷径，使 REV（128.4）置 0，正向旋转方向输出。通过 CW.M 正向旋转继电器，驱动刀库正向旋转一步。即找到了 6 号刀位。

在本梯形图中，MOVE 功能指令的作用是修改换刀位置的刀套号。换刀前的刀套号 5 已由换刀后的刀套号 6 替代，故必须将地址 0151 内的数据照全样传输到 0164 地址中，因此 MOVE 指令中的参数 1（高 4 位）、参数 2（低 4 位）均采用全 1，经与 0151 地址内数据 6（BCD 码为 00000110）相"与"后，其值不变，照原样传送到 0164 地址中。当刀库正转一步到位后，ROT 指令执行完毕。此时 T 功能完成信号 TFIN（128.5）的常开触点使 MOVE 指令开始执行，完成数据传送任务。

下一扫描周期，COIN 判别执行结果，当两者相等时，使 TCOIN 置 1，切断 ROT 指令和 CW.M 控制，刀库不再旋转，同时给出 TFIN 信号，报告 T 功能已完成，可以执行 M06 换刀指令。

当 M06 执行后，必须对刀号及数据表进行修改，即序号 0 的内容改为刀具号 14，序号 6 的内容改为刀具号 12。

第七节　主　轴　控　制

主轴的控制相对于坐标轴要复杂得多，坐标轴的运动一般不需要进行过多的 PLC 程序设计，根据自动或手动指令由数控系统控制，PLC 用户程序只需完成坐标轴的使能和选择即可。主轴的正反转、定位及换挡控制，都需要设计 PLC 控制程序。810D/840D 系统的主轴控制方式有速度控制方式、摆动控制方式、定位控制方式及同步控制方式，通过接口信号 DB31.DBX84.4～DB61.DBX84.4、DB31.DBX84.5～DB61.DBX84.5、DB31.DBX84.6～DB61.DBX84.6、DB31.DBX84.7～DB61.DBX84.7 选择并激活。这四种控制方式可以利用系统的控制指令进行转换，如图 15—31 所示。在大多数数控机床中，特别是数控车床，常用的是速度控制方式、摆动控制方式和定位控制方式。

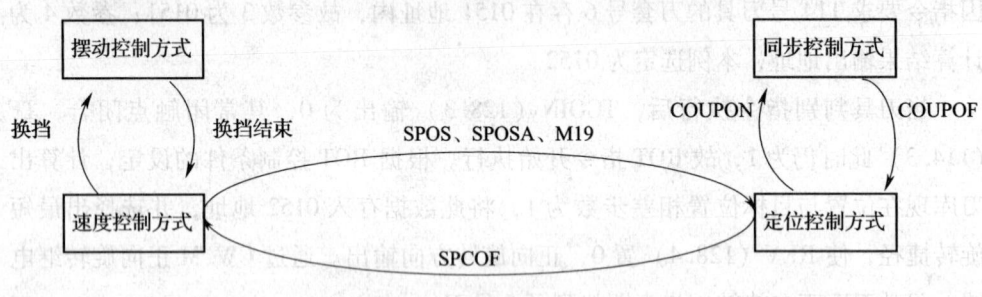

图 15—31　主轴控制方式之间的转换

一、主轴速度控制

速度控制方式是最重要的一种主轴控制方式，数控机床的切削加工用的就是速度控制方式，用编程指令 M3、M4、M5 或 SPCOF 激活主轴的速度控制方式，接口信号 DB31.DBX84.7 置位。在进给轴/主轴的接口信号 DB33.DBB86 中，可以看到 M 指令代码的状态。当用 M3 激活时，系统自动使主轴正向旋转；当用 M4 激活时，系统自动使主轴反向旋转；当用 M5 激活时，系统自动使主轴停止。在主轴速度控制方式下，主轴的转速由 S 指令确定，如 S1500 表示 1 500 r/min。主轴的正转、反转和停止可通过零件加工程序控制，也可以通过手动控制。通过加工程序控制时，系统自动处理主轴控制指令信息，驱动主轴转动，不需要设计 PLC 控制程序。

主轴的手动操作需要 PLC 程序控制，根据操作者的键盘指令，使主轴转动或停止。在手动操作方式下，主轴的控制有两种方式：一种是按住主轴的正转键或反转键，主轴开始转动，一旦松开正转键或反转键主轴便减速停止；另一种是按一下正转键或反转键，再立即松开，主轴开始转动，直到按下主轴停止键后主轴减速停止，数控机床采用后者的手动控制方式较多。

图 15—32 所示为手动控制主轴转动的正转 PLC 控制程序。I7.5 是主轴正转启动键信号。Q2.1 是主轴启动使能信号，对应于主轴的使能键。Q5.7 表示主轴反转

信号，是正转的互锁信号。满足启动条件时，M150.0 置位，传送到主轴正向转动接口信号 DB33.DBX4.7，主轴开始转动。I7.6 是主轴停止信号，Q2.0 是主轴的使能禁止信号，当满足主轴停止条件时，M150.0 复位，主轴减速停止。为了能够调节主轴的转速，使主轴转速倍率修调信号生效，利用正、反转的启动信号，把主轴接口信号 DB33.DBX4.5 置位。

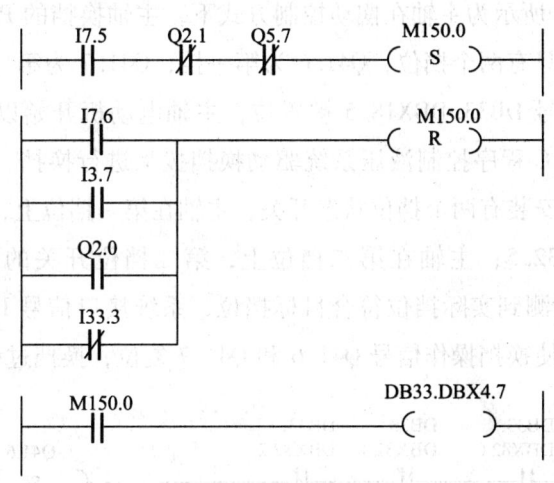

图 15—32　手动控制主轴正转的 PLC 控制程序

二、主轴换挡控制

主轴换挡的目的是为主轴工作在低转速时，仍能获得较大的功率，提供足够的切削动力。主轴的换挡操作可以在摆动控制方式下进行，也可以在定位控制方式下进行，这取决于机床数据 MD35010 的设置。主轴的换挡是通过改变主轴箱中不同的齿轮组合实现的，如果主轴在高速转动过程中换挡，换挡拨叉的动作会导致变速齿轮的损坏。如果在主轴静止状态下换挡，两个变速齿轮的端面可能相碰而无法啮合。所以，换挡时主轴需要进入摆动控制方式或定位控制方式，一般都采用摆动控制方式。数控系统在执行主轴换挡指令时，自动进入摆动控制方式，主轴电动机处于摆动状态，使主轴箱内的齿轮在摆动过程中容易啮合，便于主轴换挡。810D/840D 系统规定了最多 5 个挡位级别，每个挡位的最高速度和最低速度可通过机床数据设置。实际应用中相邻两个挡位的最高速度和最低速度一般设置成相互重叠，比如第一挡的最高速度与第二挡的最低速度重叠，从而避免了主轴转速死区。

主轴的摆动控制方式用辅助功能代码 M41、M42、M43、M44、M45 激活，它们对应于主轴的第一挡到第五挡，也可用自动换挡指令 M40 激活，这时系统根据零件加工程序中的主轴速度指令 S 和机床数据中设置的每挡的速度范围，自动确定主轴的挡位。数控系统的默认设置是自动换挡，但目前大多数数控机床都采用 M41、M42、M43、M44、M45 指令进行强制换挡。数控系统在执行换挡指令时，系统接口信号 DB33.DBX84.6 被置位，激活摆动控制方式，同时把挡位信息传送到 DB33.DBB82 的低 3 位中。PLC 应用程序从接口中读出这些信息，控制主轴的换挡动作。图 15—33 所示为主轴在摆动控制方式下，主轴换挡的 PLC 控制程序。程序中假如数控机床只有两个挡位，Q41.6 为第一挡，Q41.7 为第二挡，进行换挡操作时，系统接口信号 DB33.DBX18.5 被置位，主轴电动机开始以设置的摆动速度来回摆动，同时 PLC 程序控制液压系统驱动换挡拨叉进行换挡。为了监测换挡是否到位，在机床上安装有两个挡位状态开关，主轴在第一挡位上，第一挡位开关的信号输入到接口 I32.5；主轴在第二挡位上，第二挡位开关的信号输入到接口 I32.6。一旦系统检测到实际挡位符合目标挡位，系统接口信号 DB33.DBX16.3 被置位，利用此信号使换挡操作信号 Q41.6 和 Q41.7 复位，换挡过程结束。

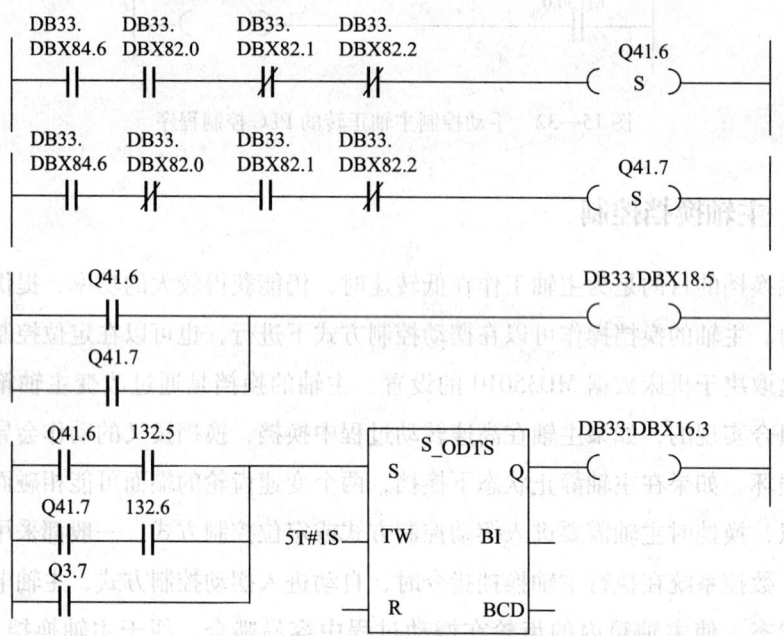

图 15—33 主轴换挡的 PLC 控制程序

实际上主轴的换挡过程有一定的时序要求，在设计 PLC 控制程序时，必须遵守主轴的换挡时序。对于不同的数控系统，主轴的换挡时序略有差异，但换挡的过程和步骤基本相同。对于同种数控系统而言，无论机床有几个挡位，每次换挡过程的控制时序都完全相同。图 15—34 较详细地说明了主轴换挡的各个信号之间的相

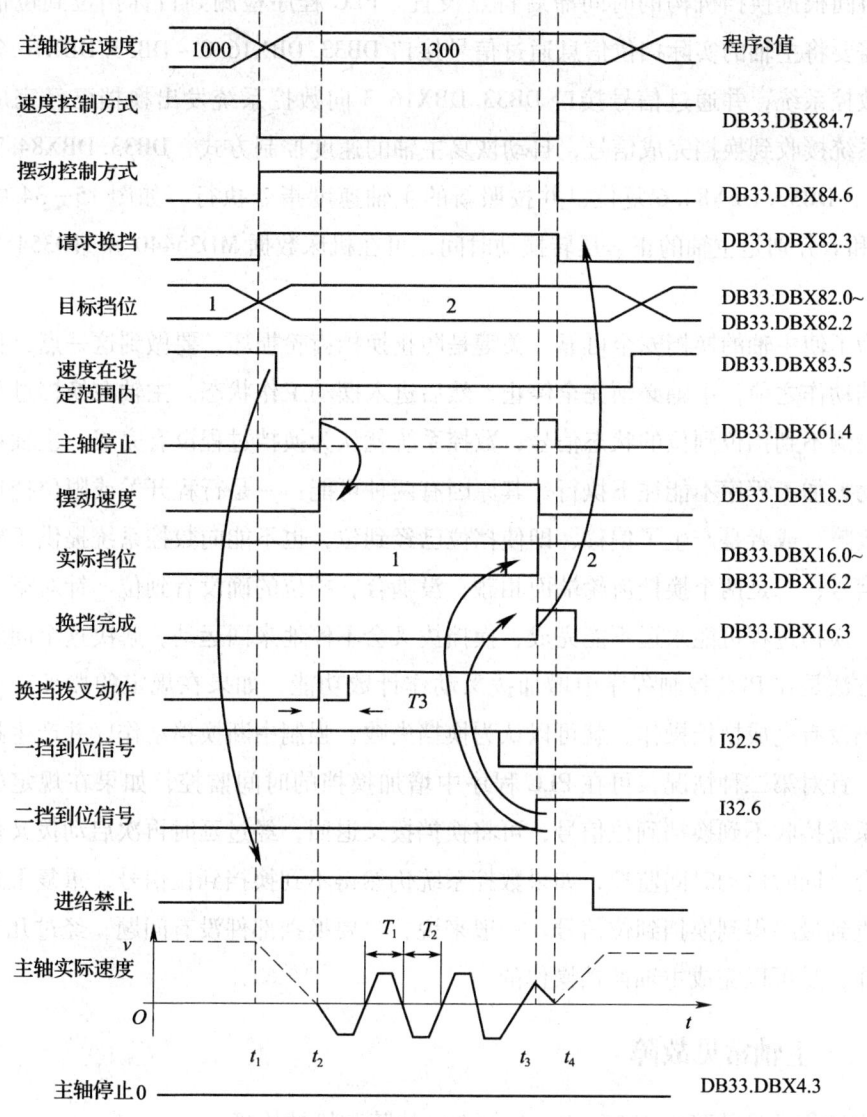

图 15—34　主轴换挡时序图

互时序关系。数控系统在接到零件程序中的换挡指令后，主轴首先减速到零，然后主轴由速度控制方式自动转为摆动控制方式，DB33.DBX84.6 被置位，同时通过信号接口 DB33.DBX82.3 发出换挡请求，目标挡位信号送到接口 DB33.DBX82.0 ～ DB33.DBX82.2 中，如图 15—34 中的时间 t_1。PLC 程序在接到换挡请求信号后，检测主轴是否停止（DB33.DBX61.4）。当确认主轴停止后，通过接口信号 DB33.DBX18.5 启动主轴摆动，如图 15—34 中的时间 t_2。主轴摆动开始，经过 t_3 延时后，控制换挡电磁阀动作，利用拨叉改变齿轮的位置，以达到目标挡位。t_3 的延时时间根据换挡机构的时间滞后特点设置。PLC 程序检测到目标挡位到位信号后，需要将主轴的实际挡位信息通过信号接口 DB33.DBX16.0 ~ DB33.DBX16.2 反馈给数控系统，并通过信号接口 DB33.DBX16.3 向数控系统发出换挡已经完成信号。系统接收到换挡完成信号，自动恢复主轴的速度控制方式，DB33.DBX84.7 置位为 1，DB33.DBX84.6 复位，并按照新的主轴速度指令执行，如图 15—34 中的 t_4。t_1 和 t_2 分别是主轴的正、反转摆动时间，可在机床数据 MD35440 和 MD35450 中设置。

为了使主轴的换挡安全可靠，关键是防止换挡齿轮损坏，要做到这一点，在做出换挡动作之前，主轴必须完全停止，然后进入摆动工作状态。主轴在换挡过程中有时检测不到挡位到位的状态信号，数控系统就认为换挡过程没有完成，主轴将继续摆动，加工程序不能往下执行。其原因有两种可能：一是行程开关或限位挡块出现了故障，或者是产生了偏移，即使挡位已经到位，也不能向数控系统提供正确的挡位信号；二是两个换挡齿轮端面相碰，没啮合，挡位的确没有到位。针对第一种情况，换挡过程可能永远不能完成，换挡拨叉会不停地来回运动，解决这个问题的最好方法是在 PLC 控制程序中增加拨叉动作计数功能，如果在规定的拨叉动作次数内仍没有完成换挡操作，就可以认为换挡失败，强制中断换挡动作，并产生报警信息。针对第二种情况，可在 PLC 程序中增加换挡的时间监控，如果在规定的时间内系统接收不到换挡到位信号，可将换挡拨叉退回，经过延时再次启动拨叉使齿轮啮合，同时启动时间监控，如果数控系统仍然得不到换挡到位信号，重复上述动作，直到最终得到换挡到位信号。一般来说，只要换挡部件没有问题，经过几个换挡动作，是可以完成主轴换挡操作的。

三、主轴常见故障

主轴的常见故障见表 15—8，包括电气故障和机械故障。

表 15—8　　　　　　　　　主轴常见电气与机械故障

序号	现象	原因	检查及处理
1	主轴不能换挡	(1) 换挡信号无输出 (2) 液压系统压力不足	(1) 检查换挡信号控制线路和 PLC 换挡输出信号 (2) 检查液压系统压力，若低于工作压力应进行调整

续表

序号	现象	原因	检查及处理
1	主轴不能换挡	(3) 挡位开关故障 (4) 换挡液压阀故障 (5) 换挡油缸卡住 (6) 电磁阀线圈烧坏 (7) 换挡油缸拨叉脱落 (8) 换挡油缸窜油或内泄 (9) 换挡到位开关失灵 (10) 电源电压太低	(3) 检查挡位开关是否松动，线路是否有问题 (4) 检修液压阀并清洗，或更换液压阀 (5) 调整或研磨油缸，必要时更换 (6) 更换控制线圈 (7) 修复或调整 (8) 更换密封圈 (9) 更换新开关 (10) 检查电源电压，做必要的调整
2	主轴不转动	(1) 主轴转动指令无输出 (2) 没有电源 (3) 没有使能信号 (4) 保护开关没有压合或失灵 (5) 液压卡盘未夹紧工件 (6) 挡位不正确 (7) 无换挡到位信号	(1) 检查主轴控制电路及控制键信号 (2) 检查主轴驱动模块的输出电压 (3) 检查电源模块、驱动模块的使能信号 (4) 检修主轴箱防护罩的保护开关或更换 (5) 调整或维修液压卡盘 (6) 选择的实际挡位应与程序设置的挡位相符 (7) 维修或更换换挡到位开关
3	主轴转速不稳	(1) 速度反馈信号不良 (2) 外部干扰太大	(1) 检查编码器及连接电缆 (2) 检查接地连接，消除外部干扰源
4	主轴不能定位	(1) 主轴脉冲编码器故障 (2) 脉冲编码器电缆连接故障 (3) 脉冲编码器安装问题 (4) 主轴不处在定位方式	(1) 维修或更换脉冲编码器 (2) 检查连接故障点 (3) 重新安装脉冲编码器 (4) 检查工作方式信号 DB33. DBX84.5
5	主轴定位不准	(1) 更换脉冲编码器时位置不正确 (2) 定位公差设置不合适	(1) 调整脉冲编码器位置 (2) 调整定位公差，不大于11°

续表

序号	现象	原因	检查及处理
6	切削振动大	(1) 主轴箱和床身连接螺钉松动 (2) 轴承预紧力不够、间隙过大 (3) 轴承预紧螺母松动使主轴产生窜动 (4) 轴承拉毛或损坏 (5) 主轴与箱体精度超差 (6) 转塔刀架运动部件松动或压力不够而未卡紧 (7) 其他因素	(1) 恢复精度后并紧固连接螺钉 (2) 重新调整，消除轴承间隙。但预紧力不应过大，以免损坏轴承 (3) 紧固预紧螺母，确保主轴精度合格 (4) 更换轴承 (5) 维修主轴或维修箱体使其配合精度和位置精度达到精度要求 (6) 调整维修 (7) 检查刀具或切削工艺问题
7	主轴箱噪声大	(1) 主轴部件动平衡不好 (2) 齿轮有严重损伤 (3) 齿轮啮合间隙大 (4) 轴承拉毛或损坏 (5) 传动带尺寸长短不一致或传动带松弛，受力不均 (6) 齿轮精度低 (7) 主轴箱润滑不良	(1) 重做动平衡 (2) 维修齿面损伤处 (3) 调整或更换齿轮 (4) 更换轴承 (5) 调整或更换传动带，不能新旧混用 (6) 更换齿轮 (7) 调整润滑油量，保持主轴箱的清洁度
8	齿轮和轴承损坏	(1) 换挡压力过大，齿轮受冲击产生破损 (2) 换挡机构损坏或固定销脱落 (3) 轴承预紧力过大或无润滑	(1) 按液压原理图，调整到适当压力和流量 (2) 修复或更换零件 (3) 重新调整预紧力，并使之有充足润滑
9	主轴发热	(1) 主轴轴承预紧力过大 (2) 轴承研伤或损坏 (3) 润滑油脏或有杂质	(1) 调整预紧力 (2) 更换新轴承 (3) 清洗主轴箱，更换润滑油

第八节 刀具冷却控制

一、刀具冷却控制原理

金属切削机床都配置了刀具液体冷却系统,用于切削刀具的冷却。有些数控机床为了特殊零件加工的需要,还配备了压缩空气冷却系统。由于液体冷却系统应用较广,这里主要介绍液体冷却的电气控制原理,气体冷却与此相似,只是执行部件不同而已,液体冷却执行部件是冷却泵,而气体冷却执行部件是电磁阀。刀具冷却系统一般由冷却液存储箱、冷却泵、过滤器、电磁阀和冷却管路组成。刀具冷却可以通过机床控制面板上的操作键启动或停止冷却泵;也可以在自动方式下,通过辅助功能 M 启动或停止冷却泵。在数控机床的规定标准中,辅助功能 M07 为第二冷却启动,M08 为第一冷却启动,M09 为冷却停止。

数控机床上的刀具冷却控制比较简单,仅需控制冷却泵的启动和停止即可,PLC 应用程序根据来自机床控制面板上的冷却启动或停止命令,或者是零件程序中的辅助功能 M07、M08、M09,启动或停止冷却泵。图 15—35 所示为一个典型的刀具冷却 PLC 控制程序,既可以手动控制,也可以自动控制。手动启动或停止冷却泵时,操作者按下机床控制面板上的按键 I7.4 后,SR 触发器 M143.2 置 1,SR 触发器 M143.0 置 1,I7.4 对应的指示灯 Q5.4 点亮,用 Q43.4 直接驱动接触器,启动冷却泵。再按一下 I7.4,SR 触发器 M143.2 翻转复位,SR 触发器 M143.0 翻转复位,I7.4 对应的指示灯 Q5.4 熄灭,Q43.4 输出 0,接触器断开,冷却泵停止。

零件程序中的冷却泵启动和停止是通过系统接口信号实现的。当数控系统执行 M08 指令时,就把该指令信息送到系统接口 DB21.DBX195.0,PLC 应用程序从该接口读出信息启动冷却泵,开启冷却液。当数控系统执行 M09 指令时,就把该指令信息送到系统接口 DB21.DBX195.1,PLC 应用程序从该接口读出信息停止冷却泵,关闭冷却液。图中 I33.3 是急停信号。

当然,通过 PLC 程序还可以对刀具冷却系统进行监控,主要监控冷却系统的继电器或接触器是否吸合,冷却泵电动机是否过载及冷却液的液位是否太低等。把冷却系统工作状态和冷却液的液位,通过 I/O 模块的数字接口输入到数控系统中,一旦发现冷却系统异常,就产生报警信息,操作人员就可以很快知道故障产生的原因。

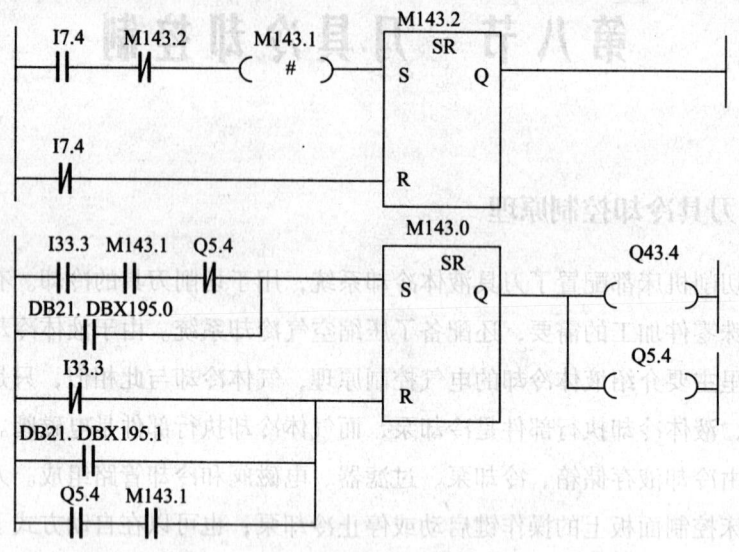

图 15—35 刀具冷却 PLC 控制程序

二、刀具冷却系统常见故障

当操作人员通过手动操作，或者是通过零件程序发出冷却液开启指令后，发现冷却液并没有喷出，说明冷却系统存在故障，应从以下几个方面入手检查。

(1) 检查机床控制面板上的 Q5.4 对应的 LED 是否点亮，或接口信号 DB21.195.0 是否为 1，从而判断是否执行了冷却指令。

(2) 检查 PLC 应用程序控制的数字输出 Q43.4 是否为 1。若该信号为 1 而对应的接口没有 DC 24V 输出，应进一步检查数字 I/O 模块及外部电源。

(3) 如果输出的是 DC 24V，再检查由它驱动的接触器是否吸合，若没有吸合，检查连接线路或端子，并判断接触器是否存在故障。

(4) 如果接触器已经吸合，而冷却泵没有工作，检查连接电路是否断路，冷却泵及电动机是否存在故障。

(5) 如果冷却泵工作而没有冷却液喷出，可能是冷却液液位过低，也可能是冷却管路堵塞。应加注冷却液，或疏通冷却管路。

第九节 润滑控制

一、润滑控制原理

数控机床的润滑主要是主轴润滑和导轨润滑。机床在启动后如果主轴润滑没有启动,则机床不能进入工作状态。机床各坐标轴的导轨要求保持良好的润滑状态,除可以减小机床传动系统中的机械部件的磨损外,更重要的是保证传动系统具有稳定的静摩擦因数,使机床保持较好的加工精度。机床的各个导轨上都安装有润滑系统,可以将润滑油直接送到导轨表面。常用的导轨润滑有两种模式,按时间间隔润滑和按距离润滑。按时间间隔润滑就是以设定的时间间隔同时对所有的坐标轴进行润滑,这种润滑的优点是系统结构简单,且便于控制,缺点是浪费润滑剂。按距离润滑就是按照坐标轴移动的距离进行润滑,只有当某个坐标轴设定的润滑距离达到后,才能对该轴进行润滑,这种润滑优点是节省润滑剂,缺点是润滑系统的结构相对比较复杂。

采用时间间隔润滑模式的润滑系统,需要设置润滑的时间间隔和每次润滑的时间,利用 PLC 程序的定时器功能很容易实现。在 PLC 用户程序中设置两个定时器,一个用于启动润滑泵的时间间隔,另一个用于关闭润滑泵的时间间隔,两个定时器相互复位。

采用按距离润滑模式的润滑系统,需要设定每个轴的润滑距离,以及每次润滑的时间。这种润滑方式需要安装若干个电磁阀,润滑泵启动后,通过不同的电磁阀将润滑油输送到各个坐标轴导轨上。图 15—36 所示为采用按距离润滑的 PLC 控制程序,但不能实现逐轴润滑,因为 X 轴和 Z 轴的润滑脉冲接口信号 DB31.DBX76.0 和 DB32.DBX76.0 并联使用。如果用润滑脉冲接口信号 DB31.DBX76.0 和 DB32.DBX76.0 分别控制电磁阀,可实现每个坐标轴的单独润滑。数控系统电源开或控制器复位后,润滑脉冲接口信号为 0,一旦坐标轴移动一段距离,达到机床数据 MD33050 设置的距离,由 NCK 使润滑脉冲翻转,DB31.DBX76.0 或 DB32.DBX76.0 变为 1,润滑泵启动。润滑脉冲由 0 到 1 或者由 1 到 0 的变化,都说明坐标轴再次移动了这段距离。T40 为扩展脉冲定时器,延迟时间为 1 s,也就是说润滑泵启动后,经过 1 s 的润滑时间,润滑泵停止。图中 I35.1 是润滑油位开关，当油位满足要求时为1。I7.2是机床控制面板上的润滑手动按键，通过操作此键可实现手动对导轨润滑。润滑泵启动后机床控制面板上的Q5.2所对应的LED点亮。

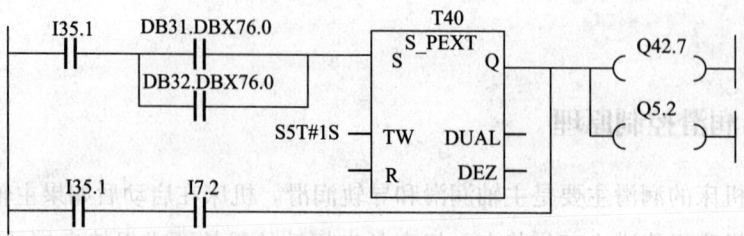

图15—36 按距离润滑的PLC控制程序

二、润滑系统常见故障

数控机床润滑系统常见的故障见表15—9。

表15—9　　　　　　　　　　润滑系统常见故障

序号	现象	原因	检查及处理
1	润滑泵不能启动	(1) 控制接触器没有吸合 (2) 润滑泵电动机故障，没有电源 (3) 连接线路接触不良或断路	(1) 检查PLC润滑输出控制信号，检修或更换接触器、断路器等，检修连接线路 (2) 检修或更换润滑泵
2	导轨润滑不良	(1) 电气控制故障 (2) 电磁阀故障 (3) 分油器堵塞 (4) 油管破裂或渗漏 (5) 油路堵塞 (6) 设置的自动润滑时间太短 (7) 设置的润滑距离太长 (8) 润滑油液面较低	(1) 检查电磁阀控制线路及控制电压 (2) 修复或更换电磁阀 (3) 疏通或更换损坏的定量分油器 (4) 维修或更换油管 (5) 清除污物，使油路畅通 (6) 增加润滑时间 (7) 修改机床数据MD33050 (8) 向润滑油箱加注润滑油
3	滚珠丝杠润滑不良	(1) 分油器是否分油 (2) 油管是否堵塞	(1) 检查定量分油器 (2) 清除污物，使油路畅通

第十节 液压系统控制

一、液压控制原理

数控机床的液压系统主要用于主轴的换挡、工件的夹紧、自动换刀装置、静压导轨、回转工作台及液压尾座的控制等，它在数控机床控制中有着十分重要的作用，仅次于电气控制系统。机床液压系统控制方式很多，所采用的液压元件差异也很大，现以某数控铣床的液压控制系统为例，做简要说明。

图15—37所示为带有立卧两主轴数控铣床的液压系统，它主要控制主轴的换挡、锥柄刀具的夹紧和主轴的夹紧。控制主轴换挡的是一个三位四通换向电磁阀和两个可调单向节流阀，控制锥柄刀具夹紧和松开的是一个两位四通换向电磁阀，控制主轴夹紧的也是一个两位四通换向电磁阀。810D/840D系统没有针对液压控制的专用接口信号，但可以利用其PLC应用程序完成液压控制功能，该数控铣床锥柄刀具夹紧的PLC程序如图15—38所示。

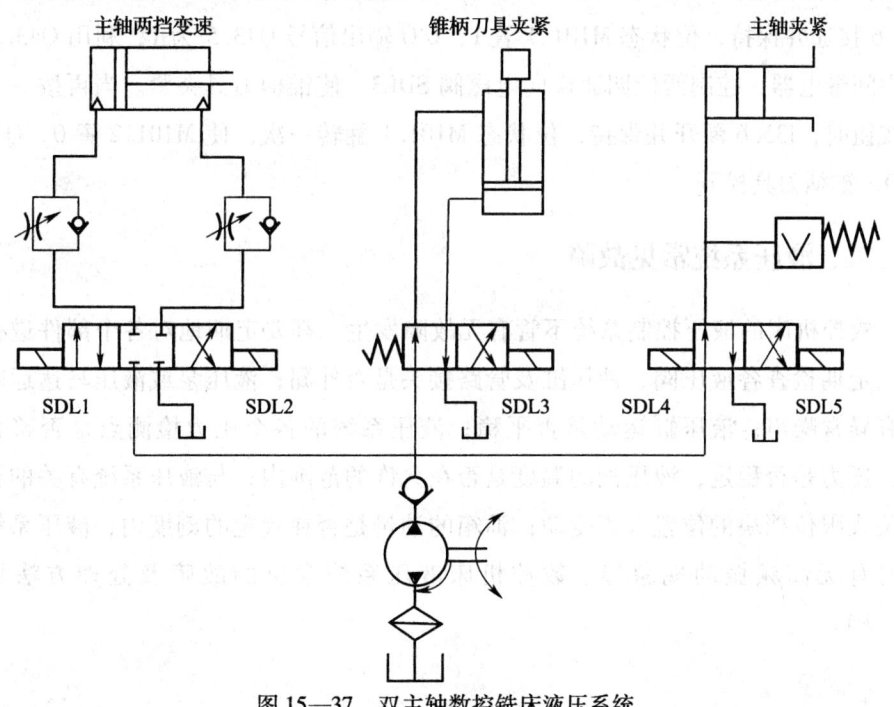

图15—37 双主轴数控铣床液压系统

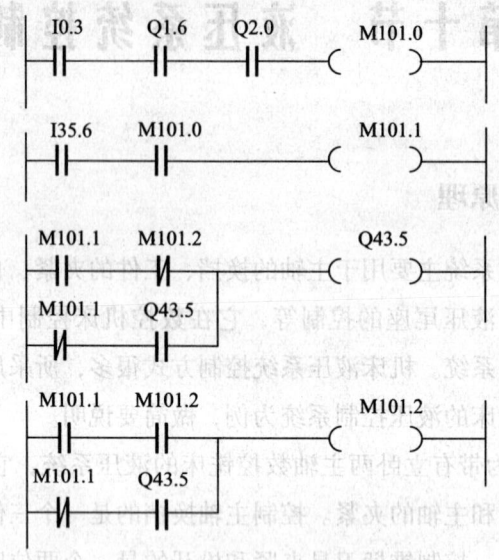

图 15—38 锥柄刀具夹紧的 PLC 程序

锥柄刀具的夹紧是在手动方式下进行的，且进给坐标轴和主轴都必须处于停止状态，使存储器位状态 M101.0 置 1。I35.6 是锥柄夹紧自锁按钮信号，按此按钮，I35.6 接通并保持，位状态 M101.1 置 1，I/O 输出信号 Q43.5 为 1，利用 Q43.5 驱动中间继电器，控制两位四通换向电磁阀 SDL3，使锥柄刀具夹紧。当再按一下夹紧按钮时，I35.6 断开并保持，位状态 M101.1 翻转一次，使 M101.2 置 0，Q43.5 置 0，锥柄刀具松开。

二、液压系统常见故障

数控机床的液压控制系统不管有无故障发生，都要定期地对各个部件进行检查。定期检查各液压阀、液压缸及管路接头是否外漏；液压泵或液压马达运转是否有异常噪声；液压缸运动是否平稳；液压系统的各个压力检测点是否符合要求，压力是否稳定；液压油的温度是否在允许的范围内；与液压系统有关的行程开关或限位挡块的位置是否变动；油箱的油量是否在规定的刻度内；液压系统工作时有无高频振动现象等。数控机床液压系统常见的故障及处理方法见表 15—10。

表 15—10　　　　　　　　　液压系统常见故障

序号	现象	原因	检查及处理
1	液压泵不启动	(1) 没有电源 (2) 控制线路故障 (3) 液压泵故障	(1) 检查三相电源电压 (2) 检查与液压泵有关的开关、接触器、线路连接等 (3) 维修液压泵
2	液压阀不动作	(1) 电磁线圈烧坏 (2) 没有控制电源 (3) 没有控制信号	(1) 更换电磁线圈 (2) 检查液压阀电源电压 (3) 检查液压阀 PLC 控制输出信号
3	油泵不供油或流量不足	(1) 压力调节螺钉过松，压力调节弹簧过松 (2) 流量调节螺钉调节不正确 (3) 油泵转速太低 (4) 油泵转动方向接反 (5) 油的黏度过高 (6) 油箱内油量不足，吸油管露出油面而进空气 (7) 吸油管堵塞 (8) 进油口漏气 (9) 叶片在转子槽内卡死 (10) 油泵电动机故障或电源故障	(1) 将压力调节螺钉按顺时针方向转动，当弹簧被压缩时，再调节工作压力 (2) 按逆时针方向转动油量调节螺钉 (3) 检查电动机是否缺相 (4) 改变电源连接，调整电动机转动方向 (5) 采用规定牌号的油 (6) 把油加到规定油位，将滤油器埋入油面以下 (7) 清除堵塞物 (8) 维修或更换密封件 (9) 拆开油泵维修，清除毛刺，重新装配 (10) 维修电动机，检查电源线路
4	油泵有异常噪声或压力下降	(1) 油箱内油量不足，吸油管露出油面 (2) 吸油管处吸入空气 (3) 进油口滤油器容量不足 (4) 滤油器局部堵塞 (5) 电动机连接同轴度差 (6) 定子和叶片严重磨损，轴承和轴损坏 (7) 泵与其他机械件产生共振	(1) 按规定油量加油 (2) 找出泄漏部位，如管接头、密封圈损坏处，结合面不平或松动处，更换维修 (3) 更换滤油器，进油容量应是油泵最大排量的 2 倍以上 (4) 清洗滤油器 (5) 连接不同轴是产生噪声的主要原因，连接处同轴度应控制在 0.05 mm 之内 (6) 更换零件 (7) 更换缓冲胶垫

续表

序号	现象	原因	检查及处理
5	油泵发热，油温过高	(1) 油泵工作压力超载 (2) 油泵吸油管和系统回油管靠得太近 (3) 油箱油量不足 (4) 由于摩擦阻力引起的机械损坏或泄漏引起的油量损失	(1) 按规定的额定压力工作 (2) 调整油管，使工作后的油不直接进入油泵 (3) 按规定加油 (4) 检查机械零件是否有故障，更换损坏零件和密封圈
6	系统压力低，运动部件产生爬行	系统有泄漏	检查各漏油部位，是否内泄，就是从高压腔到低压腔的泄漏。检查各个管件和接头的泄漏，维修或更换

本章思考题

1. 阐述810D/840D驱动系统使能控制的原理。
2. 驱动系统使能发生故障，应如何解决？
3. 返回参考点的过程有哪些？分类说明。
4. 说明急停控制的原理。
5. 说明数控机床限位的分类及其动作原理。
6. 根据图15—18，简述转塔刀架的工作原理。
7. 简述数控系统对转塔刀架的PLC程序控制过程。
8. 根据图15—35，简述其工作原理。
9. 根据图15—36，分析采用按距离润滑方式的工作原理。

首批机械行业特有职业
国家职业技能培训鉴定教材目录

❖ **剪切工**
剪切工（基础知识、初级、中级、高级）

❖ **镀层工**
镀层工（基础知识、初级、中级、高级、技师、高级技师）

❖ **制齿工**
制齿工（基础知识、初级、中级、高级、技师、高级技师）

❖ **电切削工**
电切削工（基础知识、初级、中级、高级、技师、高级技师）

❖ **轴承装配工**
轴承装配工（基础知识、初级、中级、高级、技师、高级技师）

❖ **轴承检查工**
轴承检查工（基础知识、初级、中级、高级、技师、高级技师）

❖ **轴承试验工**
轴承试验工（基础知识、初级、中级、高级、技师、高级技师）

❖ **数控机床装调维修工（包括4个工种）**
数控机床装调维修工（基础知识）
数控机床机械装调工（中级、高级、技师、高级技师）
数控机床机械维修工（中级、高级、技师、高级技师）
数控机床电气装调工（中级、高级、技师、高级技师）
数控机床电气维修工（中级、高级、技师、高级技师）

❖ **汽车模型工**
汽车模型工（中级、高级、技师、高级技师）

❖ **汽车饰件制造工**
汽车饰件制造工（基础知识、初级、中级、高级）

❖ **汽车生产线操作调整工（包括7个工种）**
汽车机加工生产线操作调整工（基础知识、初级、中级、高级、技师）
汽车焊装生产线操作调整工（基础知识、初级、中级、高级、技师）
汽车冲压（辊压）生产线操作调整工（基础知识、初级、中级、高级、技师）
汽车涂装生产线操作调整工（基础知识、初级、中级、高级、技师）
汽车热处理生产线操作调整工（基础知识、初级、中级、高级、技师）
汽车铸造生产线操作调整工（基础知识、初级、中级）
汽车锻造生产线操作调整工（基础知识、初级、中级、高级、技师）

❖ **汽车（拖拉机）装配工（包括5个工种）**
拖拉机装配工（基础知识、初级、中级、高级、技师、高级技师）
汽车装配工（基础知识）
汽车整车装配工（初级、中级、高级、技师、高级技师）
汽车机械部件装配工（初级、中级、高级、技师、高级技师）
汽车电器装配工（初级、中级、高级、技师）
汽车特种部件制造装配工（初级、中级、高级）

❖ **机动车检验工（包括6个工种）**
汽车检验（试验）工（基础知识）
汽车零部件检验工（中级、高级、技师、高级技师）
汽车电器检验工（中级、高级、技师、高级技师）
汽车整车检验工（中级、高级、技师、高级技师）
汽车部件试验工（中级、高级、技师、高级技师）
汽车电器试验工（中级、高级、技师、高级技师）
汽车整车试验工（中级、高级、技师、高级技师）